“十二五”国家重点图书出版规划项目
世界兽医经典著作译丛

# 小动物心脏病学

[德] Ralf Tobias　Marianne Skrodzki　Matthias Schneider　编著
徐安辉　主译

中国农业出版社

Kleintierkardiologie kompakt

Ralf Tobias, Marianne Skrodzki, Matthias Schneider



北京市版权局著作权合同登记号：图字01-2013-1226号

**图书在版编目（CIP）数据**

小动物心脏病学 / （德）托比亚斯（Tobias,R.），（德）斯克罗茨基（Skrodzki,M.），（德）施耐德(Schneider,M.）编著；徐安辉译. —北京：中国农业出版社，2015.5
（世界兽医经典著作译丛）
ISBN 978-7-109-18406-0

Ⅰ. ①小… Ⅱ. ①托… ②斯… ③施… ④徐… Ⅲ. ①动物疾病—心脏病学 Ⅳ. ①S856.2

中国版本图书馆CIP数据核字（2013）第232149号

中国农业出版社出版
（北京市朝阳区麦子店街18号楼）
（邮政编码100125）
责任编辑　邱利伟　雷春寅

北京通州皇家印刷厂印刷　　新华书店北京发行所发行
2015年5月第1版　　2015年5月北京第1次印刷

开本：889mm×1194mm　1/16　　印张：16
字数：450 千字
定价：248.00元
（凡本版图书出现印刷、装订错误，请向出版社发行部调换）

**本书作者**

Ralf Tobias（兽医心脏病专家）

Marianne Skrodzki（兽医心脏病学专家，柏林自由大学）

Matthias Schneider（兽医内科学专家，吉森大学）

**本书译者**

**主　　译**　徐安辉

**副 主 译**　张　炜　肖志超　彭成东

**编　　译**　曹　静　刘　芳　许利霞

**主　　审**　熊惠军

# 《世界兽医经典著作译丛》译审委员会

# 《世界兽医经典著作译丛》总序

引进翻译一套经典兽医著作是很多兽医工作者的一个长期愿望。我们倡导、发起这项工作的目的很简单，也很明确，概括起来主要有三点：一是促进兽医基础教育；二是推动兽医科学研究；三是加快兽医人才培养。对这项工作的热情和动力，我想这套译丛的很多组织者和参与者与我一样，来源于“见贤思齐”。正因为了解我们在一些兽医学科、工作领域尚存在不足，所以希望多做些基础工作，促进国内兽医工作与国际兽医发展保持同步。

回顾近年来我国的兽医工作，我们取得了很多成绩。但是，对照国际相关规则标准，与很多国家相比，我国兽医事业发展水平仍然不高，需要我们博采众长、学习借鉴，积极引进、消化吸收世界兽医发展文明成果，加强基础教育、科学技术研究，进一步提高保障养殖业健康发展、保障动物卫生和兽医公共卫生安全的能力和水平。为此，农业部兽医局着眼长远、统筹规划，委托中国农业出版社组织相关专家，本着“权威、经典、系统、适用”的原则，从世界范围遴选出兽医领域优秀教科书、工具书和参考书50余部，集合形成《世界兽医经典著作译丛》，以期为我国兽医学科发展、技术进步和产业升级提供技术支撑和智力支持。

我们深知，优秀的兽医科技、学术专著需要智慧积淀和时间积累，需要实践检验和读者认可，也需要具有稳定性和连续性。为了在浩如烟海、林林总总的著作中选择出真正的经典，我们在设计《世界兽医经典著作译丛》过程中，广泛征求、听取行业专家和读者意见，从促进兽医学科发展、提高兽医服务水平的需要出发，对书目进行了严格挑选。总的来看，所选书目除了涵盖基础兽医学、预防兽医学、临床兽医学等领域以外，还包括动物福利等当前国际热点问题，基本囊括了国外兽医著作的精华。

目前，《世界兽医经典著作译丛》已被列入“十二五”国家重点图书出版规划项目，成为我国文化出版领域的重点工程。为高质量完成翻译和出版工作，我们专门组织成立了高规格的译审委员会，协调组织翻译出版工作。每部专著的翻译工作都由兽医各学科的权威专家、学者担纲，翻译稿件需经翻译质量委员会审查合格后才能定稿付梓。尽管如此，由于很多书籍涉及的知识点多、面广，难免存在理解不透彻、翻译不准确的问题。对此，译者和审校人员真诚希望广大读者予以批评指正。

我们真诚地希望这套丛书能够成为兽医科技文化建设的一个重要载体，成为兽医领域和相关行业广大学生及从业人员的有益工具，为推动兽医教育发展、技术进步和兽医人才培养发挥积极、长远的作用。

国家首席兽医师

《世界兽医经典著作译丛》主任委员

于康震

# 序

随着国内宠物临床诊疗行业蓬勃发展，宠物临床已基本普及心电图、X线与超声诊断常规诊断技术。诊疗水平较高的大学、研究所、职业院校、动物医院以及私人宠物医院配置数码X线机（DR）、彩超，甚至考虑配置核磁共振（MRI）、计算机断层扫描（CT）等更先进的现代医学影像诊断设备，并向更专业化的心脏科等专科门诊发展。宠物临床医师们亟需小动物心脏病学等权威参考书籍，以不断提升心脏疾病临床诊疗水平。

本书内容丰富，图文并茂，通俗易懂。全书分两部分。第一部分心脏检查，包括：心血管解剖生理基础、兽医诊所的病患、心功能不全的病理生理学、心脏病患的临床检查、心电图、心脏的放射检查、超声心动图、动脉血压、实验室检查等；第二部分心血管疾病，包括：先天性心脏病、后天性心脏病、介入心脏学、心脏用药等。不仅有门诊常见心脏病病例，还有罕见的心脏病病例，并提供超过400幅的临床诊断图片，可帮助宠物临床医师们进行鉴别诊断。一本好的专业参考书可以影响深远，希望能带给国内同行们一本有用、可靠、实在的专业参考书。

本书译稿由有留德经历的华中科技大学同济医学院心脏病学专家们完成，本人审校，华南农业大学许利霞副教授协助校译。为更方便国内读者阅读理解，在获许德国Schluetersche出版社同意下，中国农业出版社请我与中国农业大学曹静老师编写“犬猫心脏解剖生理”作为本书补充内容。

国际兽医放射学会（IVRA）国际理事
中国畜牧兽医学会兽医影像技术学分会　理事长　**熊惠军** 教授
中国畜牧兽医学会兽医外科学分会　副理事长

2015年1月于华南农业大学

# 前　　言

近年来，随着检查设备进步和药品市场的成长，小动物医疗环境发生了很大变化。犬和猫的治疗费用不断增加，医生们越来越多的使用远程手段（例如网络），根据动物主人提供的症状进行诊断，并决定治疗。以先天性心脏病为例，其早期症状的确定占据了诊疗过程中大部分时间。随着法律对动物主人的责任要求更加明确，宠物主人本身也需要了解各动物种群有哪些易发疾病，因此急需制定针对不同种群犬和猫先天性心脏病的标准化检查流程。在德国，已经制定出各种准入制度，以满足心脏病专业兽医日益增长的需求。兽医协会在对兽医进行继续教育时，心脏病专业知识的培训为必备内容。在欧洲及美国的大学还可获得心脏病学的国际通用毕业证书。德国犬业协会（VDH）与兽医师协会合作，建立了心脏病学院，主要着力于培养治疗犬类先天性心脏病的医师，这是提高动物心脏病治疗水平的重要一步。与人类医学心脏病学中严格的培训标准和准入制度相比，兽医学目前还只能说处于医师自律的阶段。

编撰本书的目的在于促进兽医对心脏专科的学习提升，从而利于做出进一步准确的诊断。本书适用于兽医临床专业师生、对心血管疾病感兴趣或从事相关仪器诊断工作的兽医专业人员。以往兽医学继续教育的经验表明，听诊训练往往很受欢迎，因此本书也附带一张CD光盘[①]，其中包含心脏病学中最重要的一些基础检查训练。

Ralf Tobias　教授

德国柏林大学

① 注：如有读者需要该内容，请联系编辑部邮箱ccap163@163.com索取。

# 目　录

CONTENTS

第一部分

# 心脏检查

# 1 犬、猫心脏解剖生理

曹 静 熊惠军

心血管系统由心脏、动脉、毛细血管和静脉构成，管腔内充满血液（图1.1）。心脏是血液循环的动力器官。在神经体液的调节下，能够进行节律性的收缩和舒张，推动血液按一定的方向流动。动脉是将血液由心运送到全身各部的血管。起始于心，主动脉和肺动脉干在行程中如树枝状反复分支，管径越分越细，最后移行为毛细血管。毛细血管是位于动脉与静脉之间的微细血管，互相连接成网，遍布全身；毛细血管壁薄，具有一定的通透性，是血液与组织液进行物质交换的场所。静脉是将血液由全身各部运输到心的血管。起始于毛细血管，逐渐汇聚成小、中和大静脉，最后注入心。静脉及其属支与动脉及其分支伴行，管腔大，管壁薄，在尸体标本上常塌陷，含有淤血。有些部位的静脉内有瓣膜，尤其是四肢部的静脉瓣较多，有防止血液倒流的作用。

心血管系统的主要功能是运输，即通过血液将营养物质运送到全身各部进行新陈代谢，将内分泌系分泌的激素运送至靶器官，进行体液调节；同时又将全身各部的代谢产物如$CO_2$、尿素等运送到肺、肾、皮肤等排出体外。心血管系统还是机体重要的防卫系统，存在于血液中的免疫细胞和抗体，能吞噬、杀伤和灭活侵入体内的细菌和病毒，并能中和它们所产生的毒素。心血管系统还具有内分泌功能，能分泌心钠素、脑钠素、血管活性肠肽、血管紧张素、内皮素等，参与机体多种功能的调节。心血管系统也参与体温的调节。心血管系统的结构和功能障碍，均可造成局部或全身性机能紊乱，甚至危及生命。

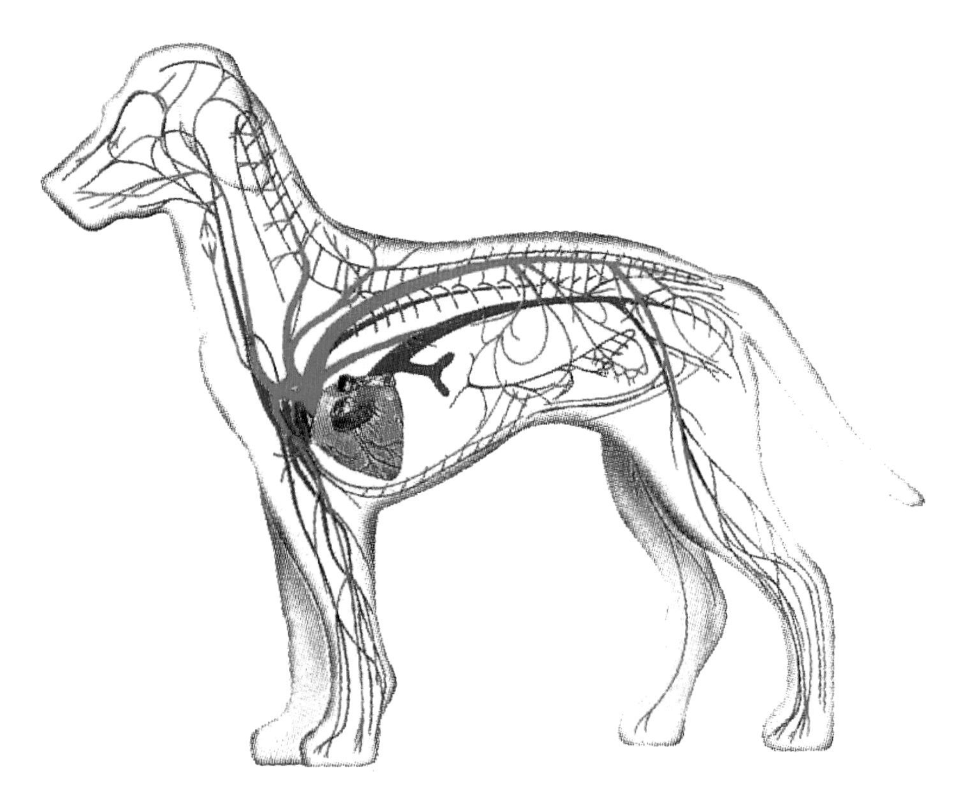

**图1.1** 犬血液循环模式图
（引自https://sites.google.com/site/bio379swhittemore/home/fall-session-2010/class-blog/group-3/nicole-dumezs-page）

## 1.1　心脏的位置和形态

犬、猫心脏位于胸腔纵隔内，夹于左、右肺之间，约在胸腔下2/3，第3至第7肋之间，略偏左侧。其心脏长轴与胸骨约成45° 角（图1.2）。

心脏为中空肌质器官，呈倒圆锥形，外有心包包裹。心的上部宽大为心基，与出入心脏的大血管相连，位置固定。心的下部尖而游离为心尖。心的前缘隆凸为右心室缘；后缘短而平直为左心室缘；心的左侧面为心耳面，右侧面为心房面。心脏表面有3条沟（冠状沟和左、右纵沟）可作为心腔的外表分界，沟内含有营养心的血管和脂肪。冠状沟呈"C"形，位于心基，将心脏分为上部的心房和下部的心室。锥旁室间沟即左纵沟，为心室左侧面的纵沟，略偏前方，自冠状沟向下延伸，几乎与左心室缘平行，不达心尖。窦下室间沟即右纵沟，为心室右侧面的纵沟，略靠后方，自冠状沟向下伸达心尖。两条室间沟为左、右心室外表的分界，右心室位于室间沟的前方，左心室位于室间沟的后方。在冠状沟和室间沟内有营养心脏的血管，并填充有脂肪。犬的心脏解剖图见图1.3。猫的心脏解剖图见图1.4。

## 1.2　心腔的结构

心腔被纵走的房间隔和室间隔分为互不相通的左、右两半，每半又分为上部的心房和下部的心室，因此，心腔分为左心房、左心室、右心房和右心室4个腔，同侧的心房与心室经房室口相通。

### 1.2.1　右心房

位于右心室背侧，构成心基的右前背侧部，

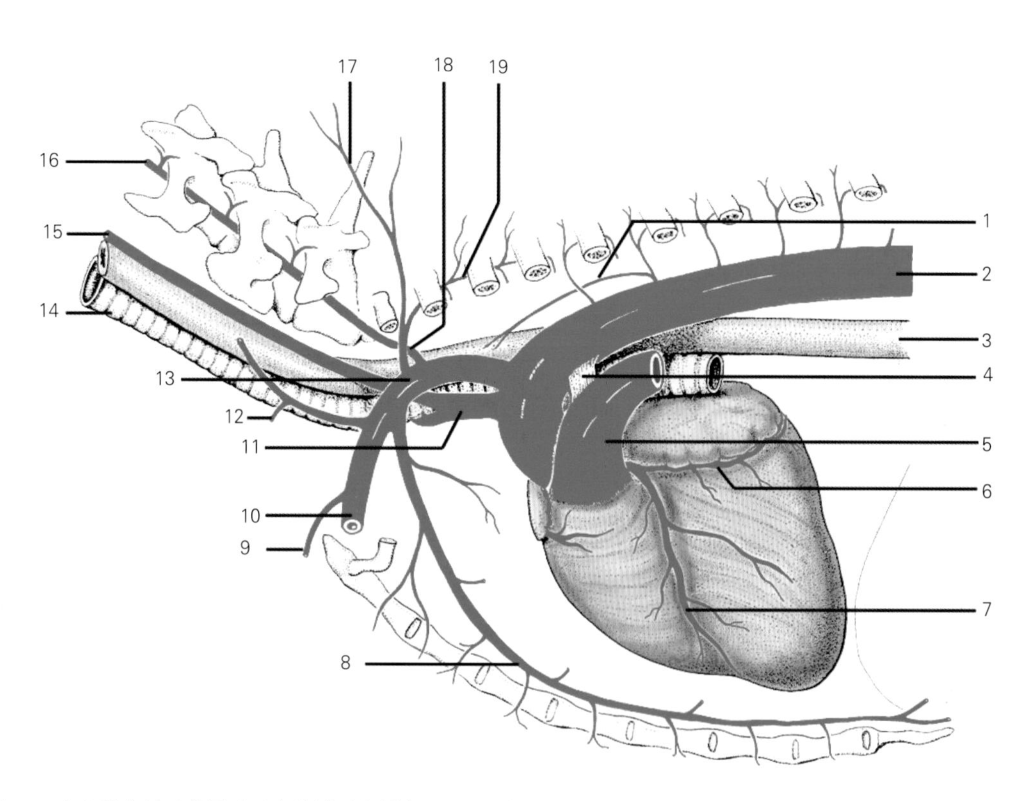


**图1.2**　犬心脏位置示意图（引自陈耀星和刘为民，2009）

1. 支气管食管动脉　2. 主动脉　3. 食管　4. 动脉导管索　5. 肺动脉干　6. 左冠状动脉旋支　7. 左冠状动脉降支　8. 胸廓内动脉　9. 胸廓外动脉　10. 腋动脉　11. 臂头动脉干　12. 颈浅动脉　13. 左锁骨下动脉　14. 气管　15. 颈总动脉　16. 椎动脉　17. 颈深动脉　18. 肋颈干　19. 胸椎动脉

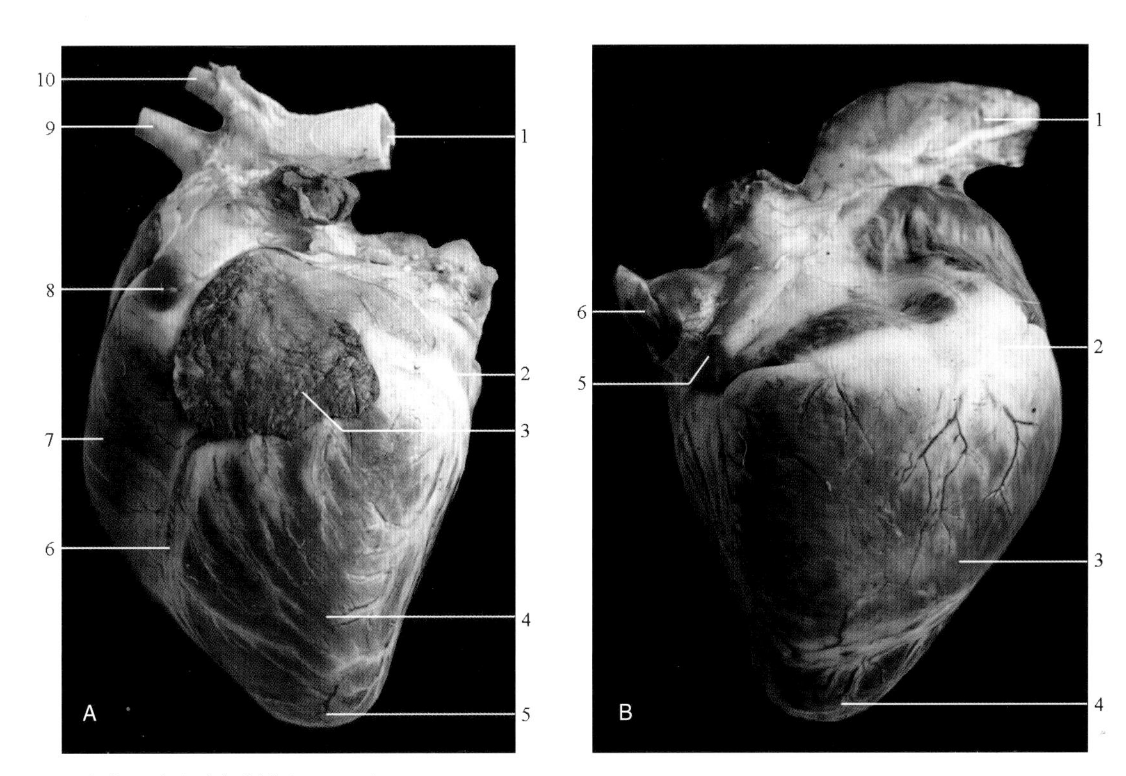


**图1.3** 犬的心脏（引自陈耀星，2013）

A. 左侧观 1. 主动脉 2. 冠状沟 3. 左心耳 4. 左心室 5. 心尖 6. 锥旁室间沟 7. 右心室 8. 肺动脉干 9. 臂头动脉干 10. 左锁骨下动脉

B. 右侧观 1. 前腔静脉 2. 冠状沟 3. 右心室 4. 心尖 5. 右肺静脉 6. 左肺静脉

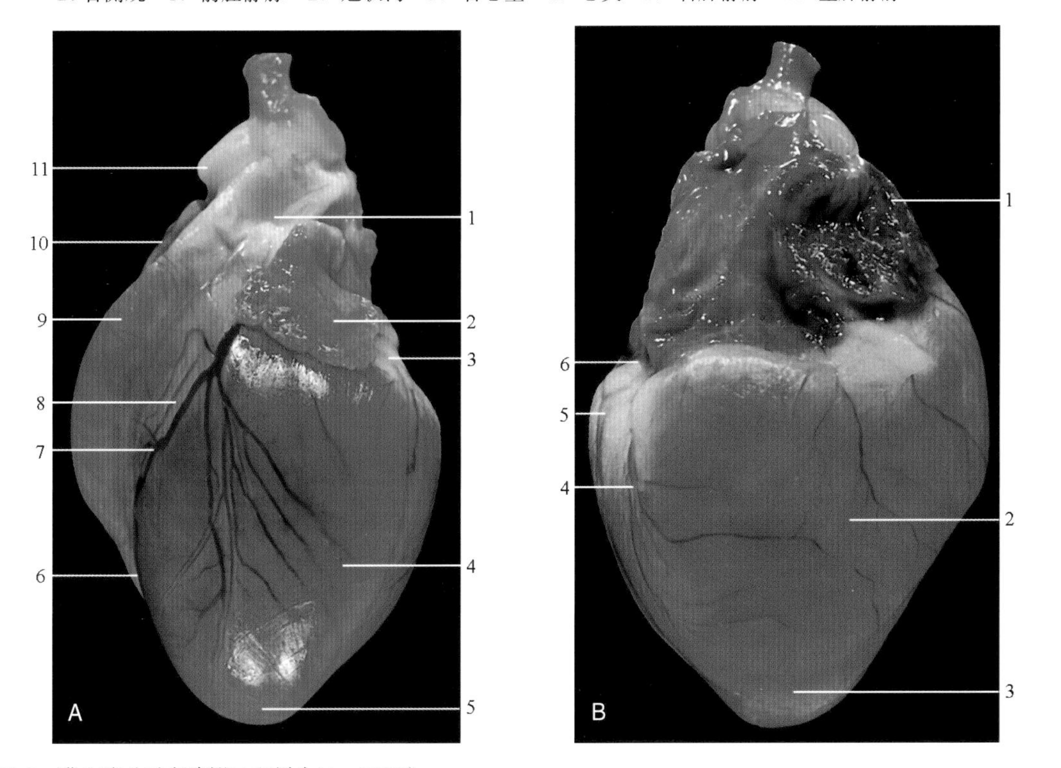


**图1.4** 猫心脏（引自陈耀星和刘为民，2009）

A. 心耳面 1. 肺动脉干 2. 左心耳 3. 冠状沟 4. 左心室 5. 心尖 6. 心尖切迹 7. 左冠状动脉椎旁室间支 8. 左室间沟 9. 动脉圆锥 10. 右心耳 11. 主动脉

B. 心房面 1. 右心耳 2. 右心室 3. 心尖 4. 窦下室间沟 5. 左心室 6. 冠状沟

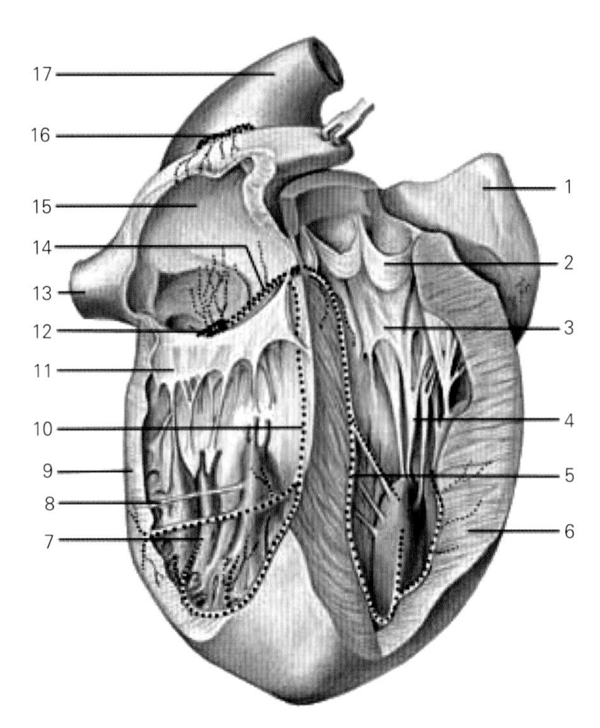


**图1.5** 犬心腔结构及心传导系统模式图（引自Budras et al., 2007）
1. 右心耳 2. 主动脉瓣 3. 二尖瓣 4. 腱索 5. 左束支 6. 左心室壁 7. 乳头肌 8. 心横肌 9. 右心室壁 10. 右束支 11. 三尖瓣 12. 房室结 13. 后腔静脉 14. 房室束 15. 右心房 16. 窦房结 17. 前腔静脉

接纳来自前、后腔静脉和冠状窦的血液，壁薄腔大，由腔静脉窦和右心耳组成（图1.5）。腔静脉窦为体循环静脉的入口部，背侧壁及后壁分别有前、后腔静脉口，两腔静脉口之间有半月形的静脉间结节，具有分流腔静脉血液，避免互相撞击的作用。后腔静脉口的腹侧有冠状窦，为心大静脉和心中静脉的入口处，窦口常有瓣膜（冠状窦瓣），防止血液倒流。在后腔静脉口附近的房间隔上有卵圆窝，为胚胎时期卵圆孔的遗迹。右心耳为锥形盲囊，尖端向左伸达肺干前方，内面有许多方向不同的梳状肌。右心房经右房室口与右心室相通。

### 1.2.2 右心室

位于右心房腹侧，心室的右前部，略呈曲面三角形，不达心尖，上部有2个开口，右口较大，为右房室口；左口较小，为肺动脉口。右心室接受来自右心房的静脉血，通过动脉圆锥把血液泵入肺动脉干，进而把血运送到肺。右房室口为右心室的入口，呈卵圆形，以致密结缔组织构成的纤维环为支架，周缘附着有3片三角形的瓣膜，为右房室瓣（三尖瓣），由心内膜折转形成，瓣膜向下突入心室，其游离缘有腱索与乳头肌相连。三尖瓣是右心室的“进气阀”，朝向右心室，当心房收缩时，房室口打开，血液由心房流入心室；当心室收缩时，心室内压升高，心室内的血液将瓣膜向上推使其相互合拢，关闭房室口，并由于腱索和乳头肌的牵引，可防止瓣膜向心房翻转和血液倒流。肺动脉口为右心室的出口，位于右心室左上方，亦由纤维环围成，周缘附着有3片口袋状的瓣膜，为肺动脉瓣（半月瓣），袋口朝向肺动脉干。每个瓣膜游离缘中点增厚形成半月瓣小结节，可使瓣膜闭合更为严密。当心室收缩时，瓣膜开放，血液进入肺动脉；当心室舒张时，室内压降低，肺动脉内的血液倒流入半月瓣的袋口，使其相互靠拢，从而关闭肺动脉口，防止血液倒流入右心室。靠近肺动脉口处的右心室部分呈圆锥形，为动脉圆锥。右心室壁上有隔缘肉柱（心横肌），连于心室侧壁与室间隔之间，有防止心室过度扩张的作用。右心室腹侧有很多从外侧壁突入的心肌嵴，它们有减少血液涡流的作用。

### 1.2.3 左心房

位于左心室的背侧，构成心基的左后部，接受来自肺静脉的动脉血。其构造与右心房相似。左心房背侧壁的后部，有5~8个肺静脉口。左心耳位于左心房前部，为锥形盲囊，其盲端向前伸达肺干后方，腔内亦有梳状肌。左心房经左房室口与左心室相通。

### 1.2.4 左心室

位于左心房腹侧，心的左后方，呈圆锥状，向下伸达心尖，其构造与右心室相似，但左心室壁比右心室壁厚。上部有2个开口，前口较小，为主动脉口；后口较大，为左房室口。它接受来自肺的动脉血，并通过主动脉把血液运送到身体的绝大部分。左心室内有2个乳头肌和2条隔缘肉柱，较粗大。左房室口为左心室的入口，圆形或卵圆形，由纤维环围成，周缘有2片三角形的瓣膜，为左房室瓣（二尖瓣），其游离缘亦借腱索与乳头肌相连，作用与右房室瓣相同。主动脉口为左心室的出口，位于心基中部，呈圆形，其构造与肺动脉口相似，纤维环上附着有3片袋状的半月瓣，为主动脉瓣。犬的纤维环内有心软骨，老年常骨化。主动脉瓣与肺动脉瓣相似，但是其半月瓣小结节比肺动脉瓣的更明显。每一主动脉瓣周围的主动脉壁膨大形成主动脉窦。此处的升主动脉基部变粗形成主动脉球。

## 1.3 心壁的构造

心壁由外向内分别由心外膜、心肌和心内膜构成（图1.6）。心外膜为覆盖心外表面的浆膜，即心包浆膜的脏层，表面光滑、湿润，由间皮及薄层结缔组织构成。其深面分布有血管、神经、淋巴管等。心肌为心壁的中层，最厚，由心肌纤维组成，被房室口纤维环分为心房肌和心室肌两个独立的肌系，因此心房和心室可分别收缩和舒张。心房肌薄，分浅、深两层。浅层为左、右心房所共有，深层为各心房所独有。心室肌厚，左心室最厚，约为右心室壁的3倍，分外斜行、中环行和内纵行3层，肌纤维呈螺旋状排列。心肌纤维属横纹肌纤维，其特征是由自主神经系统控制；肌纤维末端相互吻合，形成交织排列的闰盘。心内膜为紧贴心肌内表面的光滑薄膜，与心底血管的内膜相连续。其深面有血管、淋巴管、神经和心脏传导系的分支。

心壁的厚度和结构反映了心脏每个具体部位所承受的负荷。心房接收血液，其收缩功能很小，壁薄。心室泵出血液，其壁较厚，右心室壁（肺循环）比左心室壁（体循环）薄。有些疾病如瓣膜狭窄或闭锁不全和扩张性心肌病，心肌将发生肥大和/或扩张。心室扩大通过X线摄影或超声检查可观察到。

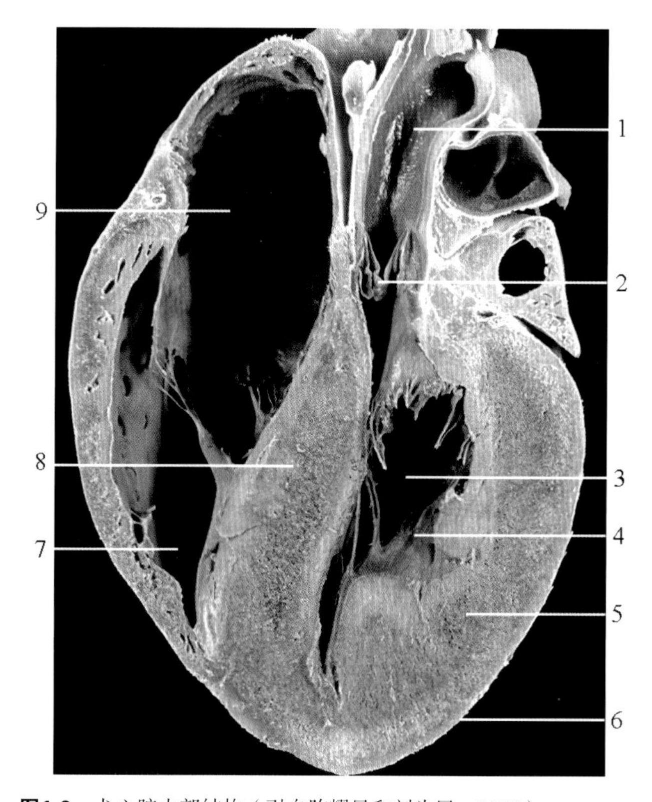


**图1.6** 犬心脏内部结构（引自陈耀星和刘为民，2009）
1. 主动脉 2. 主动脉瓣 3. 左心室 4. 心内膜
5. 心肌膜 6. 心外膜 7. 右心室 8. 室间隔 9. 右心房

## 1.4 心传导系统

心传导系统由特殊的心肌纤维所组成，能自发性地产生和传导兴奋，使心肌进行有规律的收缩和舒张。心传导系统包括窦房结、房室结、房室束和浦肯野氏纤维（图1.5和图1.7）。窦房结为心脏的起搏点，位于前腔静脉与右心耳之间的终沟内，在心外膜下，除分支到心房肌纤维外，还分出数支结间束与房室结相连。房室结位于房间隔右心房侧的心内膜下，在冠状窦口的前方，由排列不规则的小分支状的结细胞构成，与心房肌和房室束相连。房室束起始于房室结，穿过纤维环至室间隔上部，分为左、右束支。左束支穿过室间隔后与右束支分别沿室间隔的左、右侧面心内膜下向下伸延，分支分布于室间隔，并有分支经心横肌分布于心室侧壁。浦肯野氏纤维与房室

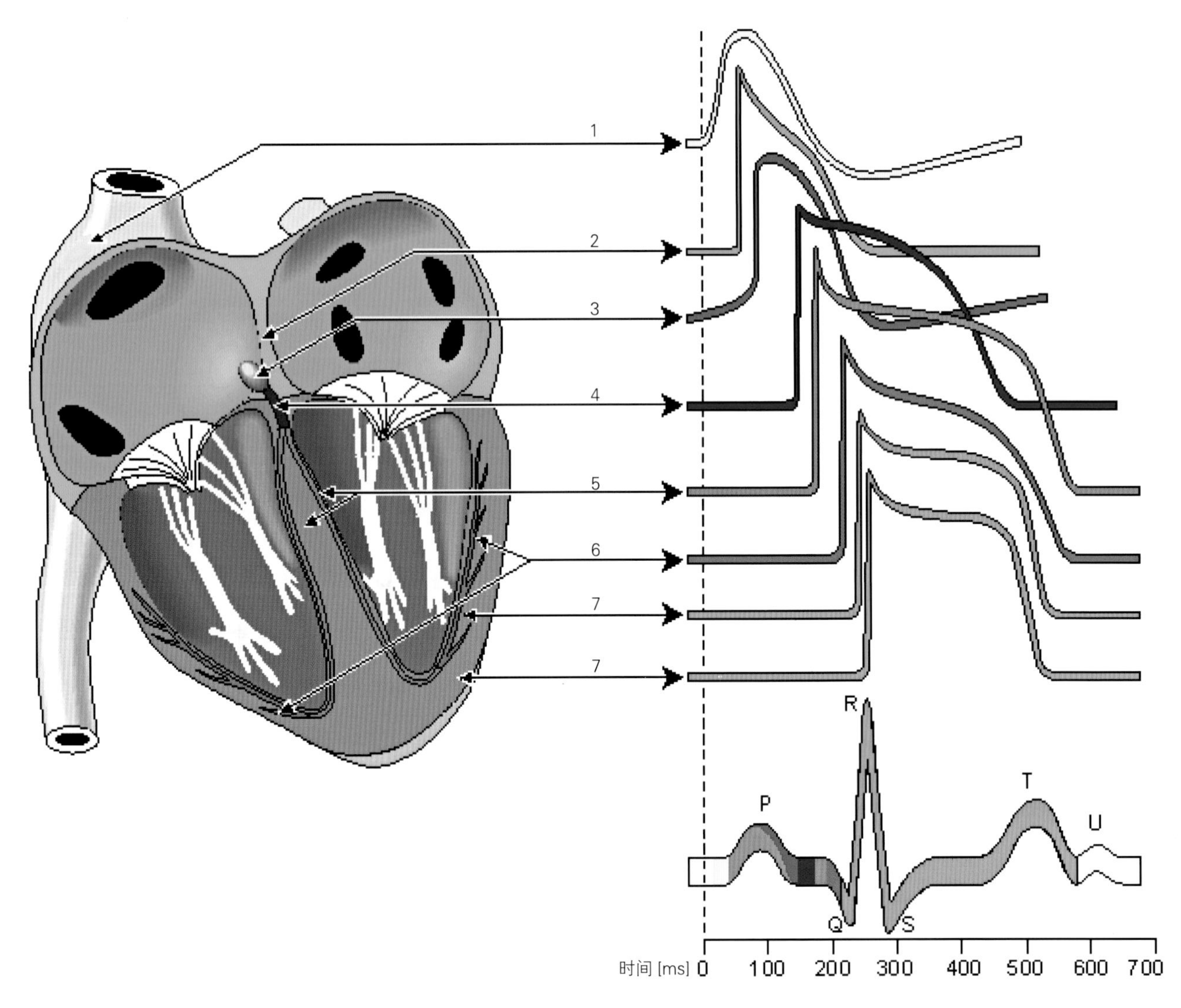


**图1.7** 心脏动作电位与心电图关系（引自http://www.zoology.ubc.ca/~gardner/cardiac_muscle_contraction.htm）
1. 窦房结 2. 心房肌 3. 房室结 4. 房室束 5. 左、右束支 6. 蒲肯野纤维 7. 心室肌

束左、右束支的细小分支相延续，在心内膜下交织成浦肯野氏纤维网，与心室肌相连。

心肌细胞动作电位的产生涉及极化的产生、去极化和复极化。根据细胞类型的不同，跨膜电位一般在-90～-60 mV。心肌细胞的极化院子细胞膜对钾离子的选择通透。在心电图中，心房的去极化表现为P波，心房的复极化与心室的去极化表现为QRS波群，心室的复极化表现为T波。P-R期间，即P波的起始到QRS波群的起始，表示兴奋由窦房结传导到普肯也细胞所需的时间。QRS波群持续时间，表示兴奋在心室肌扩步所需时间，该段时间可评价心室内的兴奋传导。Q-T期间，即QRS波群的起始到T波结束的时间，反映了心室收缩的大约持续时间和心室的不应期。

一般认为窦房结的兴奋性最高，能自动产生节律性的兴奋，传至心房肌，使心房收缩；同时经心房肌传至房室结，再经房室束及其分支和浦肯野氏纤维传至心室肌，使心室收缩。如果心传导系统发生功能障碍，就会出现心律失常等症状。

## 1.5 心的血管和淋巴管

心本身的血液循环称冠状循环，由冠状动脉、毛细血管和心静脉组成（图1.8）。冠状动脉为心的营养动脉，分左、右2支，分别起始于主动脉根部，经左、右心耳与肺动脉干之间穿出，沿冠状沟和室间沟走行，分支分布于心房和心室，在心肌内形成丰富的毛细血管网。左冠状动脉一般较粗，起始于主动脉球的左窦。通过左心耳与肺动脉干之间，伸入冠状沟后分为圆锥旁室间支和旋支。圆锥旁室间支沿着同名沟下行到心尖，为左心室壁和大部分室间隔运输血液。旋支沿冠状沟行至心脏后面，一直延续进入心尖。右冠状动脉起于主动脉球右窦，通过右心耳与肺动脉干之间，伸入冠状沟后绕至心基的前面，或者逐渐变细伸向右室间沟起始处或进入右室间沟。

心的静脉包括冠状窦及其属支、心右静脉和心最小静脉。冠状窦位于冠状沟内，经冠状窦口注入右心房，其属支有心大静脉、心中静脉。心大静脉沿锥旁室间沟向上入冠状沟，绕过左心室缘至心右侧，注入冠状窦，沿途有左冠状动脉及其分支伴行。心中静脉沿窦下室间沟向上延伸，注入冠状窦，沿途有右冠状动脉的分支伴行。心右静脉有数支，沿右心室上行注入右心房。心最小静脉行于心肌内的小静脉，直接开口于各心腔，或者主要是开口于右心房梳状肌之间。心脏中的一部分组织液进入毛细淋巴管，在心外膜下汇集形成小淋巴管。小淋巴管向心基延伸，在冠状沟和左室间沟汇合处形成大淋巴管。最后注入前、后纵隔淋巴结和气管支气管淋巴结。

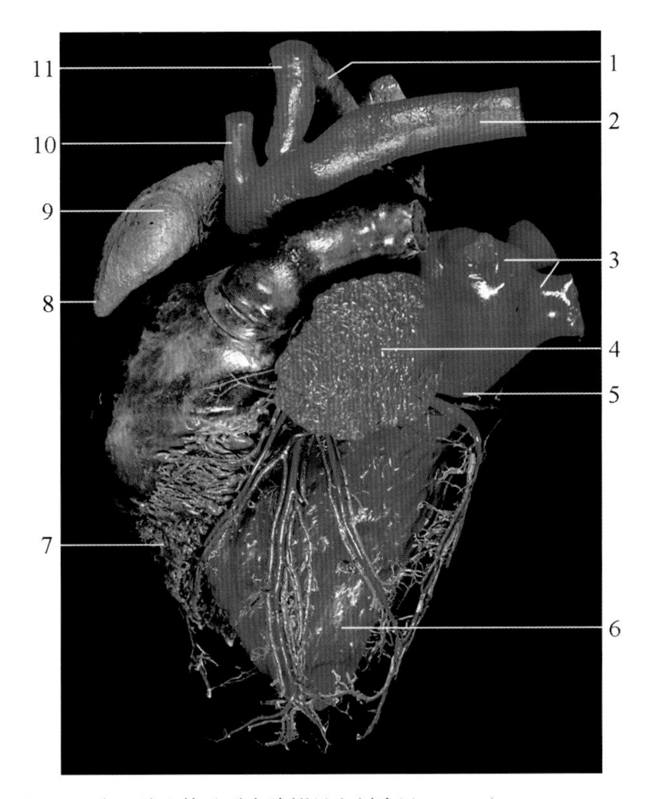


**图1.8** 犬心脏血管（引自陈耀星和刘为民，2009）

1. 前腔动脉 2. 主动脉 3. 肺动脉干 4. 左心耳 5. 左心房 6. 左心室 7. 右心室 8. 右心耳 9. 右心房 10. 臂头动脉干 11. 左锁骨下动脉

## 1.6 心的神经

心脏接受自主神经系统支配，包括交感神经和副交感神经。这些神经有运动神经纤维和感觉神经纤维。交感神经来自颈胸神经节、胸交感干等的心支，可使窦房结兴奋，心跳加快，心收缩力增强，所以常称为心兴奋神经。副交感神经来自迷走神经和喉返神经的心支，其作用与交感神经相反，故常称为心抑制神经。所有的神经纤维在纵隔前部形成心神经丛。大部分交感神经是节后纤维，而副交感神经是节前纤维，在位于心室壁心外膜下靠近大血管处的小神经节中形成突触。节后纤维分布于窦房结、房室结、心房和心室肌、冠状动脉等。心的感觉神经分布于心壁各层，随交感神经和迷走神经进入脑和脊髓。交感神经的传入纤维主要传导痛觉，副交感神经的传入纤维主要传导压力和牵张感觉。

## 1.7 心包

心包为包在心外的锥形囊，囊壁由纤维层和浆膜层组成，具有保护心脏的作用。纤维层为心包的外层，薄而坚韧，背侧附着于心基部的大血管，腹侧以胸骨心包韧带附着于胸骨后部。同时，犬还有膈心包韧带，将心包纤维层固定在膈上。浆膜层为心包的内层，分壁层和脏层。壁层紧贴于纤维层内面，脏层被覆于心肌外表面构成心外膜。壁层与脏层之间的腔隙为心包腔，内有少量淡黄色的心包液，具有减少心搏动时产生的摩擦的作用。心包发炎导致心包液增多和心包增厚，通过超声检查，可检测到无回声区域，为心包积液。

## 1.8 血液在心内的流向

血液由左心室泵出，经主动脉及其分支到达全身各部的毛细血管，进行物种和气体交换，然后通过静脉回流到右心房，为体循环（大循环）。血液由右心室泵出，经肺动脉干及其分支到达肺毛细血管，进行气体交换，然后通过肺静脉回流到左心房，为肺循环（小循环）。

心房收缩时，心室舒张。这时房内压大于室内压，推开左、右房室瓣，左、右心房的血液分别经左、右房室口流入左、右心室。与此同时，肺动脉和主动脉内的压力大于室内压，将肺动脉干瓣和主动脉瓣关闭，动脉内的血液不能逆流入心室。

心室收缩时，心房舒张。这时室内压大于房内压，压迫左、右房室瓣，关闭房室口，使心室的血液不致逆流入心房。同时，室内压大于动脉内的压力，推开肺动脉干瓣和主动脉瓣，将左、右心室内的血液分别压入主动脉和肺动脉。心房舒张时，肺静脉和前、后腔静脉的血液分别流入左、右心房。由于心房和心室这种交替性的收缩和舒张，才能使血液在心血管系统中按一定的方向周而复始的循环不息。体循环由于行程远，分布范围广，亦称大循环。肺循环因其行程短，亦称小循环。体循环和肺循环是心血管系统中不可分割的两部分，血液由体循环到肺循环，再由肺循环到体循环，如此循环往复，共同完成机体的运输功能。

### 参考文献

陈耀星. 2010. 畜禽解剖学[M]. 北京：中国农业大学出版社.
陈耀星. 2013. 动物解剖学彩色图谱[M]. 北京：中国农业出版社.
柯尼希. 2009. 家畜兽医解剖学教程与彩色图谱[M]. 陈耀星，刘为民，译. 北京：中国农业大学出版社.
多恩. 2007. 犬猫解剖学彩色图谱[M]. 林德贵，陈耀星，译. 辽宁：辽宁科学技术出版社.
威廉·里斯. 2013. Ducks家畜生理学[M]. 赵茹茜，译. 北京：中国农业出版社.
Budras K-D, McCarthy PH, Fricke W, et al. 2007. Anatomy of the dog [M]. Schlütersche Verlagsgesellschaft mbH & Co. KG.

# 2 兽医诊所的心脏病患

Ralf Tobias

## 2.1 以患病动物为中心

心脏病通常表现为慢性病程，并且长期影响患病动物及主人的日常生活。一方面，治疗过程比较漫长，另一方面，症状容易反复，甚至危及生命。心脏病专家们的诊治只是短时间的事情，而宠物医生则要考虑长期治疗过程中的经济效益以及加强对动物的照料。一旦动物的主人对医学失去信心，他们也许会选择一些别的方法。这些应该引起我们的重视。宠物的主人们大多是医学外行，在日常咨询过程中我们要向人们交待清楚心脏病的疾病进程与治疗经过是怎样的，治疗的机会与风险并存，也有可能根本无法治愈。各方面的密切配合必不可少。

要想照顾好自己的宠物，最理想的解决办法是，当买入幼崽时即进行必要的医学检查。

尽可能地让幼猫、幼犬健康地迈出生命第一步，这是我们的职责。在首次就诊时，应该检查是否有病理性的心脏杂音，这往往是某些先天性心脏病（见第10章）的体征。对于高危种群，即使没有心脏杂音也要检查有无其他心脏病表现，因为对患心脏病的高危动物来说，自发性心源性死亡也是一大问题。尽管目前还无法明了，早期诊断是否可以避免自发性心源性死亡，但是至少应该利用机会，评价将来结果。宠物的主人们肯定更关心如何预防，他们知道，宠物医生的职责不仅仅是掌控“现在”。

## 2.2 合理使用诊断技术

近十年来，在兽医学中，心脏病的诊断与治疗技术是发展最迅速的领域。当然，尽管心电图可以准确诊断Mobitz Ⅱ型Ⅱ度房室传导阻滞，心脏超声可以明确动脉腔内血栓形成，血管闭塞可以应用导管技术放置支架，但是我们绝不能忽略掉日常工作中的常规检查措施：病史采集以及心血管系统体格检查（见第4章）。训练与经验对于成功治疗心脏病患也起决定作用。

针对心血管系统疾病诊断什么时候才不再依赖听诊和触诊、患病动物何时必须接受治疗等问题，实行个体化诊疗显然比一概而论更好。有时候宠物主人的人为因素也会影响到日常诊疗。在门诊我们通常会碰到以下两种情况：

（1）在检查中“偶然”发现心脏病。

（2）宠物的主人介绍了一些令他感到担心的症状，让人觉得似乎宠物患上了心脏病。

此外，出具种畜心脏健康检查报告也是近年来兽医诊治的目标。

只要心脏检查有可疑发现，就应该做进一步检查以利诊断（见第5~9章）。一个极端的例子是：患病动物今天还没有任何症状，明天可能就死在了窝里（例如患心肌病的德国杜伯文犬和缅因库恩猫）。对于具有明显心脏病症状的动物，不仅要根据诊断情况予以合理的治疗，还要对预后做出适当的判断。

心脏及循环系统医学是一项耗资巨大的工程，其检查所需仪器设备及从业者的培训等都需要大量资金。而动物的医疗保险体系显然还没有像以人为主体的医疗保险体系这么完善，有可能出现一种情况，即兽药市场根本没有治疗所需药物，而不得不寻找替代药物。一般来说，我们会要求严格兽医准入制度，更重要的是，宠物的主人们必须定期咨询并照料好自己的宠物。

## 2.3 心脏病学鉴定

完成一份心脏病学鉴定报告，属于专科门诊的日常工作范畴。主要包括以下这些方面：

希望通过心脏病学鉴定报告找到患病动物主人所发现的症状与检查所见心血管异常之间的关联。报告不仅要能给出明确的诊断，还必须对预后有一定判断。报告中还应写明患病动物需要注意的事项。这不仅要求兽医对单种心脏病及其严重程度要有足够的知识与经验积累，还要求对所有的治疗方案及其病程有详细的了解。

病史及体格检查是鉴定报告的基础，接下来还需要使用必要的仪器进行检查。一份完美的报告，不仅需在专业性上无懈可击，还应满足法律、繁殖许可以及日常诊疗工作的需求。

如果检查者认为，根据现有的检查方法得出的结论尚无法回答症状方面的疑问，则必须向提请检查的动物主人或机构（例如小型宠物医院）指明或建议进一步检查的方法。

### 2.3.1 鉴定的原因

**动物繁殖许可**

在申请动物繁殖许可时，心脏病学检查是基本检查项目之一，尤其是先天性心脏病，因其具有遗传性。

截止本书出版时，拳师犬、爱尔兰猎狼犬（Irish Wolfhound）、德国杜伯文犬、波兰低地牧羊犬（Pon）和纽芬兰犬等品种属于特别需要常规进行心脏病筛查的动物。针对德国刚毛猎犬和骑士国王查尔斯猎犬（cavalier king charles spaniel）的流行病学检查则已终止。

标准化的检查流程与固定的检查模式是鉴定的基础。扩大筛查动物种群谱依赖于政府的决定，根据兽医界的观点，有些种群急需纳入筛查谱中来，例如金毛巡回犬（golden retriever）、罗德西亚背脊犬（rhodesian ridgeback）。缅因库恩猫、森林猫和英国短毛猫等猫类养殖者尤其要注意心脏病学检查，因为这些种群容易罹患肥厚性心肌病。由于缺乏类似于德国犬业协会（VDH）这样的专业组织，关于猫类的一些检查经验主要来自于瑞典的一个数据库。

**公务犬、导盲犬以及看护犬资格**

培训警犬、海关工作犬或联邦国防军犬等是一项费时且耗资较多的工作。因此，在培训之前排除有无心脏病是很重要的。若已在工作之中的犬出现心脏病相关症状，应该通过检查明确病因，并且评估其能否继续胜任工作。

**法院的要求**

动物从繁殖中心被购买后，可能会出现未预料到的或者比较专业的心血管系统症状，最严重的后果就是突然死亡。此时法院要求，心脏病学鉴定报告必须说明，猝死是由先天性心脏病还是后天因素所致。法院的要求还包括，在繁殖中心，动物的心脏缺陷是否被观察到。此时鉴定报告作为具有法律效应的书面文件，不仅要说明动物本身的问题，还要追溯动物以往的检查情况。

**获取第二方、第三方观点**

目前有一种趋势，动物主人喜欢寻找第二方观点。对预后影响较大的诊断报告、疾病的治疗费用等都是人们寻找第二方观点确认的热门。第一次检查可能是在自己不了解的地方，人们总是希望，第二次检查能在自己信赖的有专业水准保障的地方进行。繁殖场第二次检查均需经过各个协会的确认，而动物主人更多的是通过口碑来肯定或否定某个检查诊所。

## 2.4 回复宠物诊所

心脏病动物常常需要到专科检查机构进行进一步的检查。各机构间检查结果的沟通应该尽可能的完美，以利于对动物进行治疗。检查机构将检查结果回复给宠物诊所具有很大的价值。回复可以通过电话通知，不过还是推荐以书面信件的形式将检查结果回复给宠物医生和/或动物主人。回复的篇幅和内容取决于检查范围以及收信人对信息的需求度。

在信中重复一下病史是很有必要的，这样宠物医生可以知晓病史与自己目前所掌握的信息是否一致。因为通常情况下，宠物到专科机构就诊时，动物主人准备得更充分，对患病动物病情的描述可能更详尽。这些都会影响到下一步的诊断手段的使用及鉴别诊断方面的考虑。

除了记录听诊结果以外，发现其他相关的临床症状也要同时记录。

如果宠物诊所要将一些书面材料，例如心电图或X线片呈递给动物主人，那么专科机构同样应该在写给宠物诊所的回复信中对这些结果做出详细的说明。根据这些报告，再进行下一步检查。如果进行的是心脏超声检查，注意在说明中不能与临床检查（如听诊等）混淆。也就是说，如果选择的是反映心肌运动的二维心脏超声检查和时间-运动模式，在说明中就只能写上与之相对应的检查结果。例如，要诊断二尖瓣功能异常，必须要进行完整的多普勒超声检查。

在完成一系列检查之后做出诊断，对心功能不全者，在可能的情况下还要进行心功能分级（CHIEF、NYHA或ISACH分级法）。

完成诊断后，动物主人和宠物医生比较感兴趣的是希望心脏病专家提供一些关于预后方面的信息。然后是关于疾病的治疗以及药物用量等。最后，专家需要给出建议，患病动物需要在间隔多久到宠物诊所进行复查。

# 3 心功能不全的病理生理学

Matthias Schneider

## 3.1 心血管系统正常循环

心血管系统调节（心率、心肌伸缩力、前负荷、后负荷）的重要意义在于维持直立状态下的血压以及保证足够的器官血流灌注。

**前负荷**：指心肌收缩之前所遇到的阻力或负荷，即在心室舒张末期，心室所承受的容量负荷或压力。前负荷实际上是心室舒张末期容量或心室舒张末期室壁张力的反应。临床上常以舒张末期心室容积来估量前负荷。

**后负荷**：指心肌收缩之后所遇到的阻力或负荷，即阻碍心室排空的力量。临床上常以平均主动脉压来估量后负荷。

**心肌收缩力**：指心肌纤维不依赖于前、后负荷而改变其收缩强度的能力。心肌纤维在收缩前的最初长度（前负荷）适当拉长，收缩时的力量增强，此规律称为Frank-Starling心脏定律。

心肌收缩力、前负荷、后负荷、心排血量和血压之间的关系见图3.1。

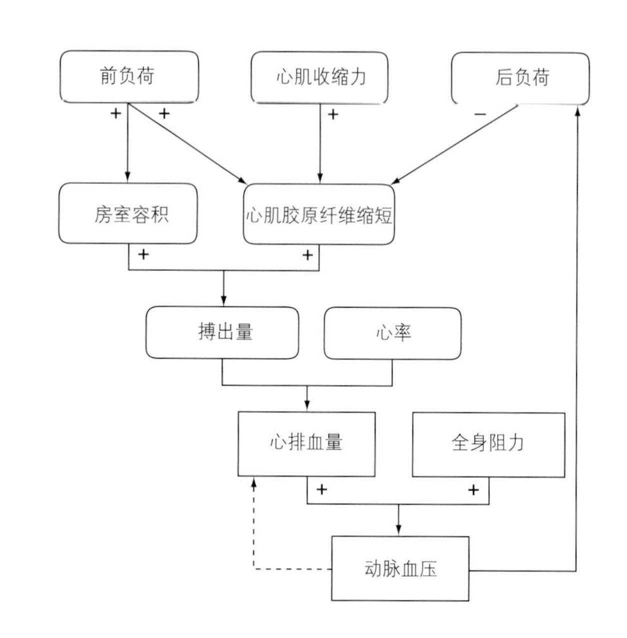


**图3.1** 心血管系统正常循环。前负荷使心脏房、室容积增加。前负荷及心肌收缩力决定心肌纤维缩短的程度。后者和房室舒张容积一起，决定心脏搏出量。心脏搏出量与心率结合，得出心脏输出量。心排血量及全身血管阻力再决定动脉血压的高低。动脉血压通过增加后负荷，使心肌缩短程度降低，使心脏每搏输出量减少，从而间接降低心排血量

## 3.2 心功能不全的定义

心功能不全有各种不同的定义，常常包括以下特征：

（1）临床综合征；

（2）有心脏病基础（功能性或器质性）；

（3）心脏泵血功能障碍：

- 咳痰（收缩功能不全：心排血量或血压降低）和/或
- 静脉充盈（舒张功能不全：静脉及毛细血管压升高）；

（4）尽管心血管储备机制发挥作用，仍然发生心功能不全。

由定义可知，心功能不全必须具有明确的临床表现。仅通过专业检查手段才能检测出的心脏病（例如心脏超声显示心脏收缩分数下降）还不属于心功能不全。作为临床症状的原因，必须具有既往心脏病的病史。例如，由于严重脱水导致的心脏输出量下降，不能诊断为心功能不全，而属于循环功能障碍。唾液减少（低血压）或充盈障碍（水肿、体腔积液）等症状可同时出现也可单独出现。从疾病进程来看，首先有心脏病，然后心脏储备机制发挥作用，进入代偿阶段，最后出现心功能不全（心力衰竭）。

## 3.3 储备机制

机体通过调节心脏收缩频率及强度，或通过水、钠潴留以及静脉收缩提高前负荷等，提高心脏排量能力。心排血量增加可以间接升高血压，动脉收缩则可直接升高血压。代偿机制慢慢作用，也带来负面的后果，即心功能不全（心力衰竭）。

**交感神经兴奋**

心功能不全开始时，副交感神经抑制，交感神经兴奋。交感神经作用于$\beta_1$受体使心率及心肌收缩强度增加，作用于$\alpha_1$受体使动脉血管收缩从而升高血压，同时静脉血管收缩，前负荷增加。长期作用则导致以下负面影响：

- 后负荷增高使心脏负担增加；
- 出现室性心率失常倾向；
- β受体数目减少（减量调节）；
- 进行性心肌机能障碍（心肌坏死后构型重建）。

**肾素-血管紧张素-醛固酮系统（RAAS），抗利尿激素（ADH）**

接下来发挥代偿作用的是肾素-血管紧张素-醛固酮系统（RAAS）。RAAS通过其产物血管紧张素Ⅱ发挥作用。血管紧张素Ⅱ是一种强有力的血管收缩剂，通过作用于括约肌使动脉和静脉收缩，从而提高动脉压和前负荷。RAAS还可通过刺激交感神经系统和刺激释放醛固酮以及ADH而发挥作用。ADH作用于肾脏促进水钠潴留使血容量、前负荷增加，并产生较强的渴觉。RAAS使前负荷与后负荷长期增加，心脏负担加重，易导致水肿。此外，血管紧张素Ⅱ容易诱导心室、血管构型重建，从而导致进行性心肌机能障碍。

此外，内皮素为一种血管收缩剂，在心功能不全病患血液中，内皮素及其产物的含量也会增多。

**心脏肥大**

心脏肥大是一种长期代偿机制，可提高心肌收缩力，降低后负荷。心脏肥大的原因主要包括心壁刺激、交感神经系统作用以及血管紧张素Ⅱ诱导产生。由于单个心肌细胞肥大以及毛细血管缺乏（病理性肥大）导致心肌缺氧并纤维化，产生负面效果，使心脏舒张功能下降。心脏肥大的晚期，收缩功能也下降。

**代偿机制的对手**

当上述代偿机制在发挥收缩血管、潴留水钠的作用时，存在着另外一个系统，作为对立面，进行着舒张血管、排钠利尿的工作。血管内皮释放一氧化氮，可以使血管扩张。心房肽和脑钠素释放增加，产生利尿及扩血管作用。

## 3.4 心功能不全的原因

**收缩功能障碍**

心肌收缩力下降，心室不再有足够的能力使每搏输出量达到正常范围。最具代表性的疾病是扩张型心肌病，另外还包括感染性心肌炎、心肌毒性损伤（例如阿霉素的心脏毒性）、牛磺酸或肉碱缺乏性疾病以及超负荷性心肌病。

**舒张功能障碍**

心室充盈受限，血液淤滞在心房内。常见于限制性心包疾病、心包积液以及心肌刚性增加的疾病（肥厚型心肌病或限制型心肌病）。

**压力超负荷**

心室后负荷增加会降低心脏搏出量。常见于流出道狭窄（肺动脉狭窄、主动脉瓣下狭窄）、血管闭塞（肺栓塞、主动脉血栓形成）以及主动脉或肺动脉高压。心室试图通过向心性肥厚来对抗增高了的后负荷。

**容积超负荷**

心室无法克服过度充盈（前负荷）。常见于瓣膜关闭不全（二尖瓣及主动脉瓣关闭不全）、分流（例如永存动脉干、动脉导管未闭、室间隔缺损等）、甲状腺毒症、慢性贫血、灌注治疗以及少尿等。为对抗容积负荷，心脏的首要反应是心室偏心性肥厚。

无论压力负荷还是容积负荷，长期累及心脏均出现病理性肥厚（见3.3节），随后导致负荷性心肌病，心脏舒张或收缩功能出现障碍。最典型的例子是重度主动脉瓣下狭窄所致收缩及舒张功能障碍、重度二尖瓣关闭不全或较大的永存动脉干所致收缩功能障碍。

## 3.5 心功能不全的临床表现

心功能不全可分为淤滞、水肿型心功能不全（充血性心力衰竭，回流障碍）和唾液减少型心功能不全（灌注性心力衰竭，排出障碍）。血流动力学改变以及临床症状取决于心功能不全的类型以及受累的心腔。

### 3.5.1 充血性左心功能不全

左心充血引起肺静脉及脏层胸膜静脉流体静力学压力增加，导致肺水肿或胸腔积液。

**病因**

- 左心房压力超负荷：二尖瓣狭窄
- 左心房容积超负荷：二尖瓣关闭不全
- 左心室容积超负荷：左右分流、主动脉瓣关闭不全、血容量增加（扩张型心肌病）
- 左心室舒张功能障碍：肥厚型心肌病、限制型心肌病、继发性左心室肥厚

**临床表现**

- 呼吸急促、端坐呼吸、呼吸困难
- 咳嗽
- 低氧血症所致机能下降
- 紫绀（少见）

### 3.5.2 充血性右心功能不全

右心充血引起肝静脉及腹膜静脉流体静力学压力增加，导致腹水、胸腔积液，少数情况下引起外周水肿。

**病因**

- 右心房压力超负荷：三尖瓣狭窄
- 右心房容积超负荷：三尖瓣关闭不全
- 右心室容积超负荷：血容量增加（扩张型心肌病）
- 右心室舒张功能障碍：心包限制性疾病或心包积液、继发性右心室肥厚

**临床表现**

- 腹围增加（肝脾肿大、腹水）
- 颈静脉搏动、怒张
- 外周水肿（少见）

### 3.5.3 灌注性心功能不全

无论右心、左心抑或双侧出现排血障碍，均导致器官灌注下降。由于组织缺氧、过多氧气从血液交换到组织，静脉氧含量下降，出现乳酸酸中毒。

**病因**

- 右心异常
  - 充盈减少：心包填塞
  - 流出道狭窄：肺动脉狭窄，肺内血栓形成或栓塞
- 左心异常
  - 心肌功能减弱：扩张型心肌病，心肌炎
  - 流出道狭窄：主动脉瓣下狭窄（SAS）
  - 重度缓慢型心率失常与快速型心率失常

**临床表现**

- 心脏功能减弱（早期表现）
- 疲劳、乏力
- 黏膜发白，毛细血管充盈时间延长
- 四肢发冷，体温过低
- 重度右心灌注性心衰时出现呼吸困难

每一种心脏病在初期都有特异性的血流动力学异常，但是到了后期，常表现为多发性异常。例如，扩张型心肌病和主动脉瓣下狭窄原发症状表现为排血减少，随着病程进展，会出现心室容积扩张，舒张功能受限伴心室肥厚，进而表现为左心回流障碍。二尖瓣关闭不全时早期表现为左心回流障碍，晚期由于出现收缩功能下降，会导致心脏排血功能障碍。

## 3.6 心功能不全分级

心功能不全的分级有几种，对于临床工作来说其中一种就足够，不过还是应该对各种分级方

法之间的联系与区别有所了解。

**NYHA分级（修正版）**

纽约心脏病协会（NYHA）人心脏功能不全分为4级，适当修改之后可作为犬和猫的分级使用（表3.1）。

由于对猫和犬来说区别Ⅱ级和Ⅲ级较为困难，有文献报道提出进一步修正，将X线片上心脏增大程度加入分级标准中来。

**ISACHC分级**

由国际小动物心脏健康协会（ISACHC）制定的纯兽医学分级（表3.2）。

**CHIEF分级**

2001年出现新的人心功能不全分级方法（美国心脏病学会），不久之后经过部分修订，也很快用于后天性犬心脏病所致心功能不全的分级（犬心衰国际专业论坛，CHIEF，表3.3）。

此分级方法的特别之处在于首次将具有心脏病高危因素但还没有患心脏病的动物纳入进来。这样分级的目的是为了对这些动物进行检测，以便早期发现疾病。B期则相当于NYHA和ISACHC分级中的Ⅰ级。第二个创新之处在于，患病动物只能沿着A期至D期进行分级，顺序不能反过来。只是在C期中，根据症状轻重，分级可以在C1–C3中来回改变。这其中的意义在于，具有临床症状的C2期动物经过药物治疗后，如果症状消失，可以变回C1期，但是由于后期仍然需要药物维持，因此不能再归入B期。

## 3.7 心功能不全的治疗策略

治疗心功能不全的首要目标是治疗原发病（例如封堵分流道、穿刺治疗心包积液等）。遗憾的是后天性心脏病中能够针对病因进行治疗的可能性很小。所以治疗目的主要在于通过提高心脏搏动功能、减少血液淤滞以改善临床症状，通过改变神经介质活性以延长生命。具体药物将在第13章中做详细介绍。

**表3.1 心功能不全NYHA分级（修正版）**

| 分级 | 定义 |
|---|---|
| Ⅰ | 患心脏病，常规负荷下无临床症状 |
| Ⅱ | 常规负荷下有症状 |
| Ⅲ | 最小负荷即有症状 |
| Ⅳ | 静息状态下即有症状 |

**表3.2 心功能不全ISACHC分级**

| 分级 | 定义 |
|---|---|
| Ⅰ | 无临床症状患者 |
| | –有心脏病，无临床症状 |
| Ⅰa | –无代偿表现※ |
| Ⅰb | –有代偿表现※ |
| Ⅱ | 轻到中度心功能不全 |
| | –静息状态或轻度负荷时有临床症状，不影响生活质量 |
| Ⅲ | 进展性心功能不全 |
| | –有明显的心功能不全表现 |
| Ⅲa | –需要家庭护理 |
| Ⅲb | –需住院治疗 |

※X线或超声检查发现因压力或容积超负荷导致的心室肥厚。

**表3.3 心功能不全CHIEF分级**

| 分期 | 定义 |
|---|---|
| A期 | 心脏病高危种 |
| | –无器质性心脏病 |
| | –具有遗传危险因素，患全身性疾病累及心血管系统 |
| B期 | 患心脏病，没有心功能不全表现 |
| | –已经可以发现心脏变大 |
| C期 | 既往或目前有客观的心功能不全症状 |
| C1 | –既往没有临床症状（稳定型心功能不全） |
| C2 | –目前出现轻到中度心功能不全表现 |
| C3 | –目前出现重度表现，影响日常生活，伴或不伴唾液减少 |
| D期 | 治疗无效性心功能不全 |
| | –对最大限度药物无反应 |
| | –为确保动物存活，需要采取陪护措施 |

# 4 心脏病的临床检查

Marianne Skrodzki

## 4.1 病史-问诊是做下一步决定的基础

近年来，心脏病的检查技术有了很大发展，大大方便了疾病的诊断。不过，作为“传统的”检查方法，病史、体格检查及听诊等在今天仍然具有重要的价值，是所有诊断手段的基础。

在进行心脏和循环系统体格检查之前，必须进行一次医生与动物主人之间的谈话（问诊）。首先，这样的对话可以建立起互相之间的信任，另外也可以获得足够的鉴别诊断信息。

**最重要的提问**

在详细记录动物的品种、年龄、性别和体重后，问诊应该从基础介绍开始。在询问病史时，不应该只局限于心脏症状，其他器官系统也应该包括在内。对全身各系统的提问，可以避免出现暗示性问题（表4.1）。

**表4.1 询问病史**

| | |
|---|---|
| 1. | 怎么不舒服？ |
| 2. | 从什么时候开始的？ |
| 3. | 症状什么时候出现（与体位、负重有关吗）？ |
| 4. | 这些症状出现有规律吗（例如天气、季节）？ |
| 5. | 症状严重吗？ |
| 6. | 症状加重了吗？ |
| 7. | 以前出现过这种症状吗？ |
| 8. | 有心脏和/或其他器官的先期疾病吗？ |
| 9. | 还有其他不适吗？ |
| 10. | 同族动物中有遗传性心脏病或猝死的例子吗（家族史）？ |
| 11. | 现在在用什么药（哪些药，何时开始用，用量及用法）？ |

询问患病动物家族中有无心脏病病史及死亡原因，有助于评估心血管方面的遗传危险因素。

关于治疗的提问，即患病动物目前在使用哪些药物、何时开始使用，以及药物的用法或者既往使用过什么药物。此外，要进一步了解动物主人的可靠性（依从性）。注意询问动物主人是否“自作主张”进行了一些治疗，比如植物制剂等。为了评价目前的治疗效果或者说有无“治疗失误”，应该验证一下目前的药物用量是否符合动物的体重。

由于动物主人大多数并非医学专业人士，所以对他们的陈述要进行仔细的询问与确认。例如，犬在高温环境中会出现强力呼吸以调节体温，有些主人会以为是生病的表现；还经常有人说犬的“舌头变蓝”了，其实是对黏膜颜色的误解。

与此相反，有些症状比如奔跑意愿下降、体力下降或劳累后呼吸困难等，很容易被忽略。特别是当这些症状出现在老年犬身上时，会被误认为是由于年龄和体质所致，而当作正常表现来对待。

呼吸困难、咳嗽、紫绀、体力下降、嗜睡、体重减轻、食欲下降、腹围增加或者痉挛发作等症状并非心血管疾病所独有。因此，判断这些症状是否为心功能不全所致并非一件容易的事。其他具有上述症状的疾病应该在鉴别诊断时考虑到，并予以排除，尤其要考虑到，心脏病常常与其他系统或器官疾病同时发生。搞清楚心脏病是原发病还是继发于其他疾病，如甲亢或甲减等，对于治疗有很重要的意义。

**呼吸困难与咳嗽**

呼吸困难与咳嗽不仅见于右心功能不全或左心衰并发肺瘀血时，也发生于各种不同的呼吸系统疾病（表4.2）。贫血也会出现呼吸困难、耐力下降等症状，肾上腺皮质功能亢进、肥胖等这些症状也不少见。

呼吸道症状持续的时间有助于鉴别诊断。如果咳嗽或者呼吸困难小于8周，称为急性期，可与持续存在的慢性呼吸道疾病相鉴别。大多数患心

表4.2 咳嗽与呼吸困难的最常见临床病因

| 急性（＜8周） | 慢性（≥8周） |
| --- | --- |
| • 急性心功能不全 | • 慢性心功能不全 |
| • 心律失常 | • 肺心病 |
| • 胸腔积液、心包积液 | • 腹膜心包膈疝 |
| • 喉气管支气管炎 | • 气管软化 |
| • 急性支气管炎 | • 慢性支气管炎 |
| • 急性支气管性哮喘 | • 慢性支气管性哮喘 |
| • 肺炎（细菌性、病毒性、真菌性、寄生虫、吸入性、异物） | • 慢性阻塞性肺病，肺纤维化支气管或肺肿瘤 |
| • 肺栓塞 | • 胸膜炎 |
| • 气胸 | • 肥胖（呼吸困难） |
| • 急性肺栓塞 | • 肾上腺皮质功能亢进（呼吸困难） |
| • 高血压危象 | • 甲亢、甲减（呼吸困难） |
| • 贫血 | • ACE阻滞（少见） |
| • ACE阻滞（少见） | |

脏病动物的呼吸困难症状进展较慢，初期表现为运动后呼吸困难，到心功能不全时则演变为静止状态下也有呼吸困难。

急性咳嗽发作可见于任意年龄段患病动物，大多数由于呼吸道细菌或病毒感染所致。处于心脏病代偿期的猫或犬也会因为生理或“心理”压力而突然出现咳嗽与呼吸困难，例如生活环境改变、极度紧张、麻醉或其他伴随的器官病变或代谢疾病。这些症状可能源于心功能突然失代偿，也可能因同时存在的其他疾病所引起。

急性哮喘性支气管炎、异物吸入和气胸所引起的呼吸困难一般出现在疾病发作期。慢阻肺、肺纤维化、肺肿瘤或贫血、胸腔积液出现呼吸困难则提示疾病有新进展。

慢性咳嗽白天或夜间均可发生，可发生于静止状态也可出现在运动后。气管受压或项圈牵拉都可引起咳嗽，气温过高或空气湿度过大也可以导致。心功能不全的患病动物在凌晨、饮水时或饮水后可出现典型的咳嗽症状，但动物主人可能会误认为是早晨的“干呕”或饮水所致“呛咳”，因而在被询问病史时没有提及。动物常在夜间或凌晨出现烦躁不安，同时伴有咳嗽。

**体力下降**

心血管系统疾病引起体力下降时要与肾病、内分泌失调、贫血、肿瘤或者运动系统疾病等相鉴别。仔细询问动物的食欲、体重变化、饮水情况以及排便习惯等有助于疾病的诊断。同时要注意有没有过度肥胖的表现。

**体腔积液**

心源性积液并不少见。值得注意的是，老龄心脏病患犬、猫可能伴有肝病、肿瘤（如血管肉瘤）等，同样容易引起胸腔积液的疾病。因此一定要注意鉴别诊断。此外，低蛋白血症、感染（例如传染性腹膜炎）或外伤也会引起胸腔或腹腔积液。

**食欲缺乏**

宠物医院常常会接诊食欲下降的患猫。对于这种非特异性的症状，人们不一定会考虑到心脏病是元凶，尽管采食量减少是心脏病患猫的常见症状。患病猫同时可以出现呼吸困难、张口呼吸或胁腹呼吸、行为退化以及运动兴趣减低等症状。不过，猫心功能不全时很少出现咳嗽症状，由于生活习性不同，在犬心功能不全时常见的体力下降、夜间烦躁，在猫身上几乎不会出现。

**晕厥（休克）**

晕厥是不随意运动的表现，猫、犬出现晕厥见于癫痫或心脏病发作时。晕厥的其他原因还有低血糖、低钙血症、门体分流、各种中枢神经系统疾病以及严重呼吸衰竭所引起的低氧血症等（表4.3）。发病时间、发病原因与机体紧张或兴奋是否有关等，均有助于鉴别诊断。心源性晕厥发生于身体应力或兴奋状态下，心外原因所致晕厥常发生于静息时（癫痫）或与进食有关（低血糖）。

晕厥的临床表现非常多样化（表4.4）。可出现短暂的视力、意识或运动问题，也可出现虚脱、强制性痉挛、阵发性痉挛等，同时伴有自发性叫声及大小便失禁。不同形式的晕厥发作可单独发生，也可混合出现。

心源性晕厥也被称作Adams-Stokes综合征，是心律失常导致脑缺血而发生低氧血症所致。诊

表4.3 晕厥病因分类

| 心源性晕厥 | 非心源性晕厥 |
| --- | --- |
| **心律失常** | **神经/神经血管性** |
| •心动过缓 | •癫痫 |
| •窦性心动过缓 | •缺血 |
| •病窦综合征 | •中枢血管收缩 |
| •窦房或高度房室传导阻滞 | •脑炎（如犬瘟热） |
| •心动过速 | **代谢性/内分泌性** |
| •室上性心动过速 | •低血糖 |
| •房性心动过速 | •低钙血症 |
| **器质性病变** | •中毒 |
| •先心病（如主动脉瓣狭窄） | •尿崩症 |
| •紫绀型缺损所致低氧血症 | •贫血 |
| •心肌病（扩张型、肥厚型或限制型） | •肿瘤 |
| •心肌炎 | |
| **其他原因** | |
| •低血压 | |
| •肺动脉高压性晕厥 | |

表4.4 心源性和非心源性晕厥表现

| 晕厥表现 | 心源性 | 癫痫 |
| --- | --- | --- |
| 直接诱发因素 | 大多发生于生理或心理负荷后 | 无 |
| 睡眠中发作 | 可能 | 大多数 |
| 预兆 | 无 | 可能 |
| 运动失调 | 可能 | 无 |
| 全身肌无力 | 是 | 否 |
| 肌阵挛 | 可能，多个局灶部位 | 大多为全身性 |
| 虚脱 | 是 | 是 |
| 意识丧失 | 可能 | 是 |
| 肌张力升高 | 可能 | 是 |
| 咬肌痉挛，唾液增多 | 无 | 可能 |
| 尿失禁 | 偶尔 | 常见 |
| 呻吟 | 可能 | 可能 |
| 发作后康复 | 立刻 | 较慢 |

断的重点在于心律失常的严重程度、持续时间以及脑缺血的程度。短时心衰所致的晕厥引起中风样昏倒，是因为脑血流的突然完全中断，而发作性心动过速或心动过缓时，大脑还有部分血流灌注，因此其表现出来的晕厥症状与前者有区别。动物短暂的身体摇晃或缓慢昏倒常见于持续性心律失常，如房颤或完全性房室传导阻滞，不过仅见于身体应激或兴奋时。其病理基础为大脑一过性低血流灌注。与此相反，一些代谢性异常如低氧血症、低血糖和换气不足等不能归为晕厥事件，因为这些异常并非大脑一过性低血流灌注所致。

## 4.2 视诊、触诊和叩诊

### 4.2.1 视诊

在询问病史时可同时观察，动物的一般状况以及呼吸节律、呼吸深度、呼吸类型等。此时应该将犬放入检查室使之可以自由活动，不要立即坐在桌子上。猫应该放在敞开的笼子里观察，幼犬则在主人的手臂或膝盖上。

**肥胖**

肥胖动物血浆容量及心脏每分钟容量增加，心室舒张需对抗更多容积负荷，久而久之造成左心室肥厚。长期肥胖易引起左心功能不全，到后期右心亦受累。对于有心脏病的小动物来说，肥胖大大增加了心功能突然失代偿的危险。心功能失代偿逐渐加重，出现肺心病、Pickwick综合征等，后者包括高碳酸血症、低氧血症、紫绀、红细胞增多症、嗜睡等临床表现。

**恶病质**

由于细胞缺氧以及组织吸收、合成障碍可发生心源性恶病质。患有先心病的猫和犬发育均显得迟缓。在询问病史时，动物主人常常描述说，尽管喂养的很好，但他的动物差不多是同龄中最瘦小的一个。后天获得性心脏病并发心功能不全的动物也会发生恶病质。患有心脏病的猫，尤其出现肥厚型心肌病、甲亢或主动脉瓣狭窄等病变时，食欲不振且体重减轻是常见的症状。

**体型**

有些患病动物，由于巨大肿瘤、肝脾肿大或腹水等原因引起胸、腹部畸形，通过视诊即可发现。

**心尖搏动**

通常情况下心尖搏动是无法看见的。心脏发生胸腔内转位的动物可以在其左侧胸廓看见心尖搏动，不过健康的短毛、胸廓狭长的动物也可出现肉眼可见的心尖搏动。

**水肿**

犬和猫出现会厌部、下胸部及四肢水肿十分少见。心脏舒张功能不全、淋巴回流障碍或肾病综合征时可以发生。

**静脉堵塞**

严重的右心功能不全将会影响外周静脉回流，出现双侧颈静脉搏动，长毛动物需拨开毛发才可看见。鉴别诊断要考虑是否有肿瘤原因所致静脉回流受阻，不过后者常见于单侧。

**黏膜**

结膜或口腔黏膜苍白是休克的典型表现，心源性休克也是如此，不过也见于贫血等。由于重度贫血可引起循环高流量并发呼吸困难，伴有功能性收缩期杂音，所以黏膜苍白具有重要的鉴别诊断意义。

肺血流灌注下降时（例如肺动脉重度狭窄、分流型心脏病等），可出现紫绀，表现为舌头、鼻腔等呈蓝色。动脉导管未闭伴右向左分流时可出现尾部黏膜呈蓝色，阴部最明显。其他导致血液中含氧量下降引起发绀的原因，还包括左心功能不全所致的肺水肿和各种呼吸系统疾病等。

**毛细血管充盈时间**

用手指按压牙龈部位，去除压力后，如果黏膜在2s之内颜色由白转红，说明毛细血管充盈时间在正常范围。如果大于2s，可见于心脏灌注功能下降、交感神经高度紧张、血管收缩、脱水或休克等。贫血时毛细血管充盈时间可缩短。

### 4.2.2 触诊

**心尖搏动**

直接用手掌触诊双侧胸壁检查心尖搏动的部位及强度。一般情况下左侧比右侧感觉更明显。心尖搏动减弱可见于胸腔内心脏转位、肿瘤、胸腔积液或心包积液等。肥胖动物可能无法触及心尖搏动；而左心超负荷时（例如心肌肥厚），心尖搏动会增强。

较大的心脏杂音可以在侧胸壁出现震颤感。

**动脉搏动**

动物站立位，触诊双侧后腿股动脉，评价并比较两侧动脉搏动的频率、节律、强度、一致性以及对称性。晕厥或休克的动物可触诊舍动脉来评价脉搏。

（1）搏动频率

- 稀脉：心动过缓时脉搏“变缓”。
- 频脉：心动过速时脉搏“增快”。

（2）搏动节律

- 规则脉：窦性心律，脉搏整齐。
- 不规则脉：脉搏不整齐。
  - 生理性：受呼吸节律不齐影响。
  - 病理性：心律失常所致。
  - 期外收缩：在正常节律中额外出现一次收缩。
  - 绝对性心律失常：房颤、室颤。

（3）搏动强度

- 硬脉：脉搏“变硬”，搏动较重，见于高血压。
- 柔脉：脉搏“变弱”，搏动较轻，见于低血压。

（4）搏动的压力振幅（收缩期与舒张期压力差）

- 巨洪脉：由于血压振幅增大导致脉搏增强，见于发热、主动脉瓣关闭不全等。
- 细脉：压力差减小，脉搏“较小”，见于主动脉瓣狭窄，心功能不全，循环衰竭等。
- 水冲脉（促脉）：主动脉瓣关闭不全时，血压差增大，脉搏急促、明显。

兴奋也可以使脉搏增快，这种兴奋也许外在并没表现出来。此外，脉搏增快还见于心脏病、发热和运动后。脉搏强度应该保持一致，即心脏每搏输出量是相等的，血管充盈良好，血管壁均匀受压。血管收缩或扩张会影响触诊结果。随着血液充盈变化，血管张力可增高或降低。心排血量减少，脉搏就变弱，见于脱水、休克、严重心肌病以及瓣膜狭窄等症状。重度主动脉瓣关闭不全时可出现明显增强的收缩期脉搏（由于每搏输出量增加），舒张期血管张力明显变大。

房颤、阵发性心动过速等心律失常时，除脉搏不规则、不整齐，还可出现脉搏脱漏。外周脉搏完全不规整，且脉率少于心率。

双侧后腿脉搏如果有差异，提示一侧血管狭窄或可能闭塞。如果双侧后腿脉搏缺失且皮温降低，对猫来说最大的可能是主动脉血栓形成，应立即测量血压，进行多普勒超声或血管造影检查。

**静脉搏动**

重度三尖瓣关闭不全或充血性心力衰竭时，中心静脉压增高，触诊及视诊可发现静脉搏动表现。

**外周水肿**

组织间液体量增加导致轻度按压性水肿，尤其好发于双侧下肢。这种皮下水肿病因多为淋巴回流障碍、低蛋白血症，少数情况下源于充血性心衰。

**甲状腺**

甲状腺功能亢进是猫心功能不全的常见原因。因此对这一类动物检查时要包含甲状腺触诊，排除有无肿大。

**腹部**

腹部触诊主要针对右心功能不全或肺泡功能不全所致的肝脾肿大，以及腹部肿瘤。

大量腹水时触诊腹部有波动感。重度右心功能不全引起的腹水，做诊断性穿刺可抽出无菌性积液（渗出液），应与肝硬化、肾病综合征等引起的低蛋白质含量的腹水相鉴别。富含蛋白质的腹水（漏出液）常由肿瘤（癌症、恶性淋巴瘤）或感染性病变引起。肝、脾血管肉瘤可导致腹腔内积血。

### 4.2.3 叩诊

胸腔叩诊可通过手指叩击手指的方法完成，对于小动物虽然可以明确心脏大小，但是由于其准确性不佳，仅能作为X线或心脏超声检查前的初步检查。虽然大量胸水时，叩诊可以通过减低或增高的叩诊音发现病变，但是对于肥胖动物或肺部疾病动物仍然有较大的漏诊率。

## 4.3 听诊–听诊器是心脏病检查时不可缺少的工具

随着各种检查仪器的使用，基础听诊逐渐被忽略了，尽管它是一种很重要的心脏检查手段，但是耗费的时间可能稍长。

心脏听诊时要注意区分心音和心脏杂音，评价心率、心律和心音强度。杂音的强度与音量可区分心脏瓣膜结构异常、瓣膜功能障碍、心间隔缺损和血管异常。心包炎症可出现心包摩擦音。

### 4.3.1 听诊器

小动物心脏病学中最常用的听诊器是带有多普勒探头的有声双管听诊器，管腔较小，管壁尽可能厚以减少环境噪音的干扰。听诊器各连接部位要密封良好。为了使心音及杂音频谱全部包含在内，配备有膜式听诊头及开放式听诊头，可以互相切换。其中，膜式探头用于高频者，而针对较深的回声频率、心音分裂以及奔马律等使用开放式听诊头更好。不过目前新的听诊器膜式探头也可以完成这些工作，其可根据膜在体表的不同压力检查不同的频率范围。

### 4.3.2 听诊方法

心脏听诊应在尽可能安静的房间里进行，检查者可取站立位、坐位或蹲位。不要采取弯腰前倾的姿势，因为这样会影响听觉效果。检查者听诊时闭上眼睛能更好地集中注意力。

心、肺及胸腔应该逐步听诊，双侧胸部至少听诊2min。当呼吸杂音与心音同步时，心音的听诊会变得比较困难，甚至会导致错误的结论。因此有必要在听诊时用手将犬嘴及鼻子暂时捂住。

为了使心脏在正常体位接受检查，应尽量让动物保持站立位。对于心动过速的动物，为了更准确地区分第一心音和第二心音，可用手掌按压动物的双侧眼球，这样能使心率明显慢下来。

### 4.3.3 最强听诊点

最强听诊点是指胸壁上听诊最清楚的部位，对于心音或杂音产生的部位有很重要的定位意义（表4.5）。

犬肺动脉瓣的最强听诊点在胸骨左缘第3肋

间，肋骨与肋软骨连接处稍下方。再往尾侧，左侧第3～4肋间，肋骨与肋软骨连接处稍上方是主动脉瓣最强听诊点。二尖瓣的最强听诊点位于左侧第5～6肋间，肋骨与肋软骨连接处。

猫二尖瓣最强听诊点在左侧第4～5肋间，更确切的说位于胸骨与脊柱连线腹侧1/4处。将听诊器稍向头侧移位，左侧第3～4肋间，胸骨与脊柱连线腹侧1/3水平处可找到主动脉瓣的最强听诊点。再稍偏向头侧、腹侧移动，肺动脉瓣最强听诊点位于左侧第2～3肋间。

犬和猫三尖瓣最佳听诊点均位于右侧胸壁第4肋间附近，犬在腹侧肋骨与肋软骨连接处，猫则位于胸骨旁。

表4.5 犬与猫的最强听诊点

| 心瓣膜 | 犬 | 猫 |
|---|---|---|
| 肺动脉瓣 | 胸骨左缘第3肋间，肋骨与肋软骨连接处稍下方 | 左侧第2～3肋间，胸骨与脊柱连线中点水平处 |
| 主动脉瓣 | 左侧第3～4肋间，肋骨与肋软骨连接处稍上方 | 左侧第3～4肋间，胸骨与脊柱连线腹侧1/3水平处 |
| 二尖瓣 | 左侧第5～6肋间，肋骨与肋软骨连接处 | 左侧第4～5肋间，胸骨与脊柱连线腹侧1/4水平处 |
| 三尖瓣 | 右侧第3～4肋间，肋骨与肋软骨连接处 | 胸骨右缘第4～5肋间 |

## 4.3.4 听诊结果

### 4.3.4.1 心音

在健康犬和猫的每个心动周期中，可以听到有节律的交替而来的两个声音，称为心音。由于物理传导原因，左侧胸壁听诊心音稍强于右侧胸壁。一侧或双侧听诊心音减弱或消失，可见于肿瘤、心包积液、胸腔积液、膈疝或腹膜心包膈疝等，不过重度肥胖时也可发生。低血容量症和重度心功能不全也会导致心音减弱。

**第一心音**

第一心音发生于心室收缩的开始，两个房室瓣（二尖瓣和三尖瓣）同时关闭、半月瓣（肺动脉瓣和主动脉瓣）开放，声音低沉。因为血流冲击使瓣膜片、腱索及其他心室结构紧张、振动而产生。犬和猫的第一心音都是在胸壁左侧心尖区听得最清楚，此处第一心音高于第二心音。一般来说，三尖瓣区第一心音的声音较轻，不过心音强度取决于心室充盈程度，根据电生理刺激范围不同有较大变化。发热、高血压、甲亢时，双侧房室瓣区听诊第一心音都很响亮，低血容量或心功能不全失代偿时则心音低于正常。期外收缩、房颤等心律失常同样会影响心音强度。

**第二心音**

第二心音发生于心室收缩末期，对应为两个半月瓣关闭。第二心音产生的原因包括心肌早期舒张的振动、血流对大血管冲击引起的振动以及房室瓣的开放。第二心音的最强听诊点位于双侧半月瓣区以及心底部，左侧强于右侧。根据大血管阻力不同，第二心音强度会有变化。与第一心音比较，第二心音占时较短，音调较高。肺动脉高压时，第二心音增强，低血容量、低血压以及心功能不全失代偿时第二心音减弱。

**心律**

健康犬或健康猫在第二心音之后都能听到有规律的间歇期。这是一种代偿性间歇，仅出现在心率相对较慢时。对于正常心率来说，第一心音与第二心音之间的时间差异（收缩期）明显短于第二心音到下一次第一心音之间的时间差异（舒张期）。

处于安静状态的健康犬在吸气时心率会增快（胸腔压力增高→搏出量减少→心率增加），呼气时则心率减慢（胸腔压力降低→搏出量增加→心率变慢）。当心率超过140次/min时，这种现象就不再出现了。由于健康猫的心率通常超过140次/min，所以这种呼吸性窦性心律不齐在猫身上就比较罕见了。

病理性心律失常则与呼吸无关，心率越快，发生的可能性越高。听诊心音同时检测脉搏对诊断心律失常很有帮助。在正常基础心律之外发生的心脏搏动，由于其搏出量较少，此次搏动可表现为脉搏变弱甚至脱漏，从而使股动脉触诊脉率低于在心脏听诊的心率。

**第二心音分裂**

深吸气时，由于胸腔压力升高，肺动脉瓣关闭稍延迟于主动脉瓣，第二心音出现生理性分裂，因其与呼吸有关，也叫呼吸性心音分裂。尽管健康犬和猫都会出现这种心音分裂，但是由于时间间隔太短，人耳听不出分裂声。

如果在呼气时听到第二心音分裂，则通常为病理性，可见于犬右束支传导阻滞。与呼吸无关的第二心音分裂见于房间隔缺损伴左向右分流或肺动脉狭窄。如果主动脉瓣关闭迟于肺动脉瓣，可出现所谓的第二心音反常分裂，这种情况在小动物中十分少见，可见于重度高血压和左心功能不全。

**舒张期奔马律**

正常心音后出现附加心音，称为舒张期奔马律。第三心音与第四心音混合，听诊可听到所谓的三音律。这种情况见于充血性心衰同时伴有心动过速，听诊较难发现。

**收缩期喀喇音**

收缩期喀喇音是发生于收缩中期的一种短促声音，人类常见于二尖瓣脱垂，在犬则见多于慢性房室瓣退行性疾病的早期。

#### 4.3.4.2 心脏杂音

心脏杂音是犬和猫各种先天性或获得性心脏病最常见的症状（表4.6）。当血流通过相对或真性狭窄、关闭不全的半月瓣或房室瓣瓣膜口以及心内分流时即产生杂音。相对狭窄是指瓣膜口大小正常而血流明显增加时产生的两者之间不平衡。相对关闭不全则是指房室瓣形状正常，瓣环出现扩张或变形，血流正常或增加（例如扩张型、肥厚型或限制型心肌病）。

无论何种原因引起的杂音，都应该根据以下特征来描述：

（1）在心动周期中的出现时间（收缩期、舒张期或连续性）

（2）杂音形式

A）菱形（声音渐升，声音渐降，声音渐升渐降）

B）一贯形

（3）在收缩期或舒张期内的时间（早期、中期、晚期或全期）

（4）杂音所在部位（最强听诊点）

（5）放射（颈动脉？）

（6）杂音强度

**收缩期杂音**

收缩期杂音发生于心脏收缩期，即第一心音与第二心音之间。听诊发现的犬和猫心脏杂音90%以上为收缩期杂音。

收缩期喷射性杂音发生于收缩中期，由于肺动脉瓣或主动脉瓣狭窄所致。该杂音在第一心音之后，声音变化呈菱形，常为中、低频。它发生于血流峰值期，而非压力峰值期。

收缩期返流性杂音见于二尖瓣、三尖瓣关闭不全以及室间隔缺损。房室瓣关闭不全引起的返流性杂音表现为紧随第一心音之后发生的全收缩期杂音，杂音形式为一贯形，强度几乎没有变化。大多数情况下为高频杂音。小室间隔缺损或巨大室间隔缺损可出现典型的收缩早期杂音。

**舒张期杂音**

舒张期杂音发生于心脏舒张期，第二心音与第一心音之间。这种杂音对于犬和猫相对少见，由半月瓣关闭不全或房室瓣狭窄引起。

舒张期返流性杂音由肺动脉瓣或主动脉瓣关闭不全引起，紧邻第二心音出现，因为此时半月瓣关闭，有血液返流。随着舒张期压力逐渐减低，杂音呈高频声音，逐渐递减。

二尖瓣或三尖瓣狭窄引起的杂音发生在舒张早期或晚期。音调递减，并非紧随第二心音之后，而是在充盈期开始稍延迟一段时间，在房室瓣开放时出现。强度达到一定程度时，可以在侧胸壁触及震颤。

**连续性杂音**

连续性杂音发生在收缩和舒张两期，右称为机器样杂音。这种杂音最常见于动脉导管未闭，两期均可听见，不过收缩期强于舒张期。

**功能性杂音**

功能性杂音又称为非器质性杂音或贫血性杂

音。发热、情绪激动或甲亢等情况时，因心脏搏出量增加或血流速度加快而产生功能性杂音。贫血或低蛋白血症时因血黏度下降，也可产生杂音。这种杂音发生于收缩期，持续时间短，发生于第一心音之后，在第二心音之前结束。强度在1～3级之间（见4.3.4.3），所以听诊时声音很细小，吸气时稍明显，较强的听诊点位于心尖或心底，以及胸骨左缘。心音、颈动脉搏动以及心尖搏动均正常，胸壁无震颤。

**“功能性收缩期杂音”或“无害性杂音”**

功能性收缩期杂音在英语中叫做innocent murmurs，是一种无临床意义的杂音。主要见于幼年或生长期动物，心脏既无功能障碍也没有器质性病变，血管大小也无异常。常呈递增-递减型音调，在收缩期末结束，强度很弱。

#### 4.3.4.3 杂音强度

杂音强度有两种分级方法，分别有5级和6级。杂音强度分级高低并不等同于疾病的严重程度。另外，杂音较强时刻于胸壁触及震颤。

Ⅰ.心脏杂音分级（5级法，Detweiler Patterson分级，1965）

1级：能听见的最微弱的杂音

2级：微弱的杂音，在部分心动周期可听见

3级：听诊开始时能立即发现，且在胸壁较大范围可听见的杂音

4级：杂音响亮，但听诊器离开胸壁后不能听见杂音

5级：杂音响亮，听诊器离开胸壁也能听见

Ⅱ.心脏杂音分级（6级法）

1级：能听见的最微弱的杂音

2级：很微弱但能立即听见的

3级：较大的杂音，侧胸壁无法触及震颤

4级：能在侧胸壁触及震颤的最响亮的杂音

5级：杂音响亮，听诊器一触及胸壁即可听见

6级：杂音响亮，听诊器离开胸壁也能听见

表4.6 各种疾病听诊结果

| 疾病 | 杂音出现时间 | 杂音类型 | 最强听诊点 | 备注 |
|---|---|---|---|---|
| 二尖瓣关闭不全 | 全收缩期返流性杂音 | 一贯型 | 左侧第4～5肋间心尖区 | |
| 三尖瓣关闭不全 | 全收缩期返流性杂音 | 一贯型 | 右侧第4～5肋间 | |
| 扩张型心肌病 | 收缩期返流性杂音 | 一贯型 | 左侧第4～5肋间心尖区 | |
| 主动脉瓣狭窄 | 收缩中期至全收缩期喷射性杂音 | 递增-递减（菱形） | 左侧第3肋间 | 杂音较响时可传导至右侧第2～4肋间或颈动脉 |
| 肺动脉瓣狭窄 | 收缩期喷射性杂音 | 递增-递减（菱形） | 胸骨左缘第2肋间 | 可因肺动脉瓣延迟关闭出现第二心音分裂 |
| 房间隔缺损 | 收缩期 | 混合型 | 胸骨左缘第2肋间 | 肺动脉瓣相对狭窄引起杂音 |
| 室间隔缺损并左向右分流 | 收缩早期至全收缩期 | 混合型 | 胸骨右缘第3～4肋间及左侧第4～5肋间 | 缺损越大杂音越小，常在侧胸壁触及震颤 |
| 肥厚型心肌病 | 收缩中期喷射性杂音 | 混合型 | 左侧第4肋间心尖区或胸骨旁 | 可有震颤，多位于心尖区，可传导至颈动脉 |
| 二尖瓣狭窄 | 舒张期 | 递增-递减型 | 左侧第4～5肋间 | 肺动脉压越高，可能杂音越小 |
| 三尖瓣狭窄 | 舒张期 | 递增-递减型 | 右侧第4～5肋间 | |
| 主动脉瓣关闭不全 | 舒张早期 | 一贯型 | 左侧第3肋间 | 杂音来自主动脉扩张的声音，收缩早期大量血液搏出 |
| 肺动脉瓣关闭不全 | 舒张期 | 一贯型 | 左侧第2肋间胸骨旁 | |
| 动脉导管未闭 | 连续性，部分仅收缩期 | 递增-递减型 | 左侧心底 | |
| 心包炎 | | | | 心包摩擦音 |

# 5 心电图

Marianne Skrodzki

## 小动物1×1心电图检查

本章不是心电图的教科书，也不是有关心电图的文献，而是教你如何给小动物做心电图。与人体心电图教科书不一样，由于内容太多，我们不可能对每一种疾病都逐一进行叙述，只是借助Tilley（1997），Tilley，Trautvetter和Strodzki（2003）和 Trautvetter等（2006）的教学书籍，对犬和猫的心电图中一些专业术语，测量方法及心电图解析进行讲解*。

健康心脏的每一次收缩都是由一次电冲动触发的，这个电冲动来源于窦房结，经过心脏的传导系统激动心肌。这种电活动的变化能在体表捕捉到并记录在时间轴上，形成了不断重复的，形态相似的心脏电活动图形。这种图形显示的只是电活动信号，而不是心脏搏动信号。

Einthoven将心电图中的每个波和曲线按字母进行定义，P表示心房除极，QRS表示心室除极，T波表示心室复极。

一份异常心电图表示可能有潜在的原发或继发的心血管疾病，另一方面，有严重心脏疾病的动物心电图也可能正常。因此单纯依靠心电图作为对疾病或治疗效果进行评估的唯一标准是不够的，还必须结合其他检查，如X线（见第6章）和心脏超声（见第7章）。

* 中文版小动物心电图参考书可以阅读中国农业出版社出版的《小动物心电图入门指南》、《小动物心电图病例分析与判读》。

## 5.1 心电图记录

心电图通常使用3导联记录，也有使用单导联或6导联记录的。振幅1cm=1mV，走纸速度是25mm/s或50mm/s。如果心电图波形很小，可以将振幅调节为2cm=1mV，同样，如果波幅很大，可以调整为0.5cm=1mV。

由于镇静和麻醉都会使心电图发生变化，因此需要让动物清醒地躺在诊断床上记录心电图。在给动物记录心电图时，一个助手帮忙将动物头部平放，并将动物固定于右侧卧位。动物前肢伸直后位于躯干的右侧（图5.1）。错误的体位会使动物QRS波群及心电向量发生改变。如果只是想了解是否有心律失常或心率情况，那么动物的体位就没有那么重要了（图5.2）。这时动物也可在镇静状态下，对于呼吸困难的动物可以在舒适的体位下记录心电图。但这时务必进行说明，在进行心电图分析时也要注意这些因素。

把动物的皮肤用酒精或电极胶润湿后将鳄鱼嘴样电极固定在动物身上（图5.1）。前肢的电极固定于肘关节以远，后肢的电极固定于膝关节以远。黑色电极表示地线，可接在动物身上任何部位，通常置于后肢。也可以使用别针样或粘胶样电极，与鳄鱼嘴样电极相比，对于清醒的动物，这几种电极无明显优势。

心电图检查时至少需要记录6个肢导电极，即3个Einthoven肢导双极导联（Ⅰ、Ⅱ、Ⅲ导联）和3个Goldberger肢导单极导联（aVR、aVL、aVF导联）。此外记录胸导联也可以协助诊断，其中CV5RL=rV5，CV6LL=V2，CV6LU=V4和V10。

表5.1 犬猫的导联和导联放置点

| Eithoven肢导双电极 | | |
|---|---|---|
| Ⅰ | 红色电极=右侧VE→左侧VE=黄色电极 | |
| Ⅱ | 红色电极=右侧VE→左侧HE=绿色电极 | |
| Ⅲ | 黄色电极=左侧VE→左侧HE=绿色电极 | |
| Goldberger肢导单电极 | | |
| | 不同电极 | 相同电极 |
| aVR | 红色电极=右侧VE | 黄色和绿色电极 |
| aVL | 黄色电极=左侧VE | 红色和绿色电极 |
| | 绿色电极=左侧VE | 红色和黄色电极 |
| 胸导单电极 | | |
| CV5RL（rV2） | 5.ICR右侧胸骨旁 | |
| CV6LL（V2） | 6.ICR左侧胸骨旁 | |
| CV6LU（V4） | 6.ICR高位肋软骨-肋骨交界区左侧 | |
| V10 | 第7胸椎棘突上方 | |

VE：前肢肢导，HE：后肢肢导

## 5.2 心电图测量

心电图需要人工测量。进行心电图测量时，分规和量尺非常重要。最小的测量单位是0.5mm。将5次完整的心动周期取均值后每个参数大致相差不到0.5mm，即0.01s或0.05mV。在人体上记录的可以在电脑上进行测量，而动物的心电图在电脑上测量可能不准确。

所有导联上都应该测量P波，QRS波群以及T

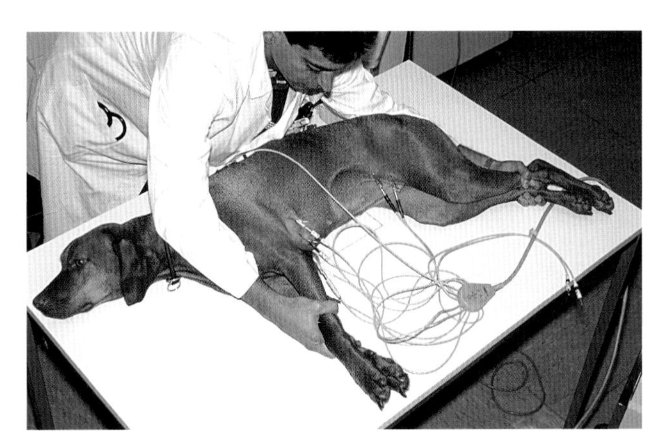

**图5.1** 给平卧位的犬做心电图

**图5.2** 给站立位的犬做心电图

波的振幅（mV）。P波和QRS波群的时程，以及PQ和QT间期主要在Ⅱ导联上测量。在某些特殊情况下，如果上述导联描记质量不高以至于影响测量结果时才使用其他的肢导进行测量。同样，要在50mm/s走纸速度下记录同一呼吸相内5个心动周期后进行测量。推荐使用图表的方式进行心电图的测量。

本章节的结构见以下这张表。典型心电图重要特点的描述见典型特征。

**心电图结果**

1. 心率：正常，心动过缓，心动过速？
2. 心律：整齐，不整齐？
3. 每个QRS波群之前是否都有P波？
4. 每个P波之后是否都有QRS波群？
5. 描述性分析：
   - P波
   - QRS波群
   - T波
   - ST段
6. 心电向量
7. PQ间期：正常，延长或阻滞？
8. QT间期：缩短，正常或延长？
9. 期前收缩
   - 是/否？
   - 每分钟次数？
   - 来源？
10. 其他异常？
11. 总结

## 心率

观察心电图时首先通过心电图测量心率。通常是在25mm/s的走纸速度下测量心率，这时一个小格（1.0mm）是0.04s。计算6s内出现的QRS波群的个数，也就是在25mm/s的走纸速度下150mm内出现QRS波群的数目，用这个数字乘以10就是1min的心跳次数。走纸速度不同时，可以通过类似的方法计算心率（表5.2）。如果心房波和心室波出现频率不同，如高度房室传导阻滞时，则要分别计算心房波和心室波的频率。

犬和猫在生理条件下心率存在明显的变异（表5.3），而且会随动物的兴奋程度发生改变。

**表5.2 在心电图上根据走纸速度确定心率**

| 走纸速度 | 1小格=1mm | 150小格=150mm |
|---|---|---|
| 25mm/s | 0.04s | 6s × 10=HF/min |
| 50mm/s | 0.02s | 3s × 20=HF/min |
| 100mm/s | 0.01s | 1.5s × 40=HF/min |

**表5.3 健康犬和猫的心率**

| 动物 | 心率/min |
|---|---|
| 猫 | 160 ~ 240 |
| 犬 | 70 ~ 160 |
| 小品种犬 | 70 ~ 80 |
| 幼犬 | <220 |

## 心律

犬和猫的正常节律是规则的窦性节律。心脏的电冲动来源于右房附近的窦房结。心脏的电活动及之后的心肌收缩都从窦房结开始，经由心房，房室结传导最后到达心室。心律随呼吸变化，游走心律是正常心脏节律的变异。

## 窦性心律

**健康猫：** HR=220次/min，规则出现的P 波，每个P波之后是窄的QRS波群，每个QRS波群之前是P波。Ⅰ导联未见电轴偏移。
上面一行的走纸速度是50mm/s，心律条25mm/s，1cm=1mV。

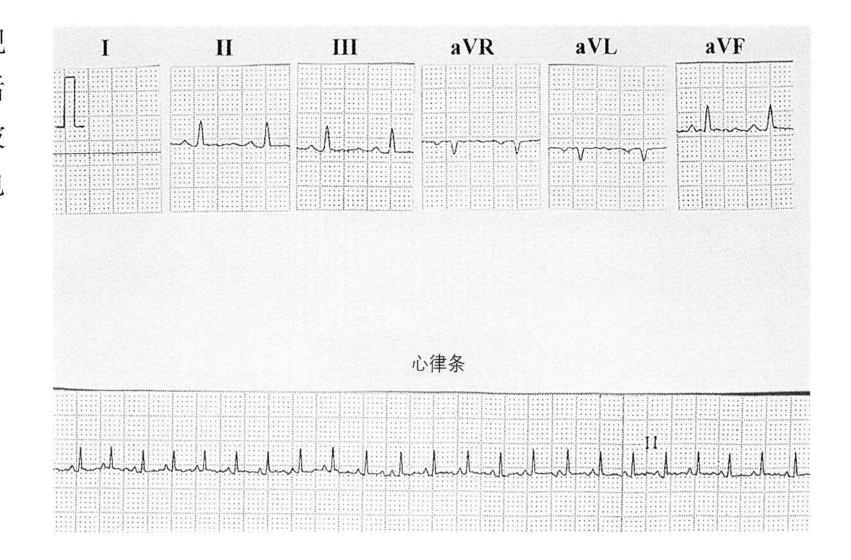

**健康犬：** HR=140次/min，规则出现的P 波，每个P波之后是窄的QRS波群，每个QRS波群之前是P波。
所有导联前十个波群的走纸速度是25mm/s，之后的两个波群走纸速度是50mm/s，1cm=1mV。

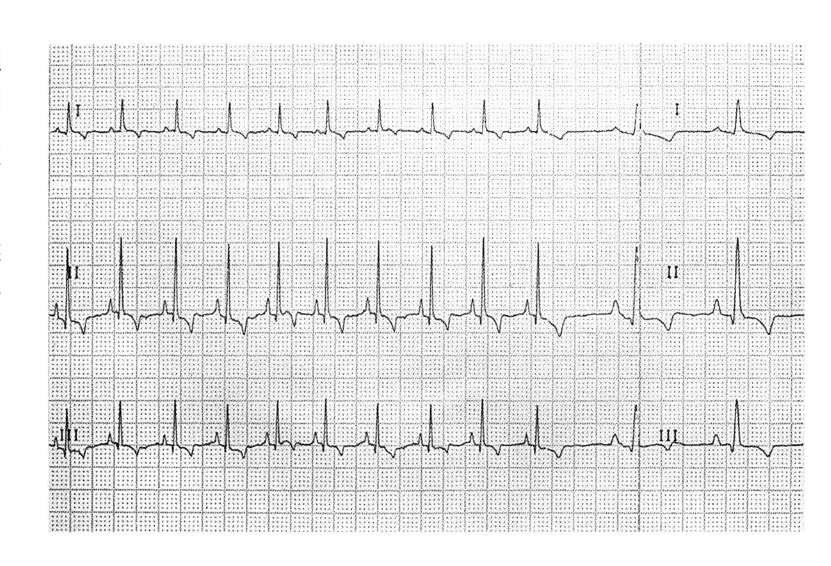


典型特征：

特点：

- 正常的，规则的心律
- Ⅱ导联P波形态相同而且正向
- 正常P波后面出现心室波
- PQ间期正常且恒定：
  - 0.06 ~ 0.13s（犬）
  - 0.05 ~ 0.09s（猫）
- R-R间期相同（变化不超过10%）
- 心室波形态正常，室内传导异常时心室波宽大畸形。

见于：

- 犬和猫生理状态下的心电图

治疗：

- 无需治疗

## 受呼吸影响的心律

**健康犬安静时：** PP间期有规律的变化，呼气时心律为80次/min，有P波，P波之后是QRS波群，每个QRS波群之前都有P波，QRS波群很窄。
走纸速度是25mm/s，1cm=1mV。

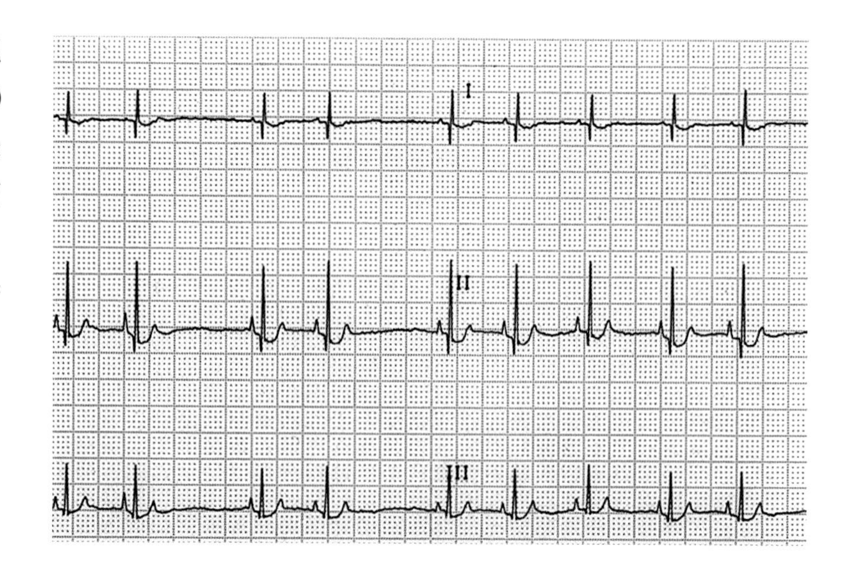


典型特征：

特点：
- 心律受呼吸的影响，与迷走神经有关
- 心率降到130次/min时，随着节律的变化，PP间期和RR间期也跟着发生变化。心率通常在2～3个心动周期后恢复
- 正常P波后面跟着一个QRS波群
- P波和QRS波群间期正常

见于：
- 犬的HR低于130次/min时是正常现象
- 猫HR过高的情况较为少见

治疗：
- 无需治疗

## 游走心律

典型特征：

特点：
- 通常是由于迷走张力过高抑制了窦房结
- 发生机制不详
- 窦房结内起搏点异常或起搏点位于窦房结与房室结之间
- 与心率及呼吸有关
- P波形态和振幅一过性改变
- PQ间期恒定
- 室上性不规则节律

见于：
- 健康犬
- 猫较少见
- 地高辛中毒

治疗：
- 无需治疗

## P波

P波是窦房结发放的冲动传导至双侧心房，心房除极所产生的波型。P波起始段代表右房激动，后半段代表左房激动。由于受到振幅更高的QRS波的影响，心房复极波在体表心电图上一般记录不到。心率和呼吸会影响P波，甚至在某些生理状态下P波也会发生变化，表现为P波振幅的改变。在Ⅱ、Ⅲ和胸前导联，吸气时P波是正向的，但是在Ⅲ和CV5RL导联在呼气相也可以是负相波（表5.4）。P波形态持续异常，P波振幅过高或过低，P波过宽，P波消失或看不见几乎都是病态的（表5.5）。

表5.4　犬和猫生理状态下P波的参数

| | |
|---|---|
| 方向 | 在Ⅰ、Ⅱ、Ⅲ，aVF、CV6LL、CV6LU导联通常正向 |
| 振幅 | Ⅱ、Ⅲ、aVF导联<0.4 mV（犬） |
| | Ⅱ、Ⅲ、aVF导联<0.2 mV（猫） |
| 宽度 | <0.04 s（犬） |
| | <0.05 s（大型动物） |
| | <0.04 s（猫） |
| 游走节律 | P波振幅和形态一过性改变 |

表5.5　P波改变

| P波改变 | 见于 |
|---|---|
| **P波不规则或间断出现** | |
| （特点：分裂，切迹，双峰过高，过低增宽双向） | 右房/左房负荷过重<br>心房内传导阻滞（如房间隔缺损）<br>异位起搏点电交替 |
| **Ⅱ导联P波倒置** | |
| | 游走心律 |
| | 房室结区期前收缩 |
| | 房室结区心律 |
| **看不到P波** | |
| 心房波和心室波融合 | 窦房结心律 |
| | 房室分离 |
| P波和T波融合 | 窦性心动过缓（可能出现） |
| | Ⅰ度房室传导阻滞（可能出现） |
| **没有P波** | |
| 窦房结功能减退 | 心房静止 |
| | 严重高钾血症 |
| | 房扑/房颤 |
| | 窦房阻滞 |
| | 期前收缩 |
| **增宽和压低的P波** | |
| P波振幅降低 | 高钾血症 |

## 二尖瓣P波

由于退行性病变导致二尖瓣关闭不全的犬：P波增宽至0.06 s，窦性心动过速，HR为220 次/min，P波融合在前一个心室的T波中，ST段下移0.2 mV。

走纸速度是25 mm/s，1cm=1 mV

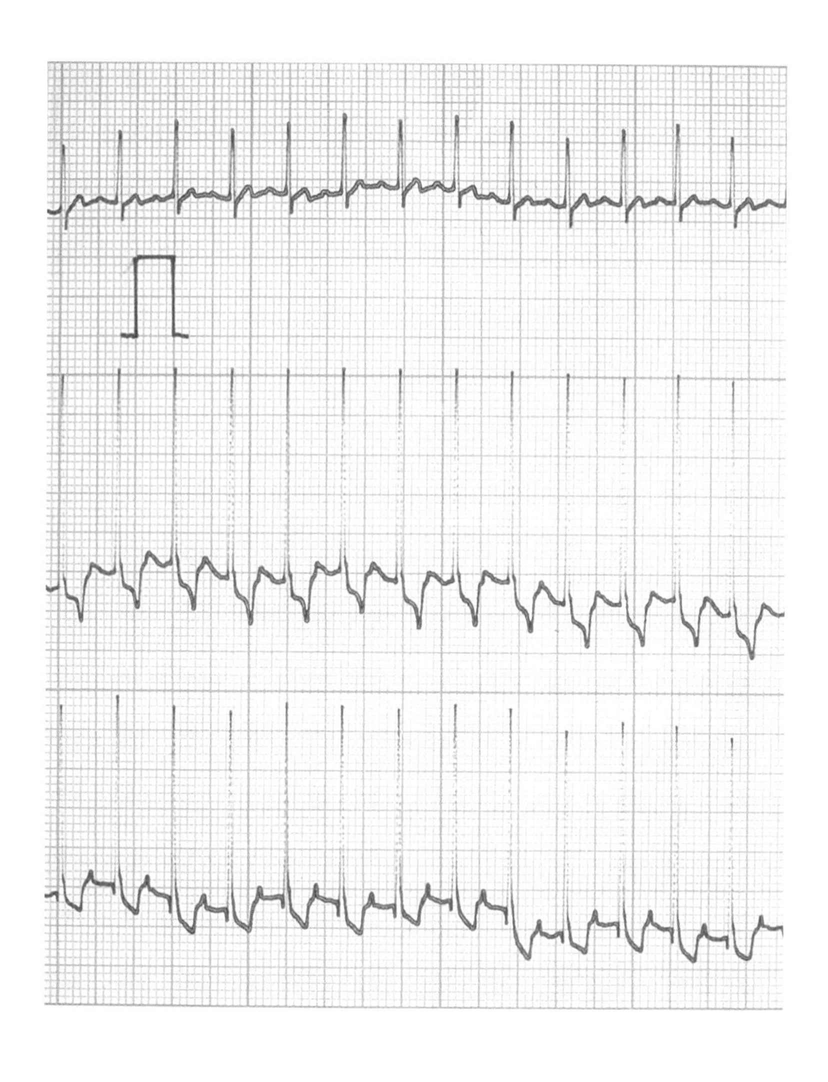

典型特征：

同义词： 窦房P波

特点：
- 可能出现切迹
- 宽度：
  - ＞0.04 s（犬）
  - ＞0.05 s（大型犬）
  - ＞0.04 s（猫）

见于： 左房负荷过重：左心衰，二尖瓣狭窄，主动脉缩窄，室间隔缺损，动脉导管未闭，心肌病，房内传导阻滞

## 肺性P波

瓣膜退行性病变导致二尖瓣关闭不全的犬：Ⅱ导联P波明显增高至0.5 mV，P波不增宽，心室波有切迹，在Ⅲ导联特别明显，QRS不增宽，窦性心动过速，HR为180次/min。人工干扰：基线上有肌肉干扰，前面2～3个波群明显。

走纸速度是50 mm/s，1cm=1 mV

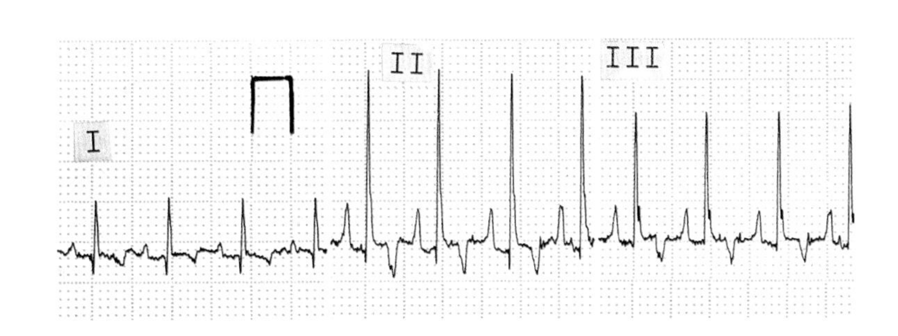


典型特征：

同义词： 右房P波

特点：
- Ⅱ、Ⅲ、aVF导联P波增高：
  - ＞0.4 mV（犬）
  - ＞0.2 mV（猫）

见于： 右房负荷过重

右心衰，肺动脉瓣狭窄，三尖瓣狭窄，房间隔缺损，偶尔见于肥厚性心肌病

## 二尖瓣和肺性P波

典型特征：

同义词： 双房P波，心型P波

特点：
- P波增高增宽
- P波有切迹或双峰
- 可见二尖瓣样和肺性P波特点

见于：
- 双房负荷过重
- 任何先天性或后天性心血管疾病

## 心电交替

猫传染性腹膜炎患猫出现心包积液：规则的P波，之后是窄的，形态正常，但是振幅随节律变化的心室波群（摇晃的心脏），窦性心动过速，HR为240 次/min，
走纸速度是25 mm/s，1cm=1 mV

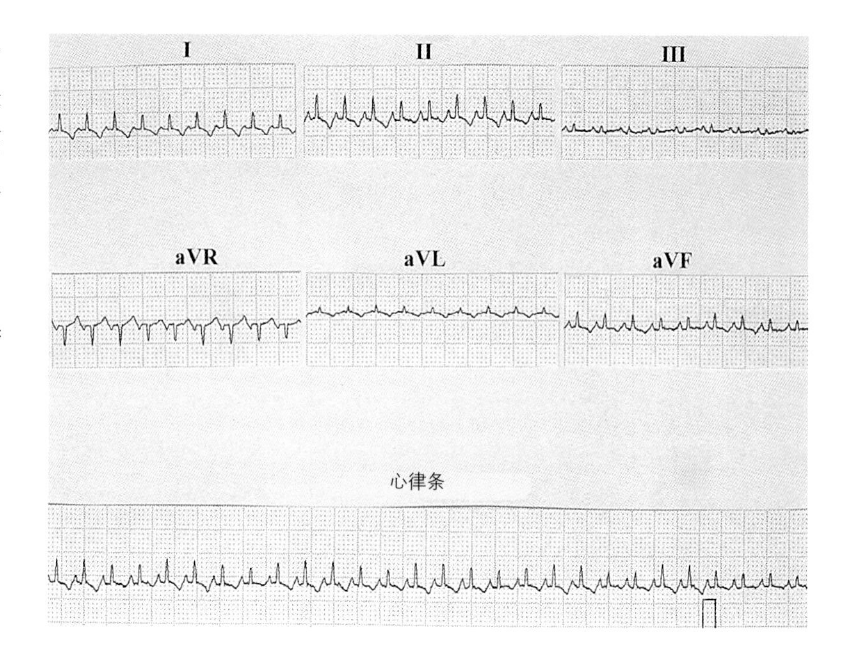


典型特征：

特点：
- 心律相对整齐，随着心搏P、QRS及T波振幅发生规则的变化
- 形态可能各不相同
- 各个起搏点之后都有QRS波群

见于：
- 心源性或心脏以外疾病所致的心包积液
- 心脏基底部肿瘤
- 室上性心动过速
- 交替性束支阻滞
- 猫在生理条件下也可出现

治疗：
- 大量心包积液时行心包穿刺放液减压
- 室上性心动过速时可使用洋地黄等药物

## QRS波群

QRS波群中，振幅较大的波用大写字母表示，振幅较小的波用小写字母表示。波群中第一个正向波根据振幅大小称为r波或R波。如果之后又是一个正向波，则称为r′波或R′波。r波或R波之前的负向波称为q波或Q波，r波或R波之后的负向波称为s波或者S波。在r′波或R′波之后的负向波称为s′波或者S′波。如果波群中没有R波，则称为QS波群（图5.9）。

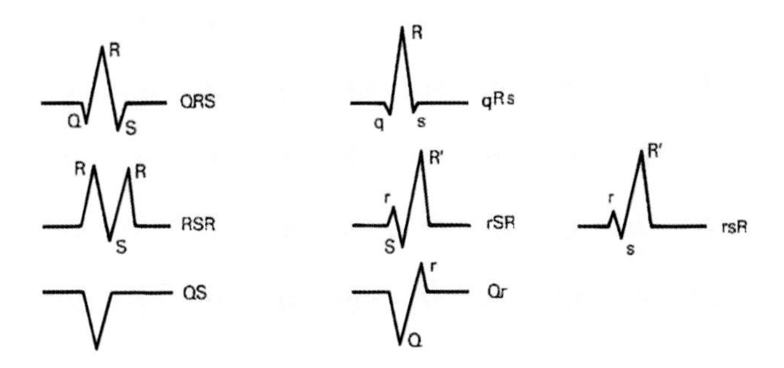


**图5.9** 心室波（QRS波群）的命名

QRS波群是心室激动产生的。QRS波群异常通常提示心脏有器质性病变。但一份看似正常的心电图（表5.6）也不能完全排除心脏扩大。单纯通过心电图无法鉴别心脏肥厚或心脏扩大。

QRS波群电压过低称为低压（low voltage）。波群电压过高称为高电压，通常见于左心室或右心室肥厚。

从P波后QRS波群第一个正向或负向波开始到ST段之间的长度称为QRS波群宽度。

**表5.6 犬和猫QRS波群，T波，ST段以及额面向量的正常值**

| 参数 | 犬 | 猫 |
|---|---|---|
| QRS波群宽度 | 小型犬≤0.05 s | ≤0.04 s |
| | 大型犬≤0.06 s | |
| Q波 | Ⅰ、Ⅱ、Ⅲ导联≤0.5 mV | Ⅰ、aVL导联≤0.5mV |
| R波 | Ⅱ导联小型犬≤2.5 mV | Ⅱ导联≤0.8 mV |
| | Ⅱ导联大型犬≤3.0 mV | |
| | CV6LL导联小型犬≤2.5 mV | CV6LL，CV6LU导联≤1.0mV |
| | CV6LL导联大型犬≤3.0 mV | |
| S波 | Ⅰ导联≤0.35 mV | |
| | Ⅱ导联≤0.5 mV | |
| | CV6LL，CV6LU导联≤0.8mV | |
| T波 | Ⅱ导联≤28%的R波，正向，负向或双向 | Ⅱ导联≤0.3 mV，正向，负向或双向 |
| ST段 | 抬高≤0.02 mV | |
| | 下移≤0.15 mV | 抬高或下移不超过0.05 mV |
| 额面向量 | +40°至+100° | 0°至+160° |

## 左心扩大

动脉导管未闭患犬：窦性心律，心率波动于80～100次/min，QRS波群高电压，R波振幅在Ⅱ导联高达3.6mV，CV6LL导联达4.4mV，CV6LU达5.4mV。

走纸速度是25mm/s，0.5cm=1mV

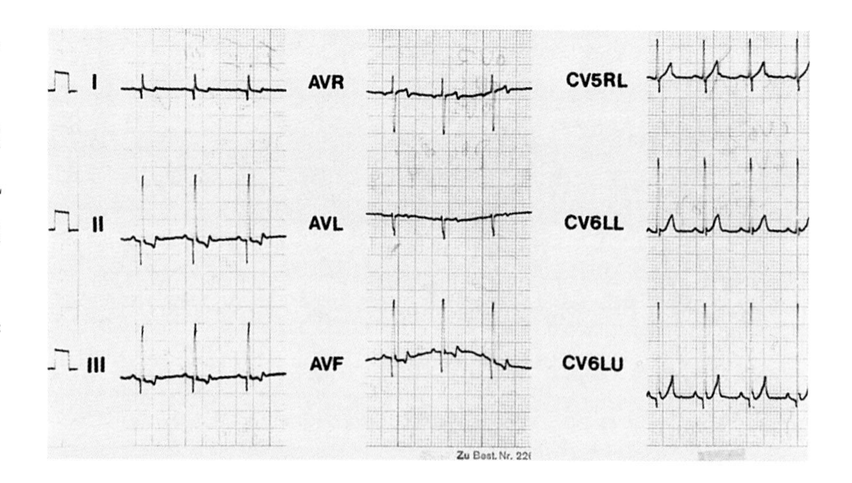


典型特征：

特点：

- QRS波群通常形态正常
- QRS波群宽度：
  - 正常：
    - 小体型犬≤0.05 s
    - 大体型犬≤0.06 s
- 心脏严重扩大时也可能QRS波群增宽
- R波振幅：
  - 2岁以上的犬，Ⅱ，Ⅲ，aVF导联＞2.5 mV
  - 不到两岁，胸部较小的犬Ⅱ，aVF导联＞3.0 mV
  - 犬CV6LL导联＞2.5 mV
  - 犬CV6LU导联＞3.0 mV
  - 向心性肥厚：
    - Ⅰ导联R波振幅可能大于Ⅲ、aVF导联
  - 离心性肥厚或心脏扩大：
    - Ⅰ、Ⅱ、Ⅲ导联出现R波
- QT间期：
  - 延长，可能＞0.13 s
- 额面向量：
  - 左偏，可能为-90° 至+40°
- ST段偏移：
  - 有时与QRS波群主方向不一致
- T波：
  - Ⅱ导联T波振幅有时＞R波振幅的28%

见于：

- 多见于原发性心肌病，如肥厚性心肌病，扩张性心肌病等
- 二尖瓣关闭不全，先天性发育不良
- 室间隔缺损，动脉导管未闭
- 主动脉瓣狭窄或关闭不全
- 心脏向心性或离心性肥厚

治疗：

- 根据原发病治疗

患肥厚性心肌病患猫：窦性心律，HR为160次/min，QRS波群高电压，Ⅱ导联R波振幅达1.5mV。
走纸速度是25mm/s，1cm=1mV

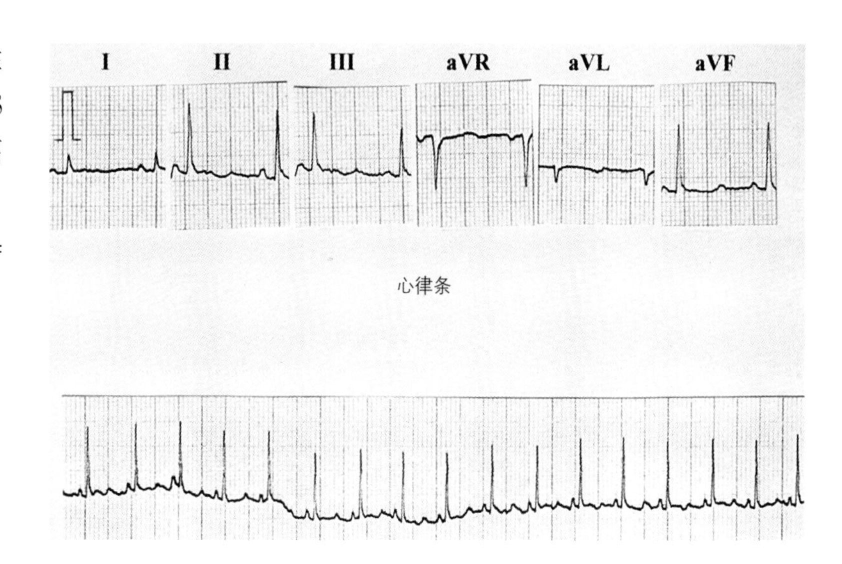


典型特征：

特点：

- QRS波群通常形态正常
- QRS波群宽度：
  - 正常，≤0.04 s
  - 心脏严重扩大时也可能QRS波群增宽
- R波振幅：
  - Ⅱ导联＞0.9 mV
  - CV6LU导联＞1.0 mV
  - 向心性肥厚：
    - Ⅰ导联R波可能大于Ⅲ、aVF导联
  - 离心性肥厚或心脏扩大：
    - Ⅰ、Ⅱ、Ⅲ导联异常增大
- QT间期：
  - 延长，可能＞0.09 s

- 额面向量：
  - 左偏，达-75° 至+0°
- ST段偏移：
  - 有时与QRS波群主方向不一致。
- T波：
  - Ⅱ导联可能 > 0.3 mV
- Q波：
  - 室间隔不对称肥厚时出现，可能在Ⅰ和aVL导联 > 0.5 mV

见于：
- 原发性心肌病，如肥厚性心肌病，扩张性心肌病等
- 二尖瓣关闭不全，先天性发育不良
- 室间隔缺损，动脉导管未闭
- 主动脉瓣狭窄或关闭不全
- 心脏向心性或离心性肥厚
- 原发性高血压
- 慢性肾功能不全
- 慢性贫血
- 甲亢

治疗：
- 根据原发病治疗

## 右心室扩大

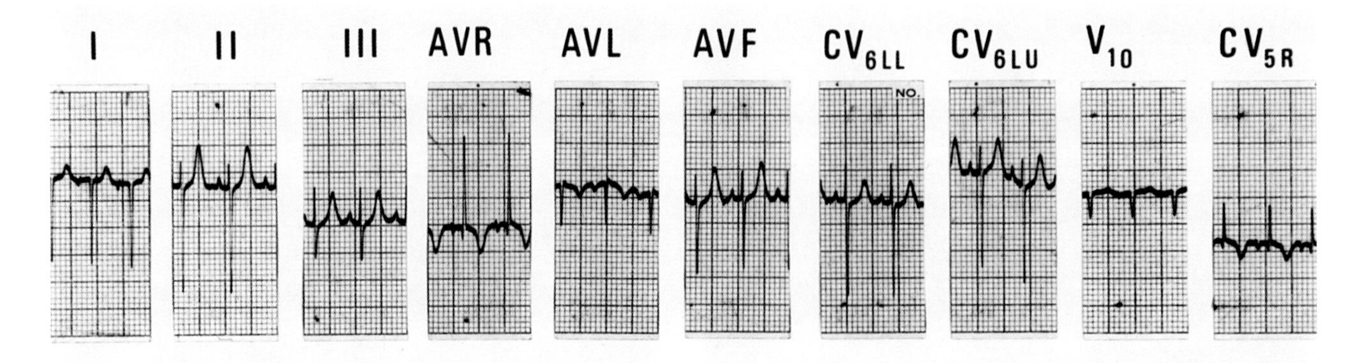

合并肺动脉瓣狭窄患犬：Ⅰ、Ⅱ、Ⅲ、aVL、aVF、CV6LL、CV6LU和V10导联QRS波群主波方向都是向下，aVR和CV5R导联QRS波群是正向的。
走纸速度是25mm/s，1cm=1mV

典型特征：

特点：
- QRS波群
  - 形态正常
  - 宽度大多正常
  - 有时也会增宽
- Q波：
  - Ⅰ、Ⅱ、Ⅲ、aVL导联＞0.5 mV（胸廓较小的犬除外）
- R波振幅：

Ⅲ导联可＞Ⅱ导联

满足以下心电图改变中三点的提示右心室增大可能：

- S波：
  - Ⅰ导联＞0.05 mV
  - Ⅱ导联＞0.35 mV
  - CV6LL导联＞0.80 mV
  - CV6LU导联＞0.70 mV
  - Ⅰ、Ⅱ、Ⅲ和aVF导联同时出现S波
- R/S比在CV6LU导联＞0.80 mV
- 额面向量：
  - 电轴右偏–90°至103°

见于：主要见于先天性疾病，如：
- 肺动脉瓣狭窄
- 法洛氏四联征
- 动脉导管未闭伴右向左分流
- 较大的房间隔缺损
- 较大的室间隔缺损伴右向左分流
- 三尖瓣发育不良

较少见于获得性疾病，如：
- 房室瓣关闭不全
- 慢性呼吸道系统疾病，肺心病
- 恶丝虫病

治疗：
- 根据原发病治疗

合并肺动脉瓣狭窄患猫：Ⅰ、Ⅱ、Ⅲ、aVF导联QRS负向波为主，伴深S波，S波深度分别为0.15mV，0.5mV，0.6mV和0.5mV。Ⅱ导联P波达0.25mV。窦性心律，HR为180次/min

上面心电图走纸速度是50mm/s，心律条走纸速度是25mm/s，1cm=1mV

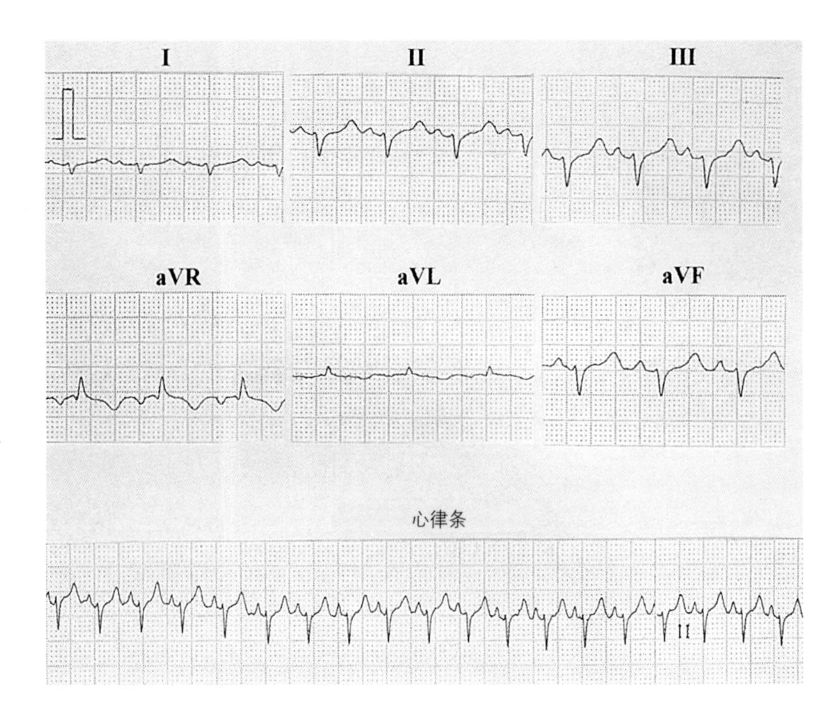


典型特征：

特点：

- QRS波群
  - 形态正常
  - 宽度大多正常
  - 有时也会增宽
- Q波：
  - Ⅰ、Ⅱ、Ⅲ、aVL导联可达0.5 mV
- R波振幅：Ⅲ导联可 > Ⅱ导联

**满足以下心电图改变中三点的提示右心室增大可能：**

- S波：
  - Ⅰ、Ⅱ、Ⅲ、aVF导联0.5 mV
  - CV6LL，CV6LU导联0.7 mV
  - Ⅰ、Ⅱ、Ⅲ和aVF导联同时出现S波
- 额面向量：
  - 电轴右偏（−90°至103°）

见于：

主要见于先天性疾病，如：

· 肺动脉瓣狭窄

· 法洛氏四联征

· 动脉导管未闭伴右向左分流

· 较大的房间隔缺损

· 较大的室间隔缺损伴右向左分流
· 三尖瓣发育不良
较少见于获得性疾病，如：
· 房室瓣关闭不全
· 慢性呼吸道系统疾病
· 丝虫病

治疗：

- 根据原发病治疗

**心电向量**

如图5.14所描述的，心电图额面向量可使用QRS波群电压总和在Ⅰ导联（x轴）和aVF导联（y轴）上进行计算。Ⅰ导联和aVF导联上QRS波群电压总和标记在坐标轴上，描述其方向和大小。在各个导联中用QRS波群中正向波（R波）电压减去负向波（Q和/或S波），得出的结果分别标记在坐标轴上，在坐标轴上由标记点划两条垂线，垂线交点与坐标轴原点进行连线。最后得出的连线就是心脏额面电轴的位置。心脏电轴与Ⅰ导联（横坐标）之间的角度差可通过角度测量尺和额面向量进行校正。

右心室增大导致的电轴右偏绝大多数是由于先天性心血管疾病，右束支传导阻滞以及右室心梗引起的。后天疾病引起右心室负荷过重电轴可能不变或仅轻度右偏。电轴左偏见于左心室扩大、单纯左前分支阻滞，或肥厚性心肌病合并左前分支阻滞，以及心肌梗死（图5.15a，b）。

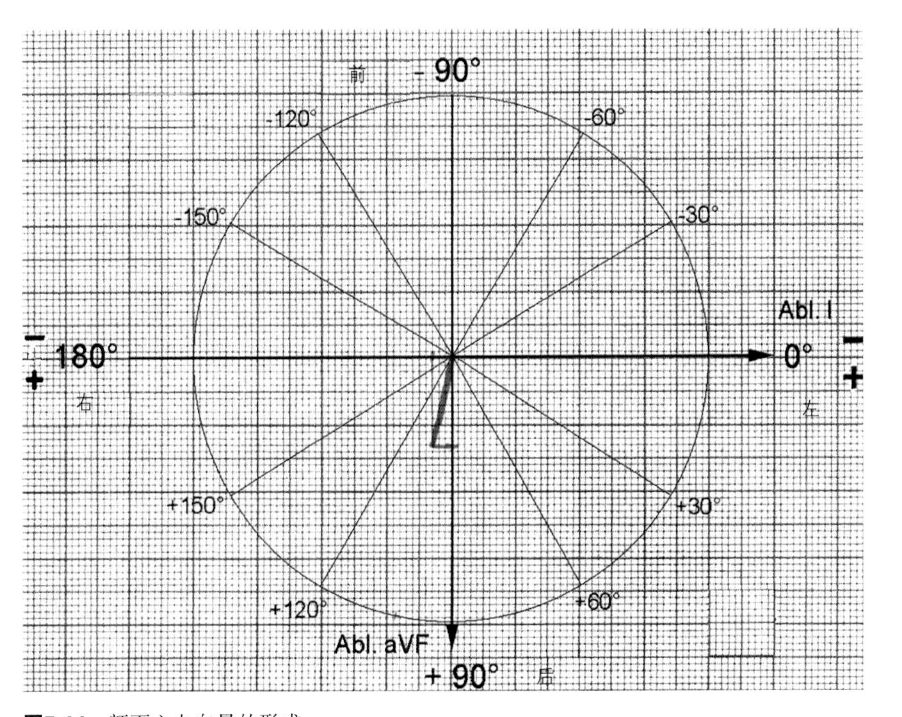


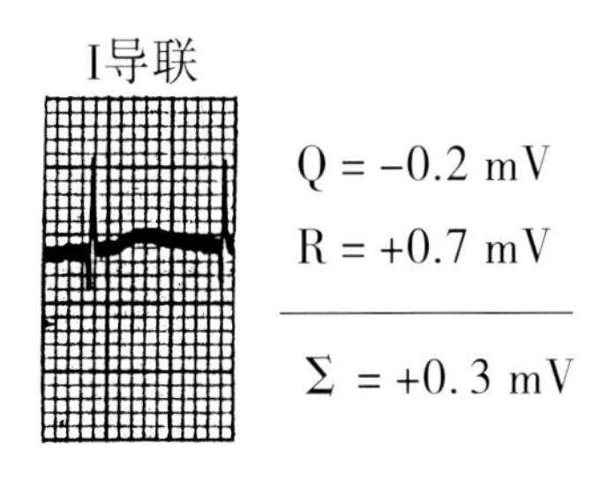


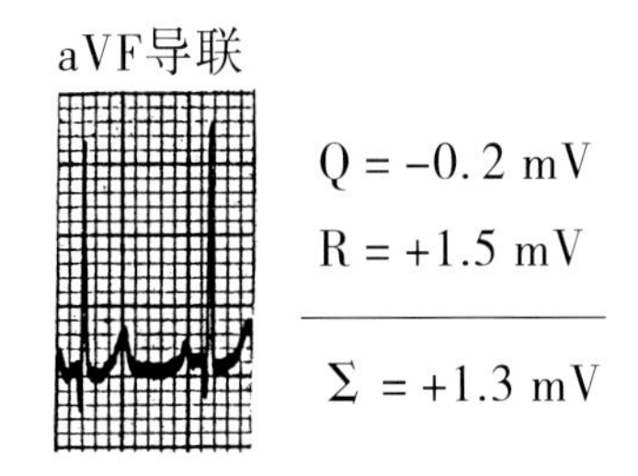


**图5.14** 额面心电向量的形成

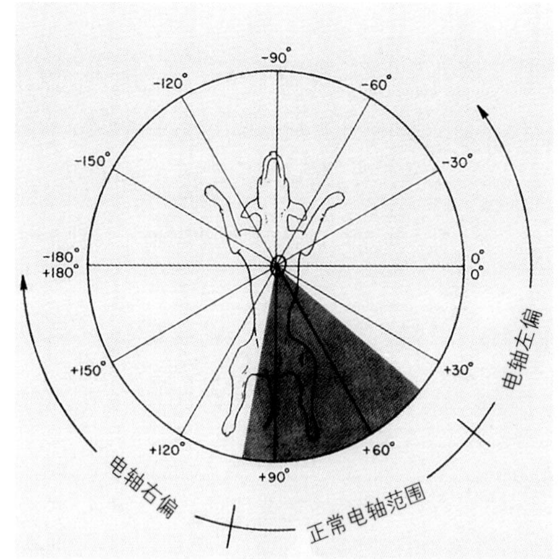


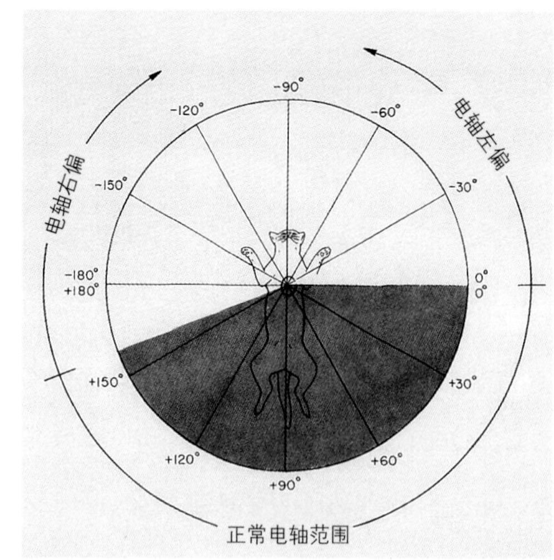


**图5.15a，b**
犬和猫正常和异常的心电向量

## PQ间期

PQ间期是指P波结束后至心室波群开始部位的距离。没有Q波时也称为PR间期。心率越快，PQ间期越短，但每个心搏的PQ间期是相对恒定的。PQ间期表示房室传导时间，也就是电活动由心房传到心室的时间（表5.7）。

## PQ段

PQ段是指P波结束至心室波群开始的那一段，通常设定为等电位线。PQ段改变通常提示可见的心房除极，即Ta波。PQ段下移或极少见的抬高多见于心房负荷过重，如右房增大、心包积液或心包炎。PQ段下移也可见于心动过速，PQ段抬高多见于Ⅲ度房室传导阻滞。

## ST段

ST段是从S波末端（如果没有S波就从R波末端）至T波的节段，每个心室波群之后都会出现。

根据AHA建议，ST段抬高或下移都是以RS-T交界点，即QRS波群变陡处与ST段水平处或接近水平处的交界点为标准的。PQ段通常定为等电位线。

对于犬来说，ST段在Ⅰ、Ⅱ、Ⅲ导联和胸导联ST段较基线下移0.15mV以内算正常，较基线抬高0.20mV也算正常范围。

**表5.7　犬和猫PQ间期**

| 特点 |
|---|
| 生理性： |
| • 与心率有关：心率越快，PQ间期越短 |
| • 犬：0.06~0.13s |
| • 猫：0.05~0.09s |
| 病理性： |
| • PQ间期消失 |
| – 异位心律 |
| • PQ间期缩短 |
| – 异位心律 |
| – 预激综合征 |
| – 心动过速 |
| • PQ间期延长 |
| – 窦性心动过缓 |
| – I度房室传导阻滞所致周期性延长 |
| – II度房室传导阻滞所致一致性延长 |
| – 药物引起：洋地黄、β受体阻滞剂、抗心律失常药物 |
| – 心脏先天性缺损，多见于房间隔缺损 |
| – 重度迷走神经兴奋 |

原发性ST段移位是心肌缺血的标志。继发性ST段改变见于异常QRS波群后的心室除极异常。如果没有心室内传导系统疾病，ST段异常改变通常是心室内膜传导受阻的表现。心肌在缺乏营养物质状态下，如急性缺血时可出现ST段下移，或表现为向下的凹陷。

对于猫，ST段下移达到0.05mV即视为异常，由于这可能是心电图上唯一可以发现的异常现象，因此ST段下移成为心脏有器质性疾病的一个有力证据。原因可能也是由于心肌缺乏营养供应。猫的心电图出现ST段改变通常见于严重的先天性心脏病，肥厚性心肌病或扩张性心肌病，以及不同病因导致的呼吸困难。最常见的是Ⅱ、Ⅲ、aVF导联以及左胸导联ST段改变，胸前导联ST段改变通常与Ⅱ、Ⅲ、aVF导联ST段改变同时出现且方向相同。通常大部分导联ST段变化相同，特别是胸前导联，有时aVR导联与aVL导联ST段呈镜像改变。对于猫来说，先天性心脏病、肥厚性及扩张性心肌病，以及急性缺氧的严重程度与ST段下移出现的频率有关。有时对于正常的猫，畸形 QRS波群之后也会由于心室复极异常引起Ⅱ导联ST段改变，但这种情况比较少见。

**急性缺氧引起的ST段下移，T波抬高**

扩张性心肌病患犬：胸前导联ST段明显下移（0.3mV），伴T波高尖（CV6LU导联 > 28%R波振幅）；窦性心律，颈动脉窦按压后，心率从160次/min（箭头左侧）降至大约60次/min（箭头右侧）。
走纸速度是25mm/s，1cm=1mV

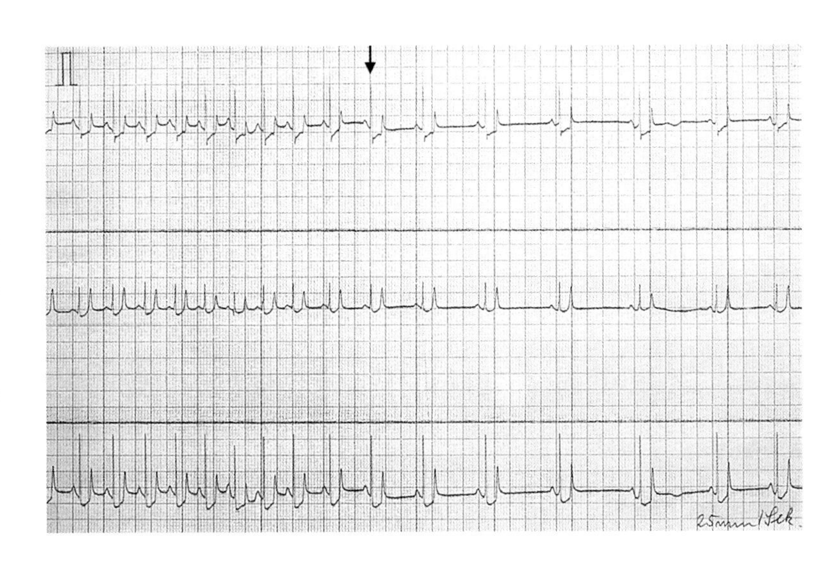

**心肌缺氧引起的ST段抬高，T波抬高**

扩张性心肌病患猫：所有导联ST段抬高（0.05～0.2mV），Ⅱ导联T波几乎与R波一样高。上面两行走纸速度是50mm/s，心律条是25mm/s，1cm=1mV

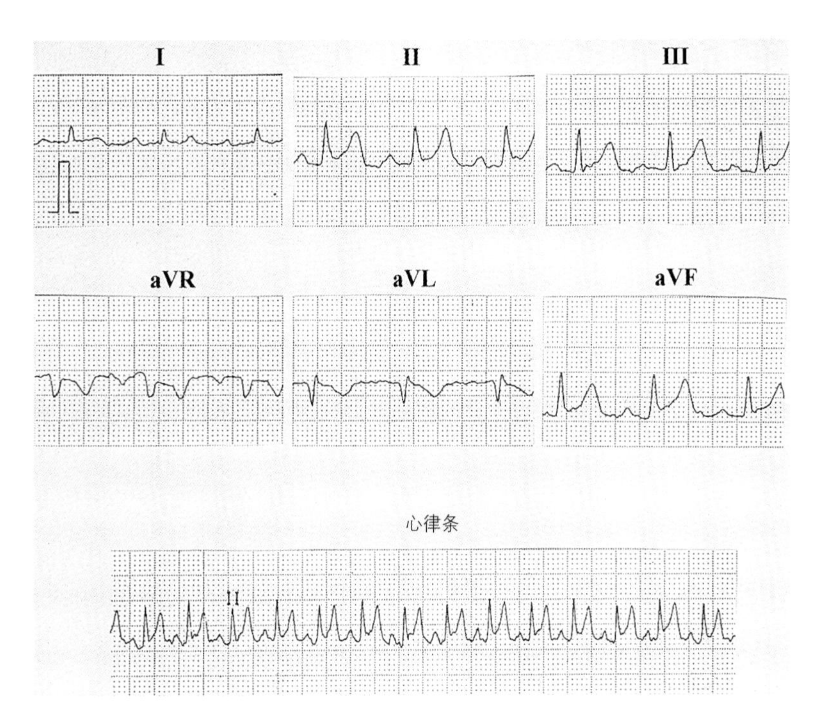

### 犬和猫的T波

典型特征：

特点：
- 生理状态下：
  - 正向，负向或正负双向
  - Ⅱ导联振幅≤28%R波（犬）
  - Ⅱ导联振幅≤0.3mV（猫）
- 病理情况：
  - T波过高，有切迹，非常尖
  - 记录过程中T波方向突然改变

见于：
- 急性营养物质缺乏（麻醉状态下）
- 缺血
- 急性二尖瓣关闭不全
- 药物作用如洋地黄中毒
- 高钾/低钾
- 低钙血症

治疗：
- 补充营养物质，根据原发病治疗

### 心室内传导异常

右束支和左束支分别走行于心脏的前半部分和后半部分，是心室内激动传导的通路。如果由于疾病使某个束支受损，电冲动就会通过其他非生理途径下传，这时心电图就会出现QRS波群形态异常或增宽。

希氏束以下传导系统疾病出现束支传导阻滞或心室内传导阻滞，这其中包括各个通路的阻滞，如右束支阻滞，左束支阻滞以及左前分支或左后分支阻滞。重要的是区分左束支还是右束支阻滞。它们又分为完全阻滞和不完全阻滞，通常提示心脏器质性疾病。完全性束支传导阻滞QRS波群通常增宽，而不全性传导阻滞时QRS波群不一定增宽。如果仅左束支或右束支传导阻滞，不会出现血流动力学异常，也不一定需要处理。如果双侧束支完全阻滞会出现完全房室传导阻滞，需要立即治疗。也有可能出现三束支或所有束支同时阻滞的情况。

## 左束支传导阻滞（LBBB）

肥厚性心肌病患猫：左束支传导阻滞，心室波群增宽（0.065 s），Ⅱ、Ⅲ、aVF导联R波增高，ST段下移0.15 mV，在显示心律的Ⅱ导联上更明显。

走纸速度：上面两行50 mm/s，心律条25 mm/s，1 cm=1 mV。

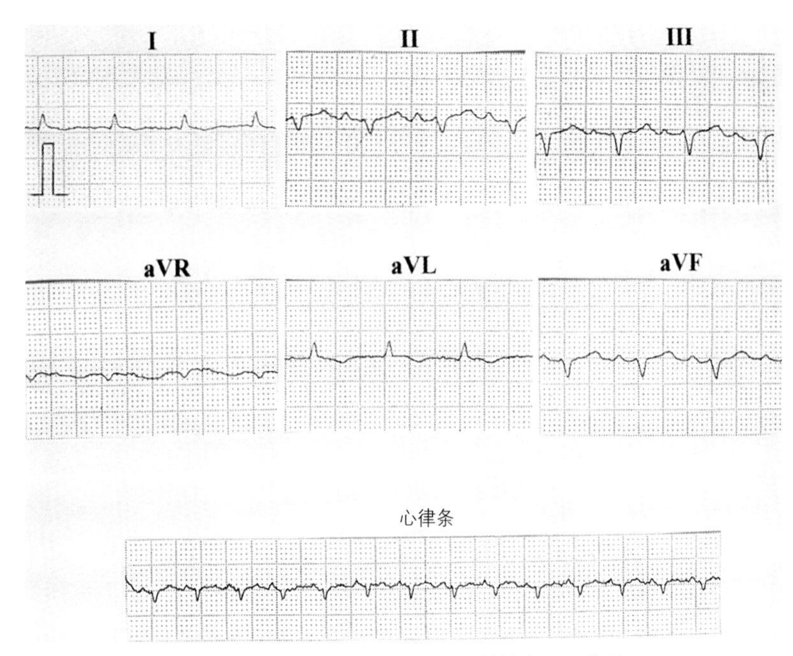


电活动首先通过右束支到达右室，然后通过心肌缓慢向左室传导

## 犬和猫的T波

典型特征：

特点：

- 左束支传导阻滞或延迟；
- 间断出现，交替出现或呈持续状态；
- QRS波群：
  - 宽大畸形，有时有切迹
  - 宽度＞0.07 s（犬）＞0.04 s（猫）
  - 在Ⅰ、Ⅱ、Ⅲ、aVF、CV6LL、CV6LU导联正向
  - 在aVR、aVL、CV5RL导联负向（犬）
  - 在aVR、CV5RL导联负向（猫）
- Q波：
  - Ⅰ、CV6LL、CV6LU导联小Q波（犬）
  - Ⅰ、CV6LU导联无Q波（猫）
- R波：
  - Ⅰ、aVL导联明显增高
- T波：
  - Ⅱ导联T波振幅＞28%R波振幅（犬）
  - Ⅱ导联T波振幅≥0.3mV（猫）
- 单独出现不会引起血流动力学紊乱

见于：

- 心肌缺血导致的心肌严重受损
- 心肌疾病
- 主动脉瓣瓣下狭窄

治疗：
- 单纯LSB无需治疗
- 根据原发病进行治疗

鉴别诊断：
- 心室增大

## 右束支传导阻滞（RBBB）

由于慢性退行性瓣膜病变导致的单纯性三尖瓣关闭不全的犬：Ⅰ、Ⅱ、Ⅲ导联负向，增宽（0.07s）的QRS波群，反向的T波，HR为70次/min
走纸速度50mm/s，1cm=1mV

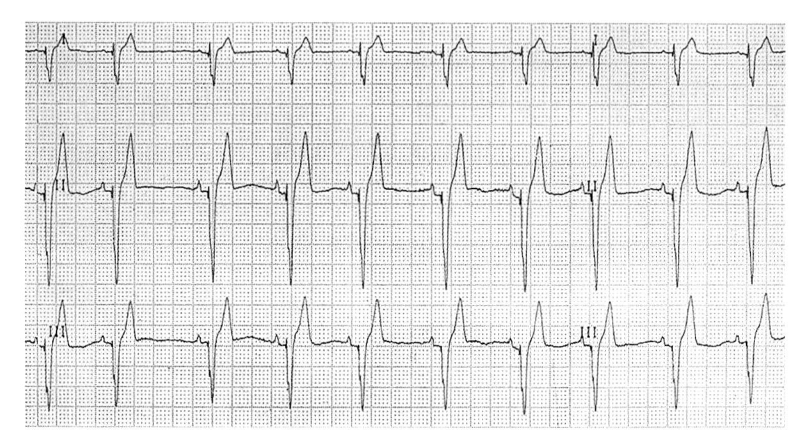

肥厚性心肌病患猫：Ⅰ、Ⅱ、Ⅲ、aVF导联QRS波群负向为主，心动过速，HR为260次/min
上面两行走纸速度50mm/s，心律条25mm/s，1cm=1mV

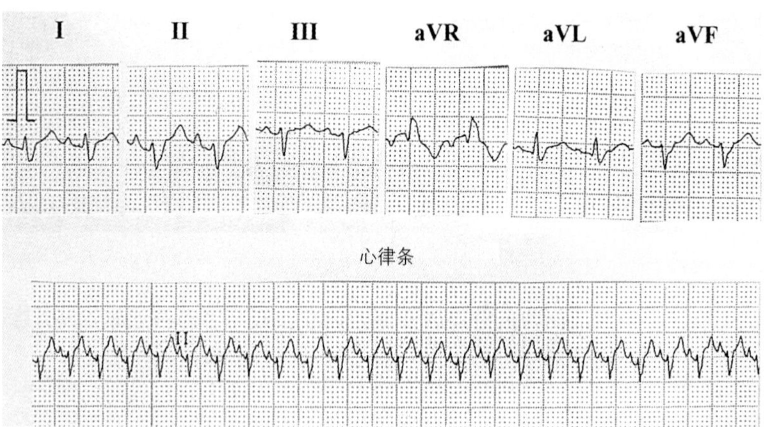


激动首先通过左束支到达左心室，由于右束支阻滞，激动通过心肌缓慢到达右心室。

典型特征：

特点：

- 左右束支传导阻滞或延迟
- QRS波群
  - 畸形，可能出现切迹
  - 宽度
    - · >0.06 s（犬）
    - · –>0.06 s（猫）
  - aVR、aVL、CV5RL导联正向（犬）
  - aVR、CV5RL导联正向（猫）
  - CV5RL导联呈RSR或rsR型（M型）
- S波
  - Ⅰ、Ⅱ、Ⅲ、aVF导联>0.4 mV
  - CV6LL和/或CV6LU导联>0.7 mV
- 额面向量
  - 右偏
    - · >+100° 至–90° （犬）
    - · >+160° 至–90° （猫）

见于：

- 先天性心脏病，如室间隔缺损
- 慢性房室瓣退行性病变
- 心肌疾病
- 心脏肿瘤，如淋巴肉瘤
- 高钾
- 也可见于正常的犬或猫

治疗：

- 单纯RBBB不会造成血流动力学障碍，无需治疗
- 根据原发病治疗

鉴别诊断：

- 右心室扩大

## 左前分支传导阻滞

甲亢患猫：Ⅱ、Ⅲ、aVF导联QRS波群宽度正常，主波向下，Ⅰ和aVL导联主波向上，窦性心动过速，HR为280次/min

上面两行走纸速度50mm/s，心律条25mm/s，1cm=1mV

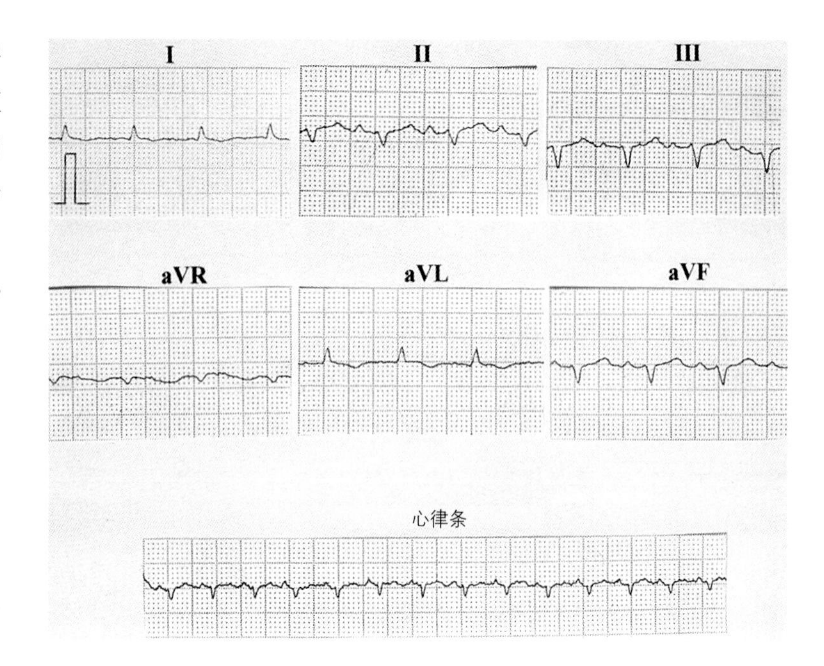


典型特征：

特点：
- 生左前分支传导阻滞
- QRS波群
  - 宽度正常
- Q波
  - Ⅰ和aVL导联Q波较小（不一定）
- R波
  - Ⅰ和aVL导联相对较高
- S波
  - Ⅱ、Ⅲ、aVF导联较深（S波＞R波）
- 额面向量
  - 左偏

见于：
- 心肌病
- 左室肥厚如先天性Vitien
- 甲亢
- 肾病
- 高钾

治疗：
- 按原发病治疗

## 常见心律失常

心电图可以作为明确心脏电活动起源或传导异常的一项检查技术。根据心律失常的预后可将其分为两类：

1. 良性心律失常（偶尔出现，维持时间较短）
- < 10 次/min的单源室性期前收缩
- 窦性心动过速
- 窦性心动过缓

2. 恶性心律失常
- ≥10 次/min的室性期前收缩
- 二联律
- 持续性室速
- 阵发性室上性心动过速
- 房扑，房颤
- 室扑，室颤
- Ⅱ度或Ⅲ度房室传导阻滞

### 窦性心律，窦性心动过速，窦性心动过缓

三只不同的犬：正常P波，窄QRS波群，P波至QRS波群宽度正常（上面一行和下面一行走纸速度25mm/s，中间一行50mm/s，1cm=1mV）

上面一行：窦性心律，HR为140次/min

中间一行：窦性心动过缓，HR为60次/min

下面一行：窦性心动过速，HR为280次/min，P波落在T波上

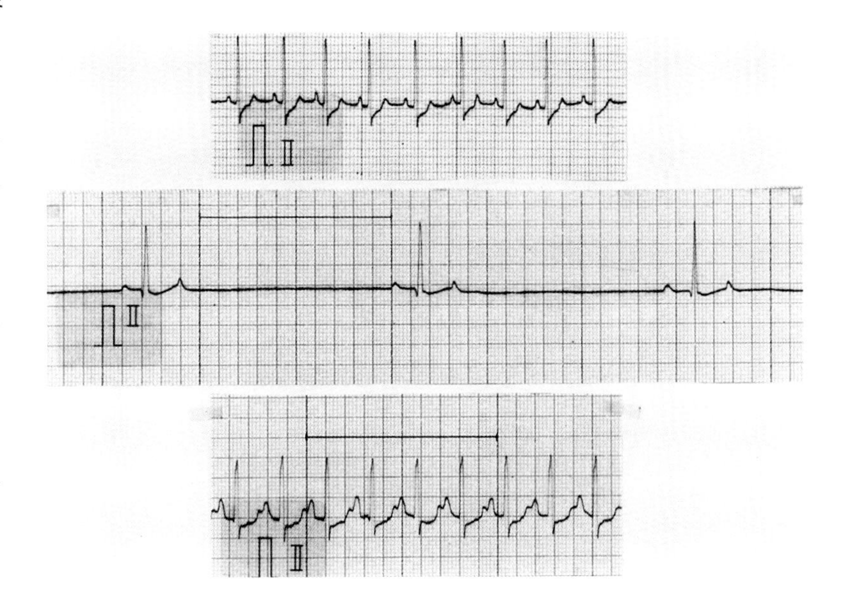

典型特征：

窦性心动过速

特点：

- 窦性心律，心率范围
  - 中型或大型犬>160 次/min
  - 小型犬>180 次/min
  - 幼犬>220 次/min
  - 猫/幼猫>240 次/min
- P波形态正常，之后的QRS波群正常
- 心律规则，PP间期和PQ间期恒定
- 传导阻滞或心率过快时可能出现P波和T波融合
- 可有PQ下移

见于：

- 心源性，如任何先天性或后天获得性心血管疾病
- 非心源性，如疼痛、恐惧、激动、发热、休克、贫血、缺氧和甲亢等
- 药物源性，如麻黄素和阿托品

治疗：

- 根据原发病治疗
- 寻找原因

典型特征：

窦性心动过缓

特点：

- 窦性心律，心率范围
  - 小型或中型犬<70 次/min
  - 大型犬<60 次/min
  - 猫<100 次/min。
- P波形态正常，之后的QRS波群正常
- 心律规则，PP间期和PQ间期恒定或随呼吸运动改变
- 心脏做功减少
- 心脏起搏功能下降

见于：

- 生理状态下
  - 经过良好训练的犬
  - 休息或睡眠中迷走张力较高时
- 病理状态下
  - 甲减、肾功能不全、阿狄森病
  - 心功能不全失代偿期

- 中枢神经系统疾病伴颅内压升高
- 病窦综合征
- 药物影响：地高辛、β受体阻滞剂以及抗心律失常药物

治疗：
- 根据原发病治疗
- 症状严重时考虑是否进行起搏治疗
- 阿托品（？）

**室上性期前收缩（SVES）**

室上性期前收缩（SVES）是指提前出现的来源于窦房结、心房、房室结或希氏束的电活动，通常都能传导至心室（也可见于心室水平以下的期前收缩）。

典型特征：

特点：
- 心率正常
- 窄QRS波群
- 提前出现的搏动
  - 有P波或看不到P波，之后是一个窄的QRS波群
  - 如果落在心室不应期内可能无QRS波群
  - 可能出现QRS波群增宽
- 起源距离窦房结很近的SVES
  - P波形态与窦性相似
- 来源于房室结的SVES
  - 逆传至心房除极，位于QRS波群之前或落在QRS波群中，负向P波
- 希氏束来源的SVES
  - 由于不能逆传至心房，通常没有P波
  - QRS变窄，也可能QRS波群畸形
- 很多SVES是房性心动过速、房扑或房颤

见于：
- 心房疾病或导致心房受累的疾病；
- 甲亢
- 偶见于健康的犬

治疗：
- 根据原发病治疗
- 地高辛
- 心功能代偿期才能考虑使用心得安

## 房性心动过速

典型特征：

特点：
- 连续出现3个或以上的房性期前收缩
- 心律规则
- 心率正常或
  - >220次/min（犬）
  - >240次/min（猫）
- 心率过快时可能出现房室传导阻滞

见于：
- 任何引起心房受累的疾病
- 甲亢
- WPW综合征
- 药物原因，如地高辛中毒

治疗：
- 如地高辛、利多卡因或普鲁卡因胺

## 房扑

典型特征：

特点：
- 少见的心律失常，病因不明
- 心房率很快
- 快速且规则的心房波：F波代替P波
- 如果心室律不规则是由于有些扑动波未下传
- QRS波群通常无变化
- 经常转化为房颤

见于：
- 任何引起心房受损或心房扩大的疾病
- WPW综合征

治疗：
- 地高辛、β受体阻滞剂或钙离子颉颃剂
- 心前区锤击

## 房颤

扩张性心肌病患犬：上面一行是Ⅰ导联，下面一行是Ⅱ导联，HR为200次/min，不规则的心房颤动波（f波），RR间期也不规则
走纸速度25mm/s，1cm=1mV

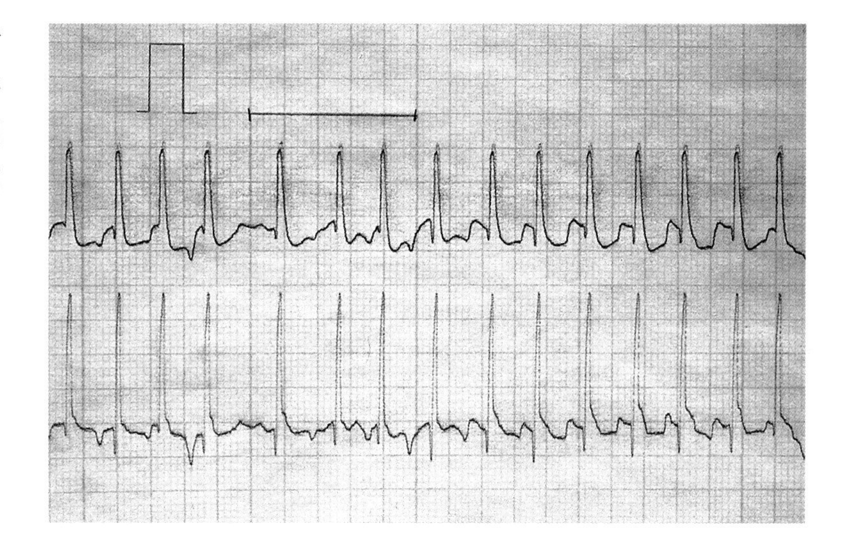

肥厚性心肌病患猫：HR为200次/min，看不见心房波，只能看到不规则的颤动波，伴不规则的房室传导，窄QRS波群。
上面两行走纸速度是25mm/s，心律条50mm/s，1cm=1mV

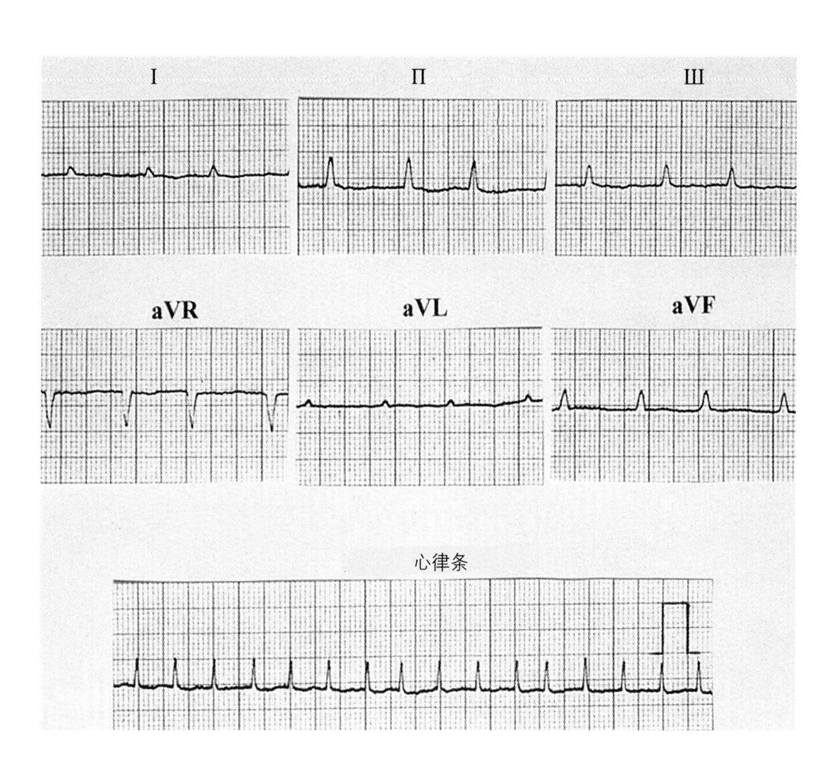

典型特征：

特点：
- 起因不详
- 实际上心房没有收缩，在心脏受损时对心排血量有影响，特别是心室率较快时
- 心室率通常很快
- 颤动波（f波）代替了P波，f波频率很快，完全没有规律，在Ⅱ导联最容易辨认
- 心室律
  - 由于并不是每一个f波都下传至心室，心室律很不规则（心律绝对不齐）
- QRS波群
  - 通常无变化

见于：
- 任何引起心房受损或心房扩大的疾病
- 心脏外伤
- 药物所致，如地高辛中毒
- 健康动物中偶尔也会发现

治疗：
- 降低心室率
- 地高辛
- 使用抗心律失常药物，如β受体阻滞剂、钙离子颉颃剂

**房室交界区心动过速**

地高辛中毒患犬：加速的房室交界区节律，HR为80次/min，P波和形态正常的QRS波群重叠，在心电图上无法识别。
走纸速度：25mm/s，1cm=1mV

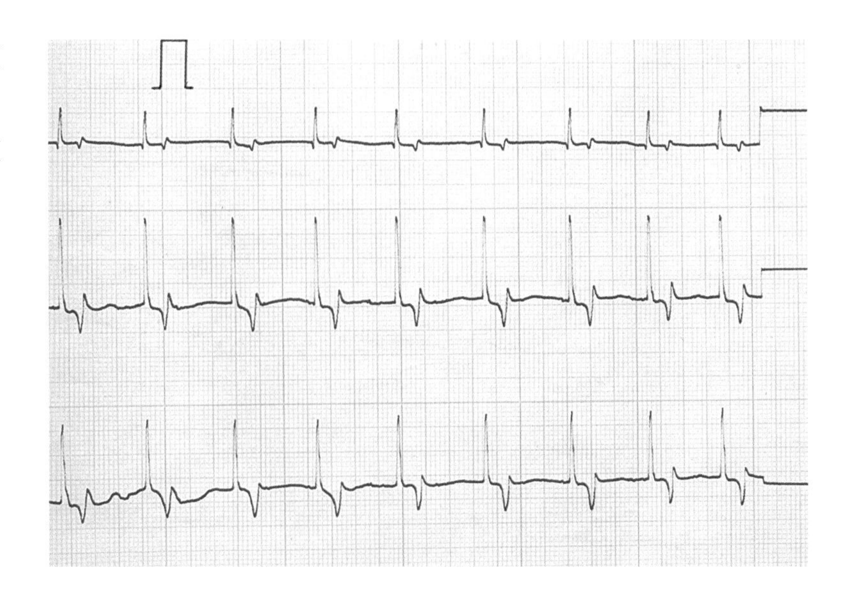

典型特征：

特点：
- 房性心动过速和房室交界区心动过速通常难以鉴别
- 窦房结频率短时间内低于房室交界区频率
- 房室结取代窦房结行起搏功能，而心房则跟着窦房结较慢的频率起搏
- 窦房结频率恢复后会替代房室结重新行起搏功能
- 频率通常整齐
- 加速的房室交界区节律
- P波位置
  - 位于QRS波群之前，负向
  - 重叠与QRS波群之间
  - 在QRS波群之后
- PQ间期
  - 正常或延长

见于：
- 药物影响，如地高辛中毒
- 可能是任何一种心脏疾病的前期表现

治疗：
- 寻找原因
- 有可能是颈动脉窦受压或眼球受压

**窦性停搏**

典型特征：

特点：
- P波正常
- 窄QRS波群
- P波至QRS波群距离正常
- 1个或多个停搏
- 2和/或多个RR间距之间没有P波
- 几个心搏之前窦房结未发放冲动
- 窦房结长时间静止后房室结代替发放冲动

见于：
- 间歇性，迷走张力明显增高者，短头种属动物
- 心房扩张
- 血管肉瘤
- 窦房结疾病
- 药物所致，如地高辛中毒或普萘洛尔过量

治疗：
- 症状严重时考虑起搏器植入

鉴别诊断：
- 窦房阻滞

## 室性期前收缩（VES）

室性期前收缩（VES）多提示患有心脏疾病。健康动物偶尔也会出现少数几个VES。由于激动在心室内传导较在传导系统内传导慢，因此QRS波群通常增宽。由于没有通过房室结下传，QRS也会畸形。室性期前收缩时，由于心室没有充分时间充盈，心室收缩几乎无法搏出足量血液。特别是对于心功能已经受损的心脏，这种血流动力学紊乱会更加明显。如果室性期前收缩较多，通常提示动物情况比较危险，特别是对于有已知心脏疾病的动物，要寻找发生VES的原因。

根据VES的形态将其分为单源性（只有一个起源点）和多元性（有多个起源点）。两个VES连续出现称为二连跳，三个VES连续出现称为三连跳。如果VES与窦性心律规律的交替出现称为联律（二联律，一个VES和一个正常节律；三联律，一个正常节律和两个VES）。

贫血患犬：提前出现的宽大畸形的QRS波群，可能来源于左心室，正常的节律落在不应期内没有激动心室。
走纸速度5 mm/s，1 cm=1 mV

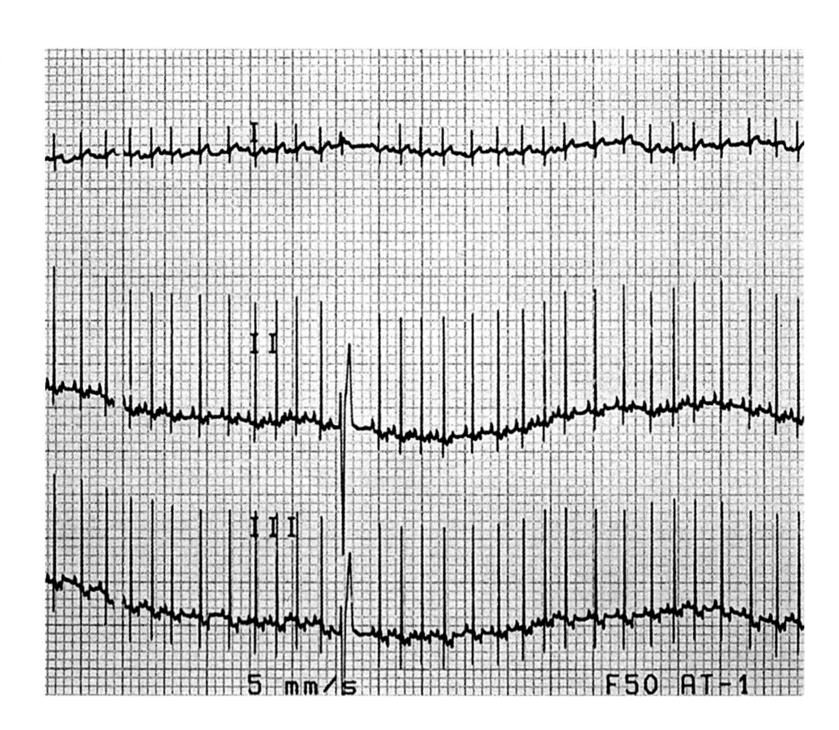

典型特征：

特点：

- 异位冲动点发放提前出现的激动
- QRS波群
  - 提前出现
  - 宽大畸形
- 左心室
  - 来源的VES在Ⅱ导联主波方向向下
- 右心室
  - 来源的VES在Ⅱ导联主波方向向上
- T波方向与QRS波群主波方向相反
- QRS波群与P波无关
- 节律不规则

见于：

- 心脏本身疾病，如：
  - 心功能不全
  - 心肌病（多见于拳师犬和杜伯文犬）
  - 心肌炎
  - 心包炎
  - 心脏肿瘤
- 心脏继发性损害，如：
  - 胃扭转、肠扭转
  - 缺氧
  - 贫血
  - 尿毒症
  - 重症感染
- 药物所致，如：麻醉药、麻黄素、地高辛、抗心律失常药物

治疗：

- 针对原发病治疗
- 利多卡因、β受体阻滞剂以及其他抗心律失常药
- 补充电解质，保持酸碱平衡

## 二联律

高血压和肥厚性心肌病患猫：高电压，ST段下移，每个正常波动之后都跟着一个提前出现的单源，即形态相同的室性期前收缩（二联律）

走纸速度：25mm/s，1cm=1mV

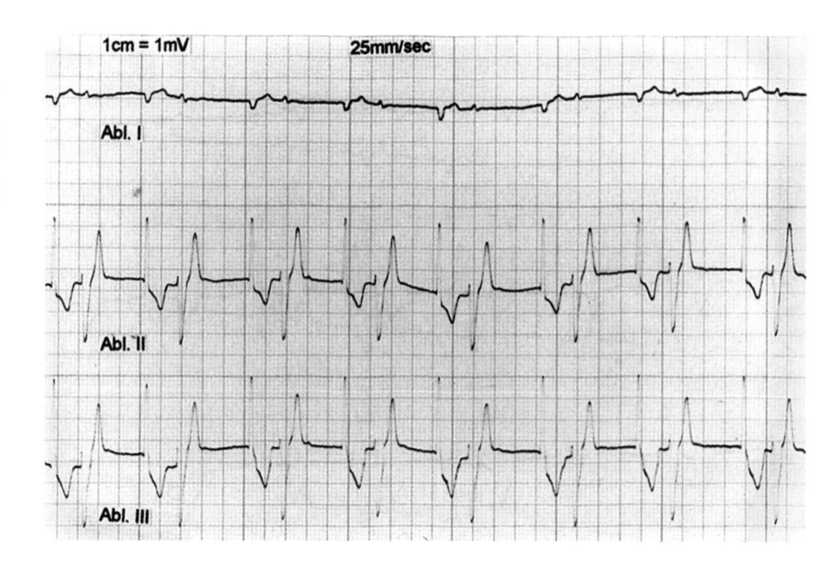


## 三连跳（单源VES）

黑色素瘤转移至心脏的患犬：在两个正常心律之后连续出现三个形态大致相同的VES（三连跳）

走纸速度25mm/s，1cm=1mV

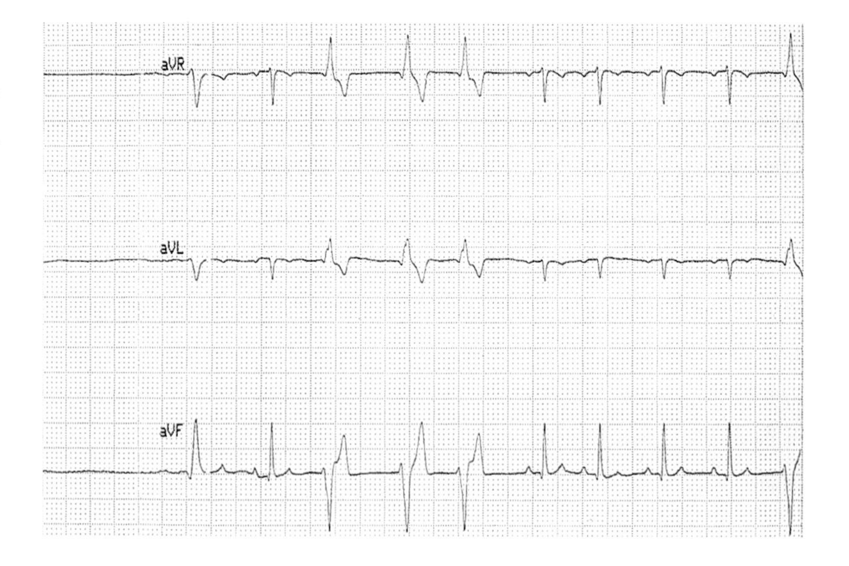

## 多源VES

患有心功能不全的扩张性心肌病拳师犬：第一个正常心搏之后出现多个多源的（多形）左室来源的期前收缩

走纸速度：25mm/s，1cm=1mV

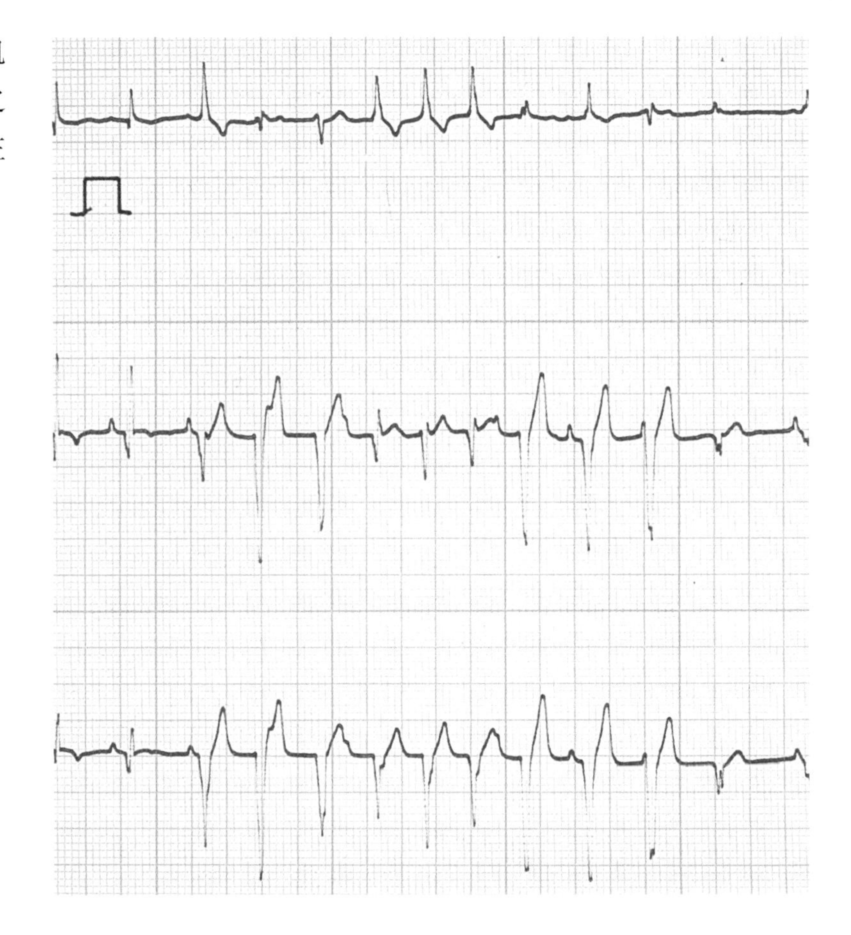

## 室性心动过速（VT）

胃扭转患犬：心律控制。**第一行**：心动过速，HR为220次/min，QRS波群正常，之前都有心房激动的P波，节律起源于窦房结或心房，藏在T波中无法判断。**第二行**：室上性心动过速伴个VES。**第三行**：室性心动过速，QRS波群畸形，HR为300次/min，看不到P波。

走纸速度：25mm/s

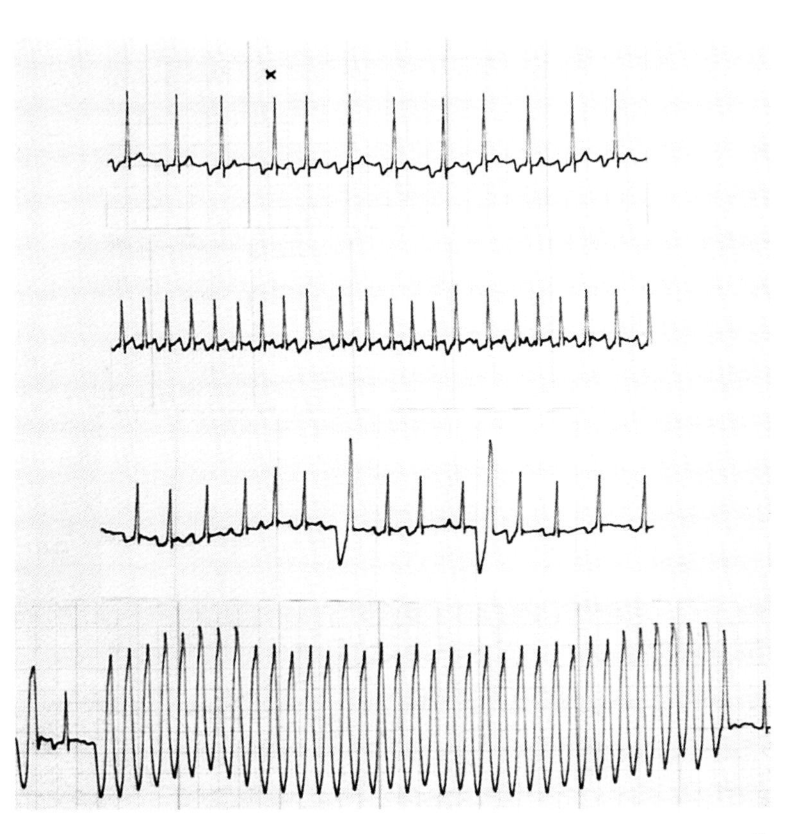

典型特征：

特点：

- 非常危险的心动过速
- 很多连续出现的宽大畸形的QRS波群，即室性期前收缩
- 节律整齐，心室率大于100 次/min
- P波与VES之间没有联系
- P波形态正常
- 可能转为室扑或室颤
- 一过性室速
  - 三个或三个以上连续的VES
- 持续性室速
  - 全部都是室性来源

见于：

- 严重的心肌缺血或心脏代谢异常
- 心脏原发病变，如：
  - 心功能不全
  - 心肌病（特别是拳师犬和杜伯文犬）
  - 心肌炎
  - 心包炎
  - 心脏肿瘤
- 心脏继发损害，如：
  - 胃扭转、肠扭转
  - 缺氧
  - 贫血
  - 尿毒症
  - 重症感染
- 药物所致，如：麻醉药、麻黄素、地高辛

治疗：

- 立即开始治疗
- 可以补充电解质，维持酸碱平衡
- 静脉使用利多卡因、普鲁卡因、地高辛
- 针对心功能不全和基础疾病治疗

## 心室扑动/颤动

心肌炎患犬：**第一行**，发夹样的心室扑动波，从一开始就都是很高的心室波群，没有回复等位线，HR为360次/min。**第二行**，转化为完全没有规律的、振幅完全不同的、粗的室颤波。

走纸速度25mm/s。

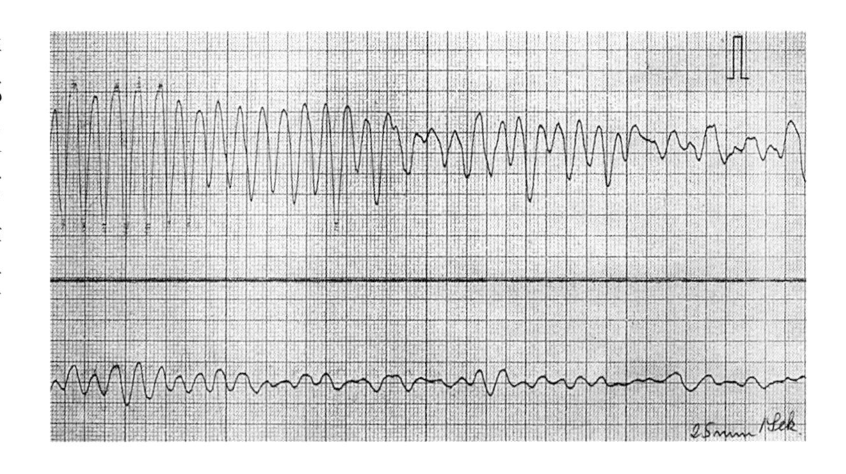

典型特征：

特点：

- 激动来源于心室传导系统终末端。
- 室扑
  - 发夹样的心室扑动波，从一开始就都是很高的心室波群，不回复等位线
  - 心室率较室速快
  - 通常转化为室颤
  - 急症，因为心室几乎没有泵血
- 室颤
  - 很多紊乱的、高度不一、无规则波形，可以为粗颤波或者是细颤波
  - 心律不规则
  - 心房或心室激动看不到
  - 心室无收缩
  - 急症，心室无泵血

见于：

- 由VES或室速转化而来
- 原发性心脏病，如：
  - 心功能不全
  - 心肌病（特别是在拳师犬和杜伯文犬多发）
  - 心肌炎、心包炎
  - 心脏肿瘤
- 继发性心肌受损，如：
  - 胃肠扭转

- 缺氧、贫血
- 尿毒症
- 严重感染
- 休克

▪药物所致，如：麻醉药、麻黄素、地高辛

治疗：
▪紧急处理
▪紧急复苏
▪心前区锤击
▪复律前给心腔内注射麻黄素
▪复律前静脉给予利多卡因、碳酸氢钠
▪静脉注射利多卡因、地高辛
▪心功能不全和基础疾病的治疗
▪补充电解质，维持酸碱平衡

**心脏停搏**

典型特征：

特点：
▪没有电活动
▪对于濒死的动物还有很慢，宽大畸形的QRS波群
▪无心跳（濒死的心脏）

见于：
▪严重的心血管疾病
▪糖尿病严重酸中毒
▪严重的高钾血症，如尿路梗阻

治疗：
▪紧急复苏，但通常已毫无意义

**窦房传导阻滞（SA阻滞）/窦性静止**

窦房阻滞和窦性停博通常在心电图上很难鉴别。如果没有起搏点代替发放冲动，动物会出现意识丧失甚至死亡。

典型特征：

特点：
- 窦房结和心房间传导系统异常（SA阻滞）
- 窦房结不能发放冲动（窦性停博）
- 窦性心律
- 停博的时间是正常PP间期的整数倍
- 心率易变

见于：
- 在短头种属中可能偶尔出现
- 聋的大麦町犬
- 病窦综合征，特别在小型刚毛犬多见
- 心房受累的疾病
- 迷走亢进，如甲状腺肿瘤
- 药物因素，如地高辛或普萘洛尔过量
- 麻醉状态

治疗：
- 根据基础疾病治疗

**Ⅰ度房室传导阻滞**

典型特征：

特点：
- 房室结传导受损
- 不完全房室传导阻滞，PQ间期延长
  - >0.13 s（犬）
  - >0.09 s（猫）
- QRS波群通常无变化
- P波和T波可能融合

见于：
- 迷走张力增高
- 瓣膜类
- 心肌病
- 高钾或低钾
- 药物影响，如地高辛和β受体阻滞剂
- 也会见于健康的犬或猫

治疗：
- 无需治疗
- 明确病因

## Ⅱ度房室传导阻滞

慢性瓣膜退行性疾病导致二尖瓣关闭不全的患犬：每两个P波之后出现一个QRS波群（2：1下传），HR为60次/min。
走纸速度25mm/s，1cm=1mV。

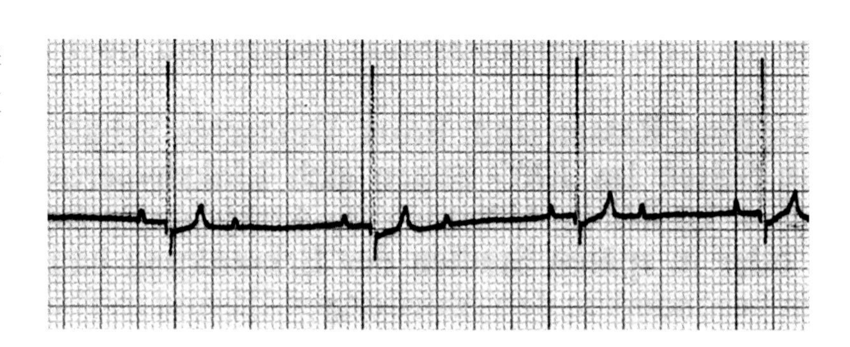

典型特征：

特点：

- 短暂的房室传导阻滞
- P波后面不规律的跟着QRS波群
- Ⅱ度Ⅰ型房室传导阻滞—文氏型
  - 传导时间（PQ间期）逐渐延长至完全阻滞，即P波后面脱漏一个QRS波群
  - QRS波群形态不改变
- Ⅱ度Ⅱ型房室传导阻滞—莫氏型
  - 传导时间固定直至出现一个完全阻滞，即PQ间期恒定，出现一个不下传的P波
  - 心动过缓
  - QRS波群呈束支阻滞图形或正常

见于：

- 瓣膜类
- 肥厚性心肌病（猫）
- 其他心肌病
- 高钾或低钾
- 药物影响，如地高辛、β受体阻滞剂、噻拉嗪
- 特发性房室结纤维样变性

治疗：

- 根据原发疾病治疗
- Ⅱ度Ⅱ型房室传导阻滞可能需要进行起搏器治疗

## 完全房室传导阻滞

慢性退行性瓣膜疾病引起的房室传达阻滞的患犬：规则出现的心房波，房室传导完全阻滞，即心房波与心室波完全无关。取而代之起搏波的是宽大畸形的QRS波。心房频率120/min 走纸速度25mm/s，0.5cm=1mV。

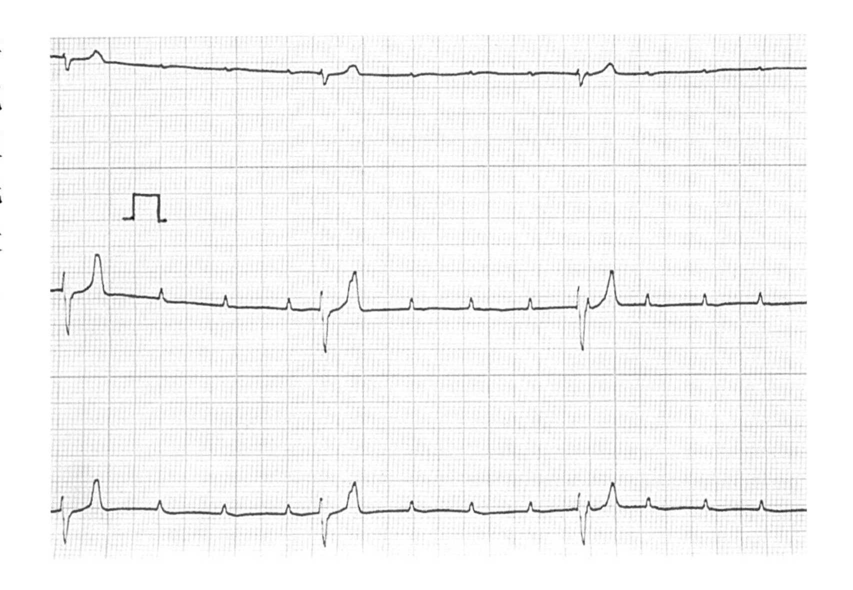

典型特征：

特点：

- Ⅲ度房室传导阻滞=完全房室传导阻滞
  - 心房与心室之间完全阻滞，没有关系
  - PP间期，RR间期固定，但P波与QRS波群无关
- QRS波群正常
  - 异位起搏点在房室结区以下
- QRS波群畸形
  - 异位起搏点在心室或同时束支起搏
- Adam-Stokes综合征发作
  - 严重的心动过缓，停搏>20 s
  - 心率不变的情况下用力时发作

见于：

- 杜伯文犬和哈巴犬易患
- 不同类型的心肌病
- 先天性或后天获得性心血管疾病
- 特发性房室结纤维样变性
- 药物影响，如地高辛中毒

治疗：

- 起搏器植入

## 病窦综合征（SSS）

Adams-Stokes发作患犬：在心律条发现窦性心动过速和心动过缓交替出现，窦性停博（心电图记录过程中最长达4 s），心房即房室交界区期前收缩以及室性期前收缩（上半部分5有个）。
走纸速度25mm/s，1cm=1mV。

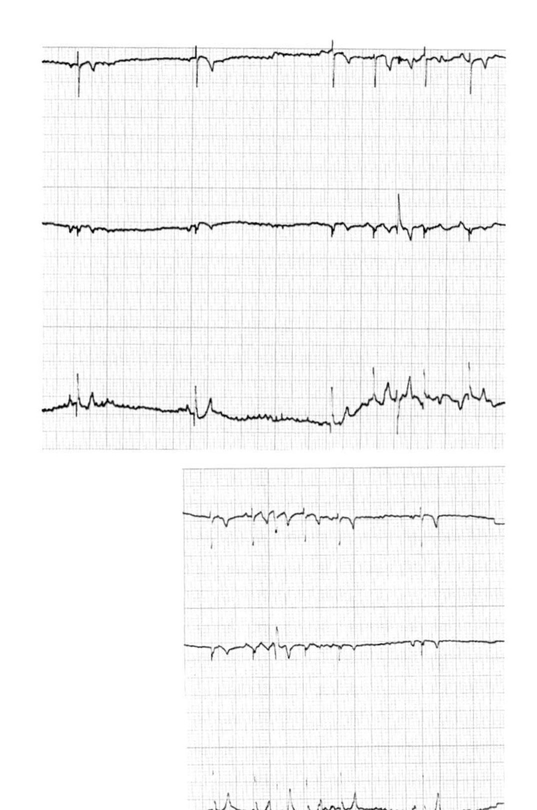

典型特征：

同义词：窦房结综合征，窦房结病变

特点：
- 窦房结及心房以上部位病变所导致的各种心律失常
- 表现为窦房结疲劳，心房节律
- 室上性心动过速或心动过缓
- 慢快综合征
  - 持续性窦性心动过缓或窦房阻滞（心动过缓）与房扑，房颤（心动过速）交替出现
- 窦性静止
  - 窦性心率逐渐降低直至出现窦性停博，心房和房室结也不发放冲动
- 运动负荷后心率不增快或没有响应增快
- 由于大脑供血不足导致运动障碍甚至晕厥

见于：
- 特发性的

治疗：
- 紧急处理：阿托品
- 长期治疗：症状明显时考虑起搏器治疗

## 预激综合征（WPW综合征）

正常情况下心房激动仅通过房室结下传至心室。WPW综合征的心房至心室之间存在两条传导通路，偶尔甚至有更多条。这种心律失常是指正常的窦房传发出的电激动通过另外的传导通路（如Kent束）预先激动心室的某一节段。窦房结冲动也就不再通过房室结、希氏束往下传导了。

心电图上显示Q波与R波重叠之前有短暂的抬高，称为Delta波。激动在这条通路上循环会产生阵发性心动过速（折返机制）。

典型特征：

特点：
- 明显的心动过速
- 心律规则
- P波正常，但通常看不到
- PQ间期缩短
  - <0.06 s（犬）
  - <0.05 s（猫）
- QRS波群正常或宽大畸形
- Delta波
  - 多个导联R波上升段切迹或增宽
- 可能有ST段改变

见于：
- 先天性
- 房室瓣发育不良
- 慢性退行性病变导致的二尖瓣关闭不全
- 肥厚性心肌病
- 其他

治疗：
- 起搏器植入，消融

## 5.3 Holter心电图

长程心电图或Holter心电图能连续24 h记录心电图并保存下来（图5.3）。能追踪记录动物在日常活动下的心电图。

临床上的一些症状，如高度怀疑为晕厥或Adams-Stokes发作的，能通过该检查协助诊断。长程心电图对一些间断发作的心律失常更有意义，并且在早期筛查“易患心律失常”的犬的品种方面也有一定作用。

另外，长程心电图也能协助判断心律失常是否需要治疗，治疗后控制效果如何；还能通过它显示的心律失常情况对预后进行判断。

与常规心电图相比，长程心电图成本更高、花费更大。它有香烟盒那么大，需要固定动物身上至少24 h，因此要判断动物是否能够耐受。在动物胸部五个位置安放电极，放电极处要剪毛并清洁皮肤，用胶水将电极固定在皮肤上（图5.4）。观察者应把动物当天的日常活动情况记录下来。

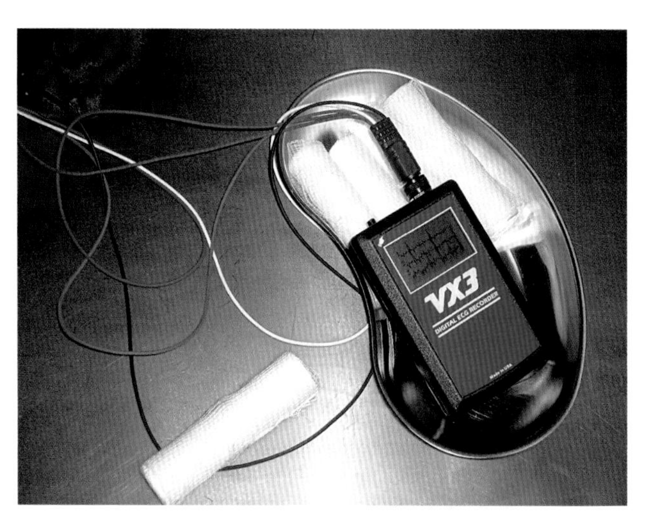


**图5.3** 记录长程心电图的接收器

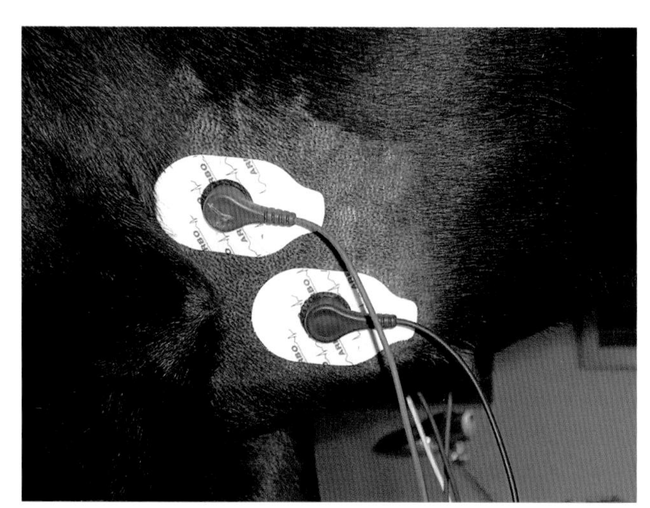

**图5.4** 记录犬的长程心电图的电极

### 参考文献

TILLEY,L.A. (1997): EKG bei Hund und Katze, Schlutersche Verlagsanstalt, Hannover.

TILLEY, L.A., SKRODZKI, M.,TRAUTVETTER, E. (2003): Krankheiten des Kreislaufsystenis. In: Katzenkrankheiten, SchaperVerlag, Alfeld-Hannover.

TRAUTVETTER, E., NEU, H., SCHNEIDER, M., SKRODZKI, M., HOLMBERG, D. L. (2006): Herz und Blutkreislauf. In: Klinik der Hundekrankheiten, Hg. E. G. Grunbaum und E. Schimke, Enke Verlag, Stuttgart.

SCHWERIN,A. (2000): Die Beurteilung der ST-Strecken-Verlagerung und der QRS-Dauer im EKG kranker Katzen-eine retro-und prospektive Studie.Vet. Diss., FU Berlin.

# 6 心脏的放射检查

Matthias Schneider

## 6.1 胸部标准放射检查

### 6.1.1 心脏放射诊断适应证

心脏放射诊断适应证源自各种要求。对于呼吸困难或者咳嗽的患者，放射诊断可以用来区分原发性呼吸系统疾病和心源性呼吸系统疾病。临床上如果发现了心血管系统异常，可以利用放射学来检查是否存在左心或者右心肥大，是否并发有灌注性或充血性心功能不全。放射影像可以反映充血性心功能不全的级别，确定治疗的程度。此外，还可以用来评估治疗方案的疗效。

### 6.1.2 放射技术

**曝光**

胸部的对比度很高。采用高电压低电流的成像技术可以获得低对比度胸片。为了降低胸腔运动产生的干扰，曝光时间要控制在0.02s以下。为了达到这一目的，需要使用稀土增感屏，而不能使用滤线器。低对比度并且没有胸腔运动干扰的胸片通常是比较理想的，可以呈现出肺部细节（图6.1 a，b）。

**体位**

胸部X线片范围从第一肋骨至第一腰椎，以得到完整的胸部影像。侧位片中心对准第4～5肋间隙（ICR），正位片（背腹位/腹背位）对准肩胛骨缘。

左侧位片和右侧位片中，心脏的位置有所不同，在左侧位片上心尖通常被胸骨抬高，与胸骨的接触面较宽（图6.2a，b）。这两个影像可能会被误诊为右心增大。

在正位片上，因为重力的原因心脏的位置可能有向下的小的波动。肺门处的肺血管在肺通气时较明显。背腹位片中心脏的外形较圆，而腹背位片中心脏的外形较长。

经常使用一侧位片联合正位片帮助诊断心脏病。有时为了明确诊断，需要拍摄双侧的侧位片以明确评估肺上野的情况。

**拍摄时机**

深吸气时拍摄的胸部影像是比较理想的。呼气状态下拍摄的胸部影像中，肺部影变小，心脏

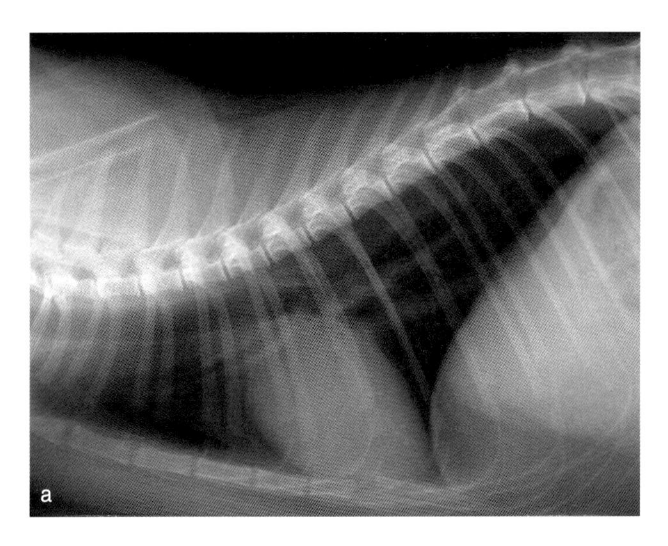


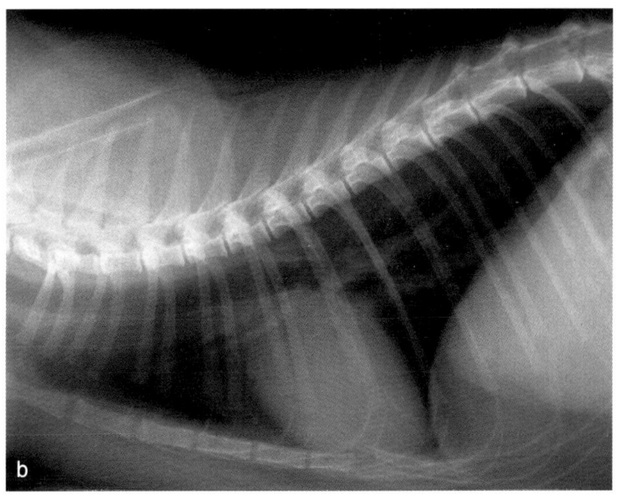


**图6.1a，b** 不同曝光技术下猫的侧位片。（a）高对比度的影像下肺部几乎完全显现黑色（b）采用低对比度技术可以显现出一些肺部的标志

影相对较大，可能被误诊为心脏增大。呼气时肺中气体较少，心脏可呈现出间质性影像。所以，胸部放射影像学中，要注意拍摄的时机。

深吸气相侧位片上心脏和膈之间存在一个间隙，后腔静脉窄而界限清楚。最大程度吸气时肺野可及第12胸椎后缘（图6.3 a，b）。

清醒状态下的病患很难达到最大深吸气，肺野通常可达第11胸椎后缘。

在吸气相正位片上，膈呈水平位，与心脏存在少许的重叠。最大程度吸气时，膈的弧顶可达第8胸椎中点。肋膈角可达第10胸椎。

**质量评价**

除了曝光和呼吸时相以外，还需要对病患的体位进行评价。侧位片上各肋骨应保持平行，而且不宜向脊柱突出而遮挡脊柱。在各组织、器官重叠较多的片子上，心脏可能显得很圆，与胸骨接触面增大，与脊柱的距离减少，所以可能被误诊为心脏扩大（图6.4）。有时双侧的主支气管根部可能重叠，造成左心房扩大的误诊。

在正位片上椎骨棘突遮挡胸骨节。在倾斜的卧位片上可能可能误诊为心脏扩大（图6.5a，b）。

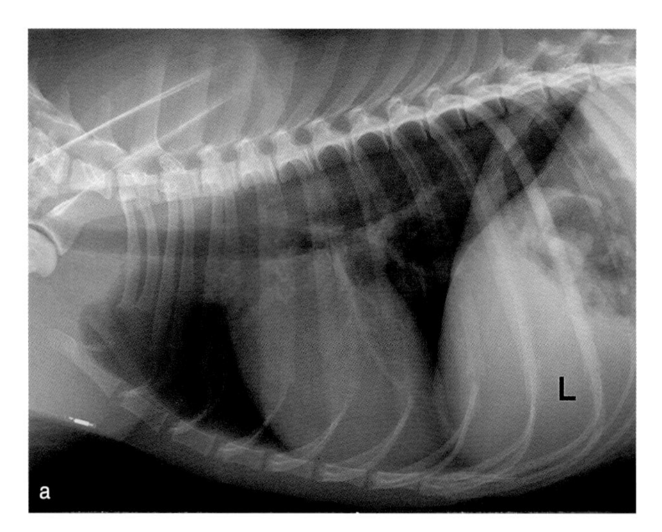


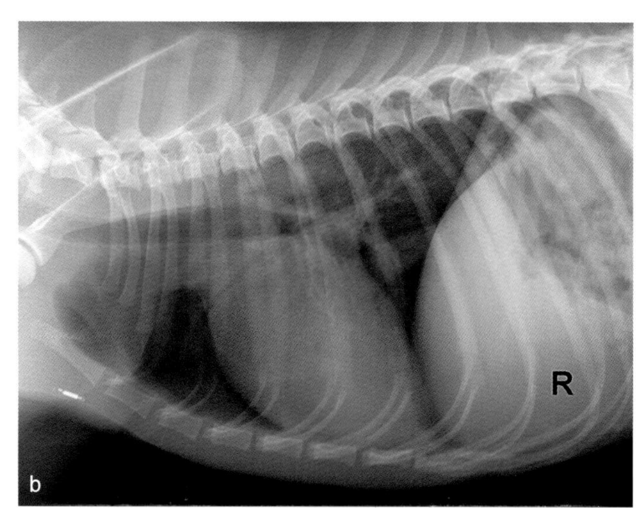


**图 6.2a，b** 犬的左侧位片（a）和右侧位片（b）对比。左侧位片中心脏与胸骨的接触面较右侧位片宽，心尖上抬

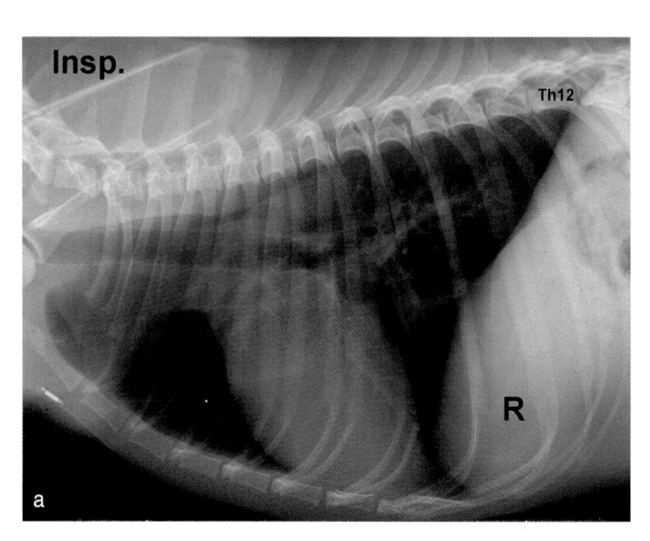


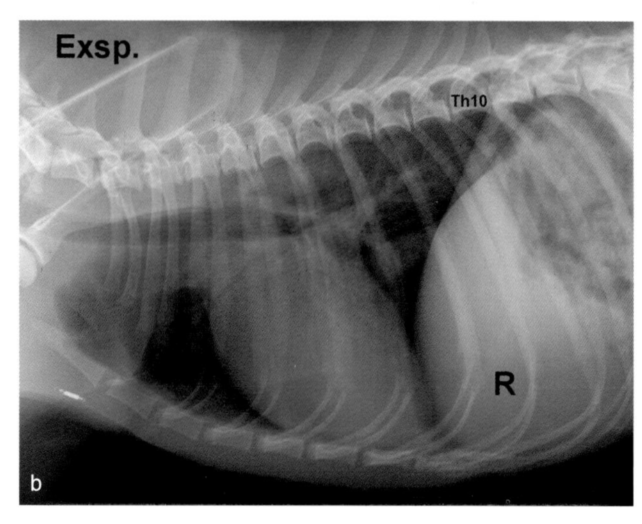


**图6.3a，b** 犬的吸气相侧位片（a）和呼气相侧位片（b）的对比。吸气相胸部影像（insp.）肺野可及12胸椎的后缘，呼气相的胸部影响（exsp.），肺野只达10胸椎的后缘。吸气相中显示心脏和横膈间存在一定的距离，腔静脉较窄而且微闭。呼气相的肺野较小，内含空气较少，心脏可显现出间质性影响，并且可能被误诊为心脏扩大

**检查流程**

对胸片的评价建议使用标准化检查流程，比如：胸腔的大小、胸膜腔、气管、支气管、纵隔、食管、心脏大小、心脏形态、血管和肺的标志。

## 6.1.3 心脏位置、大小、形状和大血管

### 6.1.3.1 正常表现

**变异**

犬的胸部由于形状不同而存在很多变异。胸廓深而窄的犬，侧位片上心脏窄而垂直，正位片则呈圆形。胸廓圆的犬，侧位片上心脏相对宽平，心脏与胸骨接触面较大。正位片上心脏与胸骨接触面呈椭圆形。

猫的年龄对心脏的形态影响很大，大于7岁的猫的心脏呈水平状，与胸骨接触面大。此外，心脏前背侧的主动脉弓显示明显。

幼年的猫和犬的心脏都相对较大。较肥胖的个体可能因为附着的脂肪组织而被误诊为心脏扩大。心脏的大小受心动周期的影响较小，而受静脉充盈量的影响较大，所以缺水时心脏明显缩小，血容量充盈（比如心脏功能障碍或者无尿）时心脏影明显扩大。

最好根据客观的诊断标准来对心脏X线片进行主观评估。因为犬存在很多品种，所以同种犬的X

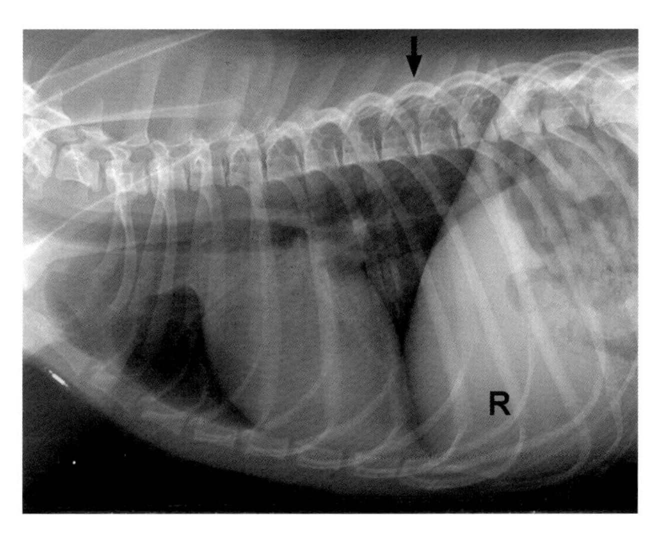


**图6.4** 犬的扭歪胸部侧位片（图5.3a，b中的同一只犬）。肋骨弓向椎骨上方突出产生明显的重叠，导致心脏显得位置高，心脏与胸骨接触面扩大

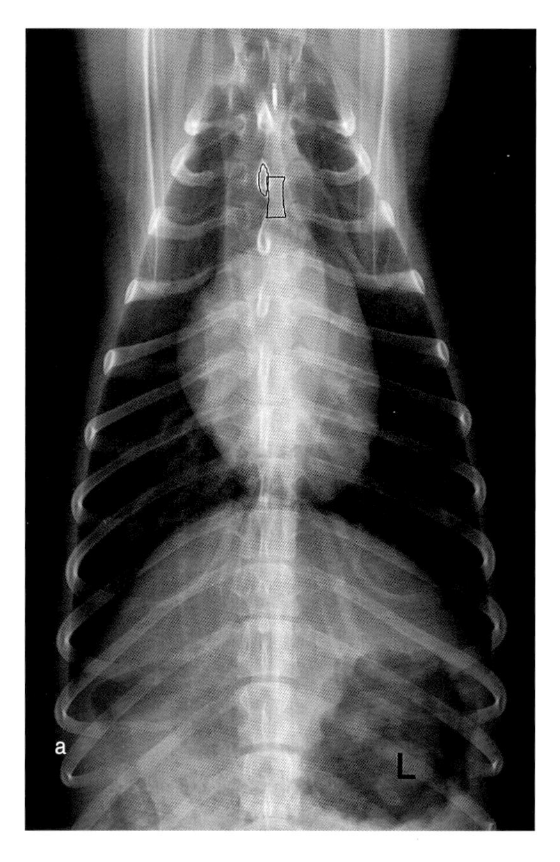


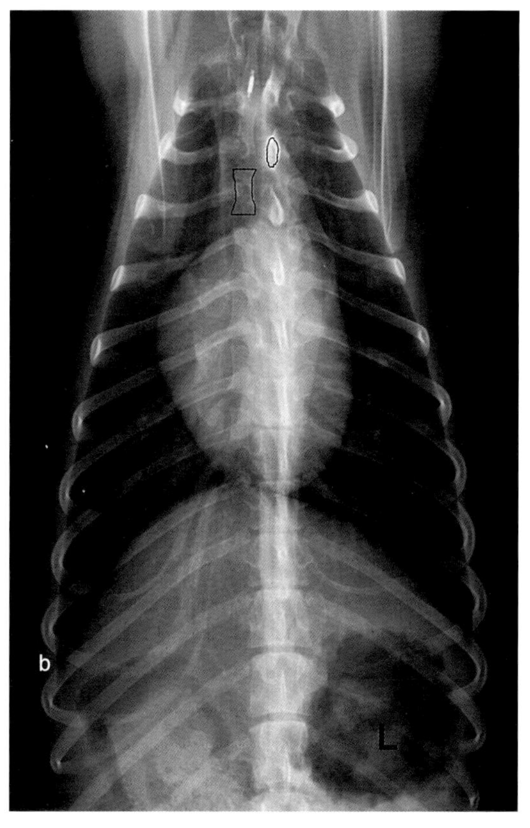


**图6.5a，b** 犬的标准（a）和倾斜的（b）背腹位胸片比较。正位片上棘突（纺锤形）与胸骨节（矩形）重叠，倾斜的背腹位片上出现右心增大的假象

线片对比很重要。

**侧位片**

犬的侧位片正常表现为与胸骨约呈45°角（因犬的品种不同和猫的年龄不同而存在差异）。心脏的高度占胸腔高度的2/3至3/4。

犬的最大心脏方位与胸廓形状有关：胸廓窄的犬心脏范围可达2.5个肋间隙（ICR），一般的犬为3.0个ICR，小型犬、宽胸廓的犬、幼年犬可达3.5个ICR。猫的心脏范围前侧达第5肋，后侧达第7肋。

心底和心尖的联系将心脏分为两部分，位于后侧的左部分和位于前侧的右部分。左部分约占心脏的2/3，右部分约占1/3。

椎体测量系统是一种将心脏大小与自身椎体长度相比较的方法，它使心脏的测量更精确。以第四胸椎为参照可以准确测量心脏高度（左支气管根部腹侧界至远端心尖点）和心脏宽度（与心高垂直，心脏中1/3的为最高宽度）。

正常犬椎尺度心脏大小的平均值是9.7 ± 0.5（8.5 ~ 10.5），短胸犬可达11（Buchanan，Bucheler，1995）。正常猫的椎尺度心脏平均值为7.5 ± 0.3［6.7 ~ 8.1（Lister，Buchanan，2000）］。犬和猫的心脏测量举例分别于图6.6a，b中列出。

正常后腔静脉宽度可达气管分叉（通常在第5胸椎）处锥体宽度的75%~100%，并且一般和胸主动脉同宽。

最好在肺门处评估肺血管。肺动脉位于支气管的背侧，肺静脉位于支气管的腹侧，但是肺动脉和肺静脉在肺门处存在一定的重叠，所以区分他们的境界比较困难。肺动脉和肺静脉几乎同宽，其位于第4肋间隙处的直径约为第4肋上1/3段的75%。

**背腹/腹背位片**

犬的背腹/腹背位片中，在同一高度上心脏宽度可达胸廓直径的2/3。猫的心脏宽度波动在胸廓直接的1/2至2/3之间。右半心形状上类似半边梨，左半边类似半边苹果。左半心的最大宽度与右半心的最大宽度一致，左半心与胸骨的接触面大小与右侧也一致。犬的心脏面积小于胸廓面积的2/3。

背腹/腹背位片上肺血管在膈叶处分界最清楚。肺动脉位于支气管两侧，肺静脉位于支气管中间。右侧肺静脉经常被下腔静脉遮挡。第9肋后侧处的肺动、静脉通常与第9肋同宽（图6.7a，b）。

心脏患病会导致心脏的某些部分扩大（图6.8a，b）。需要注意的是，背腹位/腹背位片中心脏移动性很大，左心扩大可以使心尖向右移动、扭转。所以正、侧位片都应该结合病患的病情来评估。

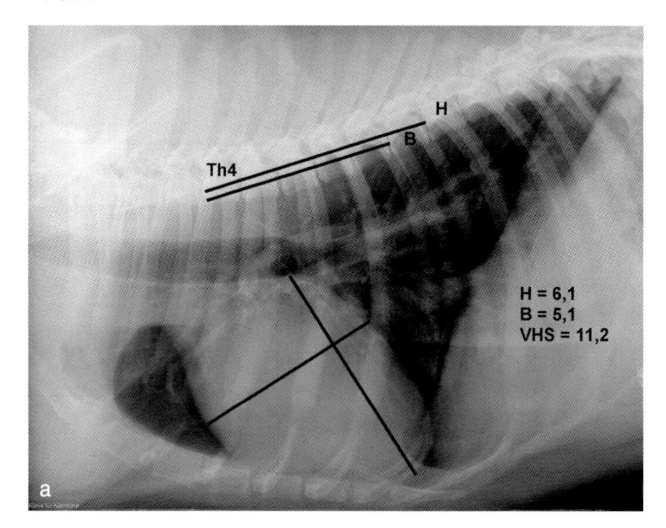


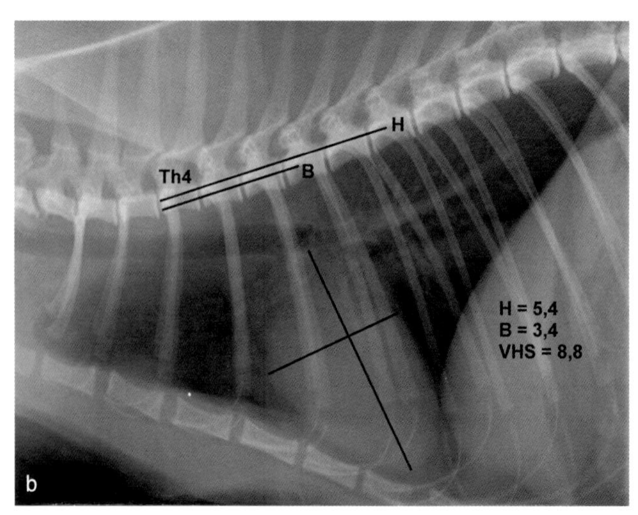


**图6.6a，b** 犬（a）和一只心脏稍大的猫（b）的椎尺寸心脏大小的测量，侧位片。心高（H）从左侧支气管根部至心尖。心脏最大宽度取中1/3，与心高垂直。心高和心宽的测量均从第4胸椎（Th4）起始点开始，换算成椎尺度心脏大小。本例中犬和猫的参考值范围列于图中上部

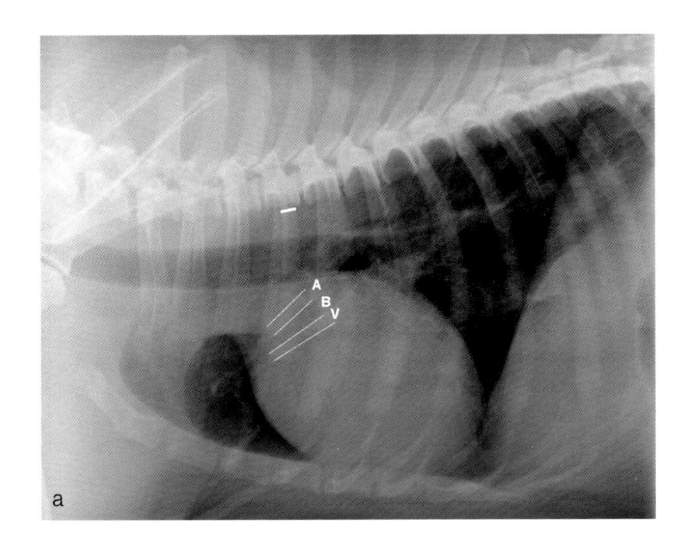


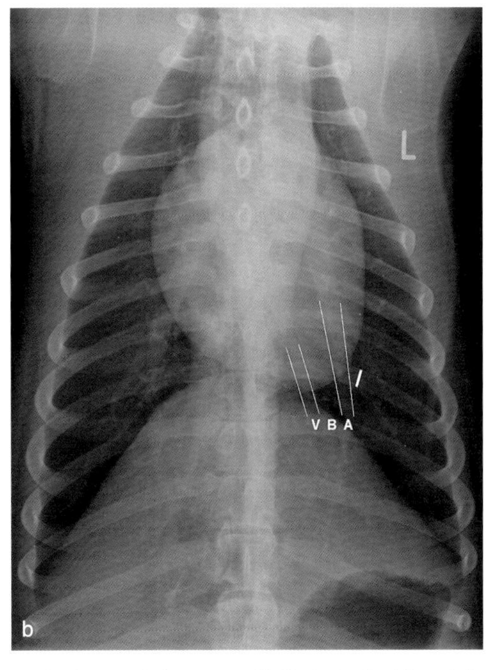


**图6.7a，b**　肺血管的显示和定量评估。（a）侧位片和（b）背腹位片。侧位片上动脉（A）和静脉（V）分别位于支气管（B）的上、下方。第4肋间隙处，两者宽度为第4肋近椎体部分直径的75%。后前位正位片上动脉（A）和静脉（V）位于支气管（B）的外、内侧。在第9肋间隙，两者和第9肋的直径相同

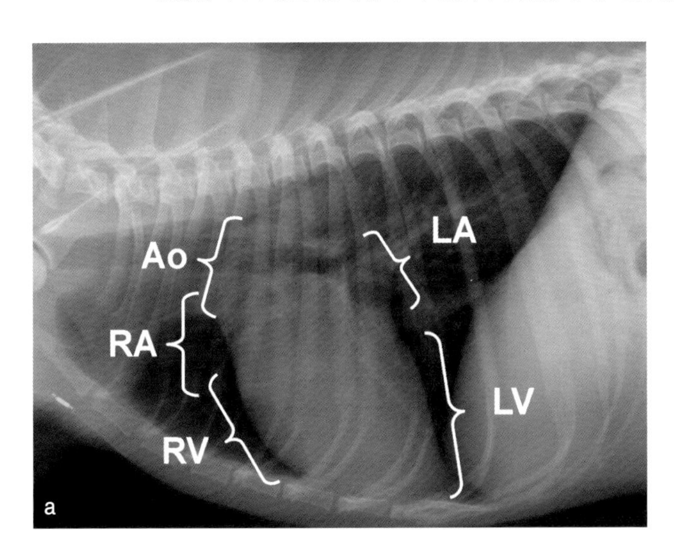


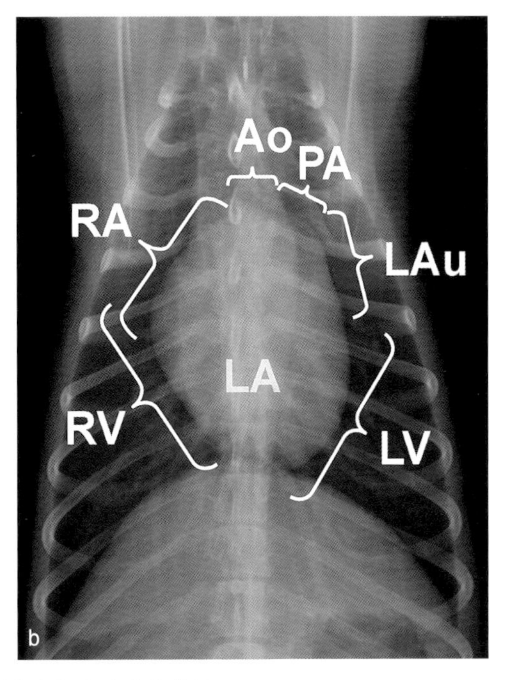


**图6.8a，b**　犬心脏的部分或范围，可见心脏的各部分增大。（a）侧位片和（b）背腹位片

Ao：主动脉，PA：肺动脉根，Lau：左心耳，LV：左心室，RV：右心室，RA：右心房，LA：左心房

### 6.1.3.2　心脏移位

**见于：**

- 胸骨形变
- 胸腔疾病（比如气胸）
- 胸腔新生物
- 单侧肺通气过度或者减少
- 胸腔极度狭窄的犬类（比如灵猩犬）

#### 6.1.3.3 心影狭窄

**见于：**

- 脱水
- 休克
- 静脉阻塞
- 气胸
- 肺过度通气（比如吸气性呼吸困难或者肺气肿）

**侧位片**

- 心高和心宽减少
- 心尖与胸骨接触面小

**背腹位/腹背位片**

- 心长和心宽减小
- 肺部疾病导致心脏/肺平面改变

#### 6.1.3.4 心影球形增大

注意：胸腔积液或者过度肺通气可导致心脏扩大。

**见于：**

- 心包：心包积液，肿块，脂肪沉积，腹膜心包疝
- 双侧心脏扩大
  - –心脏容量负荷重（慢性瓣膜性心功能障碍、动静脉短路、严重心动过缓）
  - –心肌受损（扩张型心肌病）
  - –慢性贫血
- 严重单侧心脏扩大

**侧位片和背腹/腹背位片**

- 心长和心宽增大，心脏轮廓变圆
- 心影几乎变圆

— 心包积液（正、侧位片，正位片尤其明显，图6.9a，b）

— 发育不良导致严重三尖瓣功能障碍（侧位片，6.10a，b）

#### 6.1.3.5 左心房扩大

注意：犬和猫的左心房扩大在背腹/腹背位片上表现更明显，犬的侧位片也可以显示左心房扩大。左心房扩大和左心功能障碍程度没有直接关系，因为在慢性左心房扩大可以防止肺静脉阻塞，而急性阻塞（比如急性二尖瓣、主动脉功能障碍或者急性扩张型心肌病）时肺静脉内压力升高，而左心房增大程度微弱。

**见于：**

- 容量负荷增大：二尖瓣功能障碍，左右心短路，扩张型心肌病
- 压力增大：高血压或者限制型心肌病（舒张压增高）或者三尖瓣僵硬

**侧位片**

- 气管后部抬高（图 6.11a）

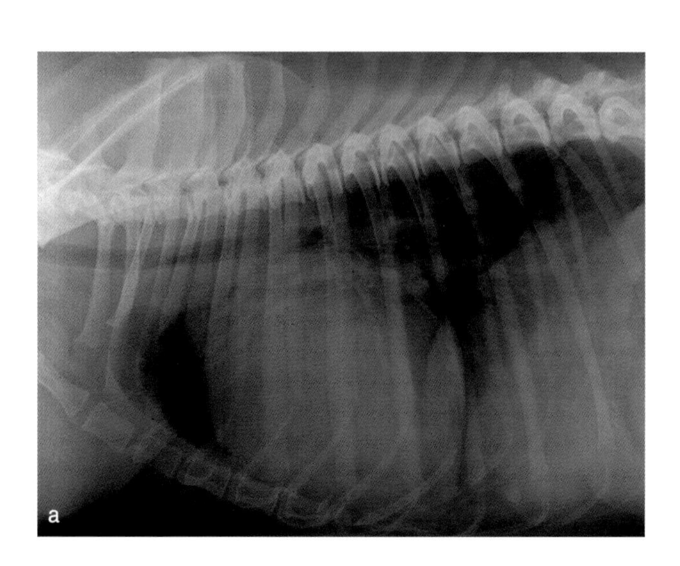

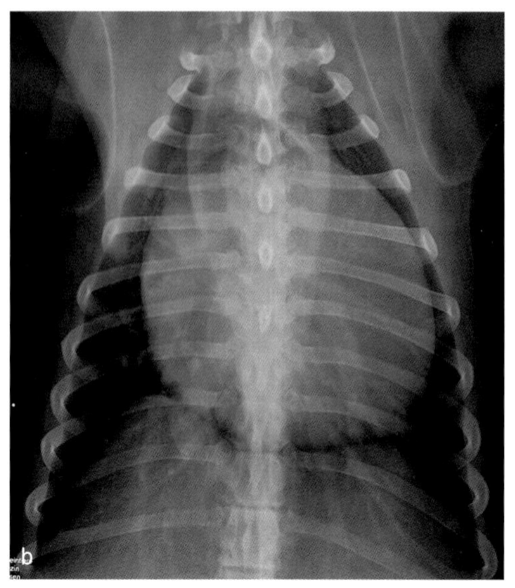

**图6.9a，b** 心包积液导致犬的心脏扩大，（a）侧位片和（b）背腹位片。心影变圆，实质性心脏扩大

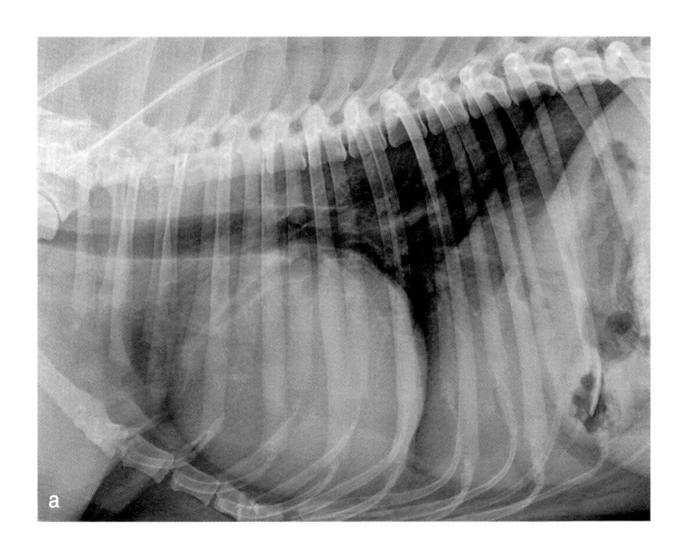

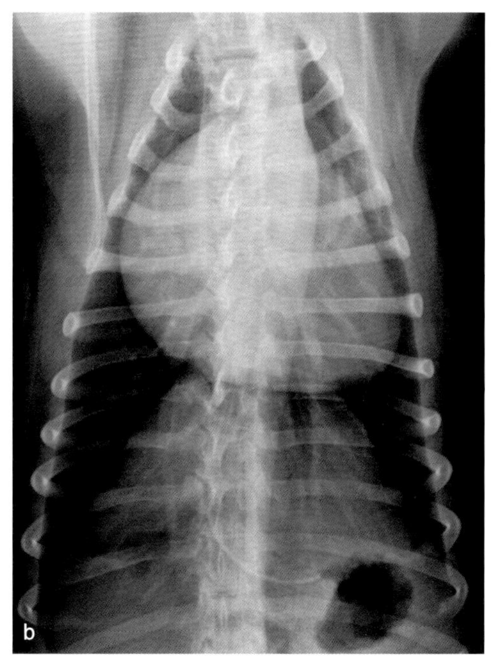

**图6.10a，b**　三尖瓣发育不良，心功能严重障碍导致心脏增大，（a）侧位片和（b）背腹位片。侧位片可见心脏明显扩大，心影几乎呈圆形。背腹位片上右侧心影明显增大，左侧心影被挤压

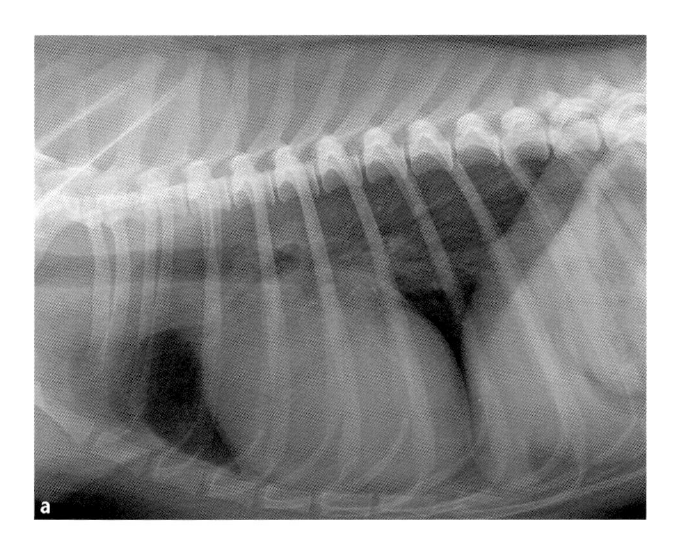

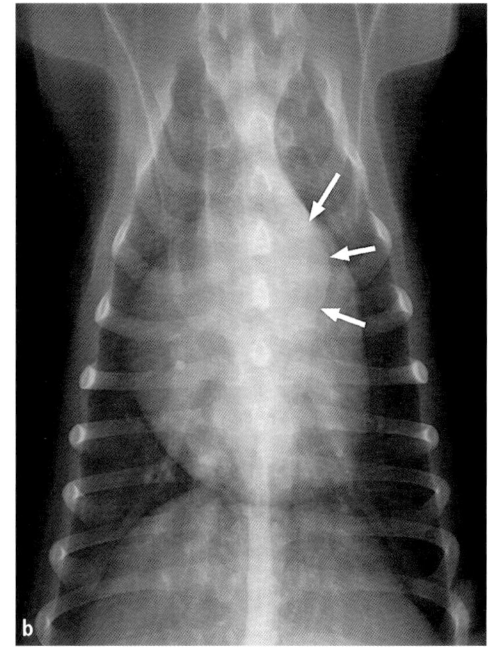

**图6.11a，b**　犬二尖瓣功能障碍导致心房和心室中度扩大，（a）侧位片和（b）背腹位片。侧位片上心高和心宽均增大，心影扩大，支气管分叉明显。背腹位正位片上心耳扩张至2～4点钟方向。左心耳影像拉长，与左心房间隔一高密度影而分解明显

- 左侧支气管干抬高并伴有：
  - 双侧支气管偏移
  - 老龄小型犬左侧支气管受压
- 气管和心脏后部端廓的夹角改变：正常的夹角较钝，左心房扩大时变锐利
- 心脏后端轮廓形状改变：正常情况下呈凹形，左心房增大时变直甚至变凸
- 左心房增大心底突出（尤其是猫）或延长

- 左心房明显扩大时心房影变深

**背腹位/腹背位片**

- 左心耳扩张至2～3点钟方向
- 双侧支气管偏移
- 左心房极度扩张时两侧支气管根部间隙的阴影变深［尤其是二尖瓣严重功能障碍的犬（图 6.11b）和患有心疾病的猫］。
- 心尖向右移动

#### 6.1.3.6 左心室扩大

注意：左心室扩大难以辨别，尤其是因心脏负荷重引起的左心室扩大。左心室严重扩大时，容易误诊为全心扩大。

**见于：**

- 单纯性左心室增大
  - –左心室负荷增大（动脉硬化、高血压）
  - –肥厚性心肌病
- 多伴有左心房扩大
  - –二尖瓣关闭不全
  - –扩张型心肌病
  - –房间隔、室间隔缺损

**侧位片**

- 气管抬高（注意：气管的位置与胸腔形状有关）
- 心脏后端轮廓改变：正常形态略凹，病理形态变直甚至变凸
- 心脏尾部消失
- 下腔静脉抬高

**背腹位/腹背位片**

- 心影拉长或者变圆
- 心尖向左偏移，有时也可向右偏移。

#### 6.1.3.7 右心房扩大

注意：放射诊断对右心房价值有限

**见于：**

- 容量性负荷：三尖瓣功能不全或者房间隔缺损
- 压力负荷：三尖瓣硬化或者舒张压右心室舒张功能障碍。

**侧位片**

- 心脏头端轮廓凸出，头端部分结构不可见
- 心影扩大
- 心脏形态变圆（应与心包积液相鉴别）
- 血管分叉前方气管上抬

**背腹位/腹背位片**

- 扩张至8～12点方向之间

图6.10 a，b是一例严重右心房扩张病例

#### 6.1.3.8 右心室扩张

注意：因为右心向左心方向移动，所以侧位片上难以诊断（图 6.12a，b）。

**见于：**

- 容量性负荷：
  - –三尖瓣功能不全
  - –肺动脉功能不全
  - –房间隔、室间隔缺损
- 压力性负荷
  - –右心流出道梗阻
  - –肺血管机械性梗阻（血管梗塞、栓塞）
  - –肺动脉高压（慢性肺疾病，中度房间隔、室间隔缺损伴有艾森曼格综合征，原发性高血压，慢性心力衰竭）
- 心肌病性心功能不全（扩张型心肌病）

**侧位片**

- 心脏头端弧度变大
- 右心范围增大（大于横径2/3）
- 与胸骨接触面增大
- 心尖上台
- 气管越过其前方的心脏部分，上抬

**背腹/腹背位正位片**

- 右心轮廓（6～10点钟方向）弧度增加，与胸壁接触面减少
- 心尖拉长，向左移动
- 肺动脉根部扩大

#### 6.1.3.9 升主动脉扩张

**见于：**

- 老龄猫正常生理现象
- 局段狭窄后扩张
- 系统性高血压

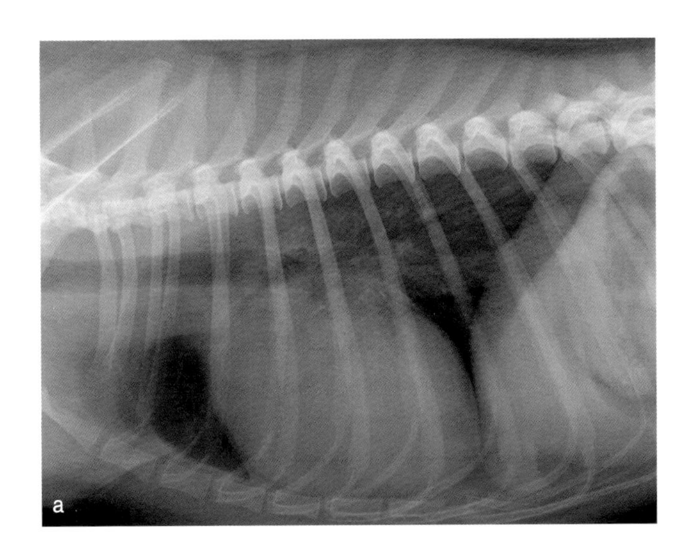


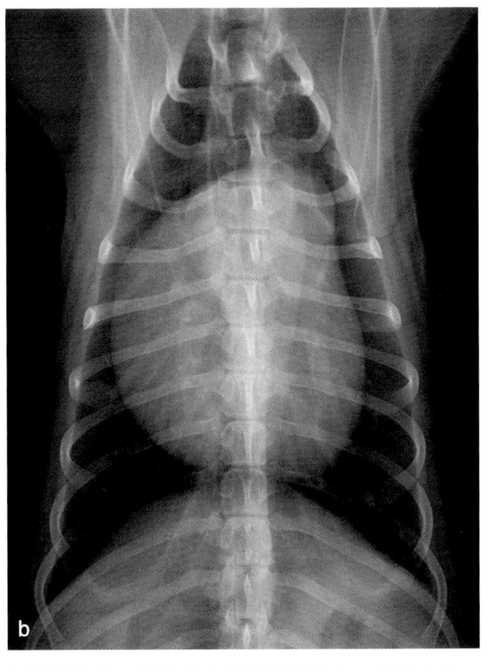


**图6.12a，b** 肺动脉硬化导致犬重度右心室扩大，（a）侧位片和（b）背腹位片。侧位片上心脏范围扩大，心尖上台。血管分叉至心尖的连线可确定右心增大。背腹位片上可见右心室明显增大（6～10点钟方向）和重度肺动脉扩张（1～2点钟方向）

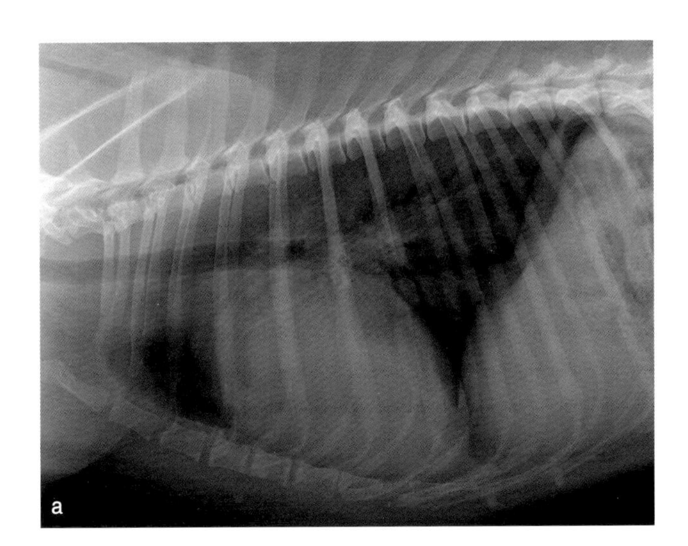


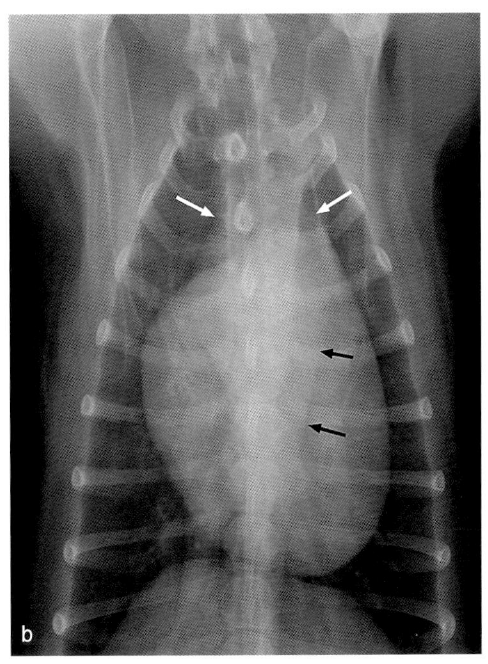


**图6.13a，b** 犬侧位（a）及背腹位（b）胸片，主动脉瓣下狭窄致左心室中度增大。侧位片示左室高度及宽度均增加，左房显示不明显，心底弧线加深，下腔静脉影上移。背腹位片可见心影长度增加，左心室增大（3～6点钟方向），11～1点钟方向可见升主动脉影增宽（白箭），并一直延续到降主动脉（黑箭）

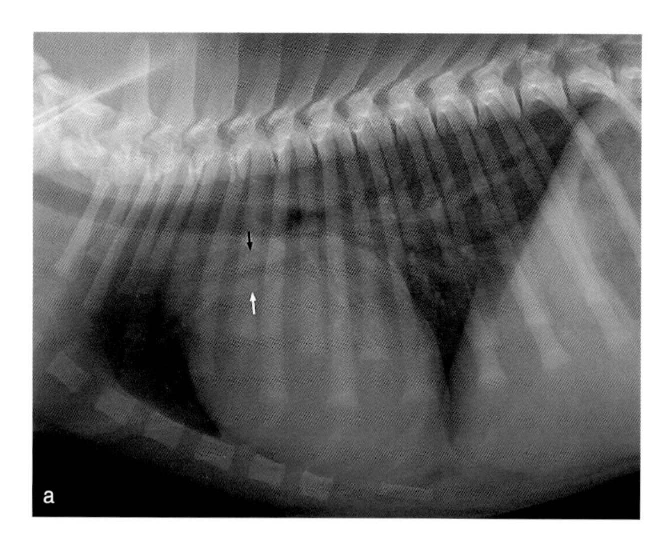


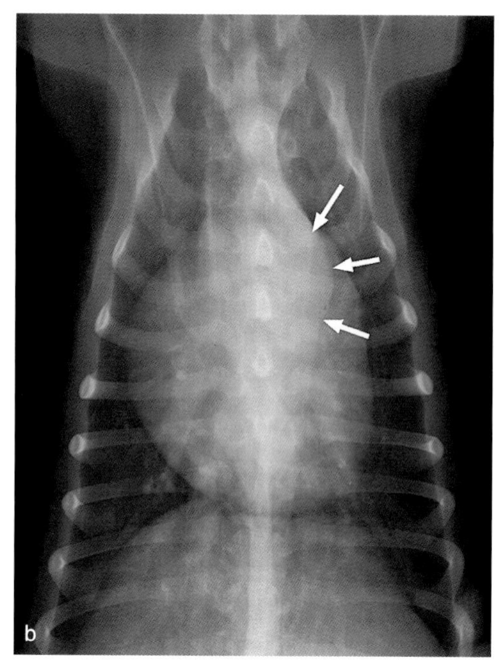


**图6.14a，b** 在一只动脉导管未闭的犬的侧位片（a）和背腹位片（b）上显示的肺动脉微循环和降主动脉的延长部。在侧位片上清楚的显示了扩大的左心室（变高、变宽的心影）和左心房。肺动脉（黑色箭头所示）和肺静脉（白色箭头所示）同样都扩宽，显示有周围充血。在背腹位片上显示了一个圆形的扩大的心脏。降主动脉在动脉导管起始部显著扩大（白色箭头所示）

**侧位片**

- 主动脉向纵隔头端突出

**背腹位/腹背位片**

- 12～1点钟方向扩张，向降主动脉方向延伸

### 6.1.3.10 降主动脉起始部的扩张

**见于：**

- 左向右分流或右向左分流的动脉导管未闭
- 导管动脉瘤

**侧位片**

- 未显示（图6.14a）

**背腹位/腹背位片**

- 2～4点钟方向的突起（图6.14b）

### 6.1.3.11 肺动脉干的扩张

注意：其X线检查的敏感度不高

**见于：**

- 肺动脉栓塞
- 动脉导管未闭
- 肺动脉高压（如慢性肺疾病，具有艾森曼格综合征的大左向右分流，原发性高血压，慢性左心力衰竭）
- 机械性肺循环阻塞（血栓，栓塞）

**侧位片**

- 在气管末端冠状心影上的半月形阴影

**背腹位/腹背位片**

- 1～3点钟方向的突起

### 6.1.3.12 下腔静脉尾端的扩张

注意：X线检查敏感度不太高，在侧位片上容易识别。

**见于：**

- 心肌萎缩
- 心包积液
- 缩窄性心包炎
- 右心房流出受阻

**侧位片和背腹位/腹背位片**

- 增宽和增厚的下腔静脉末端（鉴别诊断：呼气）

### 6.1.3.13 变窄的下腔静脉末端

**见于：**

- 减少静脉回流
- 低血容量

- 增加胸腔内压（过度通气、哮喘、支气管炎、肺气肿）

**侧位片和背腹位/腹背位片**

- 可见变窄和稍微紧的下腔静脉末端

## 6.1.4 肺部血管

### 6.1.4.1 扩张的肺动脉和肺静脉（过度灌注）

**见于：**

- 左向右分流型
- 非正常状态（慢性贫血、甲状腺功能亢进）
- 医源性性容量超负荷或充血性心脏衰竭

**侧位片和背腹位/腹背位片**

- 扩张的动脉和静脉（中央和周围区，图6.14a，b）
- 由于新增的小的肺血管而出现的肺（包括周围）的密度增大（鉴别诊断：间质性肺气肿一般导致肺中央区域密度增大）

### 6.1.4.2 变窄的肺动脉和肺静脉（灌注不足）

**见于：**

- 右向左分流型
- 严重肺动脉狭窄
- 低输出综合征（休克，心肌萎缩，脱水，甲状腺功能减退，压榨性心包炎，心包填塞，严重的右心衰竭）
- 严重肺气肿
- 血栓形成区的低灌注

**侧位片和背腹位/腹背位片**

- 变窄的动脉和静脉（图6.15a，b）

**见于：**

- 肺动脉高压：阻塞性肺疾病、缺氧、慢性左向右分流疾病
- 肺部栓塞（血栓，栓塞）

**侧位片和背腹位/腹背位片**

- 近端动脉扩张，中间部位迂曲，末梢变窄（图6.18a，b）

### 6.1.4.3 扩张的肺静脉

**见于：**

- 由于左心室充盈压升高而引起的肺静脉高压
  - –慢性（如二尖瓣关闭不全，图6.16）
  - –急性（如扩张性心肌病或肥厚性心肌病）

通常伴随左心房肥大

注意：不是每个左心衰竭的患者都有静脉扩张（比如亚急性肺水肿），并且有时静脉扩张会被肺水肿覆盖

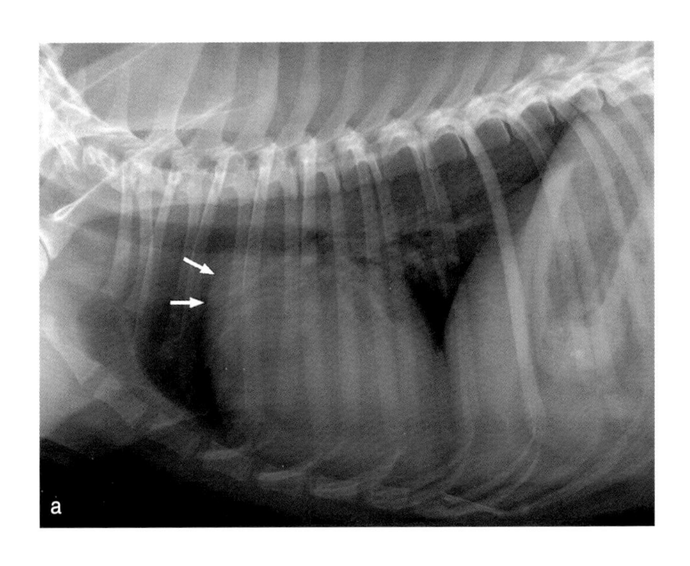


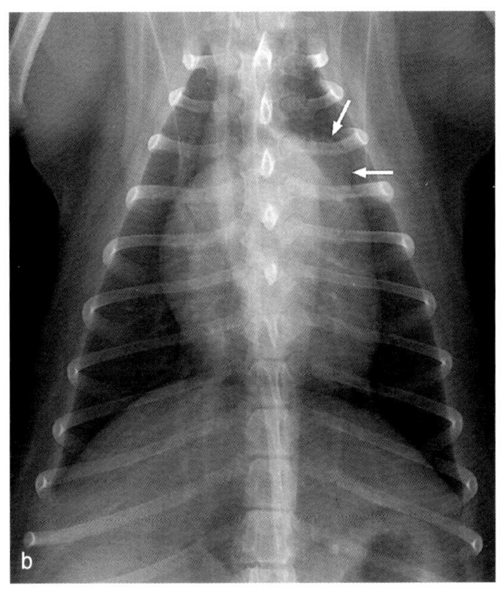


**图6.15a，b** 在一只患有严重动脉导管未闭的犬的侧位、背腹片显示肺动脉干扩张和肺血管的微循环。在侧位片上清楚的显示了右心增大（扩大的心影和增高的心尖），肺血管很窄。其在冠状心影上表现为一个圆形的阴影（箭头所指）。在背腹片上该结构和扩张的肺动脉相关联（箭头所指）

**侧位片和背腹/腹背片**

静脉比动脉扩张更厉害 在脐部最为明显。

## 6.1.5 心脏病患的肺纹理表现

注意：相比于心脏情况的评估，对肺的评估通常可以提供更多的信息。支气管和肺泡里的大量气体可以使肺部的X线片具有良好的敏感度和特异度。一个例外就是在肺呼气时出现一个假阳性表现的间质性肺水肿。通过肥胖减少过度通气（如在幼犬和圆形肋骨状上），伴随着膈肌移位的肺部疾病或腹部疾病使肺密度增加。通过主动呼吸的过度通气可以显示肺部渗透。麻醉后的动物能很快出现肺不张。

### 6.1.5.1 肺间质充血

注意：越位于中央，在背腹位/腹背位影像检查中越难显现。

**见于：**

- 充血性左心功能不全的早期表现

**侧位片和背腹位/腹背位片**

- 肺密度增加
- 肺部小血管边界模糊

**鉴别诊断**

- 通气实验
- 肥胖
- 其他肺间质性疾病（肺炎/肺纤维化）

### 6.1.5.2 肺泡充血（水肿）

**见于：**

- 充血性心力衰竭的晚期

**侧位片和背腹位/腹背位片**

- 慢性
  - -肺纹理消失
  - -支气管充气影（在高密度的肺组织里的充气的支气管）
- 急性
  - -细点状
  - -犬：大多在周围呈对称性分布，部分分布在腹侧（图6.16）。
  - -猫：染色，非对称，腹侧更多（图6.17）。

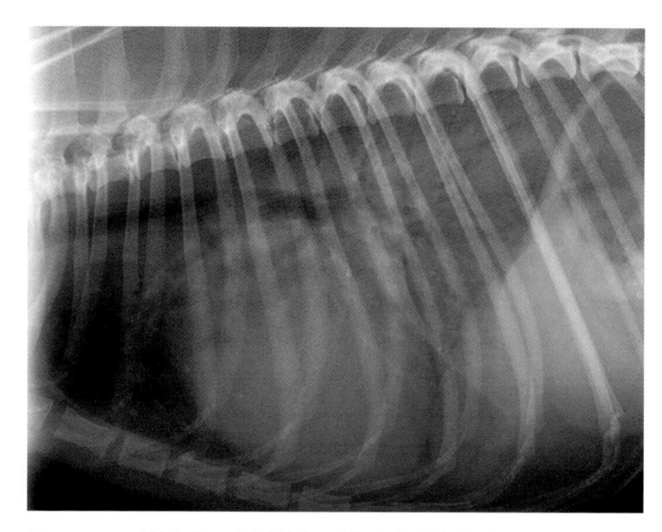

**图6.16** 一只严重二尖瓣关闭不全患犬的侧位片，肺门周围水肿，左心明显肥大（高而宽），左心房由于肺纹理不好分界，肺静脉扩张。整个膈肌显示肺泡影和支气管影

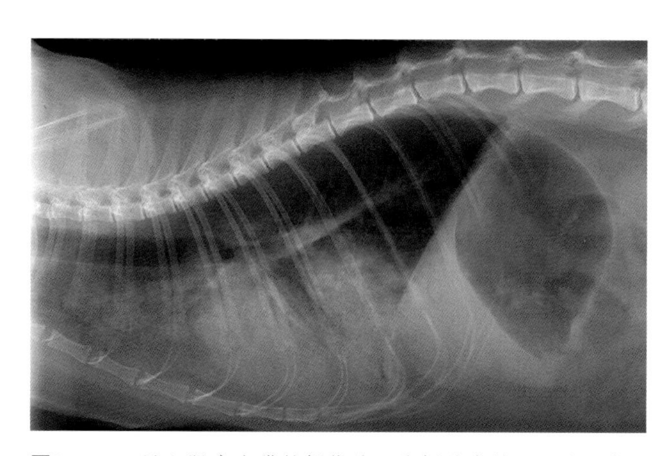

**图6.17** 一只心肌病患猫的侧位片，腹侧肺水肿。心界不清。腹侧肺显示更严重的肺泡阴影。胃因为气短而充满了气体

**鉴别诊断**

其它形式肺泡积液（肺炎、充血、非心源性肺水肿）可以根据分布范围和心脏大小而划分。通常在区分时需要做其他检查。

### 6.1.5.3 心脏病中肺的局部改变

心脏蠕虫病可导致局部至整体的间质性肺纹理改变，但是因为伴有血栓，形成的肺癌或带有嗜酸性肉芽肿结节。（图6.18a，b）

由于凝血系统的激活而引起的肺血栓可导致细的肺泡影表现，肺癌和不同的肺密度。

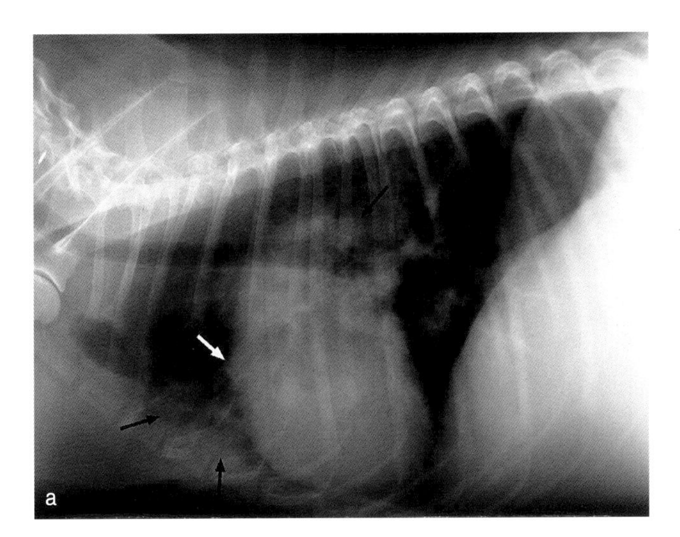

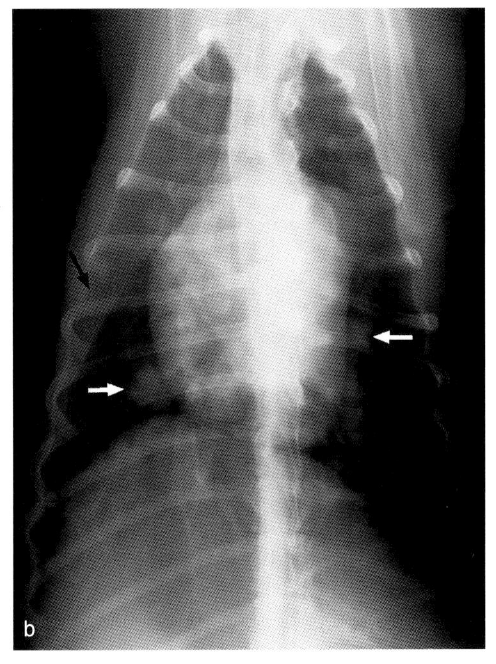

**图6.18a，b**　一只因恶性丝虫病而引起肺动脉高压犬的侧位、背腹位片。在侧位片上可见明显的右心室扩张（心影增宽，心尖变高）。重叠部分的肺动脉显示扩张型心肌病（白色箭头）。在这些重叠肺野的周围和心底处可见肺泡肺纹理（黑色箭头）。在背腹位片上可见右心扩大同时伴随肺动脉主干的扩宽。肺叶动脉末梢不明显。在心影处可见染色的肺泡肺纹理（白色箭头）。右侧三尖瓣增厚（黑色箭头）

细菌感染性心内膜炎可以导致肺水肿、败血性肺炎或栓塞。

血管肉瘤的转移可以引起肺部结节，需要和其它肿瘤或结节鉴别。

## 6.1.6　胸腔积液

**见于：**

- 充血性右心衰竭
  - 容积（三尖瓣返流）或压力负荷（重度肺动脉瓣狭窄）
  - 心包积液或充血性心包炎
  - 严重左心衰竭（二尖瓣关闭不全、肥厚、心肌病）
  - 单纯心力衰竭（扩张型心肌病、肥厚和限制性心肌病，图6.19，b）

注意：胸腔积液往往产生于全心衰竭后。在犬的身上胸腔积液一般发生在肝淤血和腹水后，在猫身上则发生在心肌病的失代偿期的所有阶段。

**侧位片及背腹位/腹背位片**

- 胸腔裂缝
- 心脏和纵膈边界模糊
- 肺纹理增粗
- 膈肌和脊柱附近膈距离增大（Cave：在猫上是2个椎体的距离）
- 后前位：积液包绕在心脏和膈之间使心脏评估难以进行
- 前后位：积液在膈肌上

## 6.1.7　纵膈肿块

感染或者分叉处：有肿瘤时，肺门淋巴结肿大。它们的特点是根据左心房扩大来分界（如6.3.2）更上面的可能会累积肺动脉。

左心房的心底上肿块取代了大血管如胸主动脉，一般是心基底肿瘤，支气管肿瘤和右心房血管肉瘤。

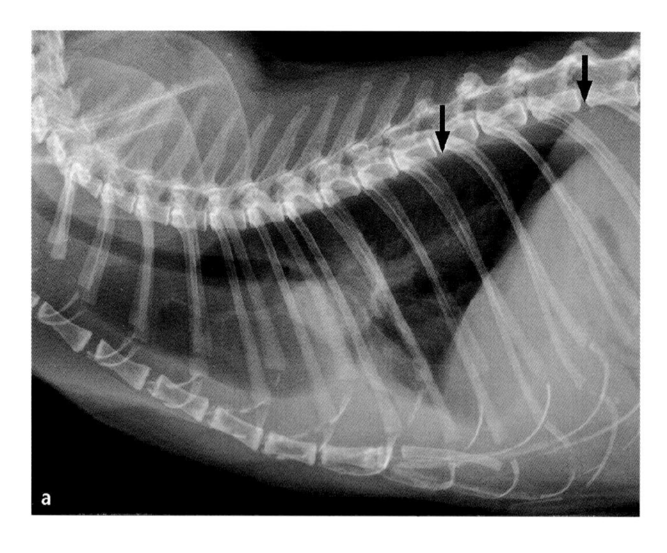

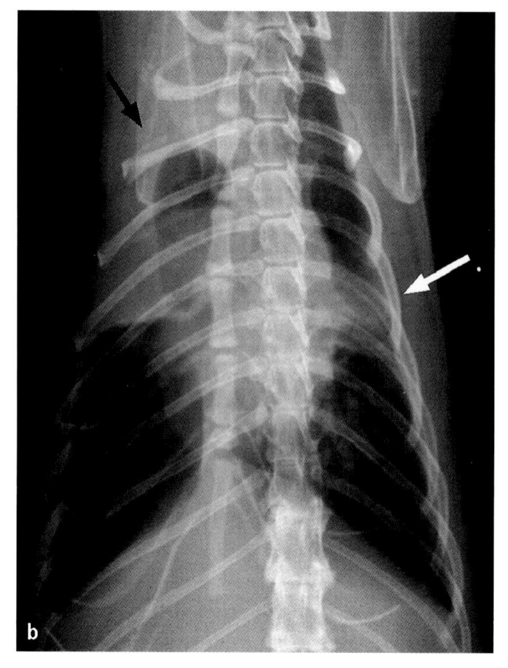

**图6.19a，b** 一只患有限制性心肌病伴中毒胸腔积液的猫的侧位、背腹位片。在侧位片上可见片状的肺纹理，位于膈肌和脊柱之间，增宽了3个椎体（黑色箭头）。在背腹位片上可见右侧胸腔积液更明显（更黑箭头），但左侧也有胸腔积液（白色箭头）

### 6.1.8 食道

在食道中小的气道，或者在有冠状位心长度增宽，可以在呼吸困难的患者身上发现。心脏冠位带气和/或内层部分明显扩张则是血管畸形引起。

### 6.1.9 气管和支气管

左心房和纵膈可部分因气管和主支气管的压力而扩大。气管塌陷可在一些年老的犬的身上导致三尖瓣关闭不全。其取决于呼吸相：呼气=胸外塌陷，呼气=胸内塌陷。左主气管的收缩可能是气管塌陷或者是左心房扩张。

### 6.1.10 心脏疾病的腹部表现

- 在呼吸困难时胃肠胀气（尤其是猫，图6.17）
- 右心衰竭时的腹水
- 右心衰竭时的肝脏增大（鉴别诊断：深吸气或平膈，如有胸腔积液或者严重呼吸困难；其它肝脏疾病）
- 膈肌中断，心影更圆，或者在腹外疝时腹部脏器的缺失或者移位。

## 6.2 心导管检查和血管造影

一直以来，心脏诊断的金标准是心导管检查，如今在很多临床领域，心导管检查被非侵入性的方法如超声心动图和多普勒超声所取代。目前具有测量心排血量和血管造影意义的心导管检查仍具有诊断意义，因为越来越多的疾病可以通过导管进行治疗。下列疾病有进行心导管检查的指征：

- 无法通过非侵入方式诊断的心脏疾病（特别是血管性疾病）
- 心脏手术的术前检查
- 介入治疗（见章节12）
- 科学数据调查

### 6.2.1 禁忌证

相对禁忌证有严重的代谢性疾病、传染病、药物中毒、顽固性室性心律失常、凝血障碍（出血倾向，血栓形成）和造影剂过敏。要尽量使这些基础疾病在术前处理或稳定。

### 6.2.2 硬件

进行心导管检查需要放射装置和储存装置（磁带、X线片、数字照片），一个压力泵和心电图机测量心排血量和麻醉监视器。进行血管造影需要高压注射器。需配备一个除颤器应急。应对心脏停搏紧急状况和复苏常备紧急药物（阿托品、肾上腺素、艾思洛尔）。

### 6.2.3 病患术前准备和麻醉

和人的不同，动物的心导管检查需在全麻下进行。术前需要血细胞计数、肾功能和凝血功能检查。患病动物需要12 h才能清醒，然后可继续给予口服心脏病药。所有麻醉药或镇静药对血压和心排血量都有影响。不同的麻醉方案影响不同，我们常用的通过静脉给予阿托品和吗啡的混合药剂和地西泮。然后患病动物在进行气管插管下呼吸。为了维持麻醉，我们使用1.5% ~ 1.7%的异氟醚。大多数患病动物吸入含有50%氧浓度的氧和空气混合物。为了计算血氧饱和度的分流比，吸入气体的氧含量须为21%左右。一些患病动物需要吸入纯氧，以防止动脉缺氧。

### 6.2.4 血管通路

经过无菌操作准备后，血管通路可以用于外科手术切除或者经皮穿刺。后者有一下好处，血管仍然和其原组织未分离，以保证大漏斗的开口通畅。尽管特别是在动脉开口处有高的出血风险。在进行右心检查时，选择颈外静脉和股静脉，后者更难穿刺，却在心导管检查时有明显优势，因为它不用在心脏弯曲过大。左心检查一般选择股动脉（经皮或者手术）或者颈动脉（手术）。多年来我们一般选用支气管动脉经皮穿刺通道，因为相对于股动脉，其出血风险更小，其离心脏更近，导管更短，流速更高。

### 6.2.5 导管

一般细长导管的抗压力和流速要差一些。因此诊断用的导管直径为1.3~2.3mm，长度为50 ~ 110cm。

在进行右心检查时一般选用比较软的尖部带有乳胶气囊有终端开孔或多个侧边开孔的导管（图6.20）。动脉穿刺和左心穿刺用不同形状和不同开口的导管和导丝。血管造影一般用所谓的猪尾巴导管（尾部卷，多侧边开口）（图6.21）。导丝根据其长度（100 ~ 400 cm）、形状（直，J形）、尖端长度和稳定性等分类。因此，标准导丝中有相当的灵活性的软导丝有很大的探测应用价值，和极其稳定的交流导线所带的坚硬的导管如球囊导管有所不同。为了防止血凝块的形成，需要导管在术中经常用肝素钠（5000 IE/500mL 0.9%NaCl）冲洗。

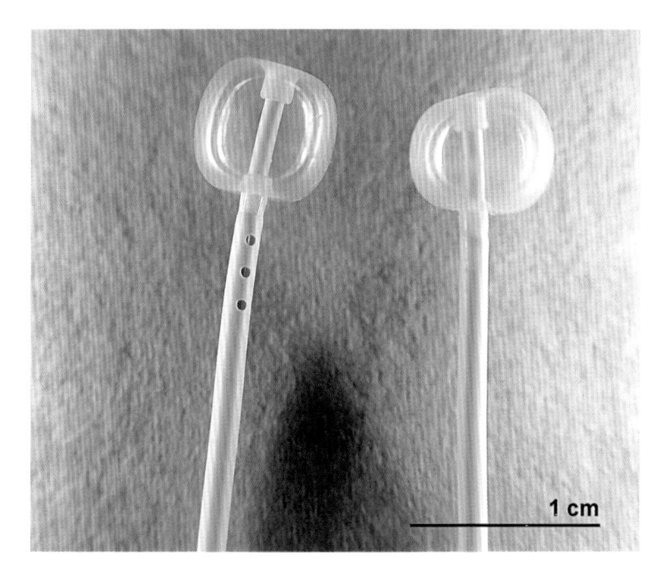


**图6.20** 右心导管术的导管。2根导管都有1.6 mm的外直径。尖部的气囊有助于右心定位，血流充入气囊固定。伯曼导管（左）有3个开口在上下两面，其被应用到血管造影。气囊楔形导管（右）在终端有一个开口，是用来探测和压力测量的

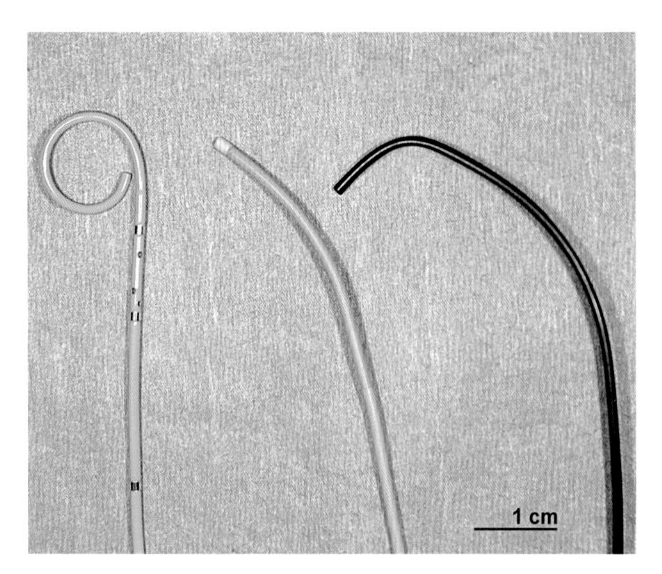


**图6.21** 左心导管。所有导管直径为1.3 mm。猪尾巴导管（左）有更多的侧面孔和终端孔。其可以让一根导管穿过，通过导管可以高压注入造影剂。右心导管都有终端开孔，在导丝的引导下可以选择性地插入特定的心脏部分

## 6.2.6 术后

为了防止术后出血，需要封闭手术血管通道或有必要时结扎。后者在颈动脉和股动脉、腔静脉和股静脉上可行，但是需要足够的侧支。经皮穿刺的通道需要用压力带按压8 ~ 12 h，患病动物在此期间需要安静平躺或者必要时镇静。在动脉通道开口或者大的静脉通道开口上进行压力带固定和将导引器从绷带里取出。在应用造影剂后，需要进行有效的利尿输液补偿。在进行介入手术后，需要12 ~ 24 h术后观察心电图和血压。在长时间手术中需要预防性地使用抗生素。

**并发症**

早期的并发症是室上性或室性心律失常，常以单一的期外收缩或瞬间齐射的形式出现，通过其刺激心内膜（如右侧流动路径）。通常肺动脉栓塞的球囊很少导致右心分支阻滞。穿刺点的并发症是少量出血、积液和偶尔感染。一些在股动脉经皮穿刺通道时发生危机生命的危险。当大腿失血时间可能会延长时，需要进行输血和外科干预。

在术中的严重并发症是心房纤颤和室颤，其只能通过交流电除颤。血管或者心脏穿孔、心内对比注射、折叠损伤和导管损坏，在闭合性栓塞时需要小心避免。

**表6.1 犬和猫心脏及血管内压正常值***
（M.D.kittleson, R.D.Kienle, Small Animal Cardiovascular Medicine, 1998, Mosby Inc.）

| 部位 | 收缩期 | 舒张期 | 平均值 |
|---|---|---|---|
| 右心房 | 4 ~ 6 | 0 ~ 4 | 2 ~ 5 |
| 右心室 | 15 ~ 30 | < 5 | – |
| 肺动脉 | 15 ~ 30 | 5 ~ 15 | 8 ~ 20 |
| 肺楔压 | 6 ~ 12 | 4 ~ 8 | 5 ~ 10 |
| 左心房 | 5 ~ 12 | < 8 | < 10 |
| 左心室 | 95 ~ 150 | < 10 | – |
| 主动脉 | 95 ~ 50 | 70 ~ 100 | 80 ~ 110 |
| 外周动脉 | 110 ~ 160 | 80 ~ 110 | 90 ~ 120 |

*压力测量影响因素较多。表中各参考值为全麻状态下测量值。

## 6.2.7 导管介入手术时的措施

### 6.2.7.1 压力测定

在用于临床目的时，导管末端连接通过充液睡眠系统，压力传感器和显示器上有压力记录。在分析不能用来计数，因为物理仪器会产生虚假的测量值。例如，可能因导管太软、导管管腔狭窄和小气泡，造成蒸发的曲线。长连接软管JAG可能的自旋。出于这个原因，研究常用的压力传感器在导管尖端导管（导管尖端）。压力系统的零点选择是在病患的胸骨端。在造影前应该进行血管动力学检查，从而不会因为血管造影而引起负面影响。表6.1显示出压力测试的相关影响。心室压力伴随流出道梯度升高表明栓塞（图6.22a–c），没有梯度升高表明肺动脉系统性高压。舒张末期左心室压力的增加是一个严重的由于心肌衰弱、容积负荷、舒张功能不全、心肌或心包功能不全导致的心脏衰竭的后果。心房压力曲线有一个高峰（动脉峰）与心房收缩有关，一个与心室收缩（静脉峰）有关。动脉峰代表动脉瓣狭窄和心室顺应性的减弱，典型的静脉峰出现在主动脉瓣关闭不全。肺动脉楔压是在左心衰竭左心房压力升高时的间接征象。

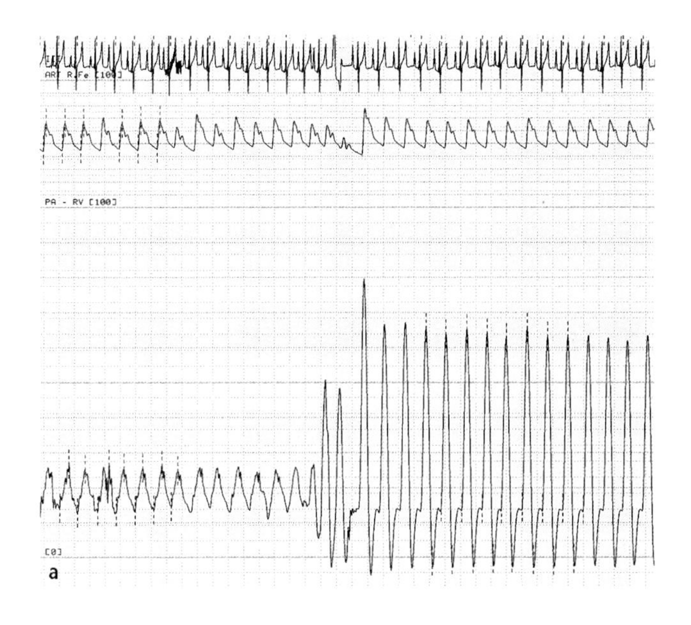


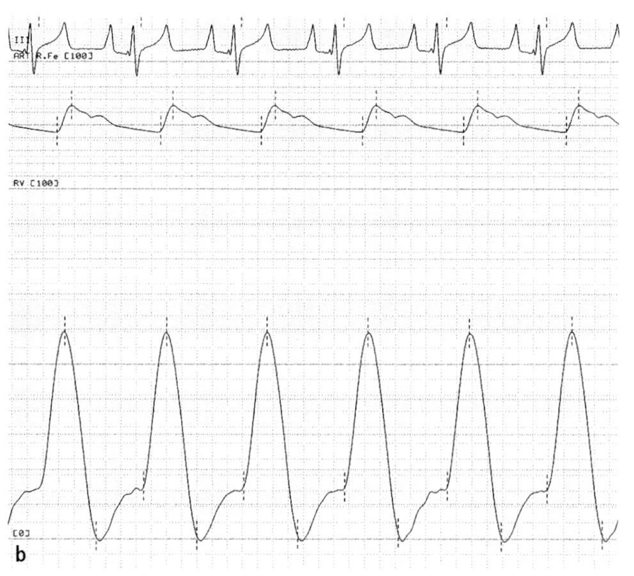


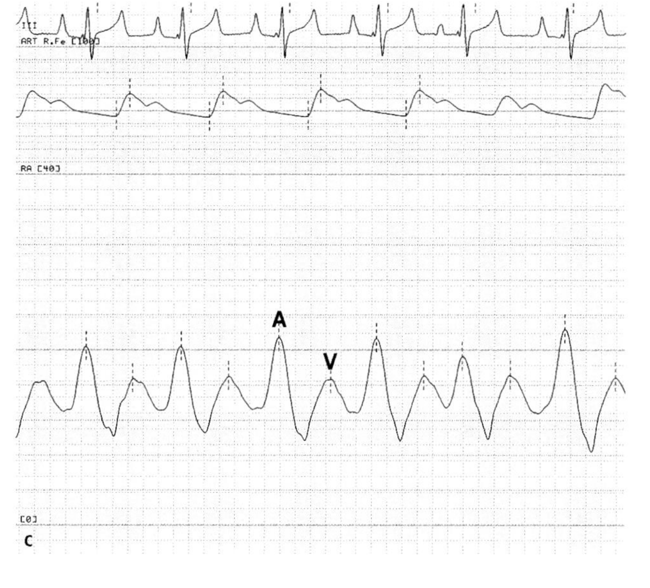


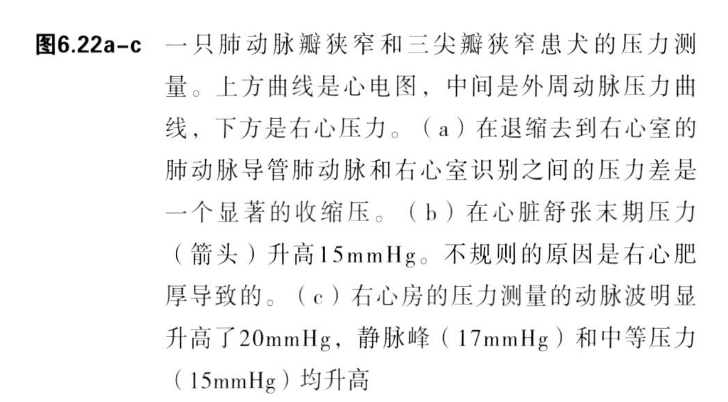
**图6.22a–c** 一只肺动脉瓣狭窄和三尖瓣狭窄患犬的压力测量。上方曲线是心电图，中间是外周动脉压力曲线，下方是右心压力。（a）在退缩去到右心室的肺动脉导管肺动脉和右心室识别之间的压力差是一个显著的收缩压。（b）在心脏舒张末期压力（箭头）升高15mmHg。不规则的原因是右心肥厚导致的。（c）右心房的压力测量的动脉波明显升高了20mmHg，静脉峰（17mmHg）和中等压力（15mmHg）均升高

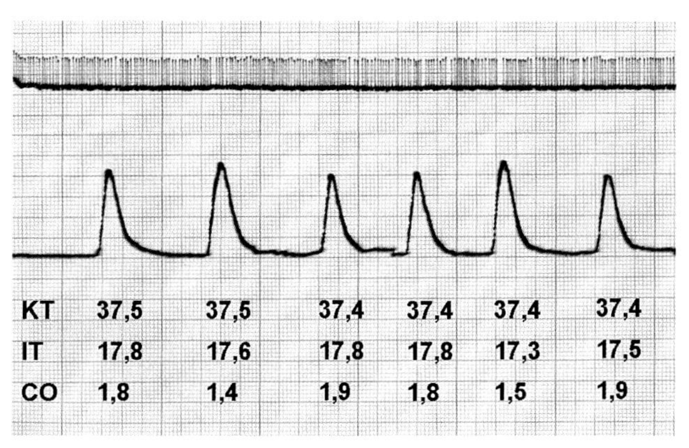


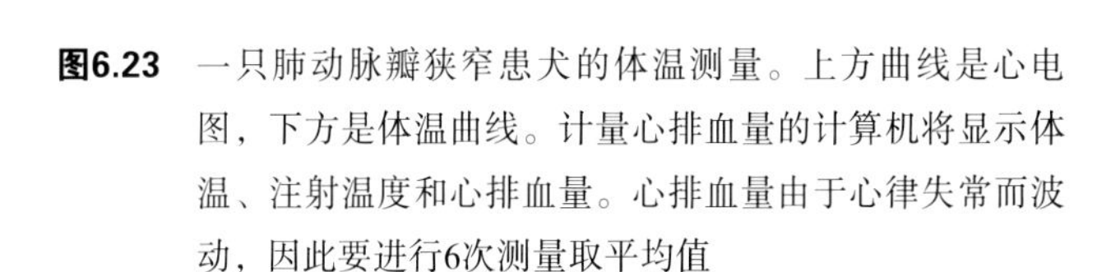
**图6.23** 一只肺动脉瓣狭窄患犬的体温测量。上方曲线是心电图，下方是体温曲线。计量心排血量的计算机将显示体温、注射温度和心排血量。心排血量由于心律失常而波动，因此要进行6次测量取平均值

#### 6.2.7.2 心脏负荷测量（心排血量）

**稀释方法指示**

高精度需要进行3～7次的测量。

**血氧测定**

提取体循环动脉和肺动脉血样，可直接测量血氧含量，或以氧饱和度计算：

氧含量（mL/L）=血氧饱和度（%）×血红蛋白浓度（g/L）×1.34（mL/g）

根据Fick'schen定律，计算氧气摄入量与动静脉血氧差的比值，可以得出肺血流灌注量：

CO（L/min）=氧摄入量（mL/min）/（动脉氧含量—静脉氧含量）（mL/L）

此公式中，首先要准确评估氧气摄入量，为此，需要测量吸入氧含量、每分钟呼吸通气量以及呼出气体中氧气含量，后者可通过将呼出气体收集于袋子内测量而得。此外，要测定体循环动脉和肺动脉中的氧含量。这种计算方法的难点在于潮气量和呼出气体中氧气浓度的精确测定，从而导致计算结果中有平均10%的错误率。

通过测量血氧含量或氧饱和度还可以计算肺循环与体循环分流量。分流比值（Qp/Qs）计算公式如下，包括体循环动脉血氧饱和度（$S_A$）、混合静脉血流血氧饱和度（$S_{MV}$）、肺动脉（$S_{PA}$）和肺静脉血氧饱和度（$S_{PV}$）：

$Qp/Qs=(S_A-S_{MV})/(S_{PV}-S_{PA})$

一般来说，肺静脉血氧饱和度的测量比较困难，因此，对于单纯左向右分流的病患，常以体循环动脉的氧饱和度值代替，单纯右向左分流型以98%计算。

采用此方法定量分析分流量具有一定限度，因为它要求右心血流被富含氧气的血流混合后血氧含量升高至少5%以上才适用，对应的分流量需达到循环血量的20%以上。

#### 6.2.7.3 血管造影

经外周静脉进行非选择性心血管造影，由于造影剂被明显稀释以及心脏结构重叠等原因，诊断信息有限。仅在右向左分流患病动物中，经后腿静脉注射造影剂可获得比较满意的图像，不过超声造影也可完成此类检查。

选择性的心脏造影使快速注射的造影剂在缺损部位附近形成高的对比浓度成为可能，并且隐去了其他心脏结构。通过高压注射器和有足够最大流量的造影导管能够保证0.5～1.0mL/kg KM的造影剂能够在1s内注射完毕。在大多数情况下，侧位片已足够诊断，在少数情况下需要结合后前位片进行诊断。注射造影剂时，由于内膜刺激，可能会导致单次期外收缩发生。注射造影剂后，常立刻发生全身血压下降和肌力下降。造影剂的高渗透压可使患有左心衰竭或肺动脉高压的病患心功能失代偿。

#### 6.2.7.4 电生理检查

将三根导管分别放置于右心房、右心室和冠状窦，可记录心内刺激的电传导方式。这种方法主要用于心电传导异位通路的诊断与治疗。

#### 6.2.7.5 心肌活检

除了研究需要，心肌活检常用于小动物不明原因心肌疾病的诊断（如心肌炎、心源性肉毒碱缺陷等）。在小动物上主要进行经静脉右心室心肌活检。检查时，将血管长鞘经颈静脉送入右心室，透视下，对右心室心肌进行多点活检。由此引发的室性心律失常通常只是暂时的。在患有超薄心肌病的犬和猫身上有发生心室穿孔并伴随完全心包填塞的危险，需按急性心包填塞处理。活检组织学检查需由经验丰富的病理学家来完成。

## 6.3 进一步的放射和核医学检查

### 6.3.1 CT

CT检查是一种X线技术，它可以将兴趣部位切割成约2mm厚的层面图像。通过对比增强可以使血管和心室显示明显并与心肌界限更加清晰。病患在检查中需要更加安静。其最大的优势是可以进行三维重建，因此这个检查是所有胸部、心脏（图6.24a-c）、心包和血管占位病变的绝佳选择（图6.25和图6.26）。目前，在心脏评估中还存在运动干扰，将来可通过心电门控或者所谓的CT电影解决。

### 6.3.2 心脏磁共振

将麻醉好的患病动物送入一个强磁场，探测身体组织中氢质子的分布。磁场恢复到正常状态时，将采集的质子信号通过电脑处理可以得到多幅断层图片。由于心肌和血液可以得到良好的对比，通过心电门控可以检查心室腔、心肌和功能指数。此外，心包和心内膜的肿瘤或者血栓可以很好显示。此检查最大的缺陷是需要对动物进行长时间麻醉。

### 6.3.3 核医学技术

将能够发射伽马射线的液体注入静脉，并用伽马相机记录下来。

#### 6.3.3.1 左向右分流量化测量

采用首次通过法核医学心脏造影，将静脉注入锝$^{99}$，并记录肺野的实时放射性曲线。没有左向右分流的患者中会有一个比较早的放射性峰值（A1），有左向右分流的患者会有第二个峰值（A2）。分流比值可通过如下公式得到：

Qp/Qs=A1/（A1-A2）

#### 6.3.3.2 右向左分流量化测量

在此需要静脉注入含有白蛋白的锝99微聚体，通常其会停留在肺的毛细管处。腹主动脉有放射性物质提示右向左分流。肺外放射性与总放射性（=肺外+肺内）的商即为分流量。

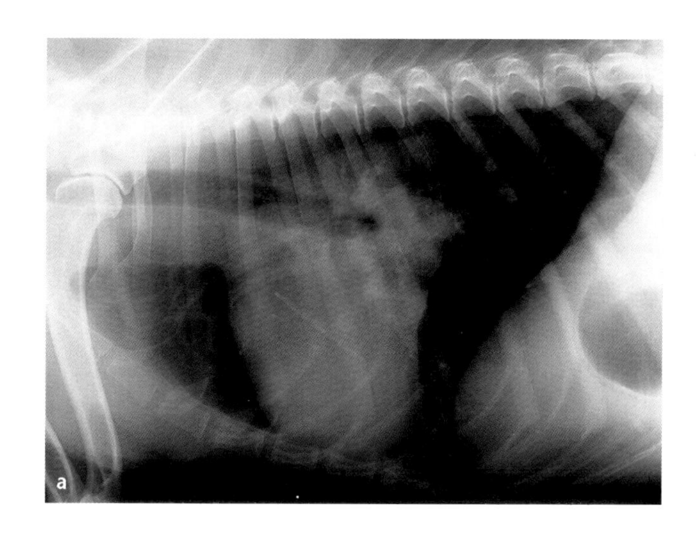


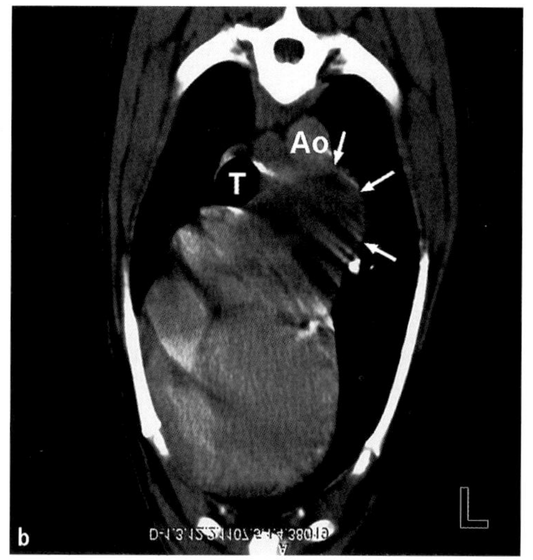


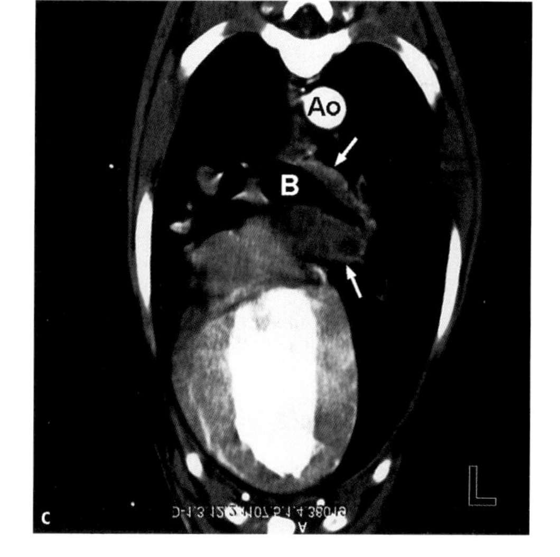


**图6.24a–c** 犬胸片和CT检查，心底部肿块（图片由JLU-Giessen儿科放射部 G.Alzen教授提供）
（a）胸片显示心底部的阴影，与扩大的左心房之间界限不清　（b）CT显示心基底部肿块（箭头），位于主动脉（Ao）与气管（T）前方　（c）第二张CT片上可见肿块（箭头）包绕左主支气管（B）

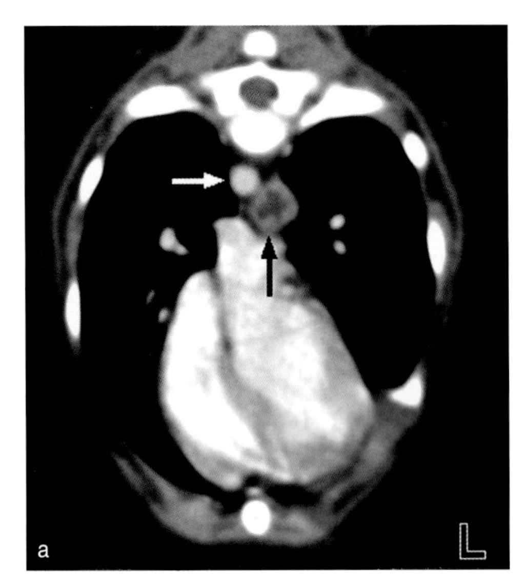


**图6.25** 犬轴位CT，因右位主动脉弓所致食管扩张。降主动脉（白箭）异常位于脊柱右侧，食管（黑箭）相应右移

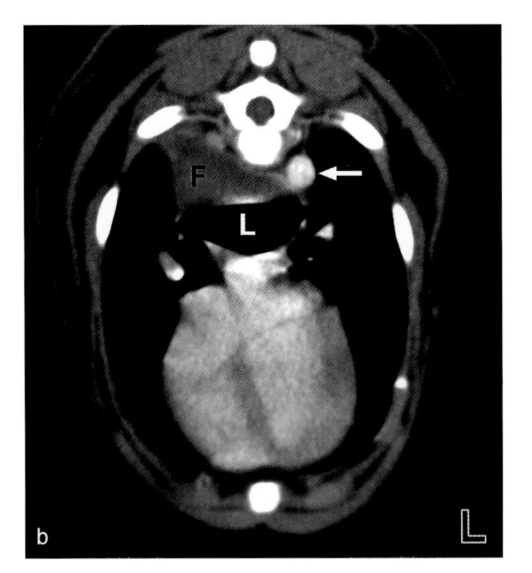


**图6.26** 患有特发性食管扩张的犬的轴位CT。主动脉（白箭）正常位于脊柱的左侧。扩张的食管内部分被空气填充（L），部分被液体填充（F），液体位于食管背侧，此检查为仰卧位时完成

### 6.3.3.3 心室功能评估

在平衡放射性核素造影时，注入以锝[99]标记的红细胞或人白蛋白。经过均匀分布后，各层血管的放射性含量对应血管的容量。通过心电门控可以测量收缩和舒张期血管容量、射血分数及其他相关指标。

## 参考文献

DANIEL, G. B., BRIGHT,;. M. (1999): Nuclear Imaging, Computed Tomography, and Magnetic Resonance Imaging of the Heart. In: Textbook of Canine and Feline Cardiology: Principles and Clinical Practice, ed. P. R. Fox, D. Sisson, N. S. Moise.W. B. Saunders Company, Philadelphia.

# 7 心脏的超声检查

Ralf Tobias

## 7.1 原理

近15年来，心脏超声检查技术高速发展，成为小动物心脏医学领域的常规诊断手段。当前而言，心脏病的诊断如果没有超声是无法想象的。医学超声检查几乎没有危险，可提供心脏形态、瓣膜运动、心腔内血流情况以及临近大血管情况等大量信息。

心脏超声检查不仅局限于疾病的诊断，还可以作为追踪检查手段，了解治疗效果等。此外，心脏超声还可用于先心病的影像学筛查。

心脏超声检查对检查者及技术的要求甚高。便宜或过时的超声设备无法做出令人信服的诊断，没有足够经验或没有经过足够培训的检查者也是一样。另一方面，即使最贵重的设备，也需要操作它的人同样出色才行。基于此，心脏超声检查的学习曲线与经验曲线在时间轴上呈非常缓慢上升的表现，且必须建立在大量的检查实践基础上。这种检查方法是无法通过自学来掌握的。

心脏超声检查的数据不能仅仅局限于技术范畴，而应该与疾病病理以及其他临床检查结果结合起来分析。没有什么检查像超声这样容易受人为因素影响，并可能导致错误的诊断，从而给患病动物造成损失。

**超声检查室**

理想情况下，应设置固定超声检查室，具有可移动的超声检查设备也行，检查室里包括检查床、检查椅及超声设备，房间光线要稍暗，并保持安静。检查室内还应该有X线片观片灯或浏览器，以观看X线片。

超声设备的选择要遵循质量与价格的均衡，并且与当时的主要技术相匹配。购买机器时一定要注意，超声检查的时间应该在一个可以接受的范围。与人类医学不同，在兽医领域，专用的设备供应商较少。

检查床及患病动物体位的摆放应该以检查时最舒服的体位为准。作者推荐的方案是，检查者最好以写字手操作机器键盘及其他元件，以非写字手拿探头（图7.1）。也就是说，如果平时用右手写字，那么检查床最好放置于机器右侧（图7.1至图7.3）。

**动物体位及检查前准备**

美国的医院特别喜欢让动物躺在检查床上，胸下部悬空，以便探头方便地进行检查（图7.3）。能够镇静接受检查的动物可以使用这种方法。如果是生长期动物，比如充满活力的犬或猫，则需要助手帮忙使动物能固定在检查床上。但是对心功能失代偿和有明显呼吸困难的动物来说，这种体位会加重其不舒适感。这种强迫体位很可能因

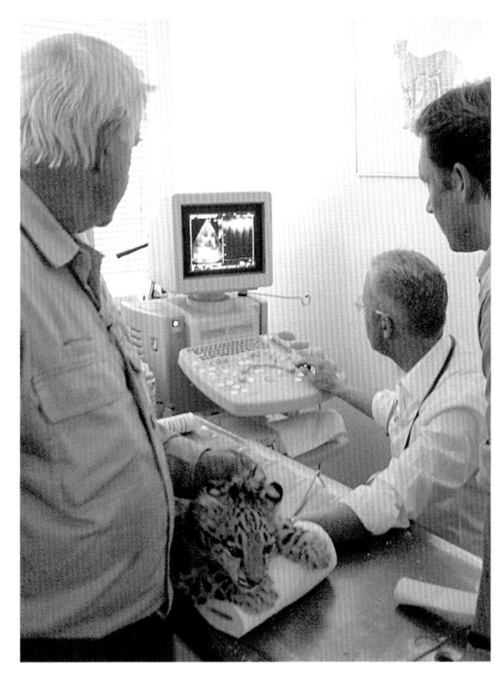

**图7.1** 一只5月龄的雪豹在接受超声检查。医生左手持探头，右手操作键盘区域

**图7.2** 一只萨路基猎犬准备接受超声检查，站立位，身上有鳄鱼夹及导线与心电监护仪相连。超声仪位于检查床右侧，检查左胸壁时，动物需要转身掉个头

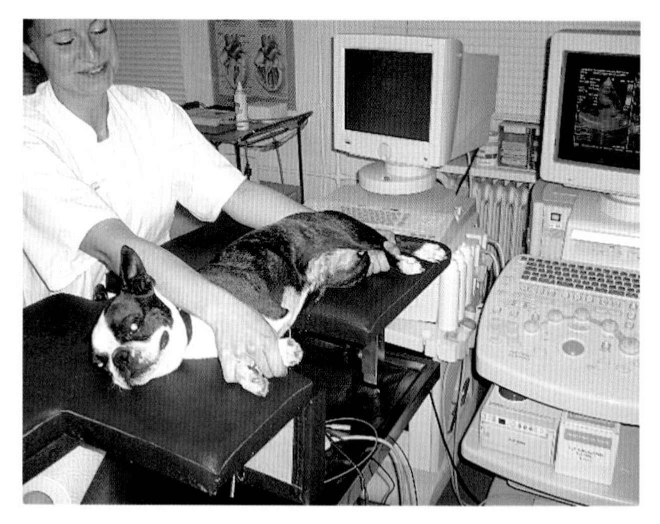

**图7.3** 动物卧位，检查床中间有个凹槽

为动物失去耐心而被迫中断。采取卧位的优势在于可以减少含气肺组织对声像质量的影响。

对大多数动物来说，站立位更容易被接受，尤其是症状较重的动物。同时站立位动物能更好固定体位，从而节约人力。Chetboul等于2004年报道，无论是种间还是种内比较，站立位接受检查的动物测量数据偏差均小于卧位检查的动物。

是否给动物剃毛是一个经常讨论的话题。剃毛后动物主人会觉得影响美观，特别对于观赏动物而言，剃掉一部分毛让人难以接受。在配种的时候，剃毛的动物似乎贬值了一样，难以证明自身的价值。

就作者的观点来说，99%的长毛动物在检查时根本无需剃毛。利用现有的探头，将动物体毛拨开，以酒精擦拭去除局部的皮脂，再使用足量的超声凝胶，可以获得与剃毛后一样的图像质量。不过如果需要进行穿刺检查，这种方法显然就行不通了。此外需要穿刺检查的动物一般都病得较重，应该顾不上观赏或展览了。

**适应证**

最常见的适应证是诊断收缩期、舒张期或连续性心脏杂音。其次是心功能不全、咳嗽和/或呼吸困难的诊断与鉴别诊断。

其他适应证还包括：

- 对心电图或X线片异常做出解释
- 在外周发现栓塞，怀疑来源于心内血栓
- 低氧血症、低血流灌注，应了解是否因心脏疾病所致
- 猫的高血压
- 排除高危种群有无先天性心脏病，同时用于繁殖前检查

### 7.1.1 经胸壁与经食管超声

经胸壁的超声检查为无创性，是兽医学中常用的检查方法。由于在检查过程中基本不增加身体负担，动物能够很好的耐受，且随时可以方便地进行复查。

经食管超声（TEE）是一种有创性检查，根据一些特殊需要，将动物麻醉后，用探头进入食管内进行检查，以获取额外的诊断信息。TEE并非取代无创超声检查，而是作为一种补充检查形式来应用。由于避开了肺部组织，在食管腔内几乎可以直接接触心脏，所以TEE可以使用7.5MHz和5MHz等高分辨率探头。特别适用于房间隔缺损、心房及心耳区肿瘤或血栓的诊断。在医学上，TEE还对感染性心内膜炎和心脏瓣膜炎有很高的终端价值。

医学上，TEE还可以作为术中监测手段，不过

在兽医学中没有这样使用。除了费用较高以外，提供的帮助信息有限也是限制其广泛使用的原因。此外，TEE的并发症包括：心律失常、喉痉挛以及因麻醉和操作加重的心功能不全等。食管疾病是TEE的禁忌证。

### 7.1.2 检查技术

按照实际应用情况，超声技术依次有以下这些：

（1）二维超声心动图；

（2）时间-运动型（M型）超声，右侧胸骨旁的短轴及长轴位；

（3）彩色多普勒；

（4）脉冲式多普勒和连续波多普勒。

可供选择的有：组织超声（TDI）、超声应变率成像、增强超声和经食管心脏超声检查。

心脏超声检查需要结合病史、临床检查以及病理生理情况等做出正确的诊断。

#### 7.1.2.1 心脏二维超声

兽医学中用于心脏超声检查最多的是扇形探头，频率在2.5MHz到7.5MHz之间。线阵探头和半凸面探头不用于胸部超声检查。机械扇扫超声探头通过晶体摆动实现扇形扫描，目前很少使用。不过因其椭圆形外形，对肋间隙区域检查还是有一定价值的。目前常用的是电子扇扫探头（图7.4），在这种探头中晶体呈平行排列，连续被电子激活（相阵控技术）。

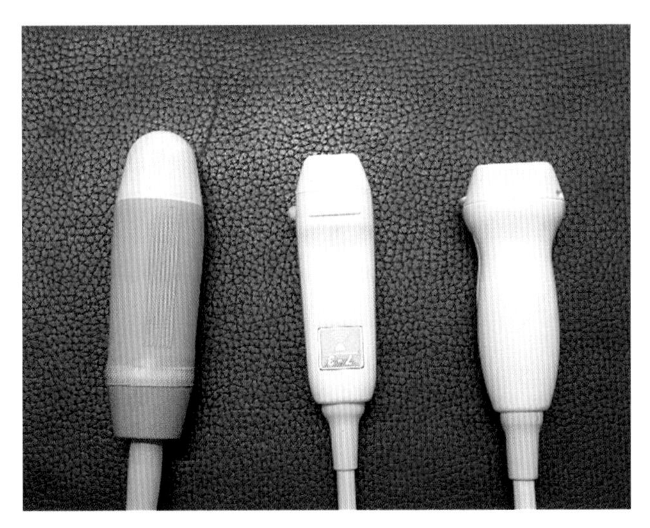

**图7.4** 扇扫探头，从左到右分别为：机械探头（频率7.5～10MHz），电子探头（频率7～3MHz），电子探头（频率3.5～2MHz）。每个探头上都有一个可以触及的参考标记，在检查时协助判断方向

超声波发射到人体内，当它在体内遇到界面时会发生反射及折射，并且在人体组织中可能被吸收而衰减。因为人体各种组织的形态与结构是不相同的，因此其反射与折射以及吸收超声波的程度也就不同。根据信号强度不同，在荧光屏上显示出不同的灰阶。

二维超声心电图可以显示心脏的实时运动。通过发送扇形超声波以及实时更新图像，可以显示出心脏在自然速度下的运动情况。因此，二维超声心动图的主要任务是评价心脏的运动过程、心肌和瓣膜的形态。此外，还用于鉴别心内肿物，如肿瘤或血栓等，对心外积液的诊断也很敏感。不足之处是对肺组织及邻近骨骼的肋间隙结构的显示有局限性。

对心腔要从大小、形状和容积等方面进行评价，回声最强的是心包和心内膜，在图像上表现为较亮的白色。

心肌在二维超声心动图上呈不同灰阶，主要观察其厚度及形态改变，常见的表现为：正常、肥厚、扩张、对称或不对称以及球形或局灶性改变（图7.5）。评价心肌质地的标准时回声是否均匀。心肌收缩性是重要的临床功能性参数，在超声下，心肌收缩性可表现为正常收缩、收缩减弱、收缩增强、不收缩、反常收缩、矛盾收缩等。

二维超声心动图中还要注意观察瓣膜的瓣叶数目及其形态。常见的有瓣叶回声正常或柔和、瓣膜增厚（图7.6）、缩短、饱满、脱垂、钙化或纤维化。正常情况下，瓣膜能自由运动，开放和关闭良好。异常表现包括：运动受限、瓣膜无弹性、飘动或不自主运动等。

#### 7.1.2.2 心脏一维超声（M型）

M型（又称TM型）超声心动图是将探头固定地对着某个组织，随着时间改变显示出某一切面的运动曲线，其基础是二维超声心动图。对常用切面解剖结构及其表现的熟悉程度是检查成功的关键。如果不加鉴别地盲目使用这种检查方法会导致人为的测量错误，以至于做出错误的诊断。例如：是否测量二尖瓣下方及乳头肌间心肌厚度，是否选择了错误的乳头肌切面等。

由于M型超声心动图时间分辨率高，能很好的观察与评价心脏瓣膜的位置与运动过程（图7.7）。M型超声心动图质量的好坏与机器有很大关系。

探头一般放在胸骨右缘，常用于测量主动脉根部（舒张期末）和左房（收缩期末）直径，收缩期末及舒张期末左、右心室及心肌情况，研究二尖瓣、主动脉瓣运动以及心内间隔缺损等（图7.27至图7.29，图7.39）。

根据测量数据可以计算一些功能性指标，如收缩期缩短分数、射血分数、左室容积、每搏输出量以及收缩期末、舒张期末容积指数等。

### 7.1.2.3 心脏多普勒超声

心脏多普勒超声可以显示血流方向及血流速度。其原理为流动血液中血细胞散射体产生多普勒频移效应。

在日常生活中我们都有这样的体验，当警车朝我们驶来，警报器是一种高频声音，而驶离时则变成低频声音，且感觉声音越来越深远，而事实上警报器本身的频率显然并没有发生变化。约翰·克里斯蒂安·多普勒（Johann Christian Doppler）于1842年首先描述了这种现象，后来被命名为多普勒效应。

在超声仪的荧光屏上，当红细胞的回声频率增高，在频率-时间图上以正向波形表示，反则则描记为负向波形（图7.8）。多普勒超声检查除了是一种可视检查外，还是一种可听的检查方法：通过超声仪上配备的扬声器或耳机，可以区分收缩期、舒张期血流通过各瓣膜的不同声音。

频移的强度与血流流向声源或远离声源的速度有关。在数学公式中，流速与多普勒频率之间的关系与多普勒夹角α有关，α越大，所能测到的频率变化越小。临床实践中，这种原理可能会导致人为假象的产生：当声束正好平行于血管时，测出的血流速度会低于实际值。在实际工作中，多普勒夹角α应小于20°。

多普勒公式：

$$F(d) = \frac{2V\cos\alpha}{C} f \times 100$$

F（d）：多普勒频率

V：血流速度

C：组织内声波速度

α：血流方向与声束的夹角

临床常用的有三种不同多普勒技术：

- 彩色多普勒血流显像（CFD）

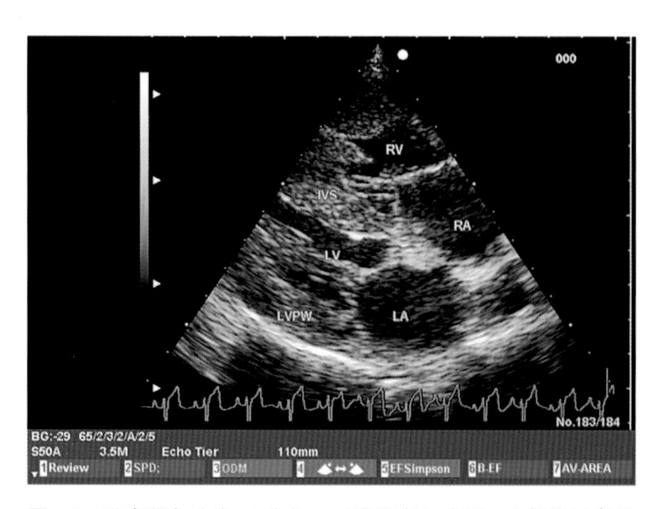


**图7.5** 罗威那犬（公，2岁）。二维超声心动图，右侧胸骨旁长轴位。因肺动脉瓣狭窄引起的右心室心肌肥厚

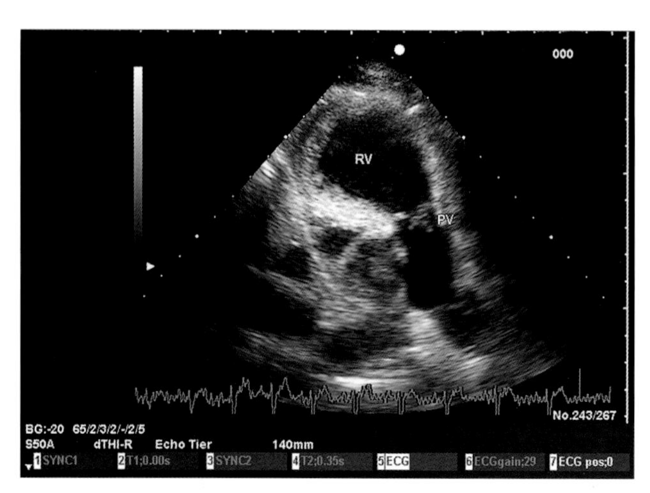


**图7.6** 拳师犬（公，1岁）。二维超声心动图，左胸短轴位。半月瓣（主动脉瓣和肺动脉瓣）增厚

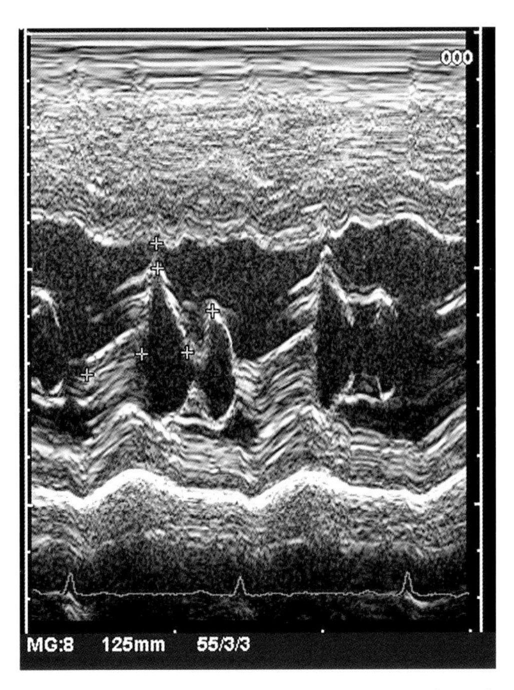


**图7.7** 金毛巡回犬（母，3岁）。M型超声心动图，显示二尖瓣叶隔膜与腔壁运动

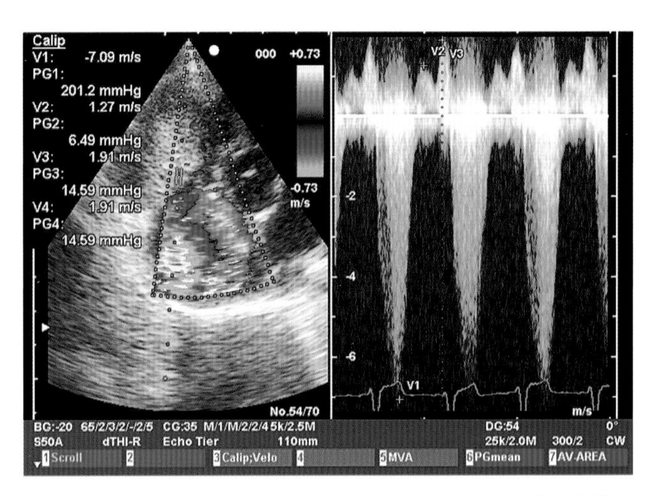


**图7.8** 杂种犬（公，3岁）。彩色多普勒（左图）和普通多普勒（右图）显示三尖瓣发育不全以及肺动脉瓣狭窄所致右心室肥厚。流向探头的血流在X轴上描记为向上的正波形，远离探头者为负波形

- 脉冲式多普勒
- 连续式多普勒

**彩色多普勒超声心动图**

彩色多普勒超声一般是把获得的血流信号经彩色编码后实时地叠加在二维图像上，形成彩色多普勒超声血流图像。它能提供快速血流方向的可视图像，了解心内有无各种结构缺损存在（图7.9至图7.12）。

通过数以百计的取样容积（sample-volumes，SV）可以记录下血流颜色。彩色多普勒中所使用的红色与蓝色并非表示血液含氧量的多少，而是把朝向探头运动产生的正向多普勒频谱规定为红色，背离探头运动产生的负向多普勒频谱规定为蓝色，而方向杂乱的湍流规定为绿色-黄色。

在现代超声仪上，这种颜色模式也可以根据需要进行调整。除用颜色表示血流方向外，速度的快慢，即频移的大小用颜色的亮度来表示，称之为彩色的辉度，颜色越亮说明血流速度越快，越暗则说明越慢。在脉冲式多普勒中，由于能检测的速度频谱所限，会出现所谓的混叠现象（Aliasing 现象），即颜色出现变化。例如从左房快速射入左室的血流，在红色的基础色中央会出现蓝色区域，容易被误诊为二尖瓣的返流信号。

**传统多普勒超声心动图**

早期脉冲式多普勒和连续式多普勒均为黑白图像，随着现代超声仪器彩色图像的大量普及，这两个概念已逐渐被弃用，代之以“传统多普勒超声”。

**脉冲式多普勒（PW多普勒）** 可将取样容积（sample-volumes，SV）置于心脏、大血管的不同部位，获得该部位的血流频谱曲线。取样容积的位置、大小以及角度都可以随意变化。换能器发射一个短的脉冲信号，接收到回波后再发射一个新的信号。每秒发射的超声短脉冲个数称为脉冲重复频率（PRF）。脉冲重复频率受到取样容积的深度以及超声回波时间的限制。取样容积越深，脉冲重复频率越低，可测量的最大血流速度受到限制，在切面上约为1.5～2m/s。如果超过可测量的最大速度，即出现所谓的混叠现象（Aliasing 现象）。在速度-时间曲线上，混叠现象表现为速度曲线正向波峰去顶后返折到基线的负侧（图7.13）。此时已经无法量化测量血流速

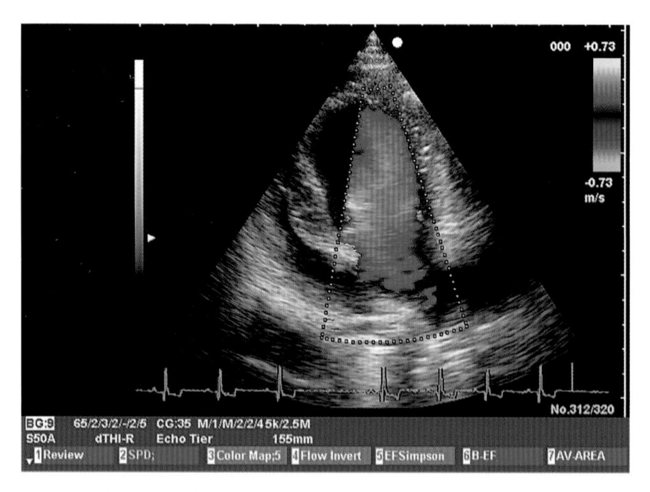


**图7.9** 德国短毛猎犬（公，3岁）。彩色多普勒超声心动图，左心尖四腔断面，舒张期血流自左心房进入左心室。由于血流方向朝向探头，标记为红色

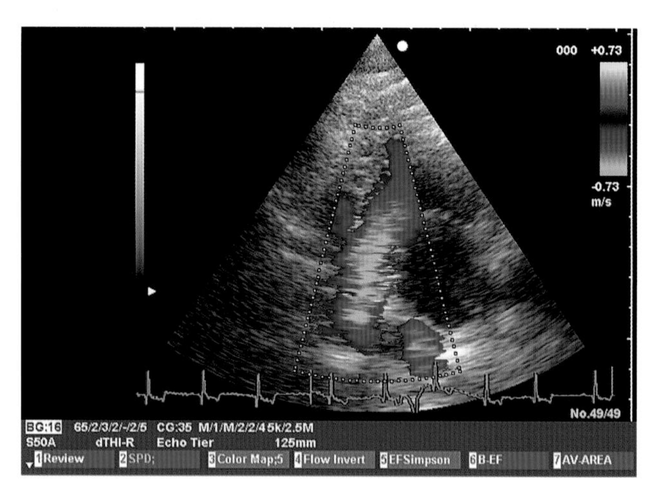


**图7.10** 拳师犬（公，15月）。彩色多普勒超声心动图，左心尖五腔断面，收缩晚期血流自左心室进入升主动脉。由于血流方向背向探头，标记为蓝色

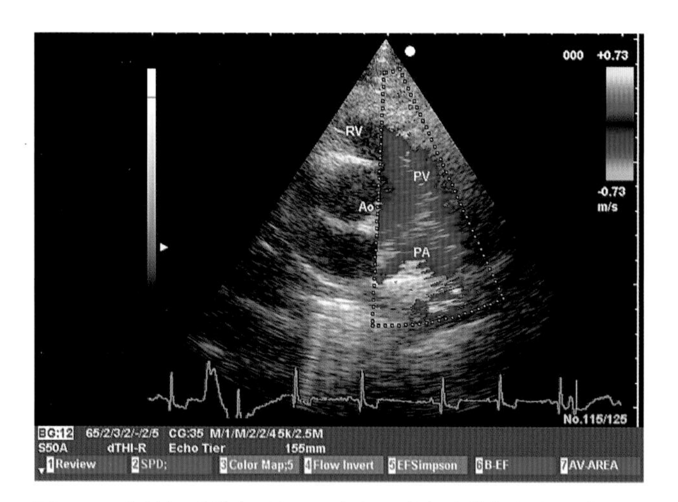


**图7.11** 德国短毛猎犬（母，3岁）。彩色多普勒超声心动图，左心短轴位，肺动脉干（PT）及两侧肺动脉（PA）均标记为蓝色，因为自右心室（RV）出来的血流方向是背离超声探头的。由于血流方向朝向探头，所以为红色。可见主动脉（AO）切面

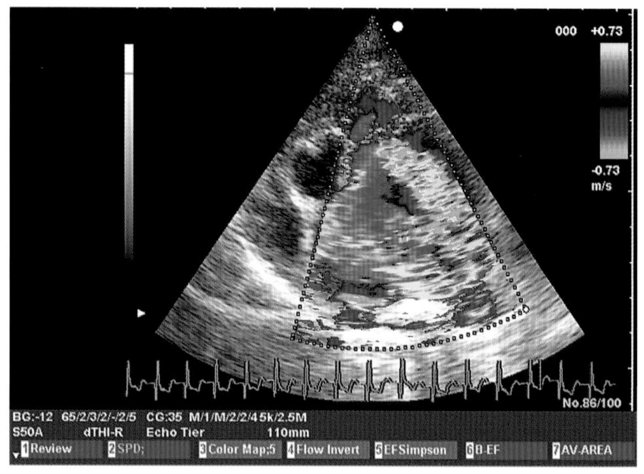


**图7.12** 刚毛腊肠犬（公，14岁），重度房室瓣关闭不全。彩色多普勒超声心动图。二尖瓣返流呈团状湍流信号（蓝-黄-红马赛克），直达心房顶部及肺静脉

度，甚至血流方向判断都成了问题。

**奈奎斯特＝PRF≥ 2Fd**

PRF：脉冲重复频率

Fd：不出现混叠现象的多普勒频率

消除混叠现象的方法有：降低发射频率，从而增大奈奎斯特（Nyquist频率）；或者增大脉冲重复频率，即采用高脉冲重复频率（HPRF）。在使用HPRF技术时，在多普勒超声取样线上可显示两个或两个以上的取样容积；还有一种办法就是基线移动调节：即正向血流倒错时，调节基线下移，增大正向血流频谱的显示范围；负向血流倒错时则调节基线上移，增大负向血流频谱的显示范围。

PW多普勒的优点在于定位准确，但是多普勒频率测量能力有限。连续性多普勒（CW多普勒）是一种很好的互补检查方法。

**连续性多普勒（CW多普勒）** 是采用探头的

一个晶片连续不断地向检查目标发射超声波并用另一晶片同时接收发射和散射的多普勒回波，称连续波多普勒法。由于发射和接收都是连续的，所以接收的回声能量较脉冲波法大，灵敏度高。同时，因为不需要像脉冲多普勒法间断快速处理回波，所以，检查目标的速度不受限制。但是，连续多普勒没有分辨距离能力，所接收的是通过径路的整个声束多普勒回声的混合频谱，不能判断回声的确切部位。其最大的优点是具有测量高速血流的能力，例如瓣膜狭窄时的快速血流。

传统多普勒超声心动图多选取左侧心尖两腔、四腔和五腔断面。彩色多普勒超声心动图以及采用传统多普勒观察肺动脉时也可经右胸壁进行检查。

## 7.2 标准切面

### 7.2.1 二维超声心动图

在心脏超声检查时，由于探头的旋转、倾斜等会产生各种不同的切面，1984年，Thoma对这些常用切面进行了一次标准化定义，在世界范围内广为接受且沿用至今（图7.14至图7.26）。当然在实际应用中也可根据情况进行调整，尤其是怀疑有肿瘤病灶时更有必要。

下面为常用的切面：

**右侧胸骨旁短轴位：**

- 心尖
- 乳头肌水平
- 二尖瓣水平
- 主动脉瓣、肺动脉瓣水平

**右侧胸骨旁长轴位**

- 流入道切面
- 流出道切面

**左心尖切面**

- 二腔心
- 四腔心
- 五腔心

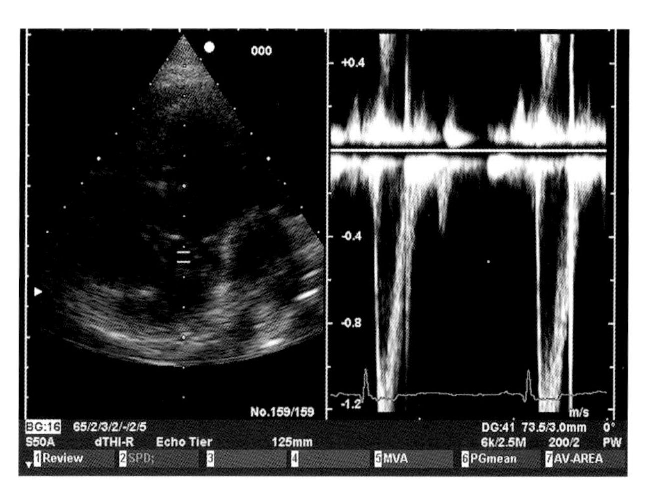


**图7.13** PW多普勒的混叠现象。主动脉血流信号超过了Nyquist频率极限，负向峰顶返折出现在X轴的上半部分

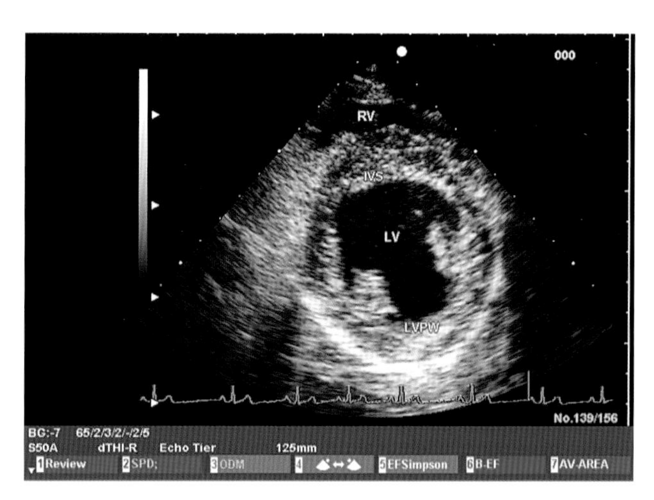


**图7.14** 金毛巡回犬（公，10月）。二维超声心动图，右侧胸骨旁短轴位。舒张期心肌切面

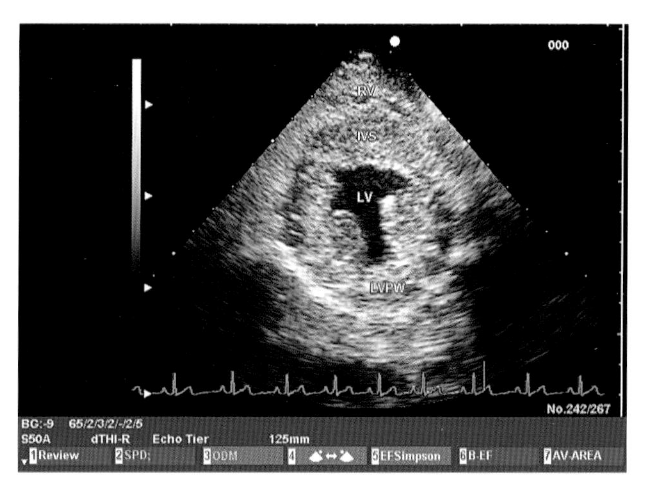


**图7.15** 萨路基猎犬（母，2岁）。二维超声心动图，右侧胸骨旁短轴位。收缩期心肌切面

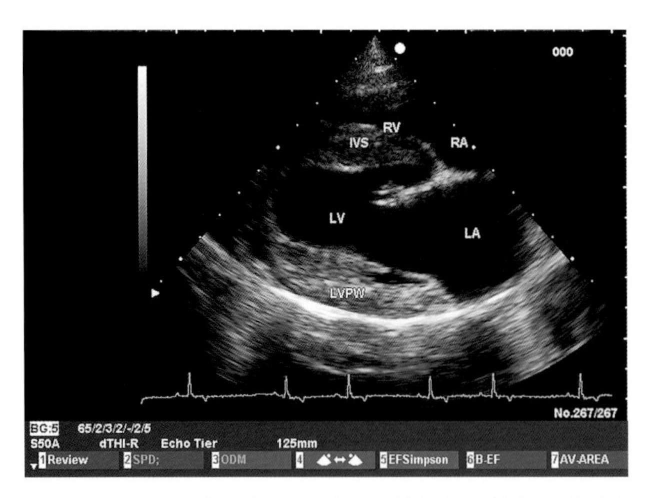


**图7.16** 金毛巡回犬（公，10月）。二维超声心动图，右侧胸骨旁长轴位，舒张期。二尖瓣叶片打开

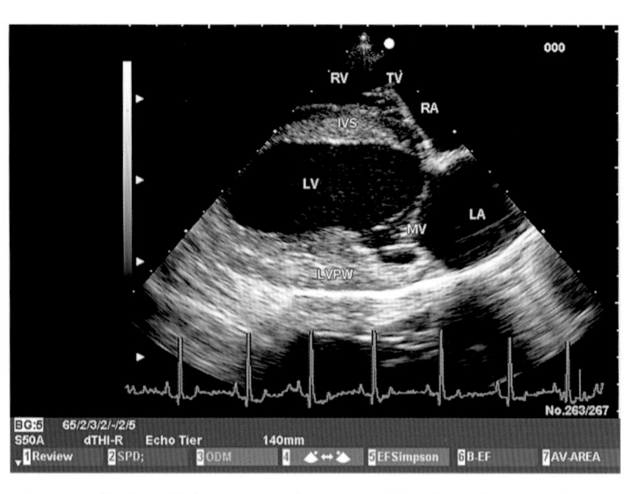


**图7.17** 萨路基猎犬（母，2岁）。二维超声心动图，右侧胸骨旁长轴位，收缩期。二尖瓣叶片关闭

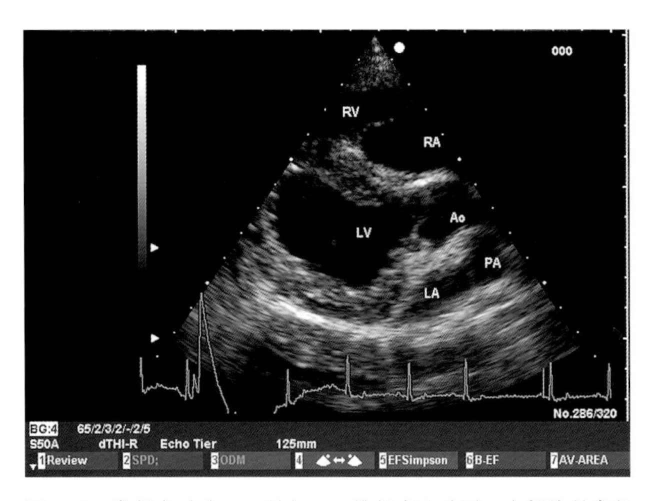


**图7.18** 拳师犬（公，12月）。二维超声心动图，右侧胸骨旁长轴位，舒张期，左室流出道

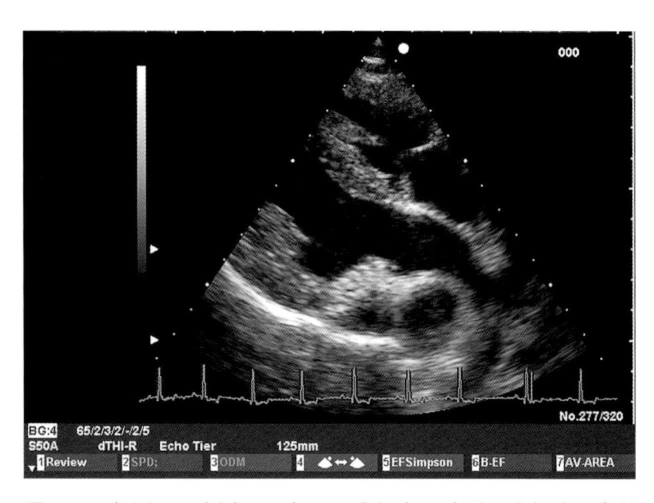


**图7.19** 与图6.18为同一只犬。二维超声心动图，右侧胸骨旁长轴位，收缩期，左室流出道，主动脉瓣打开

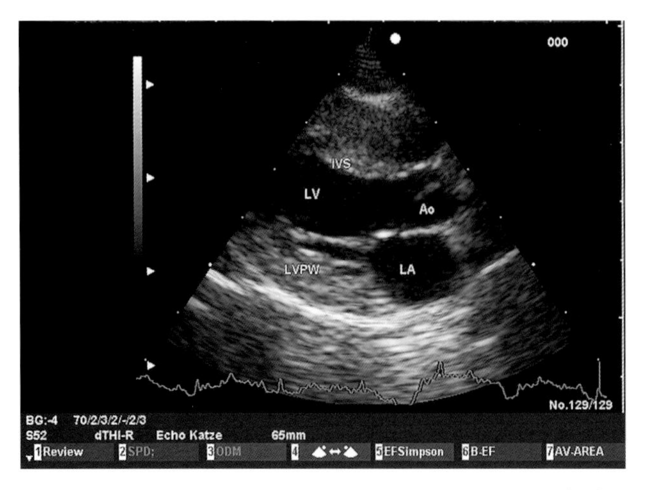


**图7.20** 欧洲短毛猫（母，15月）。二维超声心动图，右侧胸骨旁长轴位，二尖瓣关闭。主动脉与左心房平行

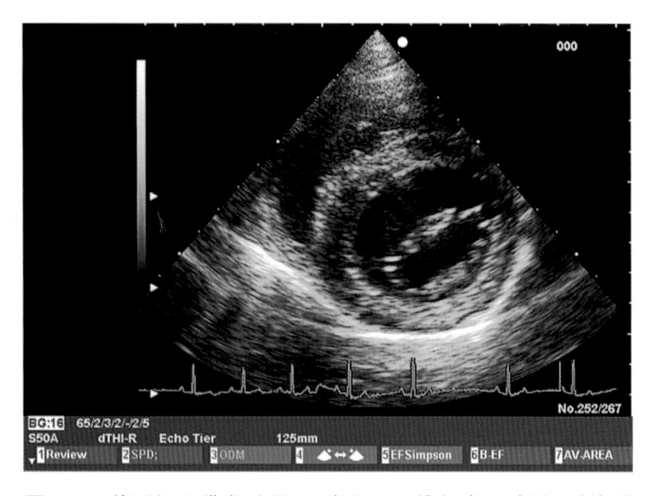


**图7.21** 德国短毛猎犬（母，2岁）。二维超声心动图，右侧胸骨旁短轴位，舒张期，二尖瓣开放（鱼嘴形）

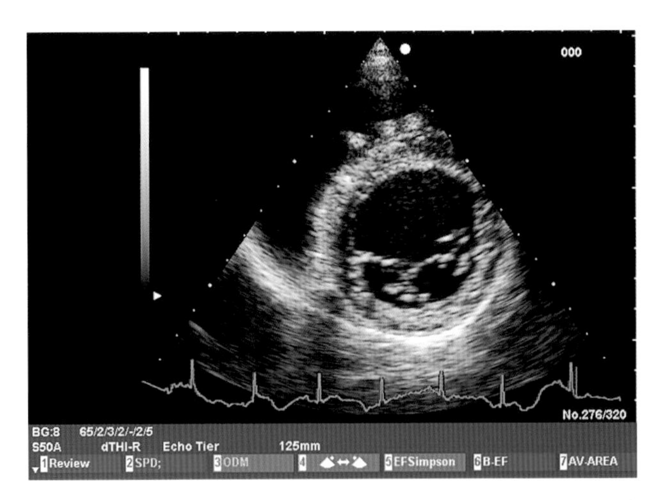


**图7.22** 阿富汗犬（母，2岁）。二维超声心动图，右侧胸骨旁短轴位，收缩期，二尖瓣关闭（哑铃形）

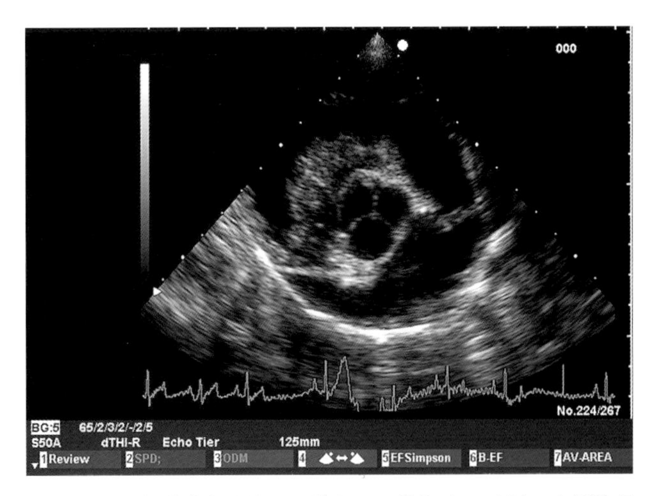


**图7.23** 西班牙猎犬（母，13月）。二维超声心动图，右侧胸骨旁短轴位，主动脉瓣水平，可见主动脉瓣关闭（3个半月瓣）

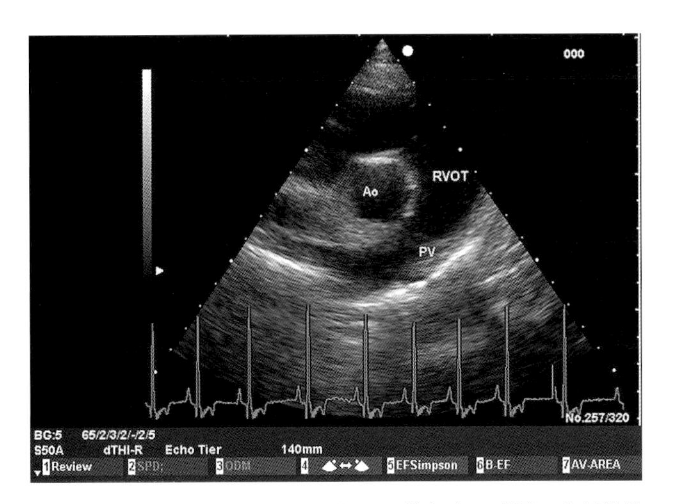


**图7.24** 金毛巡回犬（母，10月）。二维超声心动图，右侧胸骨旁短轴位，可见右室流出道以及关闭的肺动脉瓣

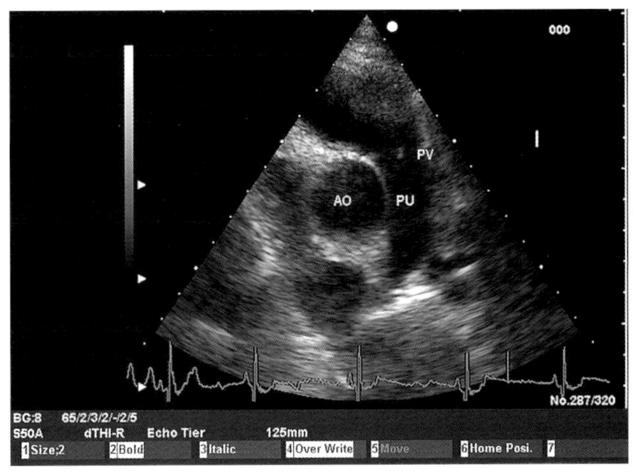


**图7.25** 与图6.24为同一只犬。二维超声心动图，左胸壁短轴位，主动脉为横截面，右室流出道以及关闭的肺动脉瓣呈纵切面。肺动脉干分出左、右肺动脉

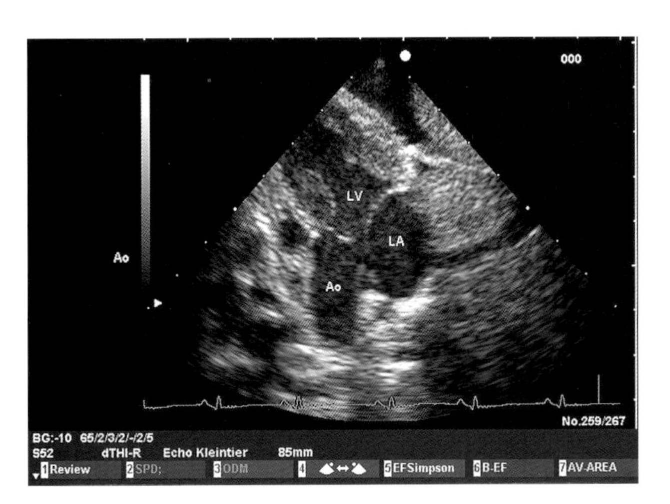


**图7.26** 纽芬兰猎犬（公，6周），患三尖瓣狭窄。二维超声心动图肋下平面，可见左室流出道以及经过肝脏结构（图像右侧）显示的主动脉。此角度适用于主动脉测量

**左侧短轴位**

- 显示主动脉及肺动脉干长轴切面

**肋下切面**

- 四腔心
- 五腔心

### 7.2.2 M型超声心动图

M型超声常通过右胸壁完成。其技术基础是长轴位（LAV）或短轴位（SAV）二维超声切面，常用的有三个切面（图7.27至图7.29）。

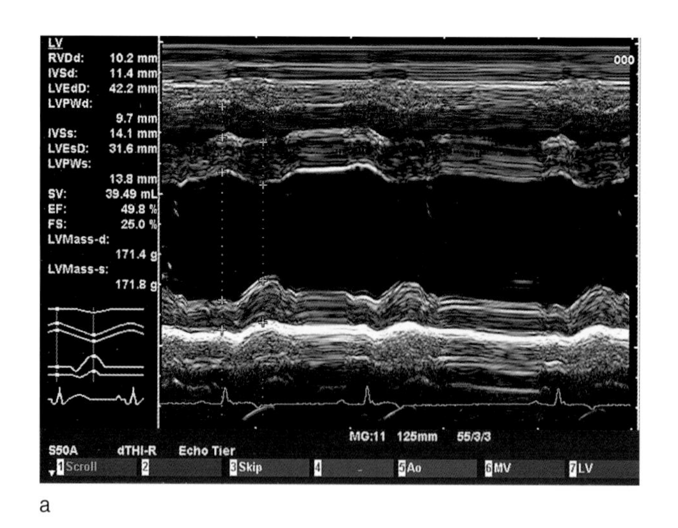


a

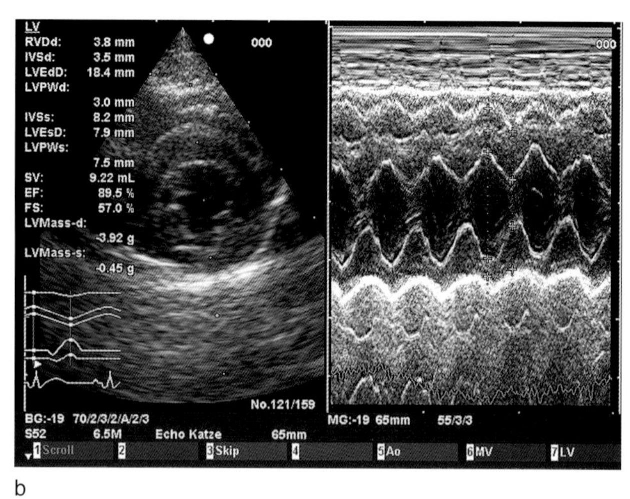


b

**图7.27a，b** M型超声心动图，金毛巡回犬（公，1岁），右侧胸骨旁心肌切面长轴位（a）和缅因库恩猫（母，2岁）短轴位（b）。可见右心室后壁、右心室、室间隔、左心室、左心室后壁以及固定不动的心包。测量值包括左室容积、收缩期缩短分数等功能参数

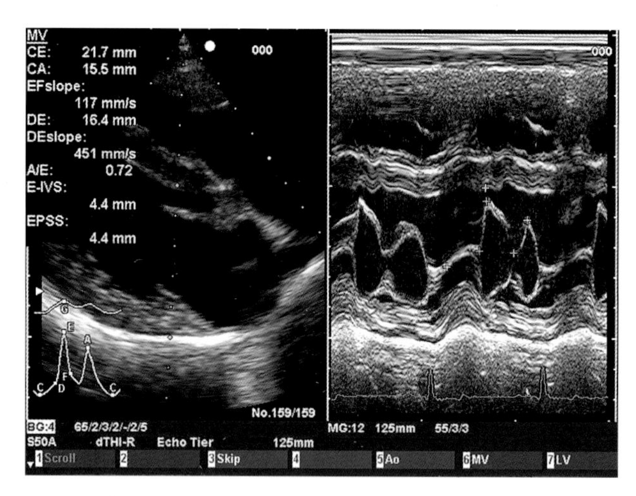


**图7.28** 拳师犬（母，11月）。胸骨右缘长轴位二尖瓣切面M型超声心动图（右）及二维超声心电图（左），可见右心室、室间隔、左心室、左室后壁、心包以及二尖瓣前叶和后叶。测量值包括二尖瓣振幅和二尖瓣E峰至室间隔距离（EPSS）

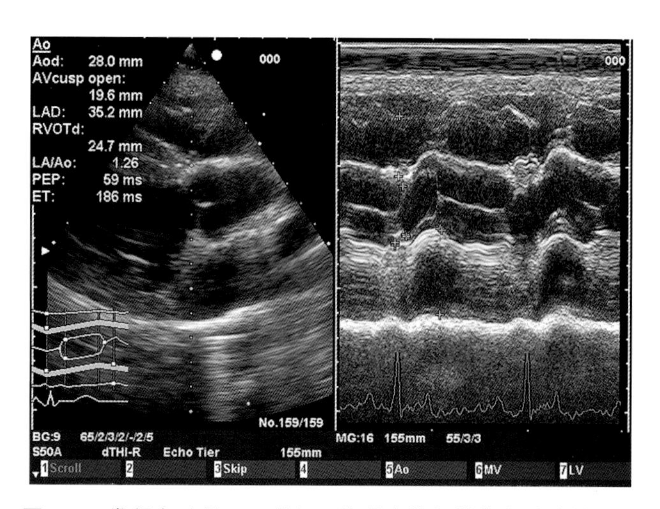


**图7.29** 拳师犬（母，11月）。胸骨右缘长轴位主动脉瓣切面M型超声心动图（右）及二维超声心电图（左），可见右心室、主动脉球、半月瓣、左心房和心包等结构。心脏健康的犬和猫，其主动脉球的直径应该接近于左房直径。此图测量值包括LA与AO比值，收缩期射血前期（PEP）和左室射血时间延长（LVET）

**心肌切面**

取样线位于二尖瓣叶下方、乳头肌上方或与乳头肌平齐。可观察的结构为右心室后壁、右心室、室间隔、左心室及左心室后壁。由于长轴位和短轴位测量值并不完全一致，因此常需要选取几个层面测量。

**二尖瓣切面**

取样线直接穿过二尖瓣叶下1/3。可观察的结构为右心室后壁、右心室、室间隔，二尖瓣前叶呈M形信号，后叶为W形信号。

**主动脉瓣切面**

于主动脉球水平，测量主动脉运动情况。观察的结构为右心室后壁、右心室、主动脉壁、主动脉根部，主动脉瓣呈箱式信号，还可观察左房壁及腔内情况。

## 7.2.3 多普勒超声心动图

多普勒超声心动图的检查基础是心脏的实时

## 小动物临床

### 马兽医手册 第2版

作者：Reuben J. Rose
David R. Hodgson
主译：汤小朋 齐长明（中国农业大学）

**简介**：本书是世界赛马兽医学的经典著作。本书重点在马病的诊断，分19章介绍，包括：临床检查、常见疾病鉴别、实用诊断影像学、肌肉骨骼系统、呼吸系统、心血管系统、消化系统、繁殖、马驹学、泌尿系统、血液淋巴系统、皮肤病、神经学、内分泌系统、临床病理、临床细菌学、临床营养学与治疗学等。

**大16开·精装·2000年9月出版**
**ISBN：978-7-109-11817-1**
**定　价：490元**

### 动物园与野生动物医学 第6版

作者：Murray E. Fowler
R.Eric Miller
主译：张金国（北京动物园研究员）

**简介**：本书涵盖了两栖动物、爬行动物、鸟类、鱼类和哺乳动物的疾病、饲养管理、营养、生理指标、麻醉保定、繁殖，以及就地和易地保护所涉及的多方面问题，远远超出了野生动物医学的范畴。着重强调了目前面临的一些问题，如鹿科动物慢性消耗性疾病和野生鹿、象的结核病，描述了新出现或新发现的疾病，如蝙蝠副黏病毒和海洋野生动物原虫性脑膜炎，还涉及了一些野生动物立法及人兽共患病方面的问题。

**大16开·精装·2014年11月出版**
**ISBN：978-7-109-16404-8**
**定　价：200元**

### 小动物临床手册 第4版

作者：Phea V. Morgan
（加州大学兽医学院教授）
主译：施振声（中国农业大学教授）

**简介**：本书由全世界131位小动物临床专家精心编写而成，是小动物临床工作者必备的工具书。全书包括19篇133章。以患病动物检查开始，分别介绍了11大系统，并介绍传染性疾病、行为及营养性疾病、中毒学和环境因素造成的伤害等。每个系统中，根据该系统的解剖结构顺序分为不同的小节，按照顺序介绍先天性、发育性、退化性、传染性、寄生虫性、代谢/中毒性、免疫性介导、血管性、营养性、肿瘤性及创伤性等疾病。

**大16开·精装·2005年4月出版**
**ISBN：978-7-109-09218-1**
**定　价：380元**

### 小动物临床技术标准图解

作者：Susan Meric Taylor
（加拿大萨省大学兽医学院教授）
主译：袁占奎（中国农业大学博士）

**简介**：本书将是小动物临床操作技巧最佳读本。本书中精致的图解和线条图以及局部解剖图相结合来介绍各种实用的临床技术。重点介绍了静脉血采集、动脉血采集、注射技术、皮肤检查技术、耳部检查、眼科技术、呼吸系统检查技术、心包穿刺术、消化系统技术、泌尿系统技术、阴道细胞学、骨髓采集、关节穿刺术和脑脊液采集技术等。日常所有的临床技术您达到了精湛水平了吗？看看本书，您就会学会很多技术。

**大16开·精装·2012年6月出版**
**ISBN：978-7-109-15060-7**
**定　价：158元**

### 兽医麻醉学 第11版

作者：Kathy W. Clarke
（英国皇家兽医学院）
Cynthia M. Trim
（佐治亚大学兽医学院教授）
主译：高利 王洪斌
（东北农业大学教授）

**预计出版日期：2015年6月**

### 兽医影像诊断：鸟类、外来宠物和野生动物

作者：Charles S. Farrow
（加拿大萨斯喀彻温大学教授）
主译：熊惠军（华南农业大学教授）

**大16开·精装**
**预计出版日期：2014年12月**

### 兽医影像诊断学 第6版

作者：Donald E. Thrall
（北卡罗来纳州立大学教授）
主译：谢富强（中国农业大学教授）

**大16开·精装**
**预计出版日期：2015年1月**

### 兽医产科学 第9版

作者：David E. Noakes 等
（英国伦敦大学皇家兽医学院教授）
主译：赵兴绪（甘肃农业大学教授）

**简介**：本书有70年历史，是兽医产科界的经典图书。全面系统介绍了兽医产科学的相关知识，包括：卵巢正常的周期性活动及其调控，妊娠与分娩，手术干预，难产及其他分娩期疾病，低育与不育，公畜，外来动物的繁殖，辅助繁殖技术共8篇35章内容。

**大16开·精装·2014年1月出版**
**ISBN：978-7-109-15973-0**
**定　价：280元**

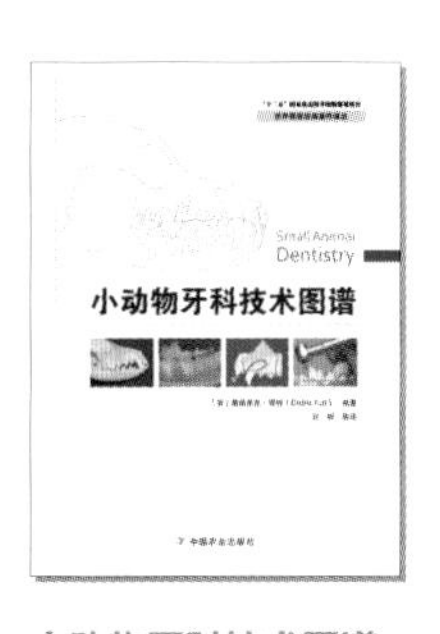

### 小动物牙科技术图谱

作者：Cedric Tutt
（欧洲著名动物牙科专家）
主译：刘朗（北京市小动物医师协会）

**简介**：本书是国内第一本小动物牙科学技术专著，由国内知名的专科医师刘朗组织翻译。全书主要介绍了牙齿结构、临床检查方法、X线照相、拔牙学、口腔手术、结构材料、修复、根管治疗、咬合异常和正常咬合、兽医牙科医生案例学习等。

**大16开·精装·2012年6月出版**
**ISBN：978-7-109-14700-3**
**定　价：225元**

### 兽医内镜学：以小动物临床为例

作者：Timothy C. McCarthy
主译：刘云 田文儒（东北农业大学教授，青岛农业大学教授）

**简介**：我国第一本以小动物为例引进的兽医内镜学著作。主要介绍兽医内镜及其器械简介、内镜麻醉、内镜活检样品处理与病理组织学、膀胱镜、鼻镜、支气管镜、胸腔镜、上消化道内镜检查、结肠镜、胸腔镜、视频耳镜、阴道内镜、关节镜以及其他内镜等。从设备开始讲解，一直到成功开展手术，步步图解。

**大16开·精装·2014年5月出版**
**ISBN：978-7-109-16496-3**
**定　价：398元**

### 小动物心脏病学

作者：Ralf Tobias Marianne Skrodzki Matthias Schneider（德国柏林大学教授）
译者：徐安辉（华中科技大学同济医学院）

**简介**：德国柏林大学3位兽医教授编写，我国第一本引进版小动物心脏病专著。德国医学的精益求精技术，配合清晰的全彩照片步步图解，让您逐步成为心脏科专业大夫。全书分为两部分，第一部分为心脏检查，包括：兽医诊所接诊心脏病患、心功能不全的病理生理学、心脏病的临床检查、心电图、心脏的放射检查、心脏的超声检查、动脉血压、实验室检查；第二部分为心血管疾病，包括：先天性心脏病、后天性心脏病和遗传性心脏病、介入心脏病学以及心脏用药等内容。

**大16开·精装·2014年10月出版**
**ISBN：978-7-109-18406-0**
**定　价：215元**

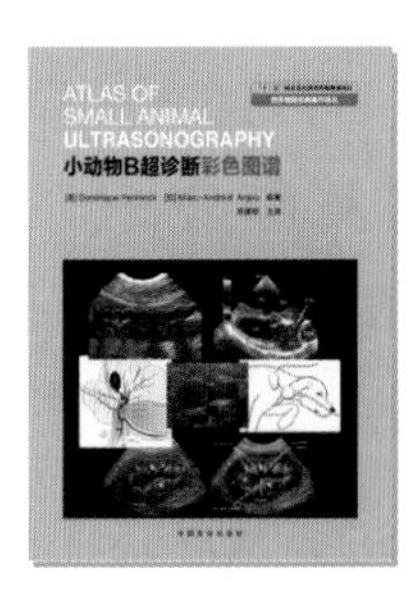

### 小动物B超诊断彩色图谱

作者：[美]Dominique Penninck [加]Marc-Andre d'Anjou
主译：熊惠军（华南农业大学教授）

**简介**：全球最权威实用的B超诊断"圣经"级教程，以病例为核心，清晰的B超病例图谱，教你步步为营学习。熊惠军教授领衔翻译团队历时2年倾力翻译。

**大16开·精装·2014年6月出版**
**ISBN：978-7-109-17403-0**
**定　价：380元**

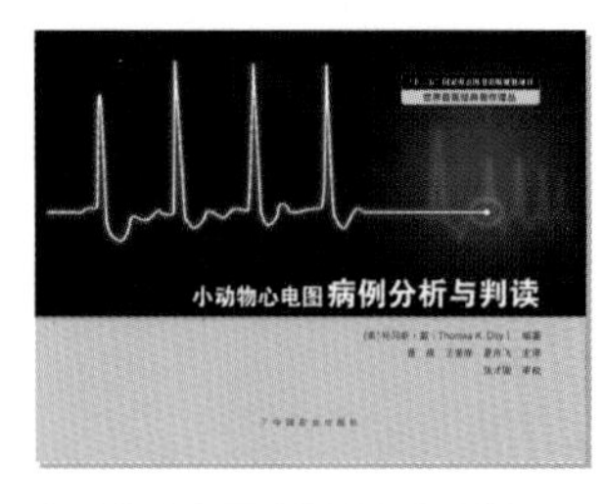

### 小动物心电图病例分析与判读 第2版

作者：Thomas K. DAY（英国赫瑞瓦特大学）
主译：曹燕 王姜维 夏兆飞

**简介**：本书是在《小动物心电图入门指南》上的进阶版本，全书主要介绍小动物心电图异常类型病例53例，并侧重病例分析和判读。

**大16开·精装·2012年6月出版**
**ISBN：978-7-109-16498-7**
**定　价：82元**

### 小动物药物手册 第7版

作者：英国小动物医师协会组编 Ian Ramsey（格拉斯哥大学教授）
主译：袁占奎（中国农业大学）
主审：张小莺（西北农林科技大学教授）

**简介**：《小动物药物手册》是经典药物手册。我国的很多优秀宠物医师以此为蓝本应用于临床。该书针对国内外小动物临床用药实际情况，系统介绍药物的正确合理使用，包括给药剂量、给药方式、给药间隔和次数、毒副作用以及配伍禁忌等，避免滥用兽药引起细菌耐药性及兽医临床药物选择和疾病防治等系列难题的产生。该书不仅从理论上阐述了与小动物相关兽药的正确使用原则、给药方案和疾病防治等，还结合大量临床试验资料，对药物的合理应用提供第一手资料。

**大32开·软精装·2014年5月出版**
**ISBN：978-7-109-17863-2**
**定　价：85元**

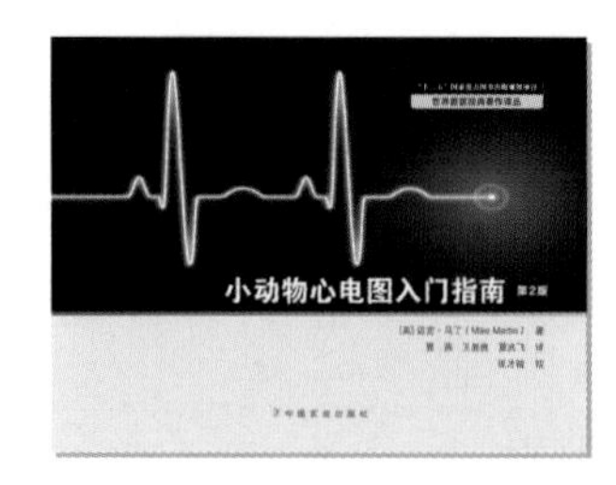

### 小动物心电图入门指南 第2版

作者：MikeMartin（英国著名小动物心脏病专家）
主译：曹燕 王姜维 夏兆飞

**简介**：本书主要介绍了小动物心脏电生理以及如何产生心电图波形、心脏异常电激动、心电图理论、心率失常的控制、心电图的记录与判读等。是您掌握心电图的入门必读书籍。

**大16开·精装·2012年6月出版**
**ISBN：978-7-109-15059-1**
**定　价：78元**

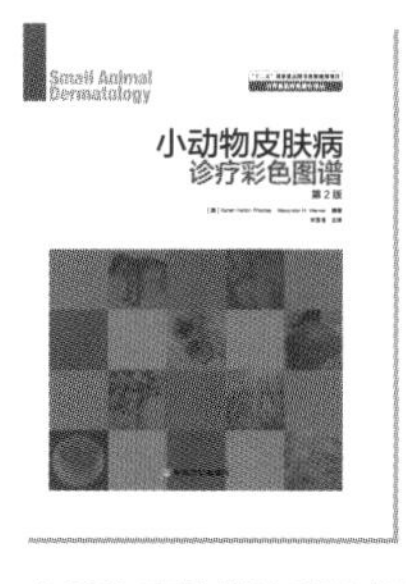

### 小动物皮肤病诊疗彩色图谱 第2版

作者：[美] Steven F. Swaim Walter C. Renberg Kathy M. Shike
主译：李国清（华南农业大学教授）

**大16开·平装·2014年5月出版**
**ISBN：978-7-109-17545-7**
**定　价：345元**

### 宠物医师临床速查手册 第2版

作者：Candyce M. Jack（执业兽医技术员） Patricia M. Watson（执业兽医技术员）
主译：师志海（河南省农业科学院）
主审：夏兆飞（中国农业大学教授）

**简介**：本书是宠物医师临床快速查阅的案头图书。包含了大量临床实践的技术应用知识，犬猫解剖、预防保健、诊断技术、影像学检查、患病动物护理、麻醉等方面的技术，包括从基本的体格检查到化疗管理相关的高级技能。是宠物医师最实用便捷的临床工具书。

**大16开·精装**
**预计出版日期：2014年12月**

### 5分钟兽医顾问：犬和猫 第4版

作者：Larry P. TilleyFrancis W. K. Smith
主译：施振声（中国农业大学教授）

**大16开·精装**
**预计出版日期：2015年1月**

### 小动物临床实验室诊断 第5版

作者：Michael D. Willard（德州农工大学兽医学院教授） Harold Tvedten（密歇根州立大学兽医学院教授）
主译：郝志慧（青岛农业大学教授）

**预计出版日期：2014年12月出版**

### 犬猫细胞学与血液学诊断

作者：Rick L. Cowell（IDEXX实验室） Ronald D. Tyler（俄克拉荷马州立大学兽医学院）
主译：陈宇驰（德国LABOKLIN实验室）

**预计出版日期：2015年6月**

### 5分钟兽医顾问：犬猫临床试验与诊断规程

作者：Shelly L. Vaden（美国北卡罗莱纳州立大学教授）等130位作者
主译：夏兆飞

**预计出版日期：2015年12月**

### 小动物临床皮肤病秘密

主编：Rick L. Cowell（俄克拉荷马州立大学）
主译：程宇（重庆和美宠物医院院长）

**预计出版日期：2015年3月出版**

### 小动物皮肤病学 第7版

作者：William H. Miller（康奈尔大学兽医学院教授）
主译：林德贵（中国农业大学教授）

**预计出版日期：2014年12月出版**

### 犬猫皮肤病临床病例

作者：Hilary Jackson, Rosanna Marsella（佛罗里达州立大学）
主译：刘欣（北京爱康动物医院）

**预计出版日期：2015年1月出版**

### 小动物医院管理实践

作者：Carole Clarke Marion Chapman
主译：赖晓云

**预计出版日期：2015年1月出版**

### 兽医病毒学 第4版

作者：N.JamesMacLachlan（加州大学兽医学院教授）
Edward J. Dubovi（康奈尔大学兽医学院教授）
主译：孔宪刚（哈尔滨兽医研究所研究员）

**简介**：本书内容包括两部分共32章。第一部分介绍了病毒学的基本知识，涉及动物感染与相关疾病。第二部分介绍临床症状，发病机理，诊断学，流行病学以及具体的病例。第4版在第3版的基础上作了大量修订，补充了兽医病毒学领域最新的知识，扩充了实验动物、鱼和其他水生生物、鸟类的病毒及病毒病的相关内容。保留了新出现的病毒病，包括人兽共患病。

**预计出版日期：2014年12月**

### 外来动物疫病 第7版

主编：Corrie Brown（佐治亚大学兽医学院教授）
Alfonso Torres（康奈尔大学兽医学院教授）
主译：王志亮（中国动物卫生与流行病学中心研究员）

**简介**：美国动物健康协会外来病与突发病委员会从1953年组织编写《外来动物疾病》，经不断完善成为当今国际上高水平的外来动物疾病培训教材。该书囊括了几乎所有的外来动物疾病，《国际动物健康法典》规定必须通报的疫病和近年来全球范围内的动物新发病尽在其中。对我国读者而言，不仅可以从中得到我们所需要的外来动物疾病的知识，也可以学到我国既存的某些重大动物疫病的有关知识，对提高我国兽医工作人员对外来动物疾病的识别能力和防控技术水平有重要意义。

**预计出版日期：2014年10月**

### 兽医临床寄生虫学 第8版

作者：Anne M. Zajac（维吉尼亚-马里兰兽医学院副教授）
Gary A. Conboy（爱德华王子岛大学副教授）
主译：殷宏（兰州兽医研究所研究员）

**大16开·精装**
**预计出版日期：2015年1月出版**

### 兽医流行病学 第3版

作者：Mike Thrusfield（爱丁堡大学教授）
主译：黄保续（中国动物卫生与流行病学中心研究员）

**预计出版日期：2015年1月**

### 兽医微生物与微生物疾病 第2版

作者：P.J. Quinn（都柏林大学教授）
主译：马洪超（中国动物卫生与流行病学中心主任）

**预计出版日期：2014年12月**

### 兽医微生物学 第3版

作者：David Scott McVey，Melissa Kennedy（田纳西州立大学兽医学院教授）
M.M. Chengappa（堪萨斯州立大学兽医学院教授）
主译：王笑梅（哈尔滨兽医研究所研究员）

**预计出版日期：2015年12月**

### 人与动物共患病

作者：Peter M. Rabinowitz（耶鲁大学大学医学院）
主译：刘明远（吉林大学教授）

**预计出版日期：2014年9月**

## 临床兽医

### 禽病学 第12版

作者：Y.M. Saif（俄亥俄州立大学教授）
主译：苏敬良（中国农业大学教授）
高福（院士，中国疾病预防控制中心/中科院微生物所）

**简介**：《禽病学》初版于1943年，经过70年的历史，已经成为禽病领域最权威经典的著作。本书既具理论性，又具实践性，是世界禽病学从业者的必备工具书。本书从第7版开始引入我国，对我国的养禽业起到了重要的促进作用，已成为禽病临床工作者重要工具书。本次出版为第12版。

**大16开·精装·2011年12月出版**
**ISBN：978-7-109-15653-1**
**定 价：290元**

### 绵羊疾病学 第4版

作者：I.D.Aitken（英国爱丁堡莫里登研究所原所长、大英帝国勋章获得者）
主译：赵德明（中国农业大学教授）

**简介**：本书内容共分十六部分75章，包括：福利，繁殖生理学，生殖系统疾病，消化系统疾病，呼吸系统疾病，神经系统疾病，蹄部和腿部疾病，皮肤、毛发和眼睛疾病，新陈代谢和矿物质紊乱，中毒，肿瘤，检查技术等。

**大16开·精装·2012年9月出版**
**ISBN：978-7-109-15820-7**
**定 价：160元**

### 默克兽医手册 第10版

主编：Cynthia M. Kahn
主译：张仲秋（农业部兽医局局长）
丁伯良（天津畜牧兽医研究所研究员）

**简介**：本书是全球兽医的案头书籍，是兽医学科内集大成图书。本版第10版凝聚了全球19个国家400余位专家学者的智慧与实际经验，涵盖了循环系统、消化系统、眼和耳、内分泌系统、全身性疾病、免疫系统、体被系统、代谢病、肌肉骨骼系统、神经系统、生殖系统、泌尿系统、行为学、临床病理学与检查程序、急症与护理、野生动物与实验动物、饲养管理与营养、药理学、毒理学、家禽、人兽共患病等兽医所涉及的方方面面。

**小16开·精装**
**预计出版日期：2014年12月**

### 马病诊疗学 第7版

作者：Kim A. Sprayberry，N. Edward Robinson（密歇根州立大学教授）
主译：于康震（农业部副部长，研究员）

**预计出版日期：2015年5月出版**

### 山羊疾病学 第2版

作者：Mary C. Smith（康奈尔大学兽医学院教授）
David M. Sherman（塔夫茨大学兽医学院副教授）
主译：刘湘涛（兰州兽医研究所研究员）

**预计出版日期：2015年1月**

### 兽医操作规程与急诊治疗 第9版

作者：Richard B. Ford（北卡罗来纳州州立大学兽医学院教授）
主译：施振声 麻武仁（中国农业大学教授）

**预计出版日期：2014年12月**

## 小动物外科学大系（4册）
## 全球小动物外科界“圣经”

### 小动物外科学 ①②

作者：Theresa Welch Fossum
（得州农工大学兽医学院教授）

### 小动物外科学 ③④

作者：Karen M. Tobias
（田纳西州立大学兽医学院教授）
Spencer A. Johnston
（佐治亚州立大学兽医学院教授）
译者：袁占奎 等

**大16开 · 精装**
**预计出版日期：2015年1月至12月**

### 小动物整形外科与骨折修复 第4版

作者：Donald L. Piermattei
（科罗拉多州立大学教授）
Gretchen L. Flo，Charles E. DeCamp
（密歇根州立大学教授）
主译：侯加法（南京农业大学教授）

**预计出版日期：2015年9月出版**

### 猫病学 第4版

作者：Gary D. Norsworthy
（密西西比州立大学兽医学院教授）
译者：赵兴绪（甘肃农业大学教授）

**简介：**作者来自全球60多位优秀的猫科专业教授和一线兽医联合编写。主要涵盖猫病学方方面面，包括：细胞学 · 影像 · 临床操作技术，行为学，牙科，手术，临床病例，常用处方等。

**大16开 · 精装**
**预计出版日期：2014年12月**

### 小动物肿瘤基础入门

作者：Rob Foale（英国诺丁汉大学）
Jackie Demetriou
（英国剑桥大学）
主译：董军（中国农业大学）

**预计出版时间：2014年12月**

### 小动物临床肿瘤学 第5版

作者：Stephen J. Withrow
（科罗拉多州大学教授，动物癌症中心创办者）
David M. Vail（威斯康星州立大学麦迪逊分校教授）
主译：林德贵（中国农业大学）

**预计出版日期：2015年1月**

## 小动物外科系列

权威经典
阶梯学习
精英培养

### 小动物麻醉与镇痛 ①

作者：Gwendolyn L. Carroll
（美国得克萨斯农工大学教授）
主译：施振声 张海泉

**简介**：本辑由美国得克萨斯大学农工大学麻醉学教授Gwendolyn L. Carroll主编。内容包括：麻醉设备、监护、通风换气、术前准备、术前用药、诱导麻醉剂和全静脉麻醉、引入麻醉、局部麻醉及镇痛技术、镇痛、非甾体类抗炎药物、支持疗法、心肺复苏术、特殊患病动物的麻醉、物理医学及其在康复中的作用、临床麻醉技术等内容。

**大16开 · 平装 · 2014年1月出版**
**ISBN：978-7-109-16499-4**
**定　价：108元**

### 小动物外科基础训练 ②

作者：[美] Fred Anthony Mann
Gheorghe M. Constantinescu
Hun-Young Yoon
主译：黄坚 林德贵（中国农业大学）

**简介**：本书主要针对外科基础标准化训练来展开。包括：患病动物的术前评估，小动物麻醉基础，外科无菌技术，外科手术中抗生素的使用，基本的外科手术器械，灭菌的包裹准备，手术室规程，手术服装，刷洗、穿手术衣和戴手套，手术准备和动物的体位，手术创巾的铺设，手术器械的操作，外科打结，缝合材料和基本的缝合样式，创伤愈合与创口闭合基础，外科止血，外科导管和引流，犬卵巢子宫摘除术，术后的疼痛管理，患病动物的疗养和随访。

**大16开 · 平装 · 2014年5月出版**
**ISBN：978-7-109-17612-6**
**定　价：200元**

### 小动物手术原则 ③

作者：Stephen Baines Vicky Lipscomb
（英国皇家兽医学院）
主译：周珞平

**简介**：本书包括三个部分：一、手术的设施及设备；二、对于手术患畜的围手术期考虑；三、外科生物学及操作技术。本书为各个兽医外科学原则在实践中的完美呈现提供了一个坚实的基础。对于兽医、护士、在校及刚毕业的兽医专业学生来说，本书将是十分有益的。

**大16开 · 平装 · 2014年9月出版**
**ISBN：978-7-109-18667-5**
**定　价：255元**

### 小动物软组织手术 ④

作者：Karen M. Tobias
（田纳西州立大学兽医学院教授）
主译：袁占奎（中国农业大学）

**简介**：本书作者将20多年软组织手术经验汇集此书，全面介绍了皮肤手术、腹部手术、消化系统手术、生殖系统手术，泌尿系统手术，会阴部手术，头颈部手术以及其他操作等。

**大16开 · 平装 · 2014年5月出版**
**ISBN：978-7-109-17544-0**
**定　价：255元**

### 小动物绷带包扎、铸件与夹板技术 ⑤

作者：Steven Swaim（奥本大学教授）
Walter Renberg, Kathy Shike
（堪萨斯州立大学）
主译：袁占奎（中国农业大学）

**简介**：本书主要介绍了绷带包扎、铸件及夹板固定基础，头部和耳部绷带包扎，胸部、腹部及骨盆部绷带包扎，末端绷带包扎以及制动技术。

**大16开 · 平装 · 2014年5月出版**
**ISBN：978-7-109-18548-7**
**定　价：90元**

### 小动物伤口管理与重建手术 ⑥⑦ 第3版

作者：Miichael M. Pavletic
（波士顿Angell动物医学中心）
主译：袁占奎 李增强 牛光斌

**简介**：作者35年伤口管理和重建手术经验汇集本书，是全球小动物外科手术修复的权威著作。包括皮肤，伤口愈合基本原则，敷料、绷带、外部支撑物和保护装置，伤口愈合常见并发症，特殊伤口的管理，局部因素，减张技术，皮肤伸展技术，邻位皮瓣，远位皮瓣技术，轴型皮瓣，游离移植片，面部重建，口腔重建，美容闭合技术等内容。

**大16开 · 平装 · 2014年12月出版**
**ISBN：978-7-109-18685-9**

### 小动物骨盆部手术 ⑧

作者：[西班牙] Jose Rodriguez Gomez
Jaime Graus Morales Maria Jose Martinez Sanudo
主译：丁明星（华中农业大学兽医学院教授）

**预计出版日期：2014年12月出版**

### 小动物微创骨折修复手术 ⑨

作者：Brian S. Beale
主译：周珞平

**预计出版日期：2014年12月出版**

### 小动物肿瘤手术 ⑩

作者：[奥] Simon T. Kudnig
[美] Bernard Séguin
主译：李建基
（扬州大学兽医学院教授）

**预计出版日期：2015年1月出版**

## 基础兽医学

### 反刍动物解剖学彩色图谱 第2版

作者：Raymond R. Ashdown 等
（英国伦敦大学皇家兽医学院）
主译：陈耀星（中国农业大学教授）

**简介**：本书由英国皇家兽医学院解剖教研室的教授领衔编写，以标本和手绘图相结合的方式介绍了头部、前肢、腹部、后肢、颈部、胸部和腹部器官，骨骼、关节、肌肉、血管、神经等详细的解剖结构和示意图。

**大16开·精装·2012年9月出版**
**ISBN：978-7-109-15340-0**
**定 价：210元**

### DUKES家畜生理学 第12版

作者：William O. Reece
（艾奥瓦州立大学教授）
主译：赵茹茜（南京农业大学教授）

**简介**：该书堪称国际兽医和动物科学领域家畜（动物）生理学的"圣经"。本书包括体液和血液；肾的功能、呼吸功能及酸碱平衡；心血管系统；神经系统、特殊感觉、肌肉和体温调节；内分泌、生殖和泌乳；消化、吸收和代谢等六大部分55章。

**大16开·精装·2014年5月出版**
**ISBN：978-7-109-17675-1**
**定 价：280元**

### 兽医药理学与治疗学 第9版

作者：Jim E. Riviere
（美国科学院医学院士，北卡罗莱纳州立大学兽医学院）
Mark G. Papich
（北卡罗莱纳州立大学）
主译：操继跃（华中农业大学教授）
刘雅红（华南农业大学教授）

**简介**：60多年前，本书第1版由美国兽医药理学之父L · 梅耶 · 琼斯博士（Dr. L. Meyer Jones）撰写。本次第9版一是增加了药物在次要动物和竞赛动物等领域的应用；二是加大从临床治疗学的视角论述药理学内容；三是增加了使用在动物身上的人用药品的标签外用药的论述，并对种属差异性的重要影响进行了强调；四是特别强调了食品动物的用药，以保证人类食品安全。

**大16开·精装·2012年8月出版**
**ISBN：978-7-109-16066-8**
**定 价：348元**

### 兽医血液学彩色图谱

作者：John W. Harvey
（佛罗里达大学兽医学院教授）
主译：刘建柱（山东农业大学副教授）

**简介**：美国著名病理学教授的倾心之作。本书包括血液和骨髓分两部分。血液部分包括：血样检查、红细胞、白细胞、血小板、混杂细胞和寄生虫；骨髓部分主要内容包括：造血细胞生成、骨髓检查、脊髓细胞紊乱、造血性新生物（肿瘤）以及非造血性新生物。

**大16开·精装·2012年1月出版**
**ISBN：978-7-109-15061-4**
**定 价：168元**

## 预防兽医学

### 兽医免疫学 第8版

作者：Ian R.Tizard
（得克萨斯A&M大学教授）
主译：张改平（院士，河南农业大学）

**简介**：本书是兽医免疫学的经典之作，全面系统介绍了兽医免疫学的相关知识，包括：机体防御、炎症发生机制、中性白细胞及其产物、巨噬细胞和炎症后期、补体系统、细胞信号（细胞因子及其受体）、抗原、树状突细胞和抗原处理、主要组织相容性复合体、免疫系统器官、淋巴细胞、辅助性T细胞及其对抗原的反应、B细胞及其抗原反应、抗体、抗原结合受体的产生、T细胞功能、获得性免疫调控、体表免疫、疫苗应用、细菌和真菌免疫等38章。

**大16开·精装·2012年9月出版**
**ISBN：978-7-109-16403-1**
**定 价：350元**

### 兽医病理学 第5版

作者：James F. Zachary
（伊利诺伊州立大学病理学教授）
M. Donald McGavin
（田纳西州立大学病理学教授）
主译：赵德明（中国农业大学教授）

**预计出版日期：2015年1月出版**

### 兽医临床病例分析 第3版

作者：Denny Meyer John W. Harvey
（佛罗里达州立大学兽医学院）
主译：夏兆飞（中国农业大学教授）

**预计出版日期：2015年1月出版**

### 兽医临床尿液分析

主译：Carolyn A. Sink Nicole M. Weinstein
主译：夏兆飞

**预计出版日期：2015年1月出版**

### 兽医寄生虫学 第9版

作者：Dwight D. Bowman
（康奈尔大学兽医学院教授）
主译：李国清（华南农业大学教授）

**简介**：本书是美国兽医院校的经典教材，主要内容包括概述、节肢动物、原生动物、蠕虫、虫媒病、抗寄生虫药、寄生虫学诊断、组织病理学诊断、附录（各种动物的驱虫药等）。全书配有清晰的照片。

**大16开·精装·2013年5月出版**
**ISBN：978-7-109-16490-1**
**定 价：348元**

### 兽医流行病学研究 第2版

作者：Ian Dohoo
（加拿大爱德华王子岛大学教授）
主译：刘秀梵（院士，扬州大学）

**简介**：我国著名的兽医流行病学专家刘秀梵院士亲自主持翻译。本书一是全面系统介绍流行病学的基本原理，详细描述各种流行病学方法、材料和内容为研究者所用；二是重点介绍设计和分析技术两方面的问题，对这些方法有全面而准确的描述；三是为各种流行病学方法提供现实的例子，所用的数据集在书中都有描述。无论对研究人员，还是对高效师生，对实验方法建立和实验数据分析都有重要的指导作用。

**大16开·精装·2012年9月出版**
**ISBN：978-7-109-15857-3**
**定 价：280元**

## 其他

### 食品中抗生素残留分析

作者：Jian Wang,James D. MacNeil（加拿大食品检验局）
Jack F. Kay（英国环境、食品与农村事务部）
译者：于康震（农业部副部长，研究员）
沈建忠（中国农业大学教授）等

**预计出版日期：2014年12月出版**

### 实验动物科学手册：动物模型 第3版

作者：Jann Hau（丹麦哥本哈根大学教授）
Steven J. Schapiro（得克萨斯州立大学）
主译：曾林（军事医学科学院实验动物中心研究员）

**预计出版日期：2015年1月出版**

### 动物疫病监测与调查系统：方法与应用

作者：M.D.Salman（科罗拉多州立大学）
主译：黄保续 邵卫星（中国动物卫生与流行病学中心）

**预计出版日期：2014年12月出版**

### 定量风险评估

作者：David Vose
主译：孙向东（中国动物卫生与流行病学中心）

**预计出版日期：2015年1月出版**

### 猪福利管理

作者：Jeremy N. Marchant-Forde（普渡大学）
主译：刘作华（重庆市畜科院研究员）

**预计出版日期：2014年12月出版**

### 家畜行为与福利 第4版

作者：D. M. Broom（剑桥大学教授）
主译：魏荣 葛林 等

**预计出版日期：2014年12月出版**

**项目策划**：黄向阳　邱利伟
**项目运营**：雷春寅
**培训总监**：神翠翠
**销售经理**：周晓艳
**版权法务**：杨　春
**外文编辑**：栗　柱
**编辑部邮箱**：ccap163@163.com

**说　　明**：出版社只接受团购和咨询，零售请与经销商联系购买。
**团购热线**：010-59194312 59194355 59194931

**传统书店**：各地新华书店
**专业书店**：郑州大地书店 / 北京启农书店 / 北农阳光书店
**网络书店**：当当网 卓越网 京东商城 淘宝商城 等

**邮寄及汇款方式**：
北京市朝阳区麦子店街18号楼农业部北办公区
中国农业出版社养殖业出版分社（邮编：100125）
**编辑部电话**：010-59194929
**读者服务部**：010-59194872
**网　　址**：www.ccap.com.cn
**户　　名**：中国农业出版社
**开 户 行**：农业银行北京朝阳路北支行
**账　　号**：04010104000333

获取更多新书信息及购书咨询，请扫描二维码。

## 厚积薄发 传承经典——《世界兽医经典著作译丛》

在农业部兽医局的指导和支持下，中国农业出版社联合多家世界著名出版集团，本着“权威、经典、适用、提高”的原则从全球上千种外文兽医著作中精选出50余种汇成《世界兽医经典著作译丛》(以下简称“译丛”)。译丛几乎囊括了国外兽医著作的精华，原著者均为各领域的权威专家，其中很多专著有着数十年的积淀和实践经验，堪称业界经典之作，是兽医人员案头必备工具书。

为高质量完成译丛的翻译出版任务，我们组建了《世界兽医经典著作译丛》译审委员会，由农业部兽医局张仲秋局长担任主任委员，国家首席兽医师和兽医领域的院士担任顾问，召集全国兽医行政、教育、科研等领域的近800名专家亲自参与翻译。这是我国兽医行业首次根据学科发展和人才知识结构系统引进国外专著，并组织动员全行业专家深度参与。其目的就是尽快缩小我国与发达国家在兽医领域的差距。

感谢参与翻译和审稿的每位专家，他们秉承严谨的学术精神和工作热情，保障了书稿翻译的质量和进度。尤令我们感动的是一些资深老专家站在学科发展和人才培养角度，一丝不苟地帮助审改稿件。感谢中国农业出版社，因为专业与专注，始终保持卓越的出版品质。

建议读者在阅读这些著作时，不要囿于自己研究的小领域，拓宽基础学科和新兴学科知识，建构扎实的专业知识基础。

让我们静下心来，跟随着大师徜徉于经典著作的世界，充盈后再出发！

《世界兽医经典著作译丛》实施小组

## 中国农业出版社简介

中国农业出版社(副牌：农村读物出版社)成立于1958年，是农业部直属的全国最大的一家以出版农业专业图书、教材和音像制品为主的综合性出版社，是全国首批15家“优秀出版社”之一，“全国科普工作先进集体”、“全国三下乡先进集体”和“服务‘三农’先进出版单位”，新闻出版总署评定的“讲信誉、重服务”的出版单位，连续九年获“中央国家机关文明单位”称号。建社50多年来始终坚持正确出版导向，坚持服务“三农”的办社宗旨，以农业专业出版和教育出版为特色，依托强大的作者队伍、高素质的出版队伍和丰富的出版资源，累计出版各类图书、教材5万多种，总印数达6亿册。有300多种图书和400余种教材分别获得国家级和省(部)级优秀图书奖和优秀教材奖。

## 养殖业出版分社简介

养殖业出版分社是中国农业出版社的重要出版部门，承担着畜牧、兽医、水产、草业、畜牧工程等学科的专著、工具书、科普读物等出版任务，为全国最系统、权威的养殖业图书出版基地。在几代编辑人员的共同努力下，出版了一大批优秀图书，拥有了行业最优秀的作者资源，获得国家、省部级及行业内出版奖项近百次。近几年来，分社立足专业面向行业，出版了一系列有影响力的重点专著、实用手册和科普图书，承担着多项国家重点出版项目，并积极构建数字出版内容和传播平台，将继续为我国养殖业健康发展和公共卫生安全提供智力支持。

有时候，
我们需要慢下来，
用书本滋养心灵和思想，
静谧中梳洗劳顿的精神驿站，
汲取全球行业精英的智慧与营养，
充盈后重新出发，我们一定走得更远！

Book Catalogue

# 2014

# 世界兽医经典著作译丛

第2期

全国优秀出版社
中国农业出版社

成像。探头一般放置于左胸壁，有些检查者在观察肺动脉时习惯于从右侧检查。在特定情况下可选择经腹部肋下、经左肝显示四腔心或五腔心切面（图7.26），特别适用于测量主动脉血流或气胸、肺水肿患者。

彩色多普勒图像是一个大小可变的扇形窗，根据检查目的可定位于心脏的不同部位。通过多普勒超声心动图可以追踪血流流进和流出瓣膜的情况，了解有无动脉内、心内分流或血管缺损等。脉冲式多普勒超声心动图将取样容积放置于瓣膜尖或瓣膜心房侧可检测有无血液返流信号（图7.30至图7.32a）。连续性多普勒超声与流颈平行，可获取血流最大流速（图7.32b）。

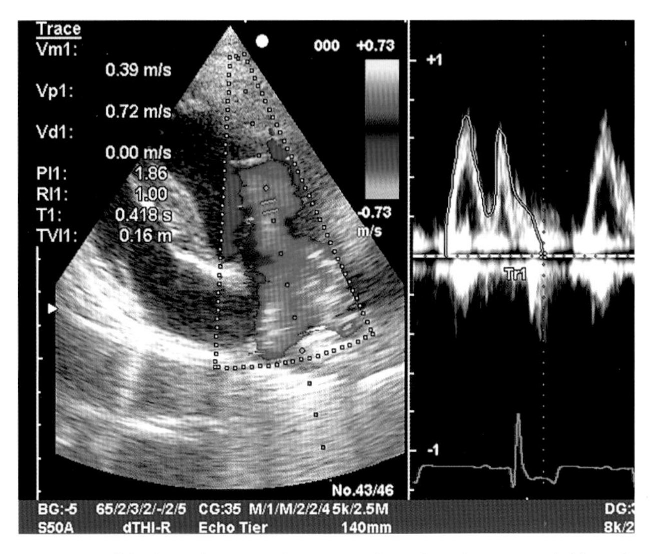


**图7.30**　拳师犬（公，15月）。左心尖四腔心切面，二尖瓣口彩色多普勒（左）及脉冲式频谱多普勒（右）。舒张期血流进入左室，自心房朝向探头方向的血流呈红色标记。取样容积置于二尖瓣叶尖处。正常情况下，第一个正向波为舒张早期E峰，与随后的A峰相比，E峰峰顶更高，基底更宽

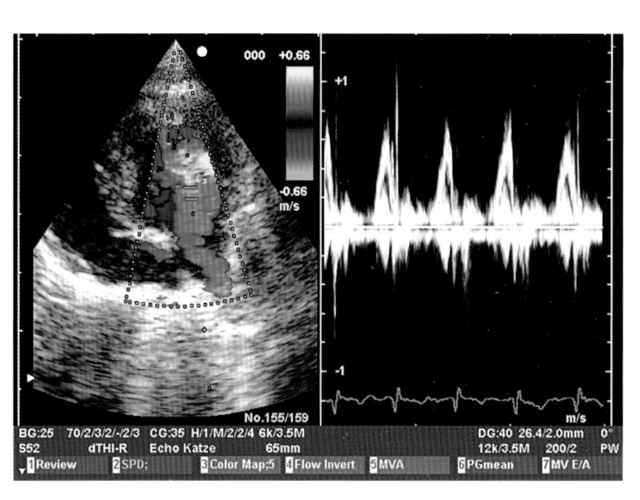


**图7.31**　缅因库恩猫（母，2岁）。左心尖四腔心切面，二尖瓣口彩色多普勒（左）及脉冲式频谱多普勒（右）。舒张期血流进入左室，正常情况下猫的E峰与A峰常互相融合（与心率有关）

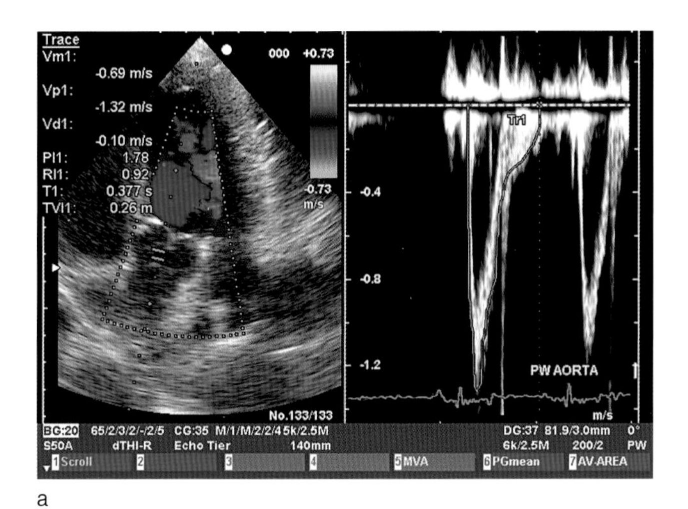


a

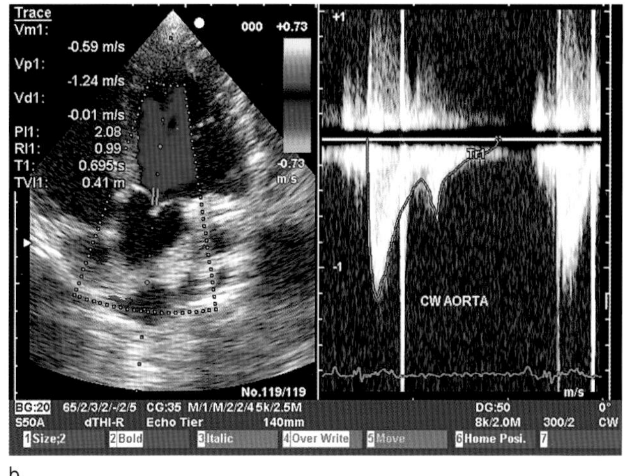


b

**图7.32a，b**　杂交猎犬（公，2岁）。（a）彩色多普勒（左）及脉冲式频谱多普勒。（b）连续性多普勒。左心尖四腔心切面，主动脉瓣水平。背向探头的血流表现为蓝色，在脉冲式多普勒上表现为负向波。收缩期主动脉血流在脉冲式多普勒上表现为典型的船帆样三角形信号

## 7.3 临床常用参数测量方法

### 7.3.1 二维超声心动图

二维超声心动图具有实时成像的优点，是显示心脏结构的首选检查方法，也是功能性测量的基础。常规的测量包括左、右心室的容积、心房及主动脉根部直径等。心室截面测量一般选取瓣膜下平面。测量纵向直径时，在四腔心切面取心尖至房室瓣的瓣叶接触点的距离（图7.33），在长轴位上取心尖至主动脉或心房角的距离（图7.34）。心房横径测量选取四腔心断面，房室瓣上方平面，纵向直径则取瓣膜尖至心房顶部的距离（图7.35）。

测量容积与射血分数的方法有单平面和双平面Simpson法，均于心尖四腔心切面测量。

二维超声心动图中Simpson法计算左室容积（LVV）的公式为：

$$LVV=\frac{\pi}{4}\times h\times\frac{\Sigma}{1}\times\frac{D}{1}\times\frac{D}{2}\ (mL)$$

D：截面直径，h：截面高度

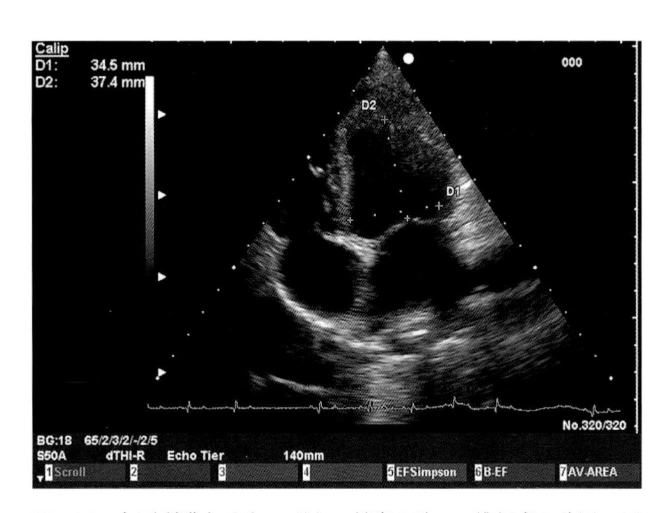


**图7.33** 匈牙利猎犬（公，7月），健康心脏。二维超声心动图，四腔心切面，测量左室容积并计算射血分数（EF）。D1为二尖瓣下方水平横截面直径，D2为纵向直径，自心尖部内膜至两个二尖瓣叶的接触点

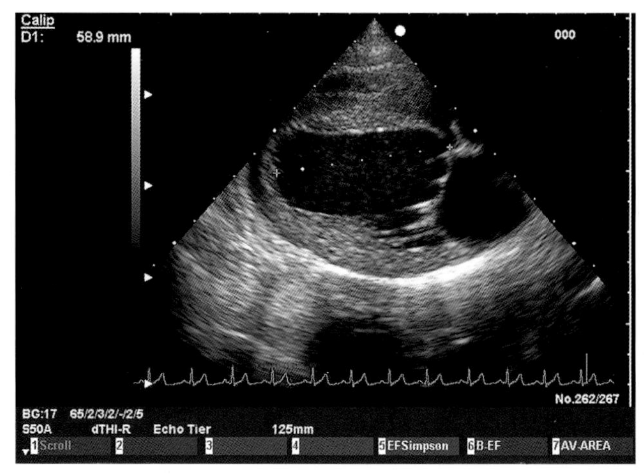


**图7.34** 匈牙利猎犬（公，7月），健康心脏。二维超声心动图，长轴切面，左室长径为心尖部内膜至主动脉瓣/二尖瓣通道夹角

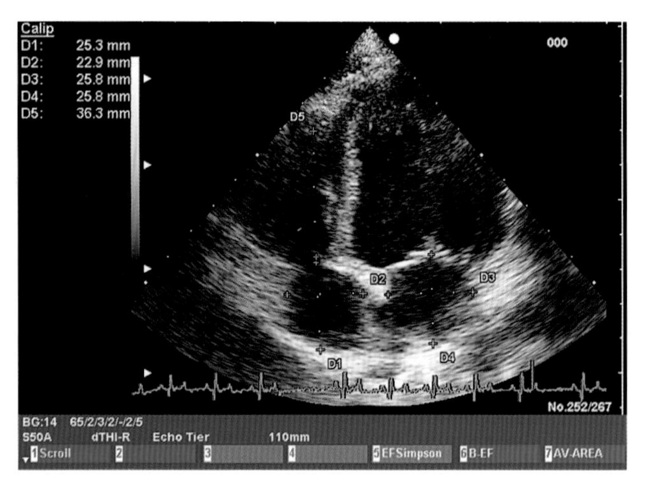


**图7.35** 匈牙利猎犬（公，7月），健康心脏。二维超声心动图，四腔心切面，右室长径为三尖瓣叶尖至心尖部内膜。心房长径为瓣膜尖至心房顶部

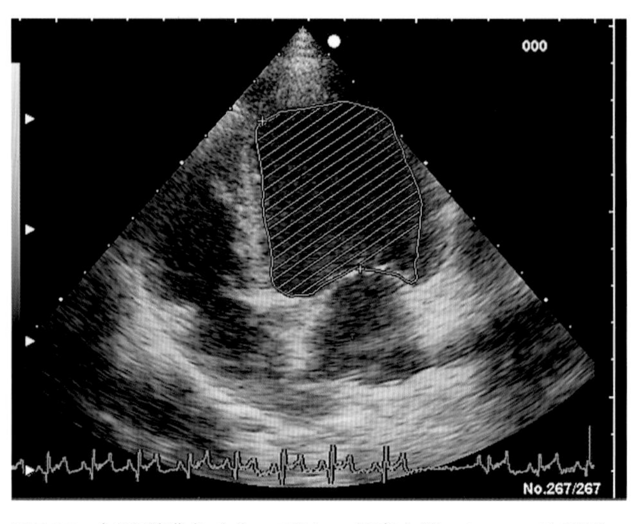


**图7.36** 匈牙利猎犬（公，7月），健康心脏。Simpson法测量。在四腔心切面，通过测量垂直于长轴的横截面面积，可利用Simpson公式计算左心室功能

对乳头肌和心肌收缩性的评价有较大主观性，与检查者的经验有很大关系。乳头肌和心肌异常可以表现为局灶性，也可以表现为全心累及，包括运动不能、运动机能减退、运动过度、运动障碍、心壁矛盾运动和双期运动等。心内及心外结构可通过平面测量或在容积中测量（图7.37，图7.38）。心包改变则于舒张末期，容积最大时测量。

对心内或心外占位性病变需描述其部位、大小及质地。对于边界较清晰的肿瘤和血栓，超声并不一定能准确地进行鉴别诊断。

应注意观察心内瓣膜结构与运动。正常情况下瓣膜回声较柔和，开放与闭合良好。如果出现瓣膜增厚、下垂、回声增强、运动受限、瓣叶震颤或飘动等，都应视作病理性改变。

## 7.3.2　M型超声心动图

M型超声一般采取右侧胸骨旁短轴位及长轴位进行检查，常用来测量收缩期与舒张期的心肌和心室、舒张期主动脉根部及收缩期左心房表现。此外，还用来检测二尖瓣运动情况，测量收缩期二尖瓣与室间隔的距离（EPSS）（图7.41）。通过M型超声心动图检查可以计算出各种心功能参数，例如左心室缩短分数（FS）、射血分数（EF）、容积指数以及主动脉瓣的开放与关闭情况。

左心室收缩期缩短分数（FS）：

$$FS = \frac{LVIDd - LVIDs}{LVID} \times 100$$

LVID：左心室内径；s：收缩末期；d：舒张末期

### 收缩期缩短分数

左心室收缩期缩短分数是临床常用指标，可以反映左心收缩力。不过影响缩短分数的除了左心收缩力以外，还有左心前负荷和后负荷等。所以，收缩期缩短分数与左心功能有关，而不仅仅是心室收缩力。前负荷增加和后负荷下降时，缩短分数升高；前负荷下降和后负荷增加时则缩短分数降低。心肌运动过度和收缩过度同样引起缩短分数升高。因此缩短分数（以%表示）是反映左心综合功能的指标。其结果与动物种类具有特异性，尤其与饲养方式有关，而无明显性别、体重差异。犬内正常缩短分数可介于27%～40%，某些例外情况下甚至可以更低。灰猎犬、金毛巡回犬和波兰低地牧羊犬可低至25%～30%。总的来说，缩短分数低于25%应该视为异常。猫类的缩短分数一般较高，平均在40%以上。如果超过60%

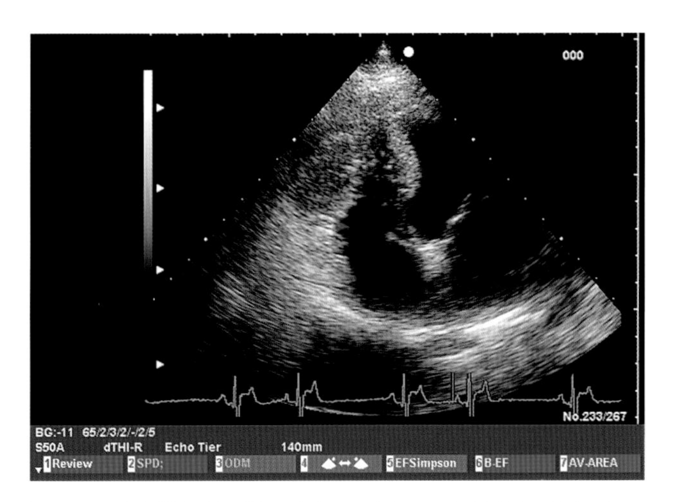


**图7.37**　大型德国刚毛猎犬（公，9岁）。二维超声心动图，左心尖部四腔心切面，右心室壁内见低回声区，动态观察表现为局灶性运动功能障碍，偶有右心室期外收缩

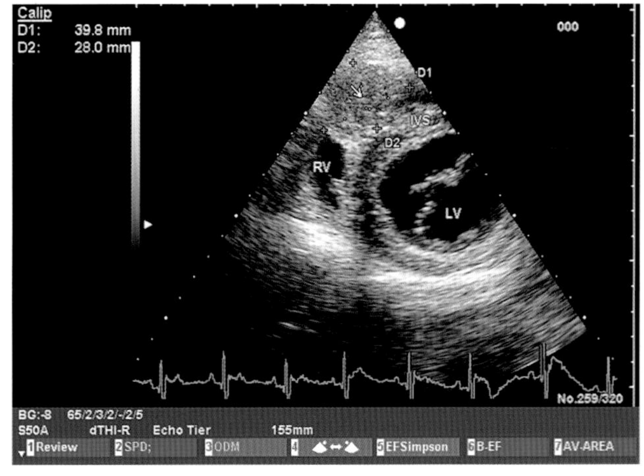


**图7.38**　大型德国刚毛猎犬（公，9岁）。二维超声心动图，二尖瓣水平、右侧胸骨旁短轴位，二尖瓣刚开始关闭，测量壁内肿瘤

则应视为异常。

测量缩短分数时取胸骨右缘短轴切面两侧乳头肌之间平面（图7.39），或胸骨右缘长轴切面二尖瓣下方平面。由于两种方法所取层面不同，所得到的结果可能会出现差异。因此，建议在测量时使用两种方法，多次测量后取平均值。对于复诊的患者，应该参照前次检查的方法与结果，尽量选用同样的方法测量，以利前后比较。

**射血分数与容积指数**

容积测量并非M型超声心动图的强项，不过根据Teichholz公式计算出来的射血分数（EF）和收缩期末容积指数（ESVI）或舒张期末容积指数（EDVI）也可作为相关参数使用。

$$EF=\frac{LVDd-LVDs}{LVDd}\times 100$$

$$ESVI=\frac{7\times(LVDs)^3}{2.4+LVDs}\times\frac{1}{BSA}$$

$$EDVI=\frac{7\times(LVDs)^3}{2.4+LVDd}\times\frac{1}{BSA}$$

BSA：体表面积

BSA（$m^2$）=10.1 × KM（g）$^{0.667}$ × $10^{-4}$

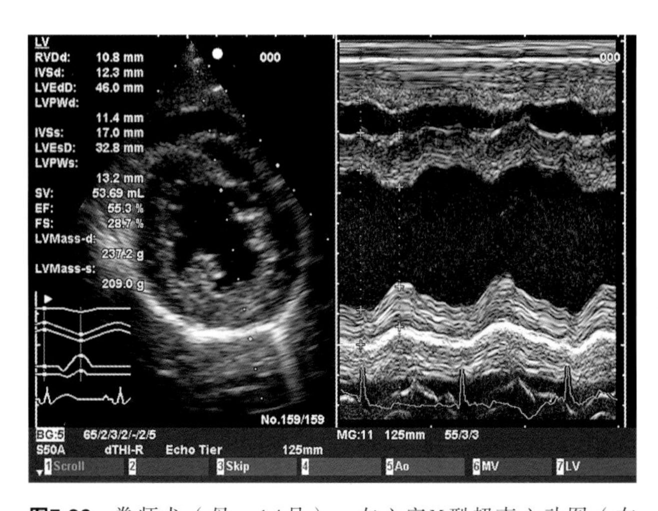


**图7.39** 拳师犬（母，14月）。左心室M型超声心动图（右图）。右侧胸骨旁短轴切面两侧乳头肌之间平面各参数测量值

**左心室射血前期及射血期**

M型超声心动图中可以反映收缩功能的参数还有心缩间期（STI）：左心室射血前期（PEP）以及左心室射血期（LVET）。

射血前期指心电图QRS波群起点至M型超声心动图上主动脉瓣开放的时间间隔。左室射血期是指主动脉打开至关闭的时间。LVET与心率有关，心率快LVET缩短，心率慢则LVET延长。

PEP和LVET的测量基础为主动脉瓣和左心的M型超声心动图以及同时进行的ECG检查（图7.40）。影响因素包括左室的前、后负荷以及心肌收缩力。如果后负荷增加，心脏负荷加重，左心室蓄积压力冲开主动脉瓣的时间延长，导致PEP和LVET延长。前负荷增加时，由于心肌收缩力增加，PEP和LVET缩短。

## 7.3.3 多普勒超声心动图

彩色多普勒可以显示血流方向，了解有无异常情况。红色表示血流方向朝向探头，蓝色表示血流背向探头（图7.10和图7.11）。狭窄后血流喷射、返流以及心内分流等表现为混杂的黄绿色信

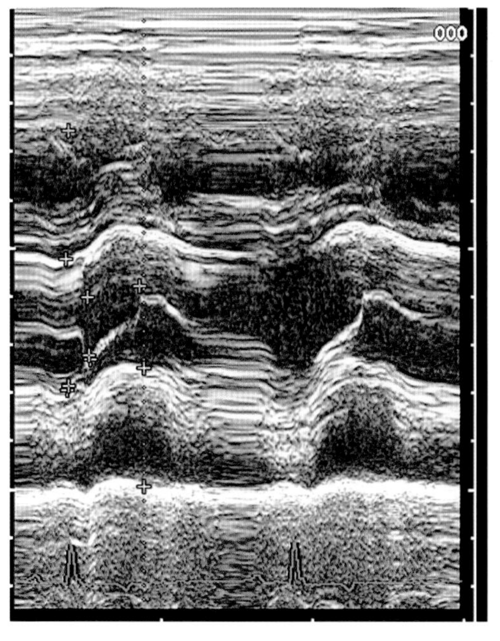


**图7.40** 拳师犬（母，14月）。M型超声心动图，测量主动脉瓣及左心房

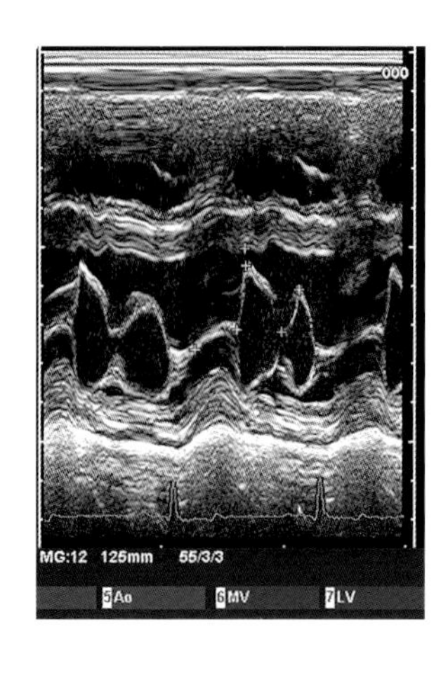


**图7.41** 拳师犬（母，11月）。M型超声心动图，右侧胸骨旁长轴切面二尖瓣水平。测量瓣膜运动幅度、二尖瓣与室间隔的距离（EPSS）

号（图7.12）。由于Aliasing现象的存在，可能会出现颜色的混叠（见7.1.2.3章节）。

连续性多普勒可用来测量血流速度$V_{max}$，以米/秒（m/s）为单位（表7.2）。不过由于速度过快，连续性多普勒测量主动脉瓣口血流的价值有限。因此，推荐同时使用脉冲式多普勒进行量化测量。二尖瓣口可测量E峰和A峰峰值血流速度，并计算E/A比值（图7.41）。E峰代表二尖瓣开放时血流流入速度（舒张早期充盈），A峰则表示心房收缩时血流进入左室的速度（舒张晚期充盈）。E/A比值可有效评价左室舒张功能损害情况。

**表7.1 犬LVET及PEP参考值（Atkins等，1992）**

| | |
|---|---|
| LVET | 159 ± 15ms |
| PEP | 54 ± 7 |
| PEP/LVET比值 | 0.24 ± 0.05ms（心率124~147次/min） |

### 舒张功能

由此可见，多普勒超声特别适用于心脏舒张功能障碍的病因检查。心脏舒张功能障碍时，常需要克服更大的压力负荷，并导致容量负荷增加。评价舒张功能时，需要测定心肌舒张力、心房收缩力、充盈时间以及心脏结构包括心包的弹性。传统多普勒（连续式多普勒和脉冲式多普勒）检查时采取心尖五腔心切面，定位于左室流出道，这样可以同时观察主动脉瓣信号及二尖瓣区的血液流入信号。

心室舒张自半月瓣关闭（ECG上对应于T波）开始，到房室瓣关闭（ECG上对应QRS波群起点）结束。等容舒张期开始于二尖瓣开放，经过快速充盈期后，开始稍漫长一点的心房收缩期。左心房血液进入左心室的速度取决于两者之间的压力差：左室收缩期末的压力低于左房压力。等容舒张期（IVRT）是指从出现舒张期血流开始直到二尖瓣开放这段时间，在超声中表现为主动脉信号结束到二尖瓣E峰出现。

心室快速充盈期指从二尖瓣开放到心室达到最大充盈容积的时间（图7.42a，b），随后出现表示舒张晚期心房收缩的小A峰，在心电图上对应于P波。由于猫的心率较快，其E峰与A峰常融合在一起（图7.31）。A峰之后二尖瓣关闭，对健康动物来说，此时至下次E峰出现前的这段时间属于无回声期，如果有瓣膜关闭不全，则在图中出现负向的返流信号（图7.8）。

**表7.2 犬的正常血流速度（m/s）**

| 瓣膜 | 血流时期 | 血流速度 | |
|---|---|---|---|
| | | Kirberger 等，1992年 | Yuill等，1991年 |
| 二尖瓣 | E峰 | 0.59 ~ 1.18 | 0.70 ~ 1.08 |
| | A峰 | 0.33 ~ 0.93 | 无 |
| 三尖瓣 | E峰 | 0.49 ~ 1.31 | 0.52 ~ 0.92 |
| | A峰 | 0.32 ~ 0.94 | 无 |
| 主动脉瓣 | | 1.06 ~ 2.29 | 1.04 ~ 1.38 |
| 肺动脉瓣 | | 0.88 ~ 1.61 | 0.76 ~ 1.22 |

在频谱多普勒检查时，要对双侧房室瓣的Vmax、E峰及A峰进行测量。在正常情况下，E峰的峰值要高于A峰，E/A比值 > 1.0。当心肌舒张异常时，例如心肌肥厚、高血压（猫）等，A峰的峰值增高，E/A比值 < 1.0，等容舒张期延长。当心肌调节机能下降，左室充盈受限时，左室压力明显增加，E峰的Vmax极快，而A峰很低，E/A比值异常升高。

脉冲式多普勒中代表主动脉信号的船型波则常表现得更宽大，峰值较低。

### 压力差计算

心腔之间压力差采用简化的Bernoulli公式进

行计算，以mmHg为单位。常用来计算狭窄、返流、分流等情况存在时，相关心腔之间的压力差异。

简化的Bernoulli公式：

$\Delta p_{max}=4\times(V_{max}^{2})$ mmHg

$\Delta p$：心腔之间压力差；$V_{max}$：血流速度

半月瓣狭窄时，正常典型的三角形血流信号发生变化（图7.43和图7.44），出现返流波形，且振幅增大。

**返流量计算**

返流量的计算是临床实际工作中的一个难点，PISA法（近端等速表面积法）可试图解决这一问题。向瓣口反流的血流在加速时于心室侧呈半球形的等流速面，利用这一现象对反流量进行定量评价的方法称PISA法。即PISA的半径为r，PISA的流速为V，得到PISA面积，可估测单位时间的流量。

$PISA=2\Pi\times r^{2}$

返流率$=PISA_{r}\times V=2\Pi_{r}\times r^{2}\times V$

V：流速（cm/s）；r：喷射半径（mm）

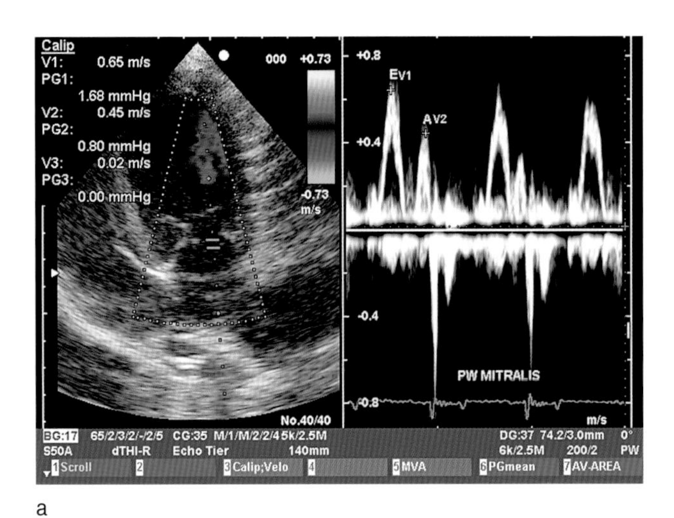


a

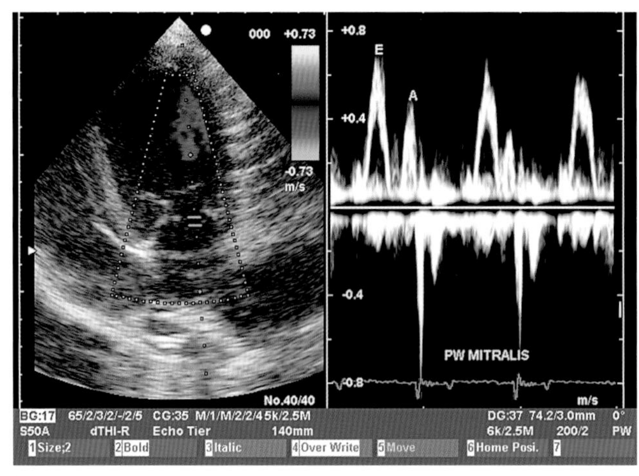


b

**图7.42a，b** 杂交犬（母，2岁）。脉冲式多普勒（图右）与左侧心尖四腔心切面（图左），取样容积位于瓣膜尖区域。（a）二尖瓣，（b）三尖瓣。E点表示舒张早期流入性血流的最大速度（V1），直接在二尖瓣打开后测量。A点表示心房收缩开始后的最大血流速度（V2）。在此例中二尖瓣关闭时有一声音信号，切勿误诊为返流信号

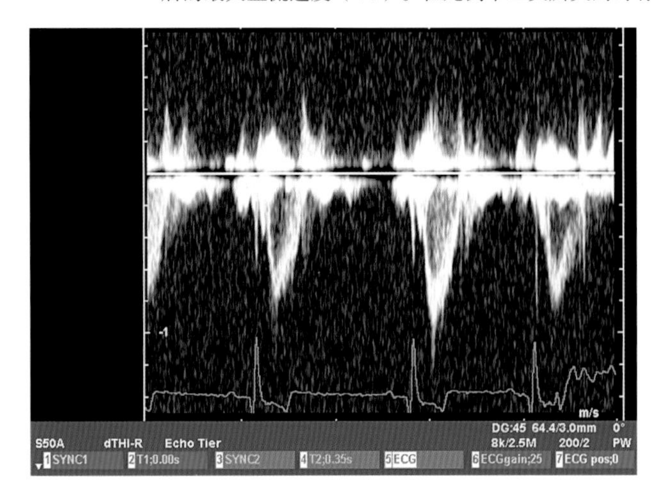

**图7.43** 杂交犬（母，2岁）。主动脉瓣脉冲式多普勒，左心尖五腔心切面，取样容积置于主动脉瓣叶尖区。主动脉信号呈典型的三角形波形。由于血流背向探头，信号出现在X轴负方向

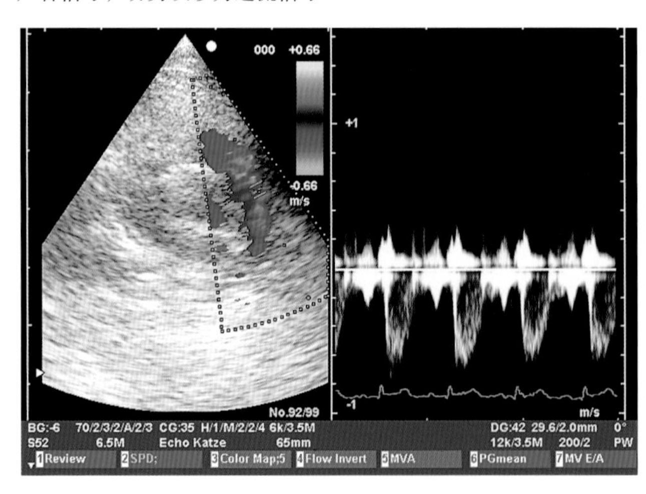


**图7.44** 挪威森林猫（公，15月）。肺动脉瓣脉冲式多普勒（图右），左胸壁短轴切面，图中左半部分为相应的彩色多普勒心电图。右室流出道和肺动脉干呈蓝色信号，因为血流方向是背向探头的

如果机器质量够好，通过彩色M型超声心电图可以更好地测量返流量（图7.45）。

在医学上，越1/4的受检者可发现生理性的二尖瓣关闭不全，表现为收缩早期或中期瓣膜附近出现流速很低的返流信号（图7.46，图7.47）。在犬和猫身上出现这种表现的临床意义还存在着争议。

## 7.4　伪影及其他错误原因

心脏超声医生诊断水平的提高是一个很漫长的过程，超声检查中伪差较多也是其中一个原因。由于超声检查伪差存在，正常结构可能被掩盖，或者图像中出现根本没有的伪影，这些都增加了诊断的困难。此外，超声切面选择、探头定位等都依赖于检查者的水平，这也增添了误诊的可能性。

当超声波遇到强反射的组织（例如钙化）时，组织后方会产生声影，这样位于其远端的组织就被暗区遮盖而无法显示了。最容易产生这种伪影的结构是肋骨（图7.48），少见的有瓣膜结构钙化等。回声对比剂也可能干扰正常组织的显示。

当探头附近出现强反射性结构表现为同样的运动声像，且深度对称，即为所谓的反射或镜面伪影（图7.49）。膈面附近是产生镜面伪影的常见区域。

声压增益过大或焦点选择不准时，在近场区区分心脏与非心脏结构会变得很困难。特别是诊断心房血栓时，由于增益施加错误，使心房内出现烟雾样回声，导致假阳性或假阴性结果。

在多普勒超声心动图中常发生收缩期声音缺漏，主动脉流出信号因部分容积效应被误认为二尖瓣返流信号（图7.50）。回声过度增强也使波形发白变得难以诊断（图7.51）。血流速度过快超过Nyquist频率上限时（图7.52a），需要对血流信号进行一定纠正才能正常显示（见7.1.2.3章节，图7.52b）。此外，幼犬或小猫的叫唤也会导致伪影产生（图7.53）。

M型超声检查测量时，声束往往没有完全垂直于待测量的组织，或者由于没有国际公认的标准切面，使得结果会出现偏差。声束倾斜导致测量结果偏大（例如室壁厚度以及左室直径等）。测量室壁厚度或心室直径时，应该剔除乳头肌和/或增粗的腱索成分。这种情况下，心内膜测量也变得很困难，如果对于测量结果有疑问，应该进行复查，以取得最准确的结果。

在测量左房大小时同样也会遇到一些难题。由于在超声切面中主动脉与左房并非总是完全平

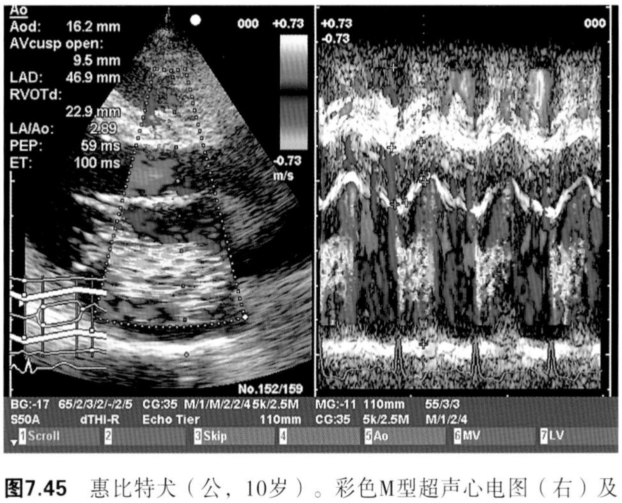

**图7.45**　惠比特犬（公，10岁）。彩色M型超声心电图（右）及二维超声心动图（左），右侧胸骨旁长轴切面。左房舒张时出现大量湍流信号（绿~黄~红马赛克样）

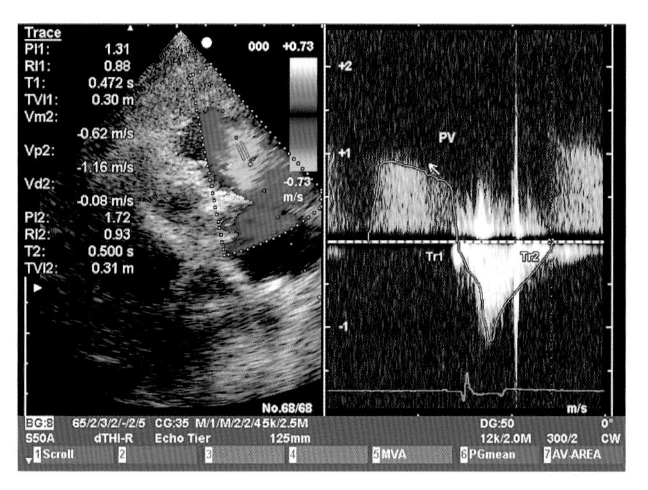


**图7.46**　金毛巡回犬（公，12月）。肺动脉主干脉冲式多普勒（右），左胸壁短轴位。肺动脉瓣轻度关闭不全，由于右心室代偿功能良好，血流动力学几乎没有出现变化

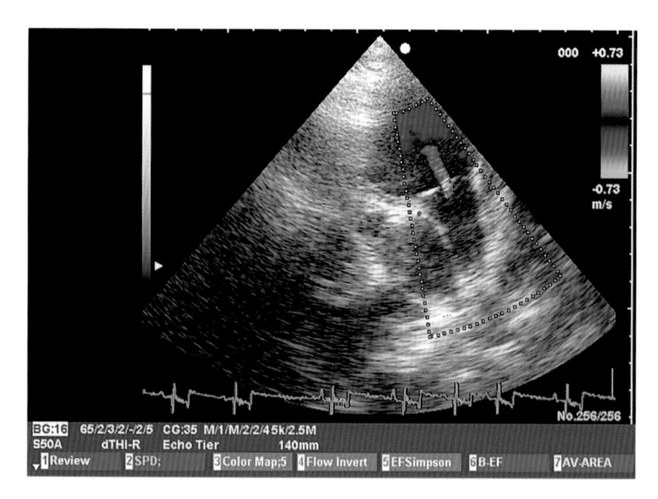


**图7.47** 杂交犬（公，2岁）。彩色多普勒超声心电图，显示肺动脉主干。肺动脉瓣轻度关闭不全，血流方向朝向探头，表现为红色

**图7.48** 杂交犬（公，2岁）。二维超声心动图，左侧短轴切面，可见右室流出道、主动脉和肺动脉干。肋骨伪影遮住了部分右室流出道和肺动脉瓣

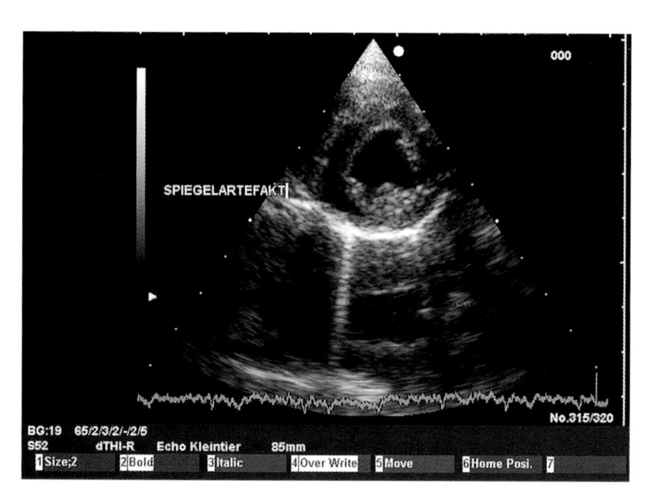


**图7.49** 杂交犬（公，8岁）。右侧胸骨旁短轴切面，可见左、右心室，心包固定不动，呈强回声。镜面伪影。声波自换能器到器官，经过强反射结构（此例为心包）时，在组织深处出现一个相同运动的伪影结构

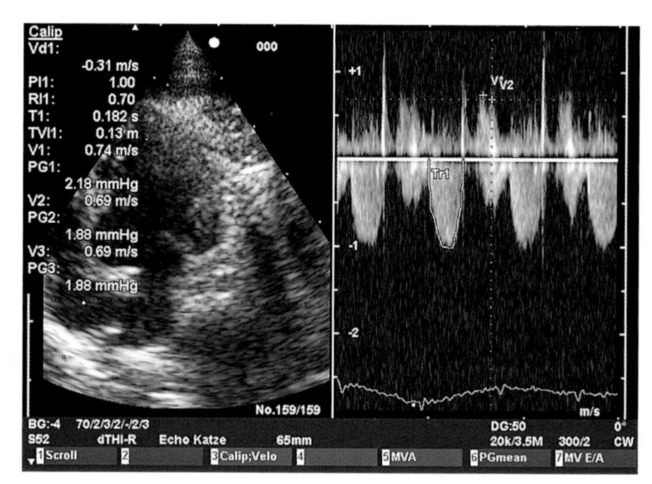


**图7.50** 欧洲短毛猫（母，4岁）。肋下五腔心切面，二尖瓣及主动脉瓣连续式频谱多普勒。测量线置于左心半月瓣与房室瓣之间，同时接收两者的信号。在二尖瓣血流E峰与A峰之间可见负向抛物线形主动脉血流信号，易被误诊为二尖瓣返流信号

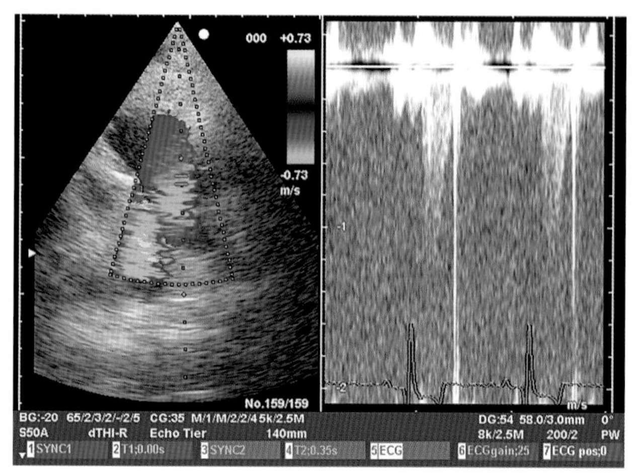


**图7.51** 杂交犬（公，8岁）。主动脉脉冲式多普勒（右）和彩色多普勒（左），左心尖部五腔心切面。波形图像过度发白使诊断变得困难

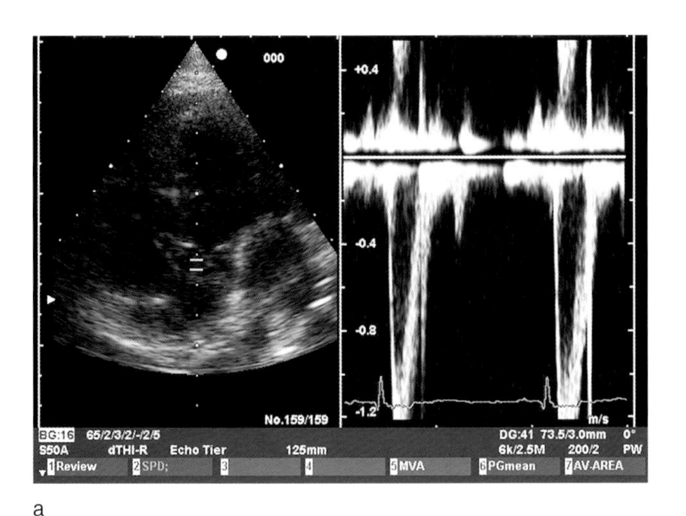


a

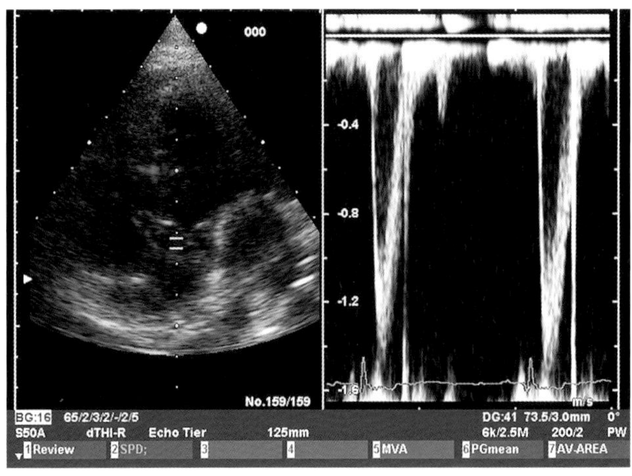


b

**图7.52a，b** 腊肠犬（母，7岁）。左心尖部五腔心切面，主动脉脉冲式多普勒（图右）。（a）回声频率超过Nyquist频率上限，主动脉血流波形显示不完全，波峰返折出现在图上部。（b）将X轴上移进行纠正，波峰可完整显示

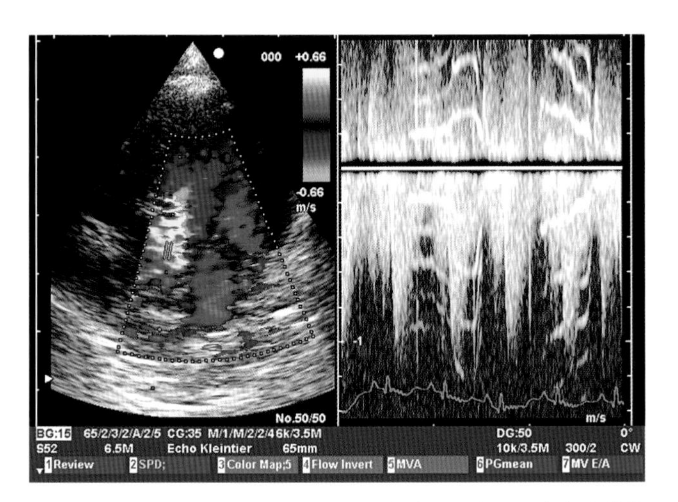


**图7.53** 㹴幼犬（公，6周）。连续式多普勒（右）及彩色多普勒（左）。左心尖部五腔心切面显示左室流出道。由于动物叫唤产生横向伪影

行的，有必要另外再选取心尖部四腔心切面左房平面进行测量。

如果因为严重的呼吸伪影或肺部伪影使得心室解剖结构及功能难以显示与评价，必须在报告中予以说明，以免下次复查时得出不一样的结果。

如果图像质量不够好，血栓可能会被漏诊。因为在过黑的图像中，烟雾状回声很容易被忽略掉。而另一方面，近场区缺陷又容易被误诊为心室心尖部血栓。

测量心内膜前，一定要弄清楚心内膜的准确定义。如果心内膜显示不太好，可尝试改变探头部位或使用造影剂。当然这在日常工作中并不常用。相反，在超声检查中，常常可见“心肌轻度收缩功能不全”的诊断。这个诊断提示有确切的心脏病存在，并引起心肌收缩功能减退。碰到这种情况时，一定要注意验证一下，是否因检查者的原因而出现假阳性结果，或者说是否真的存在病理性异常。心外疾病也可以引起心脏运动机能减弱，例如甲减等；心动过缓时，心肌收缩力也减弱。如果动物正在使用β受体阻滞剂药物，其心肌收缩力也会下降。而在某些特殊犬类，或者接受过特殊训练犬类，收缩期可以表现为生理性缩短分数减低。不能根据孤立的检测值草率得出诊断结果，而应该结合其他检查结果以及临床表现等综合考虑。

如果左心功能明显受限，已有低心排血量综合征表现，可因为心室纤维环处容量负荷变化，而无法发现明显瓣膜解剖异常。瓣膜异常常常只有通过多普勒超声检查才能发现，如果未进行多普勒检查很可能导致错误的诊断。这种情况下，由于心肌收缩功能减弱，心室明显扩张，二尖瓣区的返流信号变得很弱，二尖瓣关闭不全容易被漏诊。

重度二尖瓣关闭不全的不典型性喷射过程也是造成漏诊的原因之一。彩色多普勒所见缺口较小，向瓣口反流的血流在加速时于心室侧呈半球

形的等流速面（PISA，见7.3.3章节）。肺静脉也可出现错误诊断。3D或4D可有效解决这些问题，因为它们对于喷射口的轮廓等显示更清楚（见7.7章节），有时候甚至能发现潜在的喷射血流。

检查不够全面也容易导致错误结论。例如仅凭二维超声心动图发现心腔扩张，不能立即诊断为“扩张型心肌病”。多普勒检查可以找到容积负荷过重的原因，如瓣膜关闭不全、动脉导管未闭等。

心脏二维超声中，由于图像压缩，可出现假性心尖，导致心脏纵向长度（心底至心尖）测量失准。所以心脏超声检查时应尽量包含心腔最长切面（图7.34）。如果换能器倾斜，心腔内可能出现游离结构，从而误诊为血栓。对这种结构要认真地查找其起源，当然大多数情况下都是乳头肌的结构（图7.22）。

## 7.5 造影检查

心脏超声检查时只有极少数情况下需要使用造影检查。经静脉注射造影剂后，血流显示更好，这对于心内复杂性缺损的诊断有一定价值（例如卵圆孔未闭）。生理盐水是一种常用的、可自行配制的造影剂，且没有空气栓塞的危险。可购买的造影剂有Echovist等，作为一种右心造影剂，其增强效果及持续时间都要强于生理盐水。Levovist是一种左心造影剂，也可以使多普勒信号增强。不过，对于宠物医院来说，这些造影剂的使用价值微乎其微。在使用时，一定要向宠物主人交待清楚增强检查可能存在的风险。

## 7.6 组织多普勒

组织多普勒也可称之为TDI（组织多普勒影像）、DMI（心肌多普勒）或TDE（组织多普勒心电图）。

组织多普勒是一种新的检查技术，主要用来显示心肌运动，目前应用还不是很广泛。与常规血流多普勒类似，组织多普勒也包括脉冲式频谱多普勒（类似于PW~多普勒）和彩色多普勒两种形式。TDI技术是将彩色多普勒系统中的高通滤波器关掉，去除高速血流（m/s）信号，实时显示低速的室壁心肌（cm/s）信号，经彩色编码加以显示。红色和蓝色分别代表朝向和背离探头的心肌运动，色彩越亮，表示心肌运动速度越快。将脉冲式取样容积置于心肌某一区域，即可得出心肌运动速度波形，从而评价该区域心肌运动情况（图7.54）。

TDI检查包括右侧胸骨旁长轴及短轴切面评价心肌收缩运动及室壁厚度改变、心尖部二腔心及四腔心切面评价室壁长度缩短情况。TDI也可以表现为高分辨率的彩色M型超声（图7.55）。此外，瓣膜、炎性反应物、血栓、肿瘤等也可以彩色呈现。Aliasing现象发生时也会出现颜色的异常变化。

目前，组织多普勒作为一种心肌运动的可视性检查方法，开始越来越多的用于肥厚型心肌病、扩张型心肌病以及心脏炎性疾病的早期诊断与病程监测。

由于受种族以及年龄、心率等个体差异影响较大，关于组织多普勒检查的正常值目前还缺乏统一的标准。

局部心肌异常及其导致的室壁运动障碍可通过应变率的方法来评价。应变是指心肌长度的相对形变，应变率则是指单位时间的应变。TDI显示心肌变形时，受探头部位、心脏运动方向以及检查窗以外的心肌运动的影响较小。肥厚型、限制型心肌病是TDI的最佳指征，也是目前研究的热点。

## 7.7 三维超声

三维心脏超声的实验性研究早在20多年前即有文献报道，在上世纪90年代，医学界突然对这种方法产生了浓厚的兴趣。不过直到2003年，随着超声设备和技术的进一步发展，三维心脏超声才开始逐步应用于医学诊断中来。

理论上来说，获得心脏结构的的立体图像有两种方式：超声切面的三维重建以及实时三维，即四维超声。心内血流的彩色三维重现则依靠数学重建的方法。

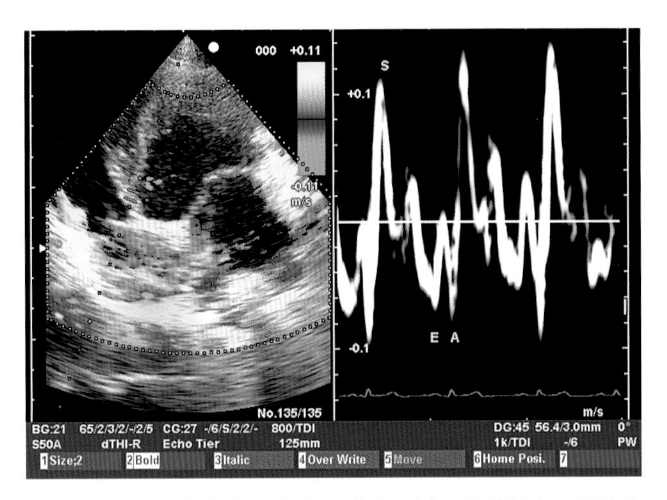


**图7.54** 爱尔兰赛特猎犬（公，9岁）。因二尖瓣退变，导致左心室容量超负荷。TDI型超声，取样容积置于二尖瓣下方平面。血流速度较慢，不超过0.12m/s。收缩期正向S波后跟着两个负向舒张波。舒张早期充盈（E峰）由背离心尖方向的心肌运动产生，此例速度过慢，应考虑为病理性。正常情况下舒张晚期充盈（A峰）比E峰慢，E/A比值应该大于1

**图7.55** 杂交犬（公，11岁）。房室瓣关闭不全，阻塞性心包积液。因“心脏摇摆综合征”，心肌运动呈混杂信号（Aliasing现象）。红色和蓝色分别代表朝向和背离探头的心肌运动

## 7.7.1 三维重建

三维重建是指在二维超声心动图的基础上通过计算处理后叠加而成的立体图像。由于心脏不停地运动，单个切面的图像应该尽量采集自同样的心动周期，即所谓的心电门控。由舒张期与收缩期组成的心动周期必须尽量一致。具有呼吸性心律失常的犬类由于舒张期时间长短不一，在进行三维重建所必须的容量扫描时，需要反复尝试多次，甚至根本无法完成检查。此外，数据采集应尽量在吸气与呼气的间歇期进行，必要时使用呼吸门控。不停气喘的动物，二维超声心动图检查时图像会受到明显影响，进而妨碍三维重建的完成。

所有传统的或最新的腹部三维超声以及最早的三维心脏超声（图7.56）都是采用的后期重建处理技术。目前，在医学上，三维重建可由经食管心脏超声完成。通过这种方法，探头180°旋转后可获得60～90幅不同切面的图像，可进行空间叠加。腹部和经食管三维超声成像都能提供较高的空间分辨率。血流三维彩色成像目前还只能依赖于计算机后处理技术。

## 7.7.2 四维超声心动图

对犬猫进行心脏影像诊断时，临床更常用的是实时三维心脏超声，也称为四维超声。心脏三维超声检查时，由于动物很难安静配合，且存在着呼吸性心律失常或喘息等问题，所以实际操作时往往要重复很多次才能获得满意的图像。临床运用较为成功的四维超声采用的是特殊类型的探头，目前高端超声仪器使用的矩阵式探头由3000多个多行排列的阵元块组成，图像在探头扫描时即已形成。显然，这样的矩阵探头体积更大，人体工学设计也要稍差于普通一维或二维超声所使用的探头（图7.57）。不过，尽管矩阵探头体积较大，并不妨碍其在肋间隙等部位的使用。

四维超声检查时，不再有时间延迟，而是实时记录锥形容积内的扫描内容。这种容积扫描可以从任意切面、任意层面进行观察。四维超声的不足在于细节部分的显示不够精细，且截面相对较小。结合四维超声与三位重建技术可以得到一个稍大范围的体积还原。如果要显示血流的三维图像，则需要交替进行灰度与彩色双重容积扫

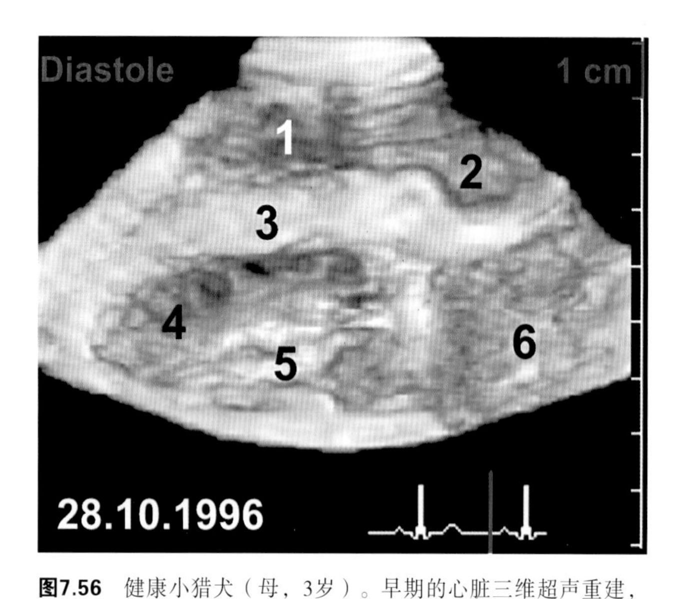


**图7.56** 健康小猎犬（母，3岁）。早期的心脏三维超声重建，右侧胸骨旁四腔心切面
1为右心室，2为右心房，3为室间隔，4为左心室，5表示乳头肌，6为左心房。此图从检查、计算到重建图像，需要几个小时的时间。

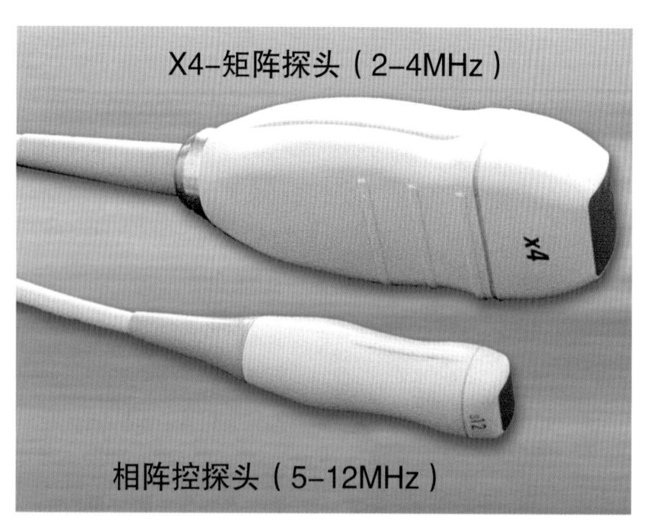


**图7.57** 实时三维超声所使用的矩阵探头与普通超声使用的相阵控探头的大小对比。（图中文字：上排：X4矩阵探头（2～4MHz）下排：相阵控探头（5～12MHz））

描，然后进行后处理计算。这意味着检查时需要对多个均一的心动周期进行扫描。如果动物难以安静配合检查，或者患有呼吸性心律不齐，则有可能要重复多次才能完成检查。对于动物心脏超声来说，常常需要多个切面结合考虑才能得出最佳诊断。矩阵探头可以提供相互垂直或其他特定角度的切面图像，并同时显示在显示器上。这样，除了常用的标准切面图像以外，在检查时可以结合另外一个切面（通常是垂直面）进行观察。传统超声显然无法提供这种便利，想要获得另一个切面信息，不得不另外再进行检查。与三维超声和四维超声相比，这种多平面检查对于细节的显示要更加清晰，且检查时间更短，因为两个切面可以同时观察。

### 7.7.3 优点与不足

心脏黑白三维重建和四维超声的优点包括以下这些：

（1）能更好的测量心腔容积（图7.58）。

（2）可显示普通超声难以诊断的房室瓣或主动脉瓣、肺动脉瓣病变，例如三维心脏超声可以评价扩张型心肌病（图7.59a，b）或心瓣膜病变（图7.60）所致二尖瓣关闭不全的程度。经左心房入口可直接显示收缩期二尖瓣关闭不全。普通二维超声无论二尖瓣长轴位或短轴位都无法做到这一点。

（3）诊断各种不典型先天性心内缺损。

（4）在医学上可应用于拟定手术或介入治疗计划。

心脏三维彩超还具有以下优点：

（1）可以更好的评价重度主动脉瓣和肺动脉瓣狭窄。特别是在黑白图像基础上，根据颜色转换显示狭窄口，并评价狭窄程度（图7.61）。

（2）对瓣膜关闭不全评价更准确：

多平面彩超，显示返流信号更好，或者在不常用的切面上可额外显示出返流信号（图7.62a，b）。

三维彩超，可在瓣膜层面显示经过瓣口的彩色返流信号的大小（图7.63a，b）。

除了优点之外，心脏三维及四维超声也存在一些不足。除了常规超声也具有的伪差之外，三维超声设备价格一般比较昂贵，数据处理中存在方法与技术问题，立体图像的分辨率也比较一

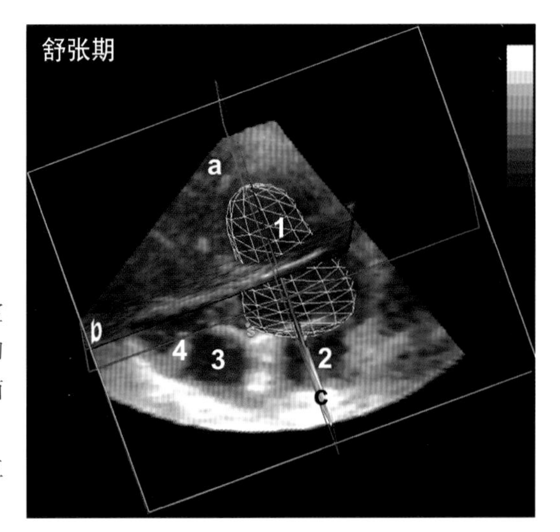


**图7.58**　健康杰克罗素㹴（母，7岁）。心脏三维超声。网格区域表示左心室舒张期容积，容积计算需要进行完整的容积扫描，包括（a）标准切面，胸骨左侧心尖部四腔心切面；（b）自动扫描的与第一个切面垂直的短轴位切面；（c）同样是自动扫描的垂直心尖二腔心切面。1表示左心室，容积以网格区表示；2为左心房；3为右心房；4为三尖瓣

般。此外，三维重建和四维超声还需要进行额外的后期处理，也比较耗时。

正是由于人类技术、费用、时间需求都比较高，目前无论医学还是兽医学上，在获取疾病诊断、预后以及治疗相关信息时，心脏三维和四维超声检查都不作为常规检查使用。不过随着设备价格的不断下降以及三维超声技术不断进步使分辨率逐渐提高后，这种状况在不久的将来一定会发生变化。此外，使用矩阵探头可在不增加检查时间的前提下同时获取心脏结构多平面丰富的诊断信息。

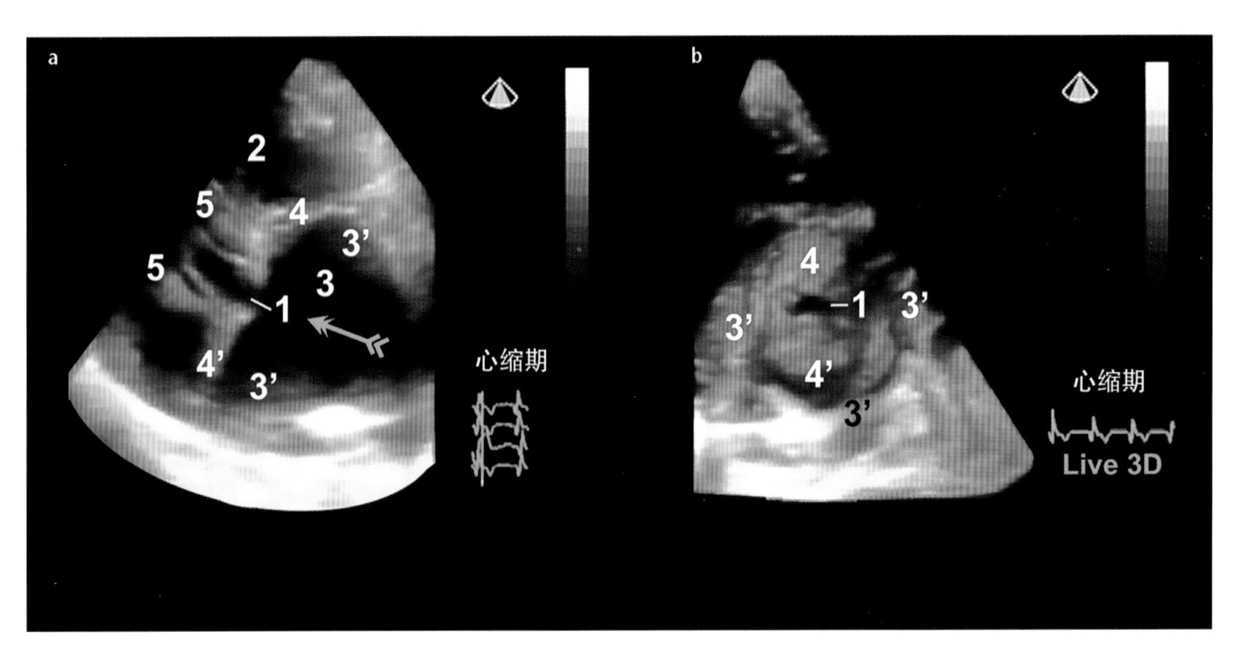


**图7.59a，b**　西班牙长耳猎犬（母，10岁）。重度扩张型心肌病。（a）长轴位二尖瓣区三维重建显示二尖瓣关闭不全，左房容积负荷增加 。（b）四维超声心动图显示二尖瓣，瓣叶光滑，因扩张型心肌病导致二尖瓣关闭不全。图中1：显示扩张型心肌病导致二尖瓣环扩大，二尖瓣关闭不全；2：左室；3：左房；3'：左房壁；4：隔侧尖光滑；4'：顶部尖光滑；5：腱索。绿箭（左图）表示图b为自左房方向观二尖瓣

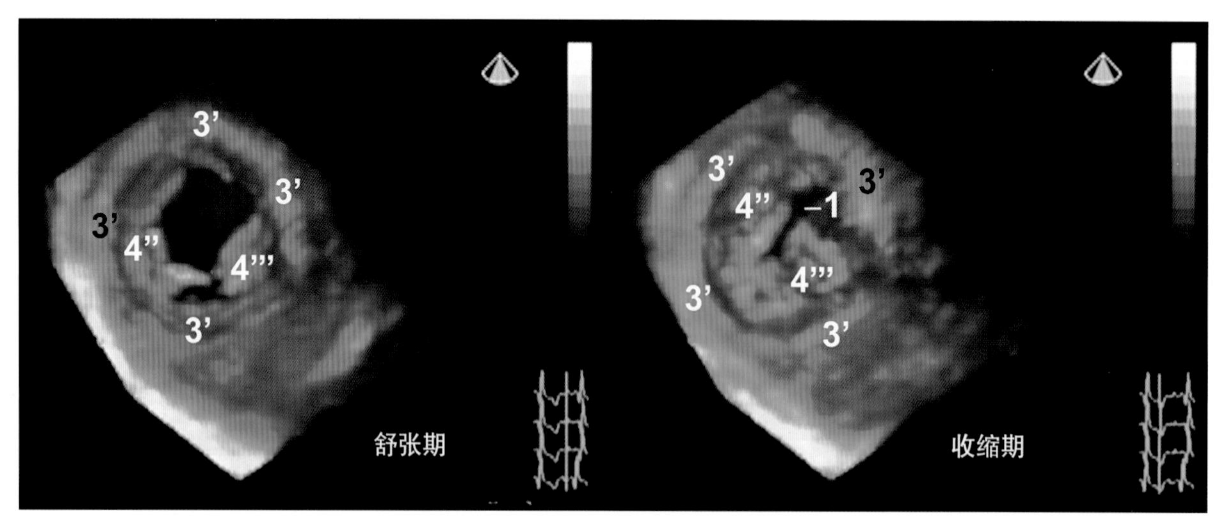


**图7.60** 德国刚毛腊肠犬（公，13岁）。重度心瓣膜病变。二尖瓣三维重建，自左房里面观，瓣膜尖明显增厚，收缩期关闭不全。1显示二尖瓣关闭不全；3’ 为左房壁；4” 隔侧尖重度肥厚；4’’’ 顶部尖重度肥厚

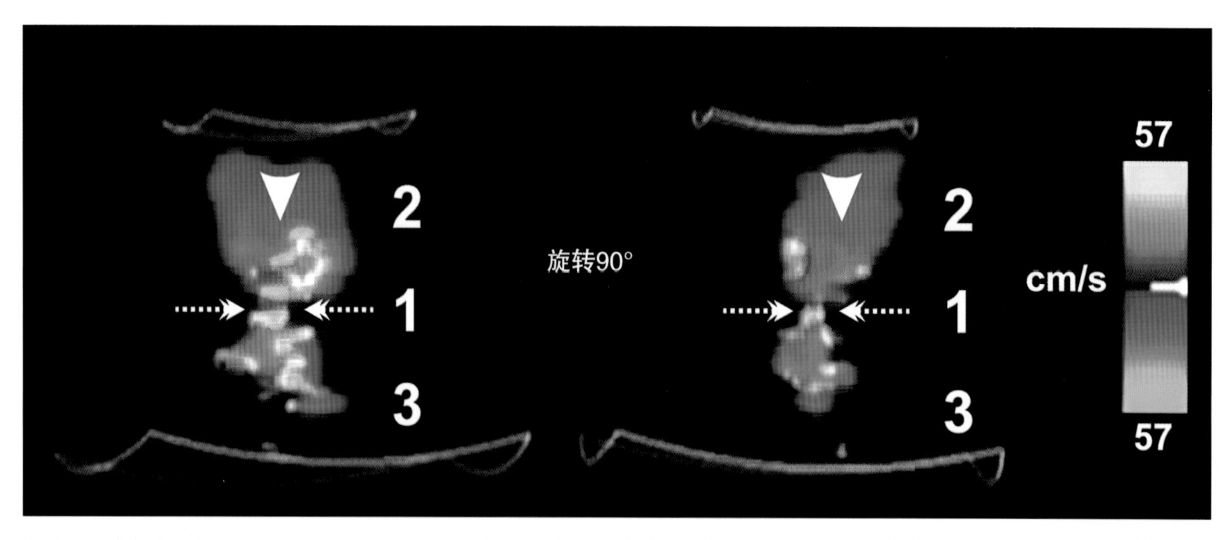


**图7.61** 拳师犬（公，3岁）。重度主动脉瓣下狭窄。隐去黑白图像后三维重建。两幅彩色血流容积图相互垂直。1表示狭窄区明显变细的血流；2为左室流出血流；3为升主动脉。箭头表示血流方向

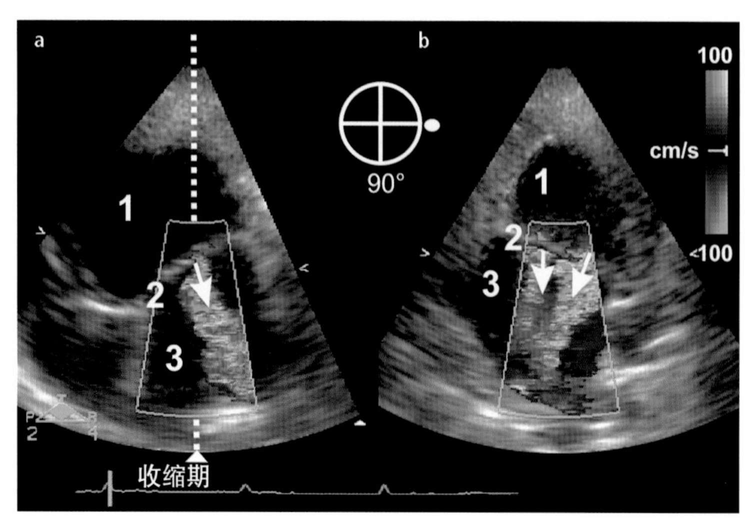


**图7.62a，b** 边境牧羊犬（公，13岁）。重度心瓣膜病变。两个相互垂直的切面显示二尖瓣关闭不全的收缩期返流信号。胸骨左侧心尖部四腔心切面（a）可见宽大的喷射状返流血流，自动扫描的垂直切面（b）显示为两束收缩期反流血流。图中虚线表示为所选择的第二切面线。1为左室，2为二尖瓣，3为左房。箭头表示血流方向

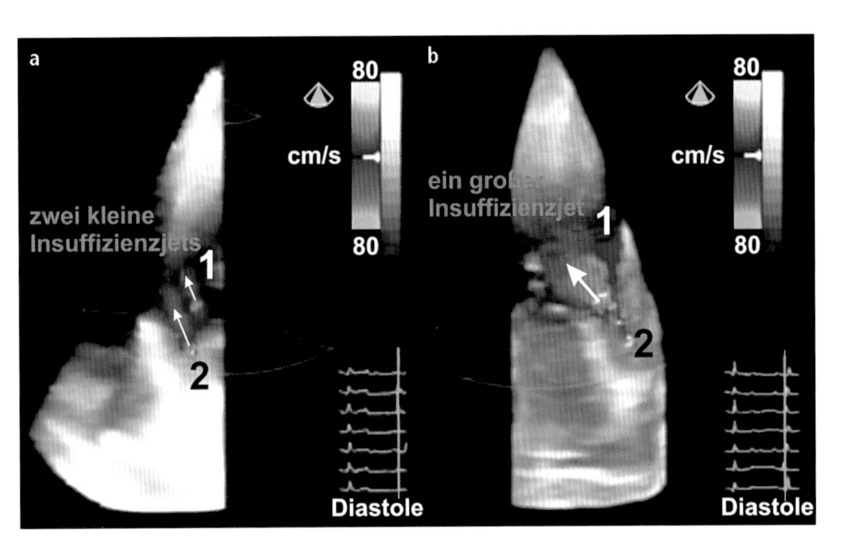


**图7.63a，b** （a）德国牧羊犬（公，7岁）。中度主动脉瓣关闭不全，两支返流血流。（b）金毛巡回犬（公，5岁）。重度主动脉瓣关闭不全，大量返流。德国牧羊犬的第二支返流信号由三维彩超识别出来。1表示左室流出道；2表示主动脉窦。箭头表示血流方向

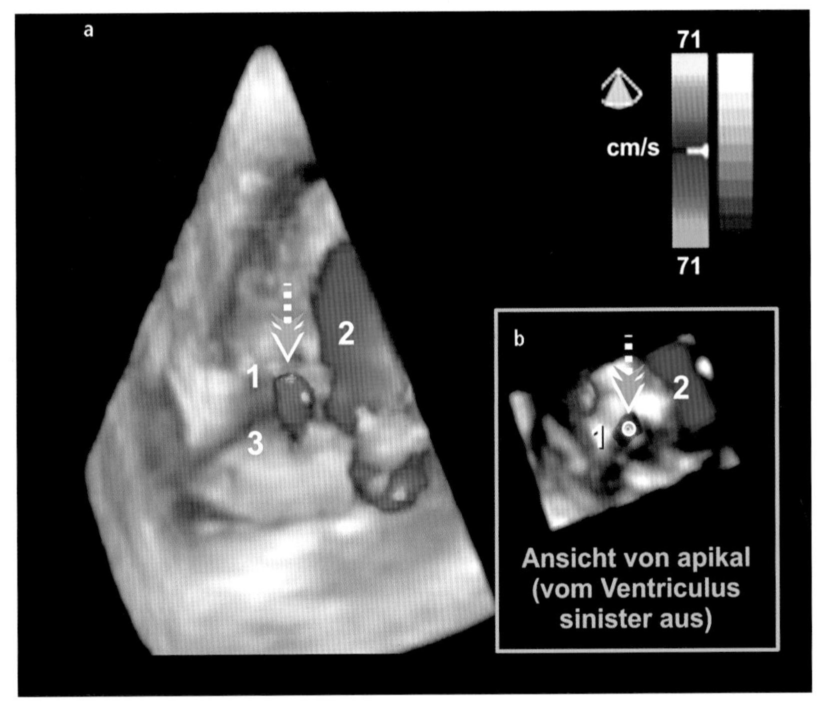


**图7.64a，b** 边境牧羊犬（母，11岁）。轻度心瓣膜病变。心脏三维彩色超声，一次容积扫描所得图像，图示为心尖部二腔心长轴切面（a）和自心尖（左室）观二尖瓣图像（b）。图中1为二尖瓣；2为自左室进入主动脉的血流；3为左房。虚箭表示通过关闭不全的二尖瓣的血流。小图中白圈表示关闭不全处的返流量

## 参考文献


BINDER, T. (2002): Three-Dimensional Echocardiography–Principles and Promises.:. Clin. Basic Cardiol. 5, 149–152.

FRANKE, A. (2002): 3D-Echokardiographie. In: Flachskampf, F. A.(Hrsg.): Praxis der Echokardiographie, S. 137–149. GeorgThieme Verlag, Stuttgart

HUNG, J., LANG, R., FLACHSKAMPF, F., SHERNAN, S. K., MCCULLOCH, M. L.,Adams, D. B.,Thomas,J.,Vannan, M., Ryan, T. (2007): 3D Echocardiography: A review of the current status and future directions.J. Am. Soc. Echocardiography, 20, 213–233.

MARTIN, R.W., BASHEIN, G. (1989): Measurements of stroke volume with three-dimensional transesophageal ultrasonic scanning: Comparison with thermodilution measurement. Anesthesiology. 70, 470–476.

# 8 动脉血压

Marianne Skrodzki

动脉血压的影响因素很多，包括心排血量、外周阻力、循环血容量以及大血管弹性等。收缩压（SBP）为循环血压上界，此外还有平均血压（MBP）以及舒张压（DBP），后者即血压下界。

## 8.1 动脉血压的生理学

为了使全身各系统组织血管床得到合适的血流灌注，健康犬和猫的动脉血压均需维持在一定高度，不同个体之间则有一定差异。机体兴奋或应激时血压可出现生理性升高，不过很快就恢复正常水平。决定动脉血压高低的主要因素是心排血量以及外周血管阻力。心排血量则主要受心率、心肌收缩力以及前、后负荷影响，自主神经也在其中发挥作用。

血压变化涉及到复杂的调节机制，包括脊髓循环中枢、肾素－血管紧张素－醛固酮系统（RAAS）、下丘脑、垂体、肾上腺皮质以及某些电解质等。循环中枢位于桥脑、延髓、脊髓以及脊髓交感神经等部位。位于网状结构内的高级循环中枢包括血管收缩神经中枢（使血压升高）和血管扩张神经中枢（使血压下降）。下级中枢引起的兴奋性血压升高会引起其他中枢发生抑制性反应。血管压力变化和血液化学成分变化会引起高级循环中枢发生作用。在颈动脉窦、主动脉弓、心房、心室、肺和心包存在各种各样的压力感受器，它们会记录血管内的即时血压，并将信息以神经脉冲信号的形式上报给脊髓内的循环中枢。

血压快速下降时，压力感受器受到的刺激减少，交感神经系统兴奋，使体内血液储备释放入外周循环，心率增加，心肌收缩力增强，同时，除心脏和肌肉组织以外的动脉平滑肌收缩，血管紧缩。脊髓交感神经中枢作用于肾上腺髓质使去甲肾上腺素分泌增加，血管进一步收缩。去甲肾上腺素可与心肌细胞β受体结合，不过其主要作用是与血管α受体结合，产生强烈的收缩血管作用；相比之下，作用于心脏β受体使心率增快、心肌收缩力增强的作用要弱得多。另外，精氨酸、垂体后叶素和内皮肽释放增加以及RAAS激活等，可使血管收缩，抗利钠作用以及动脉变应性增加等共同作用，使动脉血压升高。这种血压升高作用于血管舒张中枢兴奋，使一些激素释放增加，包括缓激肽、前列腺素、多巴胺、心钠素（ANF）和内皮舒张因子（EDRF）等，结果导致血管扩张、排钠利尿、肝脾及皮肤血液储备增加、心肌收缩力下降、心率下降，从而引起动脉血压下降。

## 8.2 犬与猫的动脉血压

健康犬和猫的动脉血压存在生理性波动，且有个体差异。在诊断高血压或低血压之前，必须先弄清楚动脉血压的“正常值”。但是对犬和猫来说，这个正常值却没有一个准确的标准，在各种文献报道中也都不尽相同。表7.1中是对不同测量值的一个综合。除了测量方法的差异之外，犬类不同品种之间生理性血压也存在很大差异。有些犬种正常血压稍高，例如灵提犬平均正常血压为147/84mmHg，腊肠犬为142/85mmHg；另外一些则低一些，例如巡回犬为125/65mmHg，大型犬的代表爱尔兰狼犬为120/69mmHg。

性别对血压似乎没有什么影响，但是体质可显著影响血压，特别是肥胖，会导致血压升高。对于健康成年动物来说，随着年龄增长血压逐步升高可能是一种正常现象，这无疑会增加因血压升高导致其他疾病的患病率。

小动物血压一天之中是否出现波动还没有明确的证据，目前可以肯定的是，每天血压会有不同。此外还存在一种所谓的“白大褂效应”，即动物在接受检查时由于紧张而导致收缩压和/或舒张压升高。

## 8.3 血压测量

每年至少测量一次血压，尤其是进行循环系统检查时必须进行血压测量，这样便可以了解动物血压正常值情况。这一点对于年老的动物来说尤为重要，因为这些动物常常罹患一些老年性疾病，对血压有影响或者伴发血压问题。因此，当怀疑有肾脏疾病、肾上腺皮质机能亢进、甲状腺机能亢进、糖尿病或心血管疾病时，应进行血压测量。此外，对于中枢神经系统疾病和/或肥胖患者应排除有无血压升高。如果出现视力障碍、鼻出血、中枢神经系统症状或者左心室肥厚，必须测量血压，以判断这些症状或体征是否因高血压所致。在使用麻醉或镇静药物前后同样必须进行血压测量。慢性或急性心功能不全时，血压波动较大，因此在治疗前和治疗期间均要进行血压监测。血压复查还可以更好地评价疾病进程和治疗效果。动脉血压的测量方法可以分为直接测量和间接测量，即有创和无创性测量。在日常工作中，可根据疾病信息量、设备和人力消耗以及患者的费用和风险性，选择性地使用这两种方法。

### 8.3.1 直接测量

早在1708年，Stephen Hales便首次将一个直立的玻璃管与分离好的颈动脉相连，测量马的血压波动情况，从而了解其心脏收缩力。至今也还有这种直接测量血压的方法：将充满液体的导管插入动脉内，尾端与压力表或电子血压计相连，检测动脉血压。

通过直接测量法可获得实时的连续性动脉血压信息，准确性也比间接性测量法高。因此，直接测量法可作为评价间接测量法所获得的结果是否准确的标准。其不足之处在于，采用这种有创性血压测量法时，必然要对动物进行镇静处理，而药物是否会影响血压，从而导致测量结果偏高，值得考虑。此外，检查过程中的疼痛、对没有镇静的动物采取必要的强制措施等都可能导致血压升高。直接经血管测量血压还可能引起出血、血栓形成以及感染等危险。

### 8.3.2 间接测量

早在1896年，意大利儿科医生Scipione Riva ~ Rocci教授即发明了一种简单的可无创性测量血压的装置，这套装置包括一个可充气袖带以及与之相连的血压计。直到现在，无论是人类医学还是兽医学中使用的各种无创检查血压的方法都依然以这套系统为基础。这套系统中，可充气的袖带绑在大动脉搏动区域，通过其压力变化测量收缩压与舒张压。

在医学上，测量血压一般是通过听诊辅助完成，但是由于动物血流量一般较小，只有在大型犬类才能用这种方法。

兽医学中，间接法测量血压时，常在多普勒辅助下完成，或采用示波测量法。

血压测量宜选择安静的房间，且应在所有检查之前进行。恐惧或所谓的“白大褂效应”等心理影响也可导致小动物的血压明显升高。所以测量血压时，要让动物在主人的陪伴下逐渐适应检查室的环境。大多数犬和猫的紧张感都可以看出

**表8.1 犬与猫血压参考值**

| | 猫 | | | | 犬 | | | |
|---|---|---|---|---|---|---|---|---|
| 血压 | 多普勒<br>收缩压 | 收缩压 | 示波法<br>舒张压 | 平均 | 多普勒<br>收缩压 | 收缩压 | 示波法<br>舒张压 | 平均 |
| 正常血压 | 100 ~ 175 | 100 ~ 145 | 65 ~ 100 | 133/75 | 85 ~ 179 | 100 ~ 160 | 60 ~ 100 | 128/84 |
| 临界值 | 175 ~ 185 | 150 ~ 160 | 101 ~ 115 | | 180 ~ 200 | 161 ~ 170 | 101 ~ 110 | |
| 高血压 | > 185 | > 160 | > 115 | | > 200 | > 170 | > 110 | |
| 低血压 | < 100 | < 80 | ≤60 | | < 85 | < 100 | < 60 | |

来，因此在评价血压测量结果时要考虑到是否受此影响。另一方面，有些看起来很安静的动物，也没有心率增快，却也会发生应激性高血压，对这样的动物一定要注意复查。

选择正确的袖带大小（宽度和长度）对于获得准确的血压测量结果也有很重要的作用。有证据表明，以腿部测量部位周长为标准，袖带可充气部分的宽度应该占犬类腿周长的40%，猫为30%。以犬类前臂测量为例，袖带宽约为5cm，猫类大多数应该使用2cm袖带，少数使用3cm。袖带如果过窄会导致测得血压偏高，过宽则可能导致血压偏低，不过袖带过宽对血压测量值得影响远小于过窄时，因此，当有两种可用袖带宽度供选择时，应该选稍宽一点的那个。

为了使血压测量尽可能准确，应该将袖带绑在与心脏等高的位置。假如检查过程中动物能够趴在检查床上最好。对于侧卧、坐位或站立位的动物，则必须将绑着袖带的腿抬高到与心脏位置平齐的位置。

每次检查应该至少测量5次，最好是测7次血压，每次测量之间的偏差不应超过10mmHg。取其中连续3次结果的平均值为最终血压值，或者直接取中位测量值。

#### 8.3.2.1 多普勒测量

多普勒血压计包括一个可充气袖带和一个多普勒超声探头。检查时，多普勒探头以一定频率向血管发送声波，被流经此处的血液内红细胞反射回来，反射回来的声波再由探头捕获形成声音信号。经单个红细胞反射回来的声波也产生频率变化，这种频率变化即多普勒频移，依红细胞的流动速度而变化。

四肢均可以作为测量部位，一般选择后腿近段胫动脉、屈腱区隐正中动脉或跗动脉进行检查。前腿脚底的尺动脉也可以作为测量部位（表8.2）。

检查时一般需要剪掉待测量部位的皮毛，特别是对于毛很厚的动物。少数情况下可只分开皮毛并以酒精消毒即可。袖带固定好以后，选取能最清晰听到血流声音的点，将涂好超声凝胶的探头放置在袖带下方。袖带一般固定于前臂或小腿中段，充气加压，直到多普勒信号消失后再加压约20mmHg，然后缓慢打开放气阀门，当再次出现多普勒血流声音时，血压表上记录的数值即为收缩压。检查过程中可通过耳机连接多普勒仪器，这样仅有检查者能听到多普勒声音，以免扩音器刺耳的声音让受检动物惊恐不安。

多普勒超声法可以非常准确地测量小动物的收缩期血压，且不受可测量血压范围限制。对于容易受惊吓的猫来说，较短的检查时间也是此法的一大优势。不足之处在于，这种测量法无法诊断舒张压升高型高血压，也无法连续获得血压测量值。

表8.2 袖带及多普勒探头位置（Bodey 和 Michell，1996）

| 袖带位置 | 探头位置 | 血管 |
|---|---|---|
| 前腿腕部近侧 | 前腿腕部远侧（掌部） | 正中动脉 |
| 后腿跗骨远侧 | 后腿跗骨远侧（足底） | 足底内侧动脉 |
| 后腿跗骨近侧 | 后腿跗骨远侧（足背） | 隐动脉 |
| 尾部 | 尾部袖带远侧（腹侧） | 尾正中动脉 |

#### 8.3.2.2 示波测量

示波法测量血压的原理与多普勒法相同。示波法测量血压时，动物取坐位，坐于检查桌上或主人手臂中，袖带置于前臂或小腿中间。猫在接受检查时一般坐于主人手臂中，此时将袖带绑在其上臂更好。在尾巴根部也可以测量血压，不过测量时需要保持尾巴不动，这一点有时难以保证。检查前先用水打湿检查部位皮毛，可以使袖带固定地更好。袖带充气后的压力应该能超过所测量血管压力30～40mmHg。

与多普勒测量法相比，示波法测量血压导致测量值偏高的可能性较小。不过，当收缩压为180mmHg左右时，示波法比多普勒法测量结果约低15%，血压越高，测量偏差越大。低压方面，多普勒对较弱的搏动信号也可以检测到，而示波法则对稍高一点的血压才能检测到。对猫来说，有时候周围小动脉的信号会干扰到示波法的测量。因此，使用这种方法时，必须多观察几分钟，直到获取满意的搏动波形及血压值。示波法还有一点不足，即检查时四肢不能活动也不能负重，否则检查会自动中断，这样将大大延长检查时间。

## 8.4 高血压

高血压是指动脉血压超过同类血压的正常值上限（见8.1节）。人类医学上，可根据血压高度及其所致相应器官损害对高血压进行分级，但兽医学中还没有类似的分级，即便是正常血压与高血压的分界也未完全统一。临床上将175mmHg（多普勒法）或160mmHg（示波法）视为犬类收缩压临界值，超过者诊断为高血压。示波法中，舒张压的临界值为100～110mmHg。

对猫来说，多普勒法测得收缩期血压大于180mmHg、示波法收缩压大于160mmHg、舒张压大于100mmHg时，即可诊断为高血压。

### 8.4.1 高血压的原因

原发性高血压是人类高血压的主要类型，但在犬和猫中非常少见，并且只在无法明确病因时才诊断。原发性高血压的发病机理不明确。

犬和猫类高血压大多数为继发性高血压，例如肾性高血压或内分泌性高血压，或者红细胞增多症导致高血压。无论如何，心排血量增加以及外周阻力增大都是血压升高的重要原因，而外周阻力增大则缘于血管阻力增加以及血液黏滞度增加。

肾性高血压的病因包括肾小管性、肾小球性和肾血管性疾病，此外还包括由于血管舒张物质如前列腺素等缺乏，RAAS激活导致水钠潴留，循环阻力增加。

内分泌性高血压主要见于肾上腺皮质机能亢进、甲状腺机能亢进或嗜铬细胞瘤等患者。伴自主分泌性肾上腺肿瘤的库欣综合征或类固醇治疗所致医源性库欣综合征均可导致肾素分泌增加，进而引起血管收缩，水钠潴留。

甲亢使交感神经兴奋性增加，导致肾素分泌增加，血压升高。

嗜铬细胞瘤在兽医学中比较少见，通过肾上腺素、去甲肾上腺素分泌增加，直接作用于心血管系统引起高血压。

完全性房室传导阻滞和主动脉瓣关闭不全伴随心搏出量增加导致高血压，在家养小动物中比较少见。

红细胞增多症或高血红蛋白血症等引起血液黏滞度增加，使外周循环阻力增加，从而引起高血压。

肥胖是否引起小动物病理性血压升高，抑或只是加重已有的高血压，尚存争论。

**心功能不全时血压变化**

由于动脉血压取决于心排血量和外周血管阻力，因此其中任何一项发生变化都会影响血压高度。在静脉回流正常的情况下，心脏不能排出足量血压来满足外周循环的需要，称为心功能不全（见第2章）。心功能不全引起组织器官血液灌注不足的主要原因是心脏每搏输出量下降，这种输出量下降可以急性出现，也可以在疾病进程中缓慢发生。根据患者心功能不全的分级不同，以及处于静息或负荷状态不同，其心排血量会出现不同波动，从而导致血压值出现变化。

慢性心功能不全导致心脏每搏输出量下降的原因包括慢性心肌疾病、压力负荷或容量负荷型心脏瓣膜疾病、进展性心动过速或心动过缓、心律不齐以及心腔充盈障碍等。为了使慢性心功能不全患者的血压能长期维持在合适的水平，外周循环阻力会反应性增加。这是一种复杂的代偿机制，包括多种因素的参与，在急性心功能不全时也会发挥作用（见8.1节）。在各种因素中起主要作用的是血流的再分配，这种再分配在慢性心功能不全患者静息状态下即可发挥作用，运动负荷时则更加明显，此时，皮肤、肠道及肾脏的血流减少，而优先供应冠状动脉和大脑。

此外，慢性心功能不全者血压也可能突然升高，其病变基础可能为并发甲亢、糖尿病和/或肾功能不全等。

### 8.4.2 高血压的后果

高血压最常见的后果是造成毛细血管损伤，包括动脉长期收缩、血管中膜肥厚以及动脉硬化等，随后导致毛细血管内含氧量下降、组织损伤、出血或梗死。容易受影响的主要是富含动脉系统的器官，如眼睛、肾脏、心脏及大脑。器官并发症的严重程度与高血压的程度与时间以及有无其他伴发疾病（如糖尿病、高脂血症、心功能不全或肥胖等）有关。

高血压的临床表现根据基础病变不同以及血压累及器官不同而出现各种不同症状。这些症状往往不具有特异性，其中最常见的包括精神不振、食欲下降或神经性厌食、体重减轻和喘式呼吸等，少见的有呼吸困难、多饮多尿等。此外，在动物门诊也会遇到动物主人反映，小动物突然出现部分或完全性视力障碍。

对于某些患高血压的猫类，除了肥厚型心肌病，再无其他可能导致高血压的原因。肥厚型心肌病可以是高血压的结果，但其在何种程度上扮演导致高血压的病因角色直到目前还不是很清楚。血压升高时，后负荷加重，左室出现病理性中央型心肌肥厚，舒张期末心室容积减少。在初期，尽管左室压力升高、心肌耗氧增加，但心肌收缩力仍能保持正常。直到冠状动脉中膜出现肥厚，导致左心室依从性遭到破坏，左心舒张期末压力升高。听诊可于胸骨左缘和/或两侧房室瓣听诊区出现收缩期杂音，或可听到典型奔马律。少数患者心脏听诊可无异常发现。心电图上可出现心室心肌高电压表现。猫类出现左前分支传导阻滞也是一种相对典型表现。室性期外收缩及其他心律失常均十分少见，心电图上很少能发现异常。在X线片上可见心影增大，侧位片上，可见老年猫的主动脉呈迂曲改变。心底轮廓显示不清提示微循环已经有淤血改变，到失代偿期时可见肺水肿和胸腔积液。肥厚型心肌病时，超声心动图可显示室间隔和/或左室后壁增厚。虽然左房因二尖瓣相对关闭不全而出现扩张，不过影像学不一定有阳性表现。

高血压、慢性肾病和左室肥厚之间具有病因学联系，其中肾功能不全和高血压可互为因果关系。一方面，RAAS激活是导致高血压的原因之一，另一方面，高血压使肾小球有效滤过压升高，从而加重慢性肾病进程。猫和犬血液中常可发现尿素氮和肌酐升高，犬类出现蛋白尿的几率多于猫类。

收缩压持续升高会引起高血压性视网膜病变，导致视力部分障碍或完全丧失。这是由于高血压引起周围动脉闭塞，导致一侧或双侧视网膜水肿、脱落或眼内出血。

血压显著升高还会引起颅内出血、梗死或缺血，临床表现为精神不振、抽搐或头部歪斜等。所以一旦动物出现这些症状，必须进行血压测量。

### 8.4.3 高血压的处理

面对高血压，在临床工作中需要解决是否需要进行治疗、何时开始治疗以及怎样治疗等问题。当体检发现血压升高时，应该在休息片刻后进行再次测量，并且隔几天后再进行复查。如果血压值不太稳定或仅处于高血压临界状态（表8.1），且未发现继发性器官损害，应该进行追踪观察，根据血压高度，在1～8周后复查。对处于临界高血压状态的猫和犬是否使用药物治疗要进行正确的个体化评估。对肥胖动物应建议减肥。

如果高血压诊断明确，则需要找到导致高血压的基础病变并积极进行治疗。患有甲状腺功能亢进和高血压的猫在使用甲状腺素合成抑制药后血压也能得到很好的控制，而不需要再使用其他降压措施。

如果临床出现高血压所致并发症表现，那么治疗时除了处理原发疾病，还应该使用降血压药物。

对于诊断明确的高血压犬和猫，首选钙离子颉颃剂氨氯地平进行治疗。氨氯地平主要通过扩张动脉使血压下降，同时降低心脏后负荷，少数情况下引起心率下降。猫和犬服用氨氯地平的剂量为每天0.625～1.25mg。虽然治疗效果具有较大的个体差异性，不过大多数患者在服用12～36h后即出现血压下降。猫在服用药物后最迟一周内血压会降到160～170mmHg的理想值。极少数动物在治疗第一天会出现嗜睡、精神不振或食欲下降等症状，出现这些情况时要注意监测血压，排除氨氯地平引起的低血压表现，并对药物剂量进行相应调整。药物过量会出现休克症状，如动物侧卧、不能应答等。

ACE抑制剂具有保护肾脏、降低血压的作用，因此成为慢性肾功能不全高血压患者的首选。不过采用此类药物治疗时，数周后才能见到血压降低的效果。肾性高血压一旦明确诊断，应在ACI抑制剂的基础上联合使用氨氯地平进行治疗。此外，对患病动物给予肾病饮食。

如果高血压患者出现水肿症状，可以考虑给予利尿剂作为长期治疗手段。利尿剂可使血容量减少，不过单独使用呋塞米等利尿剂无法达到快速、长期降压的效果。

有些因高血压而出现代偿的心脏改变如左心室心肌肥厚、冠脉异常等，在血压下降后可以消失。如果患者已经处于失代偿期，更应该将血压调整到最优化状态。左心室心肌肥厚消失并不一定能降低血压，因为收缩期室壁张力依然在增加。高血压伴有进展性中央型左心室肥厚或阻塞性心肌病的猫可以采用钙离子颉颃剂地尔硫卓进行治疗。地尔硫卓对心肌和血管都有较强的作用，可以同时心肌收缩力、心率和动脉血压。对高血压伴充血性心力衰竭患者也可以选用地尔硫卓进行治疗。

β受体阻滞剂（如心得安）属于中等作用降压药，其降压机理为减少心排血量、抑制肾素分泌、激活血管舒张剂前列腺素以及抑制外周交感神经活性。高血压伴肥厚型心肌病和室性心律失常时，β受体阻滞剂有明显的治疗优势。

对猫来说，治疗的目标是将收缩压控制在170mmHg以下。急性期高血压治疗后如果肾功能衰竭或左心衰竭依然存在，则应视为治疗失败。因此，在调整药物剂量换种类时，除了进行一般检查以外，至少还应该检测血液中肌酐、尿素氮以及血钾含量，评估心功能不全程度。

如果治疗开始2～10d后血压仍然没有明显下降，或者在初期治疗有效的情况下再次出现血压升高，可能归咎于动物主人没有按医嘱喂药，或改变了治疗方案。由于常规给药可能引起食欲减退，特别是猫类，最好是在处方中开具一天只需要服用一次的药物。

如果血压稳定不变，建议每8～12周进行一次血压复查，且每次检查应使用同样的检测方法。

## 8.5 低血压

在医学上，低血压只有在引起主观不适及临床症状后，才作为一种疾病予以诊断。对患病小动物来说，准确定义动脉性低血压具有一定难度。兽医往往根据动物主人的主诉、自己的观察以及血压测量结果来做诊断。一般来说，猫和犬的收缩期血压低于100mmHg时可视为中度低血压，低于80mmHg可诊断为重度低血压。临床可表现出脉搏微弱，黏膜苍白，毛细血管再充盈时间延长，超过2 s。

低血压常继发于其他系统器官疾病，或由于外界因素影响循环系统而产生。心排血量减少是最常见引起低血压的原因。此外，低血压的病因还包括扩张型心肌病、心肌功能不全、缓慢性或快速性心律失常（如Adams Stokes综合征）以及心包疾病等等。除此之外，还有阿狄森氏病以及呕吐、腹泻、多尿等引起的血容量下降也可导致低血压；血管肉瘤或外伤引起出血同样可出现低血压。低血压比较少见的病因包括低血糖、甲状腺机能减退和贫血等。最后，一些药物作用也可导致低血压，例如降压药、血管舒张剂、钙离子颉颃剂、抗癫痫药、镇静剂、镇痛药等。

在医学上，急性心功能不全者心排血量急剧下降并低血压的主要病因为心肌梗死，部分心肌功能丧失。小动物的急性低血压主要由急性二尖瓣关闭不全引起突发性容量负荷增加所致，见于腱索断裂、肺动脉栓塞致急性肺动脉高压等情况。

对于危及生命的低血压，如阿狄森氏病危象等，应该立即建立静脉通道，补充血容量并给予药物治疗。循环衰竭，特别是出现心源性休克时，应给予拟交感神经药物多巴胺或多巴酚丁胺持续滴注治疗。

## 参考文献

BODEY, A. R., MICHELL A. R. (1996): Epidemiological study of blood pressure in domestic dogs.J. Small Anim. Pract. 37, 116–125.

BODEY, A. R., SANSOMJ. (1998): Epidemiological study of blood pressure in domestic cats.J. Small Anim. Pract. 39, 567–573.

LESSER,M.,FOX,P.R.,.BOND,B.R. (1992):Assessment othypertension in 40 cats with left ventricular hypertrophy by Doppler-shift sphygmomanometry.J. Small Anim. Pract. 33, 55–58.

LITTMAN,M. P. (1992): Update:Treatment of hypertension in dogs and cats. In: R. W Kirk (Hrsg.): Current Veterinary Therapy XI. WB. Saunders, Philadelphia [u.a.], S. 838–841.

SKRODZKI, M. (2000): Obersicht der Hyper- und Hypotome bei Hund und Katze. Referatesammiung 46.Jahreskongress der FK-DVG, Dusseldorf, S. 111–113.

SCHNEIDER, 1., NEU, H.,. SCHNEIDER, M. (1999): Blutdruckmessung bei Hund und Katze. Prakt.Tierarzt, coll.vet. XXIX, 4–10.

STEPIEN, R. L. (2000): Blood pressure measurement in dogs and cats. In Practice 22 (3): 136–145.

# 9 实验室检查

Ralf Tobias, Marianne Skrodzki

实验室检查主要指血液检查，最好结合病史与临床检查结果使用，并可作为病程监测手段使用。在实际工作中，根据拟诊或疑诊结果选择性使用实验室检查方法，以辅助诊断，并指导治疗及预后。在心脏病学中，实验室检查都具有很强的目的性，例如ECG出现异常时了解电解质情况，甲状腺素T4对心肌动力与心率是否有影响等。

以下将就心脏病学中常用的一些特异性检查参数做简要介绍，其在医学其他领域中的诊断价值请参考相关的实验诊断书籍。

## 9.1 蛋白质与代谢物

### 总蛋白

水肿、腹水、休克、慢性肾病和出血都会影响血液中总蛋白水平。低蛋白血症既可以是引起腹水的原因，也可以是多次腹水穿刺后造成的结果。

### C反应蛋白

炎症急性期，特别是细菌感染的参数指标。可作为监测抗感染治疗效果的指标。

### 尿素

蛋白质代谢的终末产物，可用于诊断肾功能不全并监测其进程。循环衰竭时出现肾前性氮质血症，肾脏灌注减少。可监测治疗经过。和肌酐一起被视为肾脏虑过的功能性参数。

### 肌红蛋白

存在于心肌和骨骼肌中储存氧的蛋白质，心肌坏死时血液中浓度升高。在医学上被作为心梗检测指标。

### 心脏肌钙蛋白I/T

肌钙蛋白存在于肌肉组织中，是由I、C和T亚基组成的蛋白复合物。肌钙蛋白I可抑制肌动球蛋白ATP酶活性，肌钙蛋白T可与原肌球蛋白结合，肌钙蛋白C可与钙结合。心脏特异性肌钙蛋白I和肌钙蛋白T与来源于骨骼肌的氨基酸序列不同。

实验室检查肌钙蛋白升高提示：心肌梗死（恶性发热）、焦虫病性心包炎、内伤、多柔比星诱导的扩张型心肌病、充血性心衰、胃扭转后心肌功能不全。人体肌钙蛋白升高还可见于心律失常、中枢神经系统疾病、骨骼肌系统疾病或感染性疾病。急性期，4h至1周内可见肌钙蛋白升高。

### 心房钠尿肽（ANP）

由心房肌细胞合成并释放的胎类激素，可促进肾脏排钠、排水。

### 脑尿钠肽（BNP）和NT－proBNP

脑尿钠肽并非由脑组织合成，而是在心室容量负荷增加时由左心室心肌细胞合成。心肌细胞所分泌的BNP先以108个氨基酸组成的前体形式存在，当心肌细胞受到刺激时，在活化酶的作用下裂解为由76个氨基酸组成的无活性的直线多肽和32个氨基酸组成的活性环状多肽，释放入血循环，分别被称为NT-proBNP和BNP。两者皆需使用免疫分析技术来检查。在医学上，脑尿钠肽可用来鉴别心源性呼吸困难及肺部疾病所致呼吸困难，评价心脏病治疗效果及预后。

目前，由于兽医学中BNP与NT-proBNP的效能与稳定性都还不是十分确定，因此应用还不是十分广泛，仅有少数大型实验室可提供此项检查。在德国，BNP与NT-proBNP也未作为急诊检测手段使用，而是作为其他检查的必要补充。

## 9.2 酶

### 肌酸激酶（CK）

肌酸激酶是细胞能量代谢的关键酶，存在于

心肌、骨骼肌和平滑肌中。CK升高提示心肌炎、心肌缺血或外伤。

**肌酸激酶同工酶（CK~MB）**

用于诊断急性心肌梗死。疑有心肌坏死时刻检测CK~MB含量及其活性。

**HBDH**

乳酸脱氢酶的同工酶，可用于心肌梗死诊断。

## 9.3 血液学

测量血液中红细胞和白细胞计数，了解有无感染性病因，或药物不良反应（如粒性白细胞缺乏症）。

## 9.4 电解质

**钠**

大多数存在于细胞外液中。体液平衡或酸碱平衡障碍、肾功能不全和高血压时需检查血钠含量。甲减使心肌收缩力减弱

**钾**

大多数存在于细胞内液中，浓度梯度由Na-K-ATP酶维持。肾功能不全、利尿药物、肠道疾病以及阿狄森氏病等可破坏血钾平衡。对心律失常及长期利尿的患者应进行血钾检测。对联合使用ACE抑制剂（具有保钾属性）和保钾利尿剂治疗的患者或使用溴化钾治疗癫痫的患者，均应长期监测血钾含量。不过Boswood（2007年）等研究表明，使用保钾利尿剂的犬血液中钾含量并未升高。

**氯**

带负电的氯离子与钠、钾结合形成的化合物，主要存在于细胞外液。体液平衡障碍时出现高氯血症或低氯血症。多尿时由于对氯化物重吸收减少，检测血氯含量比较有意义。

## 9.5 激素

**甲状腺激素**

疑诊甲亢或甲减时应检测甲状腺素T4、游离甲状腺激素fT3/fT4以及促甲状腺激素（犬TSH）。甲亢或甲减都会对心脏产生影响。患甲亢的猫心率会加快，出现致心律失常作用。甲减使心肌收缩力减弱。

## 9.6 肥厚型心肌病基因测试

肥厚型心肌病是好发于缅因库恩猫的一种常染色体显性遗传疾病。美国俄亥俄州大学Kathryn Meurs等人对患有肥厚型心肌病的缅因库恩猫研究后发现肌凝蛋白结合C（MYBPC）基因突变可导致该病。研究表明，人类约有180种基因突变可导致肥厚型心肌病。通过对缅因库恩猫进行相关研究，期望能找到更多等位基因。目前哥本哈根的一个研究小组已经找到一个新的基因位点。

基因分析可通过刷片获取口腔黏膜细胞完成。检查结果应该结合超声心动图表现综合分析。结果包括纯合子阳性、异合子阳性或纯合子阴性。

## 9.7 微量元素

**镁**

心律不齐或扩张型心肌病时应进行血镁含量检测。低镁血症与低钙血症常同时发生，相互影响。

**硒**

人体在患充血性心肌病时硒含量会下降。

**肌酐**

衡量肾功能不全的指标。肾小球损伤患者病情评估以及在使用经肾脏排泄药物时检测肌酐含量具有临床意义。

### 参考文献

BOSWOOD,A.,MURPHY,A. (2006):The effect of heart disease, heart failure and diuresis on selected laboratory and electrographic parameters in dogs .J Vet Cardiol, 6, 1–9.

第二部分

# 心血管疾病

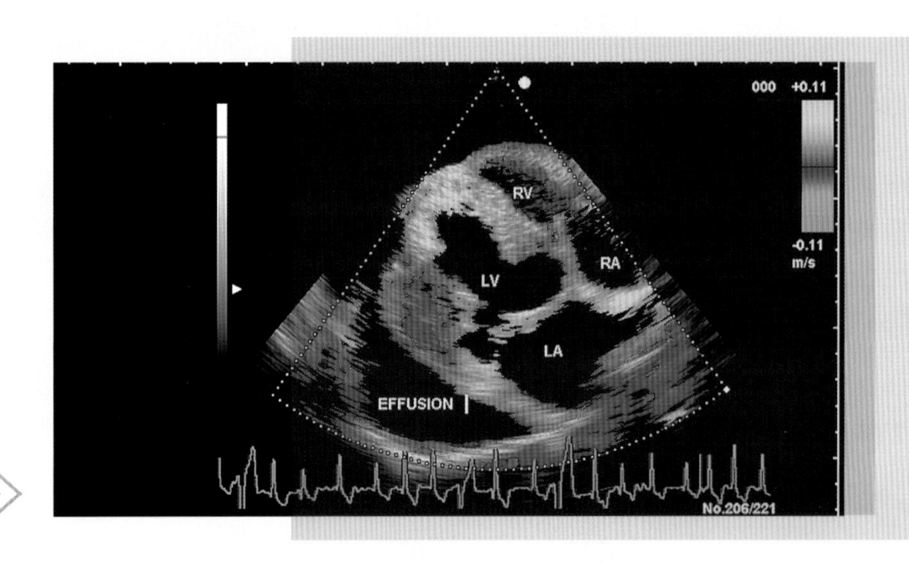

第二部分主要介绍心脏疾病，讲述常见和少见的心血管疾病。这本书的结构形式让学习变得轻松，同时通过图片有助于读者理解心脏的检查结果。描述的症状和检查结果，可以在单个个体上观察到，但并不是在单个疾病中可以完全观察到。本书与众不同之处是按照疾病划分的结构模式统一编排。

**图标解释：**

 疾病

 病史

  发病品种

 症状

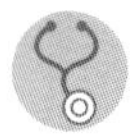 听诊结果

 典型心电图结果

 典型的放射学检查结果

 典型的超声检查结果（TM, 2DE, PW/CW 多普勒, CFD）

 典型的实验室检查结果或必须的实验室检查结果

 预后

治疗原则 第13章讲述了关于单个心脏疾病治疗的内容

# 10 心血管疾病

Ralf Tobias, Marianne Skrodzki, Matthias Schneider

## 10.1 房间隔缺损

房间隔缺损属于左向右分流型。引起右心房和左心室容量负荷过高可以导致肺动脉相对狭窄。听诊时可听到3级心脏杂音。出生后可以出现功能性的通道。

首次出现的症状与分流量有关。对于年龄较大的小型犬或进入老年期的小型犬，出现生长停滞、呼吸困难，少部分出现紫绀。一部分没有明显的临床症状。

常见于拳师犬、德国牧羊犬、巡回猎犬。在猫，大多是多发缺陷，很少单独存在。

个别情况下可以出现紫绀，很少出现体检正常的。

容量负荷过大引起肺动脉相对狭窄，在肺动脉区产生轻微的由渐强到渐弱的收缩期杂音。可能出现房颤和第二心音分裂。

大多无明显异常，矢量右偏，右束支传导阻滞或房颤（图10.1a）。

无明显异常，根据严重程度不同，可以观察到右心增大（图10.1b），肺动脉干增粗。

**2DE/TM超声：**右心房和右心室扩大，在房间隔处产生的回声（图10.1c，f）根据缺损的大小可表现为强或稍弱；腔：伪影较多，可能是由于房间隔的搏动引起，室间隔出现矛盾运动，直至变平坦，肺动脉瓣正常，由于相对的肺动脉狭窄，肺动脉根部可能出现扩张。使用静脉心脏超声造影剂可以更好地显示缺陷。在显示不清的情况下，可以使用经食管心脏超声获得额外信息。

**PW/CW多普勒：**在房间隔见湍流（色彩变化）（图10.1d）分流。PW：房间隔图像显示典型的双向流量曲线，以及相对较低的流速（图10.1e），与二尖瓣关闭不全相似，说明左向右分流都可能是双向血流，很少有右向左分流（即所谓的艾森门格综合征，见10.2.2章节）。证实三尖瓣关闭不全或肺动脉瓣相对狭窄。CW：证实在房间隔、肺动脉瓣和三尖瓣处血流速度相对较快。

与缺损大小和血流动力学的改变相对无症状或者症状轻微，呼吸急迫或右心衰竭。

利尿、降低前后负荷、吸氧，与房室瓣和肺静脉有一定距离的Ⅱ型房间隔缺损可以采用导管介入治疗。心肺机的使用让心脏手术得以实施。在有严重室上性心率不齐时使用抗心率失常药。

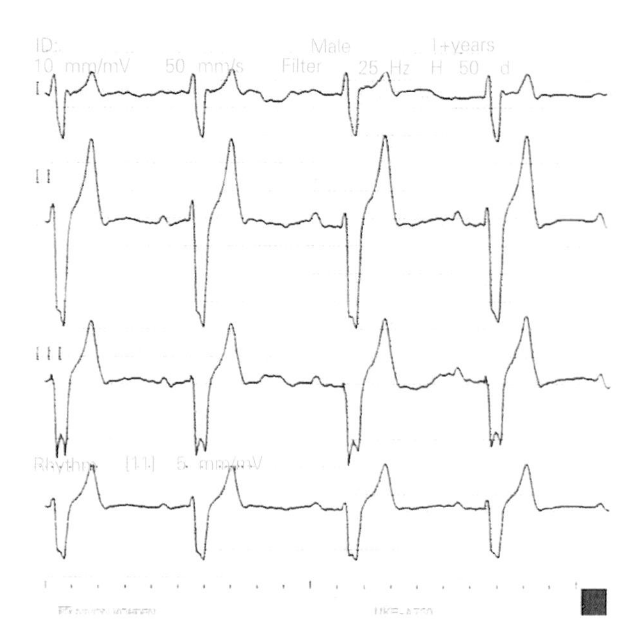


**图10.1a** 北美地区某品种牧羊犬（公，9月）房间隔缺损，三尖瓣不典型增生和肺动脉相对狭窄。心电图，艾因特霍芬衍生的右束支传导阻滞

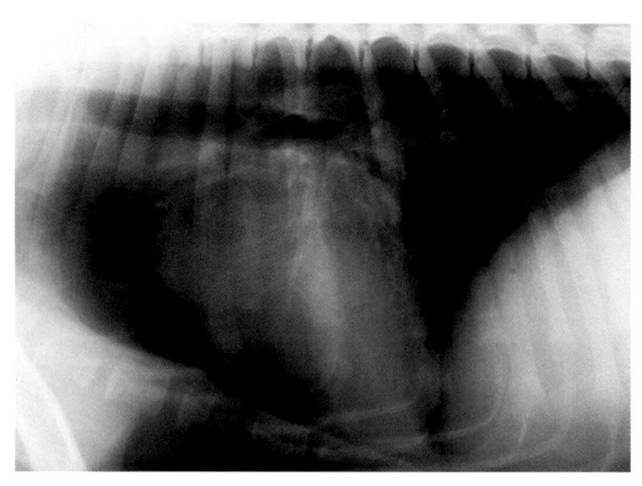

**图10.1b** 德国牧羊犬（公，3岁）房间隔缺损，胸部X线片，侧位右心房扩大

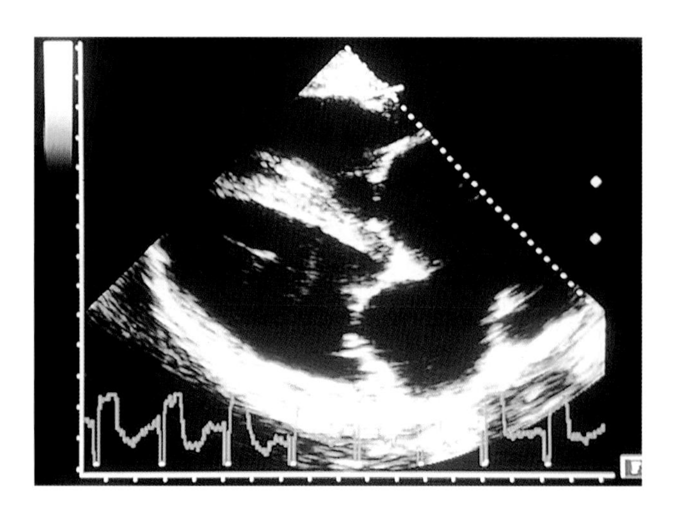

**图10.1c** 北美地区某品种牧羊犬（公，9月）房间隔缺损，三尖瓣不典型增生和肺动脉相对狭窄。二维超声心动图，右侧胸骨旁长轴位，房间隔可见大的无回声区。在动态图上，房间隔近端飘动；在静态图中，房间隔远端轴偏移，右房右室大

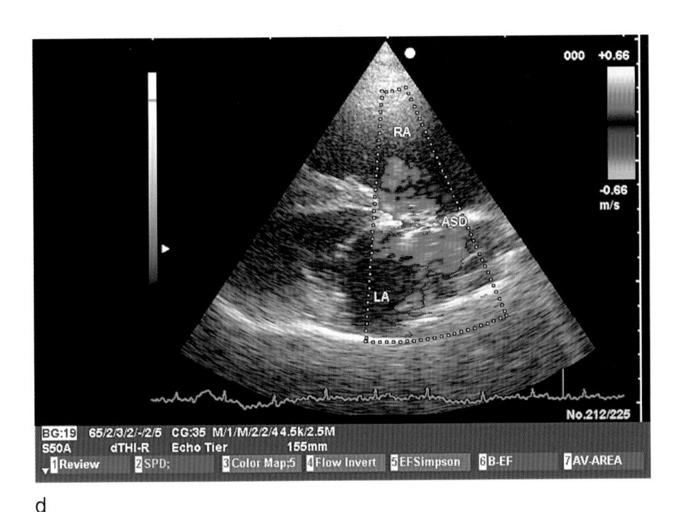


d

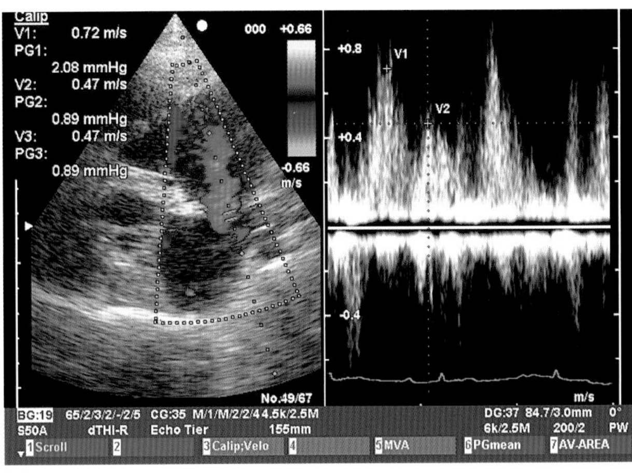


e

**图10.1d，e** 牧羊犬与拳师犬杂交品种（公，11月）房间隔缺损。右侧胸骨旁长轴位的二维超声心动图。（d）左向右分流的彩色多普勒表现为房间隔缺损区颜色改变（蓝色），右心增大。（e）左向右分流彩色多普勒和PW多普勒超声图表现为双峰，M型流量曲线

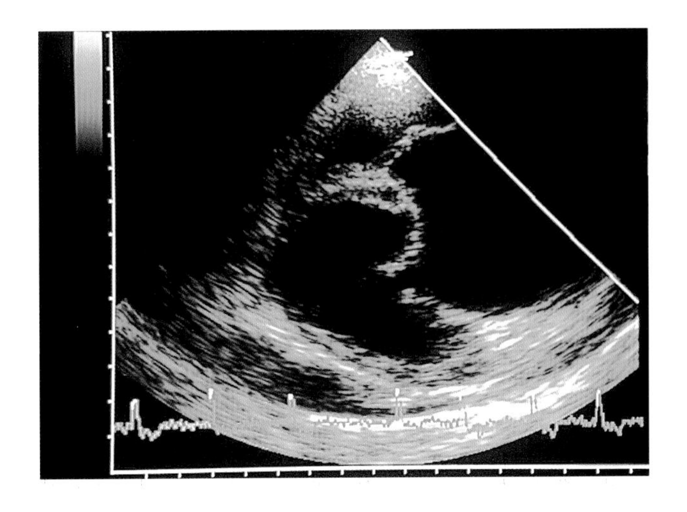

**图10.1f** 金毛猎犬（公，17月）单心房。右侧胸骨旁长轴位的二维超声心动图。非常少见的前间隔完全缺损

## 10.2 室间隔缺损

室间隔缺损在猫和犬中大多是以单独的先天畸形出现（图10.2a），但是也可以与其他心血管疾病同时出现，如房间隔缺损（图10.2b）、动脉导管未闭和法洛四联症（见10.3，10.8章节）。

室间隔缺损主要位于膜部，对于猫，经常发现位于主动脉下（图10.2b）。室间隔肌部心尖位置的缺损很少见，而且很小，但经常是多个缺损（图10.2c）。

### 10.2.1 室间隔缺损伴左向右分流

室间隔缺损的血流动力学与左向右分流程度相关，如由肺血流量与体循环流量的比例决定。

小的室间隔缺损引起的左、右心室之间的压力改变和分流量较小。由于室间隔的开放仅容许很小的血流量通过，肺动脉压在正常范围内，仅在收缩的时候才有明显的分流量，可能会有肺血流量的缓慢增加，但是很少导致心脏和循环负荷增加。发生在膜部边缘的室间隔缺损在动物出生后2年内可能会自发闭合。

在缺损范围较大的情况下，左、右心室的压力差逐渐减小，直至两者平衡。在这种情况下，体循环和肺循环的阻力大小决定了分流量及分流方向。肺循环阻力越高，左向分流就越少。

大的室间隔缺损出现症状的范围和时间与肺阻力下降的速度有关。肺阻力的缓慢下降也可以导致明显的肺血超负荷。

一些大的室间隔缺损病患中，由于胎儿时期血管内层增生的退化以及血管收缩减弱，导致肺阻力快速下降，结果导致右心室、肺容量负荷过大，还可能影响到左半心脏。这些可以导致幼小的猫和犬死亡。因此，患有大的室间隔缺损的幼犬通常是尸检后才诊断的。

有时候肺循环压力大于体循环压力。由于肺动脉高压，引起艾森门格尔综合征，也就是左向右分流转变成右向左分流，同时伴有右室压力增高和右室扩张（见10.2.2章节）。

**小型室间隔缺损：**病患可能终生无症状，因此小的室间隔缺损常常是由于常规检查时出现收缩期心脏杂音而被发现。

**中等大小或稍大的室间隔缺损：**这些动物确诊时年龄通常较大，主要症状是游戏本能减低、身体发育迟缓、食欲不振（猫），负荷后出现负荷能力降低、急迫性呼吸困难或昏厥。

**较大的室间隔缺损：**在年长的幼犬中有摄食减少，伴有生长发育迟缓、呼吸困难，并呈逐渐加重的支气管肺部感染等症状。咳嗽很少见，特别是猫。

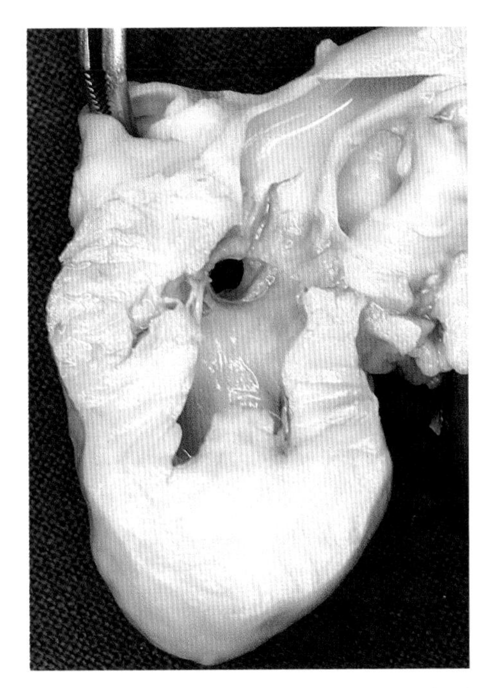

**图10.2a** 英国短毛猫（母，7周）孤立的室间隔缺损的病理图片。从左心室视图看，圆形的室间隔缺损位于主动脉下

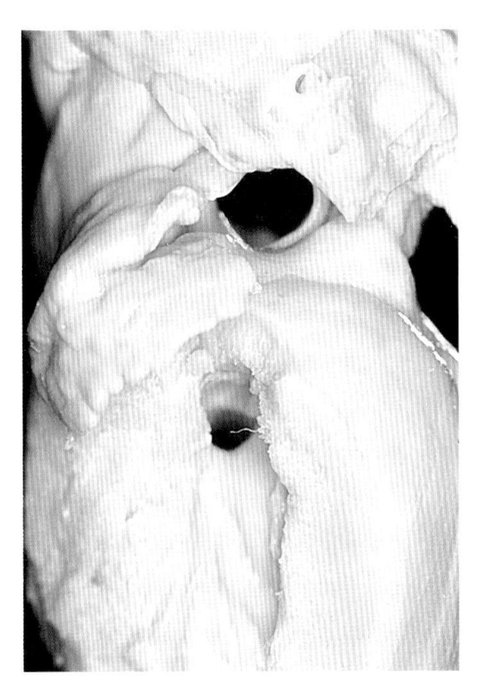

**图10.2b** 暹罗猫（公，6周）病理图片，房间隔缺损（上）和室间隔缺损（下）。两个缺损的圆形是在心脏固定术中导管介入造成的

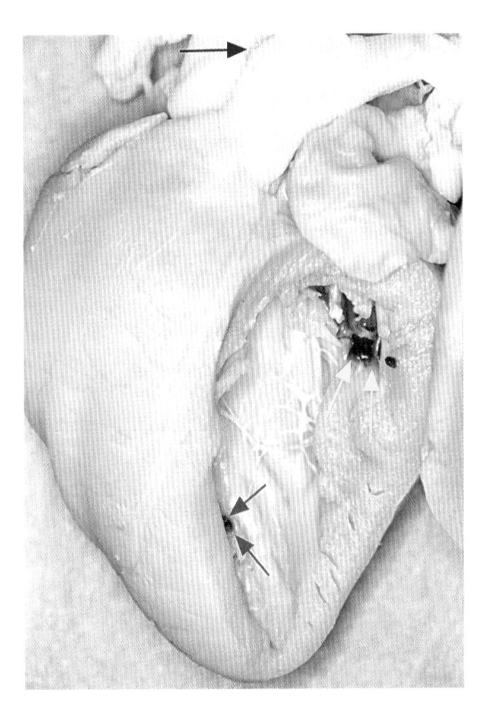

**图10.2c** 暹罗猫（母，8周）肺动脉瓣和主动脉瓣狭窄，室间隔和房间隔缺损。可见室间隔缺损位于主动脉下（黄色箭头），两个小的室间隔缺损位于室间隔肌部，房间隔（红色箭头）和明显扩张的主动脉（蓝色箭头）

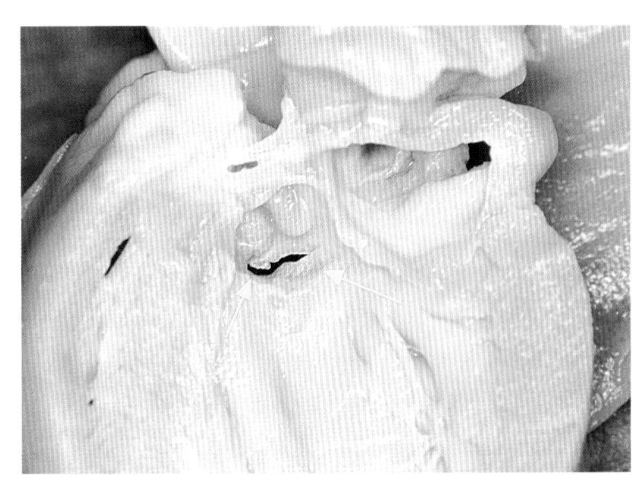

**图10.2d** 暹罗猫（母，8周）位于膜部边缘的裂隙样室间隔缺损的病理图片

可以出现在小猎犬、狮子犬、大麦町犬、哈瓦那犬和小型㹴等品种中。孤立性的室间隔缺损在猫和犬中缺乏种类和性别的特异性分布。室间隔膜部的动脉瘤发生在荷兰狮子犬和暹罗猫先天性的动脉圆锥隔膜1度缺损（图10.2.1a）。

由于出生后肺血管阻力增加，对于小的或中等大小的室间隔缺损很少在出生后前几周出现心力衰竭的征象。对于大的室间隔缺损，随着肺阻力的降低，出生后前几个月就会出现明显的肺灌注和心衰。

**小的室间隔缺损：**通常在右侧第4、5肋间隙心尖上方或者胸骨旁可以清晰听到响亮而粗糙的收缩期心脏杂音。在左侧胸壁经常能感受到几乎相同强度的杂音，在右侧胸壁同样可以听到明显的嗡嗡样的室间隔缺损杂音。

**中等大小和大的室间隔缺损：**通常在左侧心底部听到额外的收缩期杂音。第二心音分裂作为肺动脉高压存在的标志，可以出现在幼犬中，而在猫中很难或者几乎检查不到。

**小型室间隔缺损：**心电图基本正常。

**中等大小和大的室间隔缺损：**明显增高的R波幅和扩大的QRS波是左心肥大的征象（图10.2.1b）。非常大的分流和心腔间压力相等时，提示双心室负荷大。明显的肺动脉高压可能是右心负荷大的征象。心率失常少见。

**小型室间隔缺损：**通常无明显异常。

**中等大小和大的缺损：**左心室或双心室以及左心房不同程度的扩大，肺动脉不同程度突出，正常至高度血运重建（图10.2.1c，d，e）。

**2DE：**室间隔缺损在不同长轴位或横轴位表现为无回声区（图10.2f，g，i，j）。注意：经常对缺损的大小估计不足。测量壁厚或者心室和心房的直径有可能排除其他的畸形。对于猫，主动脉下的缺损通常被三尖瓣帆部分封闭。注意：尤其是在猫和身体矮小的犬中，可能会与扩张的冠脉混淆。

**TM-Mode：**室间隔运动失调，以及继发心室和心房大小的改变。

**CFD：**右室室间隔缺损区可见湍流区。

**PW/CW-多普勒：**在大多数室间隔缺损中，可能观察到左心室向右心室的血流喷射。收缩期在右心室室间隔缺损的位置可测量到湍流的最大流速（图10.2j）。通过修正的伯努利方程（$P=4\times V^2$）可以计算出左右心室的压力差（见第7章）。

**小型室间隔缺损：**平均寿命没有限制。

**中等大小至大的室间隔缺损：**可能会出现心力衰竭症状，这将决定预后的好坏。如果能度过了前六个月，预后也是较好的。

**小的室间隔缺损：**无需治疗。

**中等大小至大的室间隔缺损：**为了减少分流量，可以使用动脉分流器，在一定情况下可以与利尿药联合应用。当出现心力衰竭时，给予适当的药物治疗（见第13章）。可以选择外科手术或者介入治疗封闭大的缺损。通过侵入性的血管造影才可能测定阻力大小。

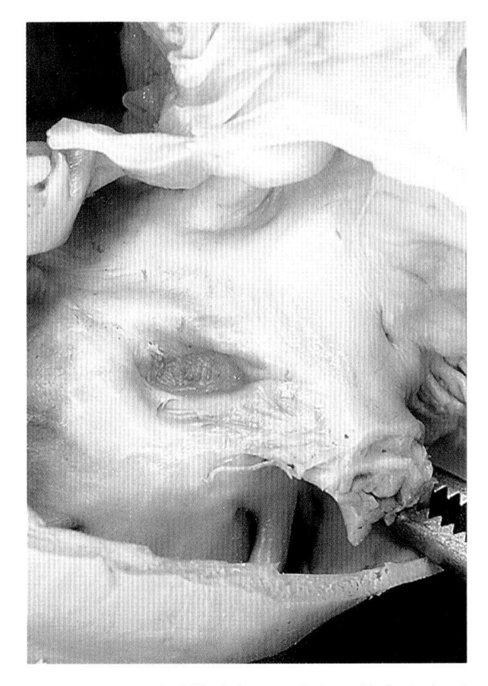

**图10.2.1a** 暹罗猫（公，7 岁）。从右心室面观的一个室间隔动脉瘤的病理图

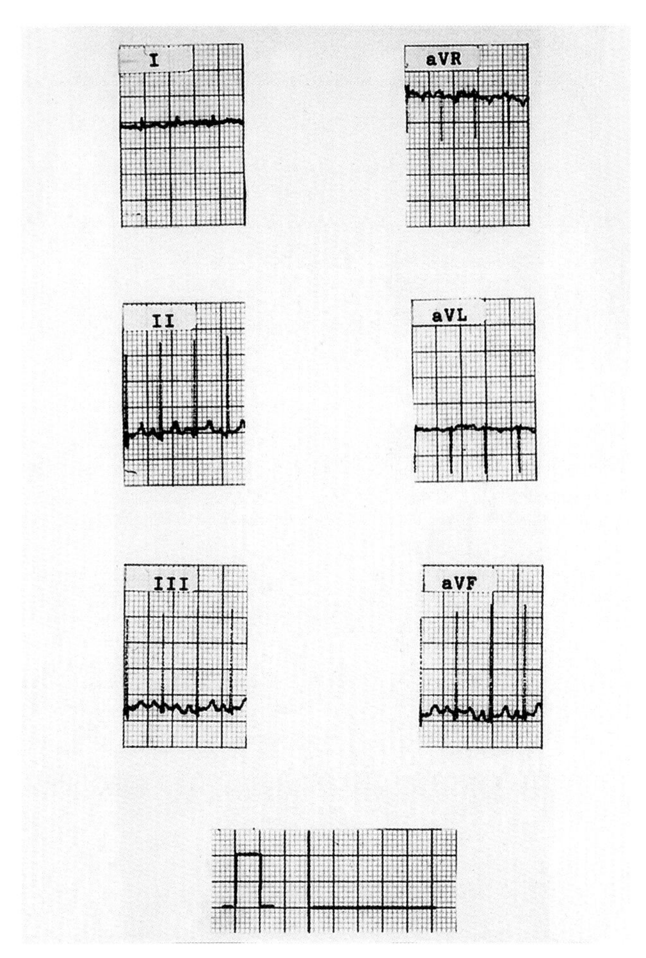


**图10.2.1b** 暹罗猫（公，8 周）孤立大型室间隔缺损。心电图提示R峰高压，在Ⅱ、Ⅲ导联和aVF导联分别为1.7mV和1.9mV

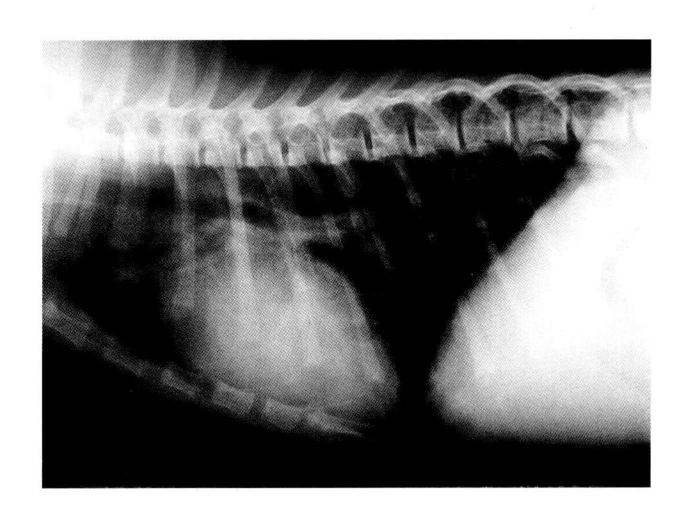

**图10.2.1c** 暹罗猫（公，8周）室间隔缺损。胸部侧位片显示扩大的心影大部分紧贴胸骨，正常至高度血运重建

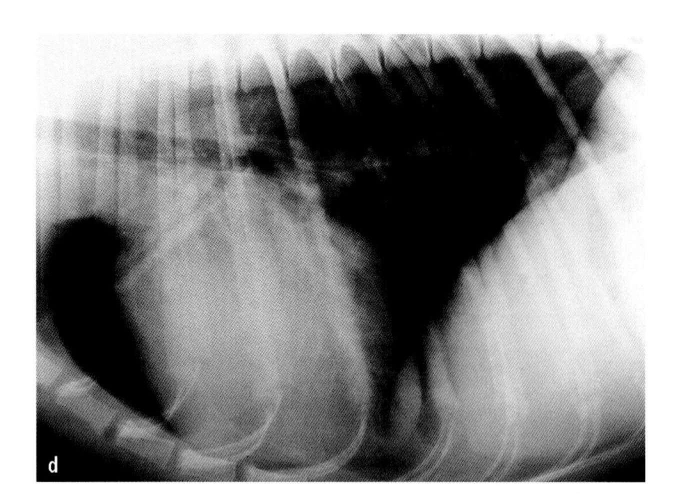


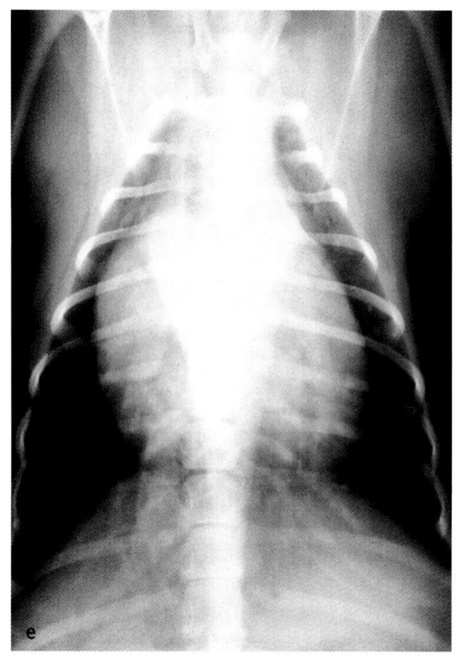


**图10.2.1d，e** 贵宾犬（母，1岁）室间隔缺损。背腹位及侧位胸片显示紧贴胸骨的扩大心影，以及正常至高度血运重建

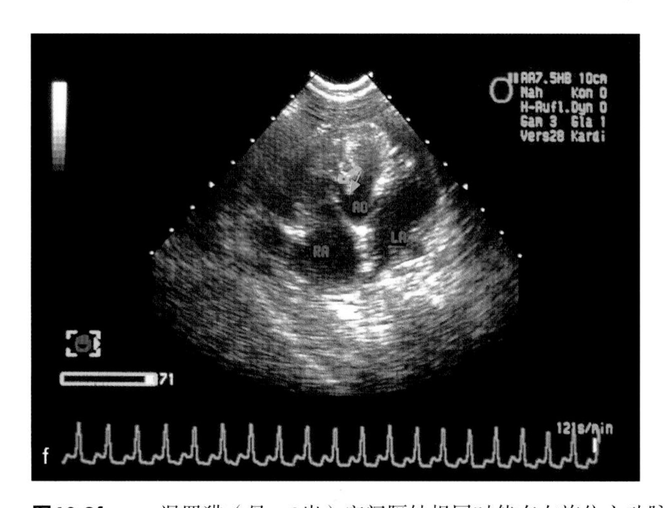


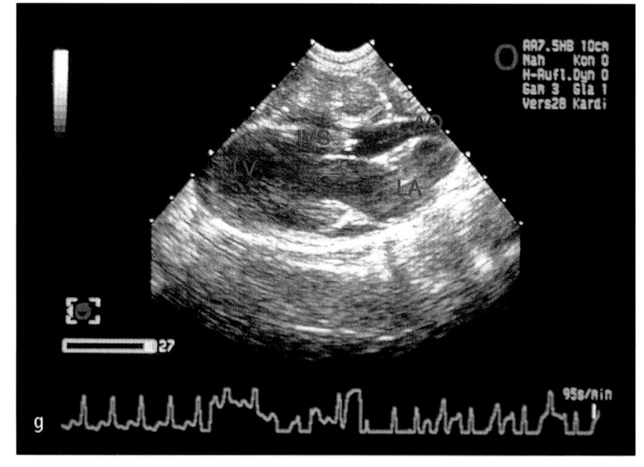


**图10.2f，g** 暹罗猫（母，2岁）室间隔缺损同时伴有右旋位主动脉。二维超声心动图。（f）心尖部五腔图，显示室间隔缺损。（g）右侧胸骨旁长轴位，显示骑跨在室间隔缺损（箭头）之上的主动脉

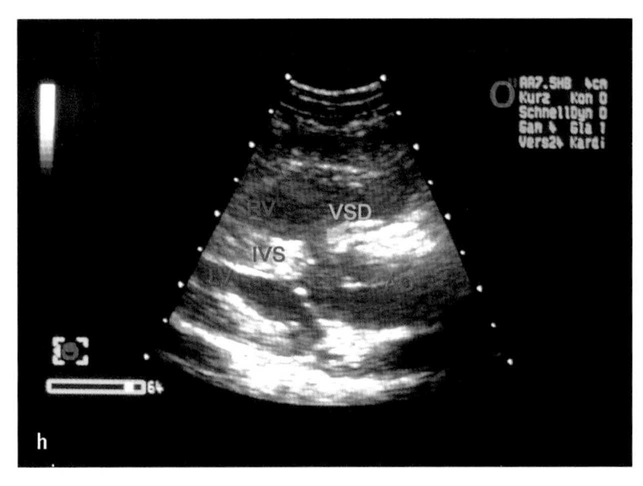


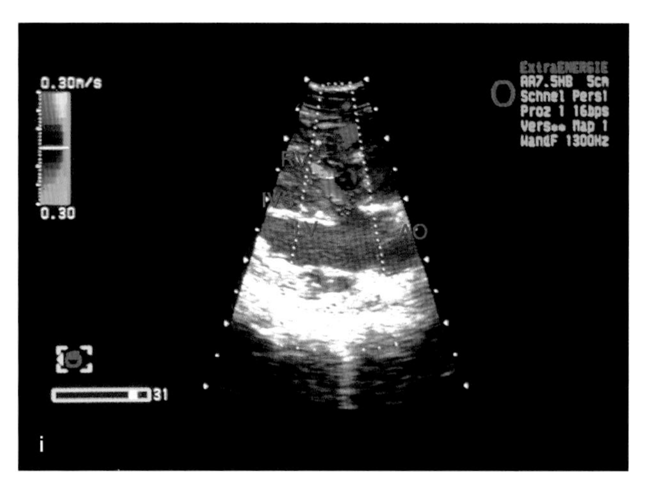


**图10.2h，i** 暹罗猫（公，5月）室间隔缺损。右侧胸骨旁长轴位二维超声心动图。（h）显示室间隔膜部的无回声区是室间隔缺损（VSD）的部位。（i）彩色超声心动图，从左心室横跨室间隔进入右心室的血流（红色），提示室间隔缺损伴有左向右分流

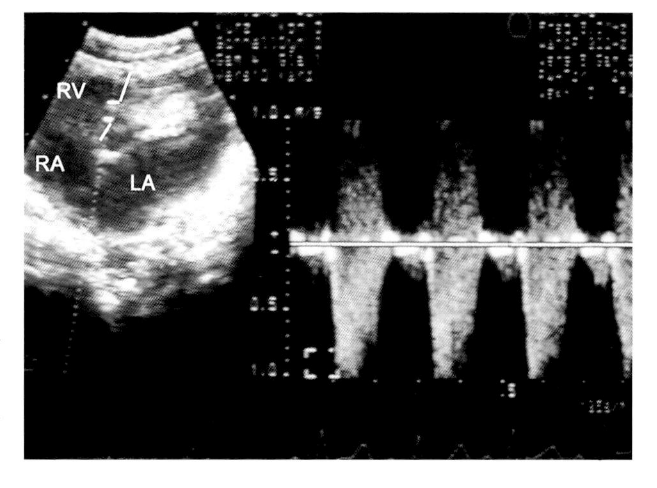


**图10.2j** 英国短毛猫（母，7周）室间隔缺损。超声心动图，从心尖部五腔心观。左：二维超声，探头置于右室近室间隔，三尖瓣隔侧尖部。右：多普勒超声心动图，显示在室间隔高度，将高速的双向跨隔血流（锯齿状）

### 10.2.2 室间隔缺损伴有右向左分流（艾森门格尔综合征）

当肺循环压力超过体循环压力时，肺动脉高压将导致室间隔缺损出现右向左分流，右室压力增高，右室扩大。这种动物预后很差。

体重增长降低，耐受力降低，呼吸急迫和紫绀。

无物种的特异性。

平静和负荷时紫绀，肝大和腹水。

和左向右分流型的室间隔缺损相似（见10.2.1章节）。

可以观察到右心的变化，矢量轴发生右偏。

在大的室间隔缺损和肺动脉高压情况下，出现肺血管病变进行性发展，以及右心衰的征象，如前面提到的肝大、腹水。肺动脉出现截断。

通过非选择性的心血管造影，左向右分流对于猫显示得特别好。

通过静脉注射一种高分子容剂，可以显示右向左分流中右室流入左室血流或双向血流的小气泡。

红细胞计数，血气分析：可出现低血氧症和红细胞增多症，肝酶可升高。

非常差。

## 10.3 持续性房室共道

心内膜发育受阻，伴有房室瓣异常，这些异常可以是单个瓣叶的缺失也可以是相互分离。分为部分性房室共道和完全性房室共道。

**部分性房室共道：**原发孔缺损伴有二尖瓣和极少数三尖瓣关闭不全。左向右分流导致右心和肺循环容量负荷增加。另外畸形或房室瓣关闭不全伴有相应区域返流——增加的心室容量负荷可导致二尖瓣和/或三尖瓣返流。如果主要累及二尖瓣，左心室的血液也可以通过畸形的二尖瓣瓣叶和房间隔缺损部进入右心房，这样导致右心房的血容量负荷进一步增加。

**房室完全性共道：**心内膜完全性缺失。由于中心间隔缺损，两个心室和两个心房之间相互连通。在房室瓣环处仅仅存在一个房室瓣，由二尖瓣的一个瓣叶和两个三尖瓣瓣叶组成。另外两个瓣叶由没有融合的心内膜组成，并且越过缺损。

由于四个心腔相互连通，左向右分流靠近在心房心室平面，此外随着肺动脉阻力升高，可出现小的右向左分流。

部分房室共道在生长初期可能很少出现症状，特别是耐力降低和呼吸急促。房室完全性共道可出现呼吸急促、昏睡、生长缓慢、厌食、体重下降和呼吸困难的症状，在生长初期表现多种多样。

猫比犬更易患病，没有性别或明确的品种分布。

在猫，经常出现先天异常相关性的紫绀、颈静脉搏动、肝脾肿大以及阳性搏动。

然而部分房室共道的症状与大的房间隔缺损相对应，就像完全性房室共道的症状与大的室间隔相对应一样（见10.1和10.2章节）。

在心底有响亮的收缩期杂音，根据畸形的类型不同杂音变化多样。收缩期杂音可能与肺动脉狭窄或二尖瓣和三尖瓣反流有关，在有大量胸腔或心包积液时心音会减弱。

心腔复合体过高的波幅掩盖了右心室增大的征象（图10.3a），可以出现心动过速和频发期前收缩。心电轴在冠状面上向右前侧偏转180°～90°，很少向左头侧偏转。可出现右束支或左束支传导阻滞以及表示左、右心室增大的宽大P波或显示左、右心室或双心室容量负荷过大的征象。

大多数情况下整个心影增大，尤其是右半心脏，总是伴有下腔静脉和肺淤血或肺纹理稀疏（图10.3b，c，d，e）、腹水。也有可能没有明显的影像学异常征象。

**2DE：**可以检测到心房和心室之间缺损区域为不同大小的无回声区。双侧独立的房室瓣膜处于同一高度，同时三尖瓣瓣膜上升更多。

**TM模式：**容量负荷增加的间接征象。

**PW/CW多普勒：**由于房内压力差低，大多情况下能检测到的血流分流速度很低。也可以记录到房室瓣膜处反流喷射的情况。

**CFD：**左室和右房之间存在分流。在心房或心室水平存在左向右分流时，可以观察到横向分流和房室瓣膜的反流。

较差

Rp! 对症支持治疗心力衰竭。

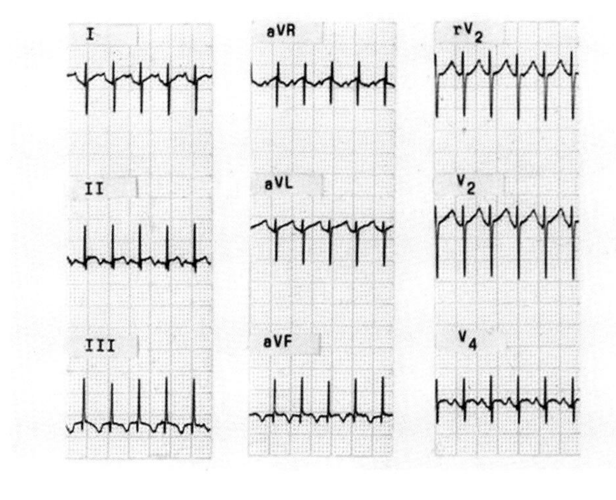


**图10.3a** 英国短毛猫（公，7周）动脉导管未闭。在心电图（进纸速度为25mm/s，刻度1cm=1mV）I导联中，S峰值超过0.7mV（R=0.4mV），在V2导联超过了1.2mV（R=0.5mV）；正面矢量：+118度

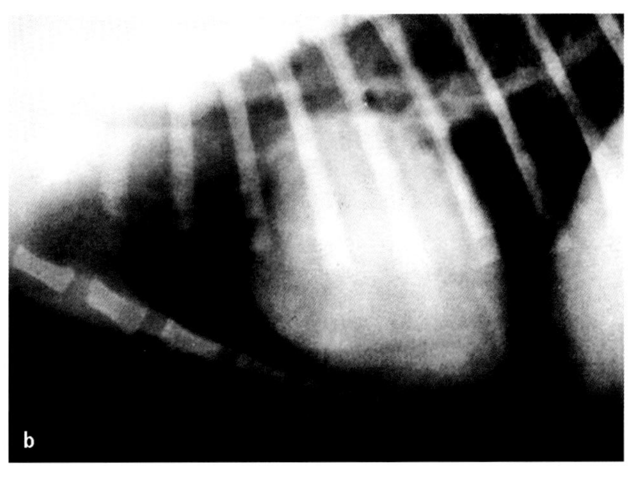


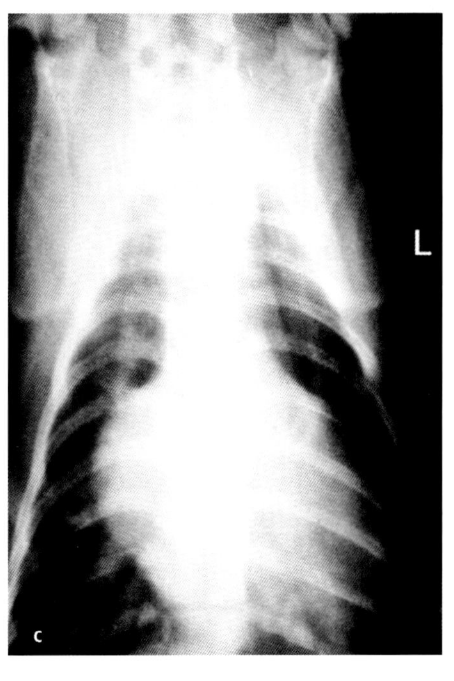


**图10.3b，c** 暹罗猫（母，5周）动脉导管未闭。胸部X线片。（b）侧位片，心影位于刚好跨越胸骨的三个肋间宽度，相当于4~5个椎体高度，挡住了肺静脉和上腔静脉。（c）背腹位片，显示左半心及右半心均增大，有明显的肺淤血

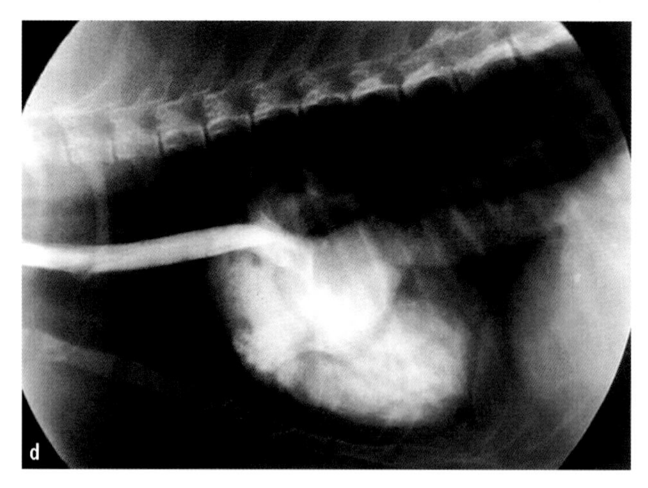

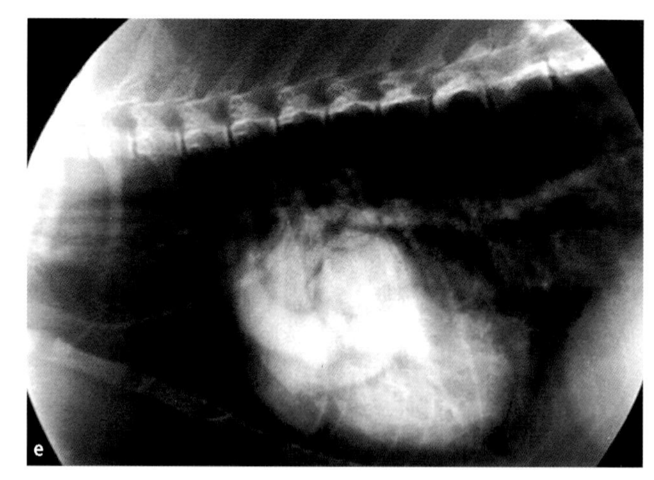

**图10.3d，e** 英国短毛猫（母，1岁）动脉导管末闭。非选择性的心脏血管造影。（d）注射后直接显示：含有造影剂的血液流入上腔静脉，增大的右心房，阻塞的上腔以及右心室。肺动脉刚刚显影。（e）3s后摄片：主动脉和肺动脉显影；左心室呈“囊袋状”位于右心室上

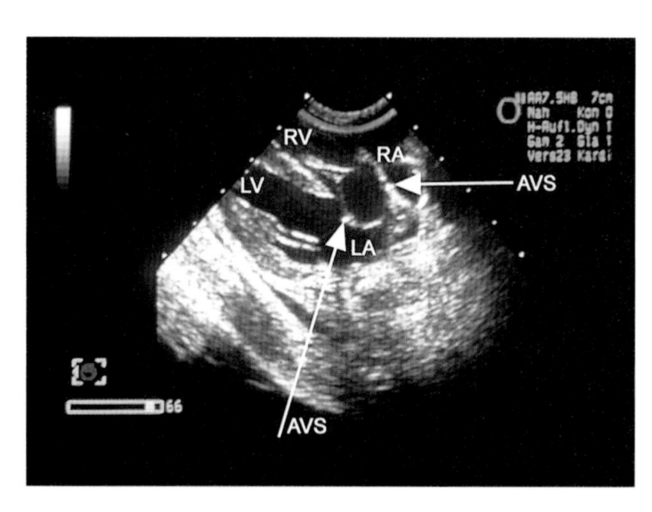


**图10.3f** 英国短毛猫（母，1岁），二维超声在很少情况下能像图10.3d，e那样从右侧胸腔获取4腔心图像。较大的室间隔缺损转变成卵圆孔型房间隔缺损和异常的房室瓣膜。AVS：异常的房室瓣膜

## 10.4 左侧三房心和右侧三房心

**左侧三房心：**持续存在的隔膜将心房分为头侧部和尾侧部。腔与腔之间通过隔膜上不同大小的开口相互连通。心房的上部包括肺静脉的出口，而下部被房室瓣限制。隔膜上小的缺口导致肺静脉高压，进而导致所有肺血管阻力增加，最后导致右心衰竭。缺口越小，越类似于二尖瓣狭窄的血流动力学改变。

**右侧三房心：**病理性持续存在的静脉窦胚胎瓣膜将右心房分为头侧部和尾侧部。血流从头侧部分流入尾侧部分受阻导致门脉高压。头侧部分包含位于右心室。

三尖瓣上方的右心耳。隔膜是有孔的或者不通透的。

不同表现的呼吸困难，体重下降，幼犬突然死亡。

**左侧三房心：**差别非常少，猫较犬出现频率高。**右侧三房心：**很少出现在猫，仅见于犬。

**左侧三房心：**呼吸困难，恶病质。**右侧三房心：**腹水，昏睡，极少数有呕吐，腹泻。

**左侧三房心：**当伴有其他相应心脏疾病时，才有可能出现收缩期或舒张期心脏杂音。**右侧三房心：**不明显。

**左侧三房心：**无特异性。**右侧三房心：**象征右心负荷的深S峰（图10.4a）。很少出现肺动脉P波。

**左侧三房心：**不明显，心房增大，肺淤血（图10.4b，c）。**右侧三房心：**下腔静脉阻塞和变形。

二维超声，最好采用心尖部四腔心观察（图10.4d）。房室瓣膜在左心房的尾侧，肺静脉开口位于左心房头侧。如果瓣膜阻碍肺静脉流出，会受到限制。

**PW/CW多普勒：**心房内血流速度加快（图10.4e）。并且显示腔室之间的连通以及可以测量流速。

**CFD：**瓣膜区见湍流，显示连通的部位。

较差。

**左侧三房心：**姑息治疗左心衰竭，利尿和血管紧张素抑制剂可以改善预后。**右侧三房心：**：条件容许情况下可以采取介入治疗方法治疗，成功率较低。

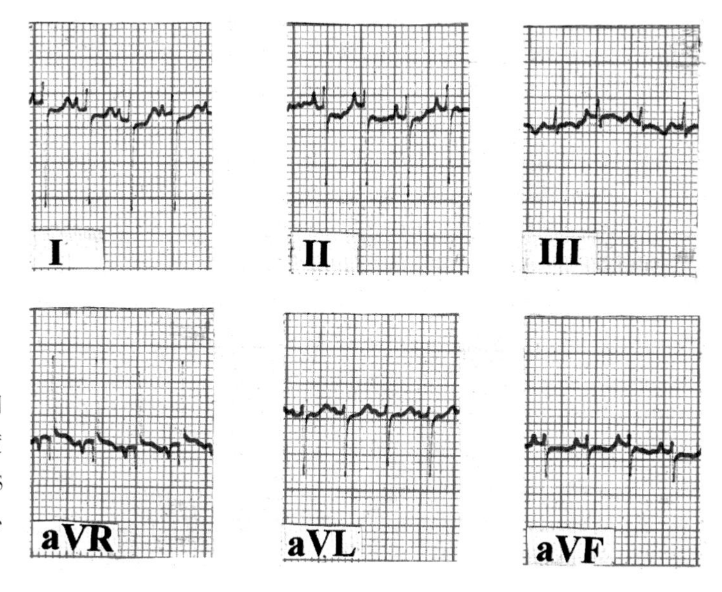


**图10.4a** 该猫（母，2周）患有右侧三房心以及房间隔缺损。心电图（进纸速度为25mm/s，刻度1cm=1mV）在I、Ⅱ、aVL和aVF导联上出现深的S峰，以及在aVR导联上出现过高的R峰，都是右心超负荷的典型改变

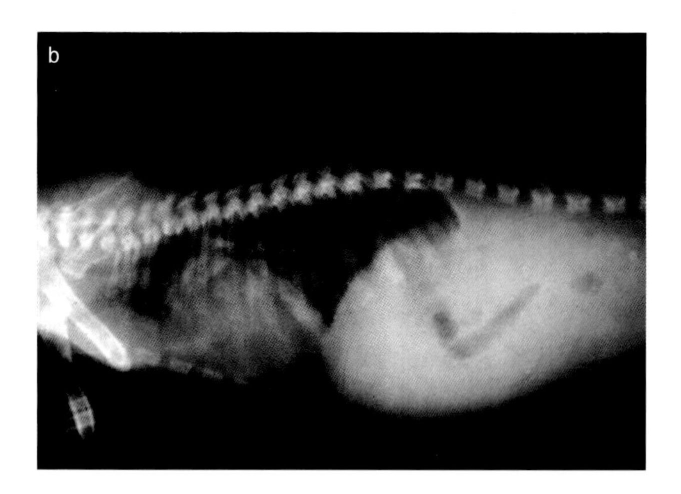


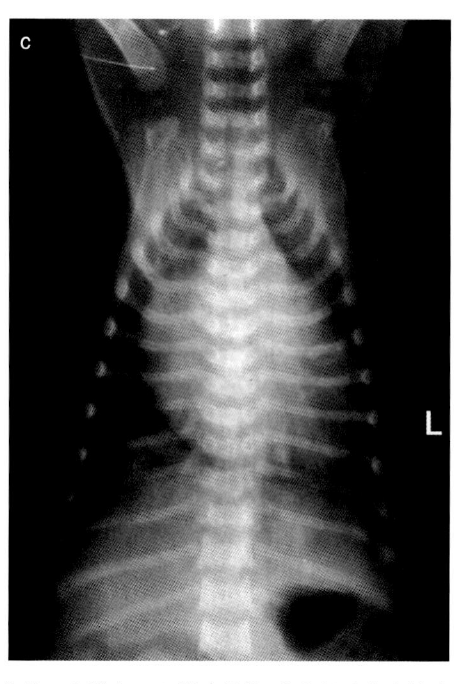


**图10.4b，c** 英国短毛猫（公，7周）左侧三房心胸部X线片（b）侧位片：心脏大，心影跨越约4个肋间隙宽度的胸骨范围。扩张的肺静脉是静脉阻塞的表现。（c）背腹位片：左半心及右半心均增大

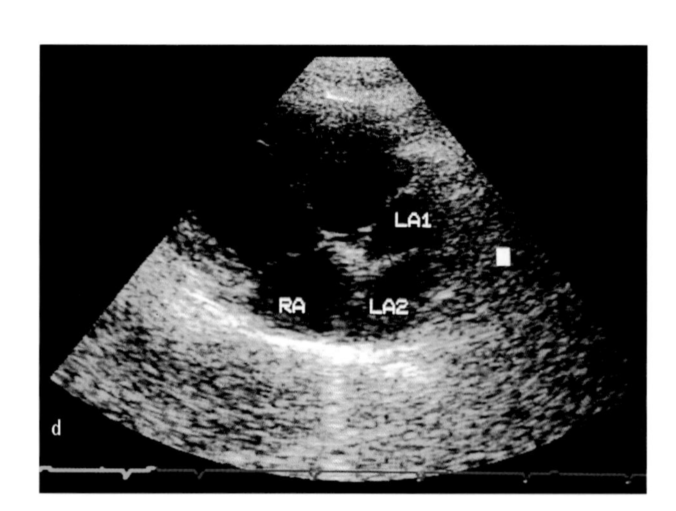


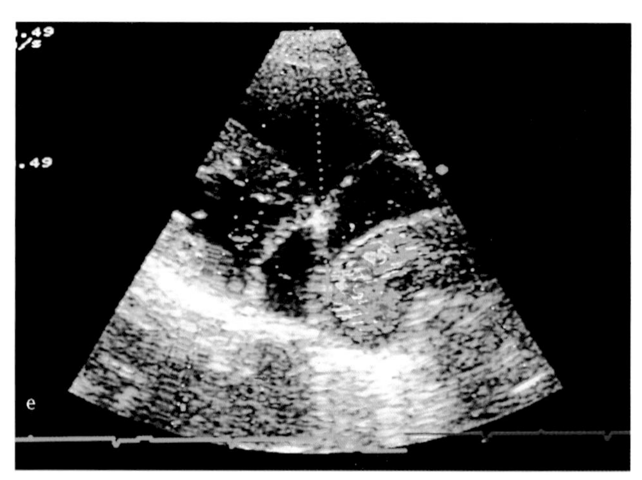


**图10.4d，e** 杂种犬（母，2岁）左侧三房心。（d）二维超声，四腔心尖部。左心房被一瓣膜分开。（e）四腔心尖部彩色多普勒。在上部左心房的第二部分呈马赛克样

## 10.5 主动脉狭窄

瓣膜下，瓣膜和极少数的瓣膜上主动脉狭窄。

**瓣膜下主动脉狭窄：**通过瓣膜下肌组织突起（长期缩小形成的官腔），以及从室间隔到二尖瓣间隔之间的纤维或肌纤维环，造成左室流出道狭窄。

**瓣膜部主动脉狭窄：**主动脉瓣增厚，少数由于二尖瓣的增厚。在猫，也可以是瓣膜缘与主动脉壁紧密结合造成的。

由于升高的压力负荷，导致左心肥大以维持心排血量。在严重主动脉狭窄造成的压力负荷下，平静时心排血量的增加是不够的。心急缺氧引起的压力负荷和冠脉血流量减少可以导致恶性的心率失常。心室扩张逐渐发展成为左心衰竭。二尖瓣关闭不全是一个严重的并发症。

毫无症状的动物突然发生心源性猝死，或者长期有充血性心力衰竭，呼吸困难，食欲不振，体重减轻，疲软和昏厥等症状。

通常有先天心脏缺陷的德国犬，主要是瓣膜下型（主动脉下狭窄，SAS）。猫中相对较少，瓣膜和瓣膜下混合型或者动态动脉狭窄出现在肥厚性心肌病中（章节11.3）。拳师犬，金毛猎犬，圣伯纳，德国牧羊犬，纽芬兰，斗牛狈犬，德国短毛引路犬，大丹犬，罗特韦尔犬，暹罗猫，伯恩幽犬。常染色体显性遗传与这种疾病有关。在德国通常进行物种筛查。

可能无任何症状（腔隙轻度的狭窄不会闭塞）。即使正常摄取食物，也只有中等营养状态。很少出现充血性症状。

在左侧第4肋间隙和左侧颈总动脉临近左侧胸骨柄处可以听到渐强到减弱的杂音；严重的主动脉狭窄导致的心排血量减低，可以引起杂音分级降低。可能出现心率失常。在猫中，可以在左侧或右侧胸骨旁第3/4肋间隙听到喷射样杂音。

无特异性。高尖的QRS波。延长及多变的ST波，QRS复合波变形，左束支传导阻滞。建立刺激剂激发通路障碍（图10.5a）。恶性心率失常（图10.5b）。继发左心衰是，可能出现二尖瓣P波和房颤。猫类中可出现冠脉左前分支阻塞。

通常心影没有明显的改变。严重狭窄后的扩张表现为主动脉影增宽（图10.5c）。左心室增大，严重肥厚，失去正常心脏形态。在左心功能不全时才会出现左心房增大以及肺静脉淤血。

评估狭窄程度的重要诊断方法。经胸壁超声检查如经锁骨下超声被认为是诊断的金标准。彩色多普勒可以明确在狭窄区的湍流，因此可以帮助CW多普勒超声定位。由于血流速度较快，PW多普勒检查对血管瓣膜狭窄不敏感。在心尖区，左侧第五肋间隙或肋下可以获得主动脉的超声影像。流速由抛物线状流量曲线中的最大收缩压对应的点决定，压力梯度可以通过伯努利方程式（$P=4xV^2$）获得。

**二维超声心动图：**严重程度分级从正常到严重的向心性或偏心性肥厚性心肌病（图10.5d）。高回声的片状至条纹状心肌浸润（图10.5e）。乳头肌肥厚。室间隔近端肌肉呈串珠样增厚（图10.5f，g）。瓣膜下见带状结构回声（图10.5h）。瓣膜下纤维推动的回声。清晰的不动瓣膜通过回声增强以及分开减少很容易辨别（图10.5i，j）。高度狭窄中，继发升主动脉狭窄后的扩张（图10.5i）。评价心室和心房增大。

**三维超声：**增厚的瓣膜伴有室间隔活动受限。主动脉瓣提前关闭或者不规则运动（图10.5k）主动脉下狭窄时出现SAM相。正常至增高的收缩性降低。量化左心室壁厚度（图10.5l）。狭窄后管腔直径增大。

**PW/CW-多普勒：**可无创性测量狭窄程度。

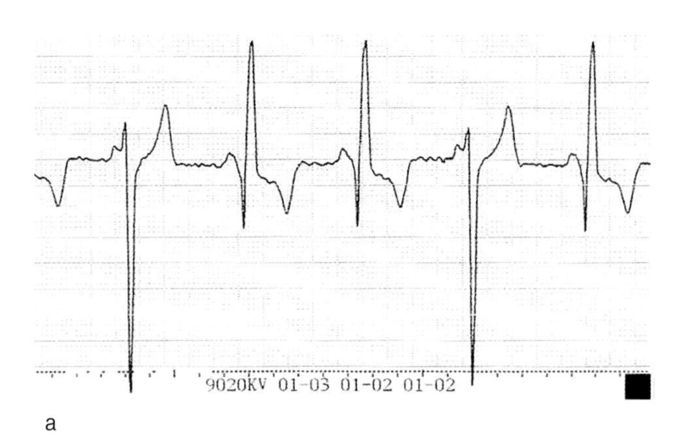


a

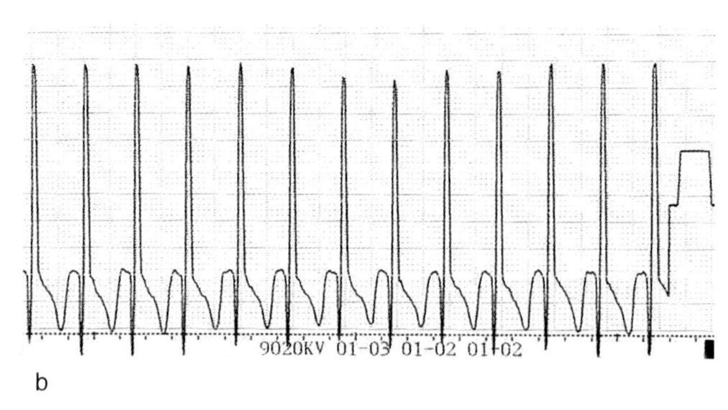


b

**图10.5a，b** 拳师犬（公，18月）患有主动脉狭窄以及继发性左心肺大性心肌病。心电图埃因霍温Ⅱ导联（进纸速度50mm/s，刻度1cm=1mV）。（a）心室过度收缩。（b）短时间后突发明显的心动过速

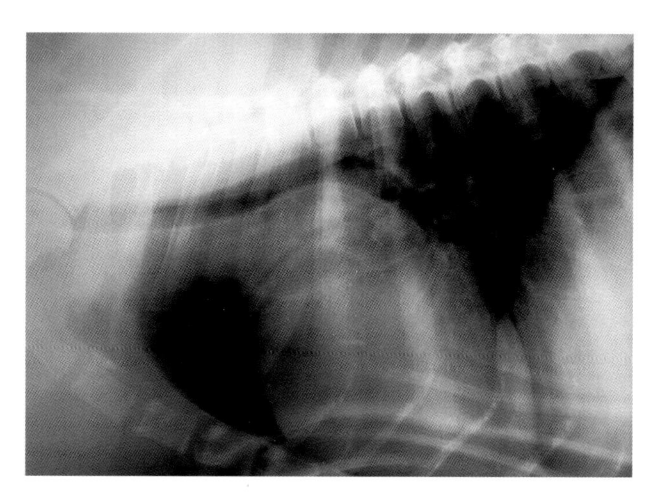

**图10.5c** 金毛猎犬（公，3岁）患有高度的主动脉狭窄。胸部X线片。右侧位。主动脉狭窄后的扩张，位于背侧的气管明显抬高，主动脉狭窄病人很少有明显的X线发现

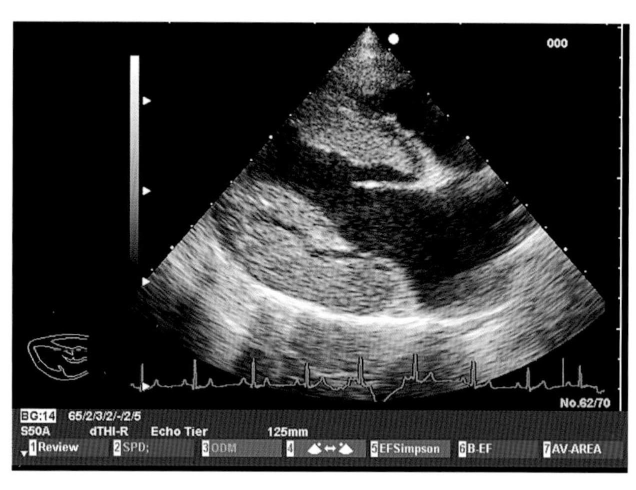


**图10.5d** 拳师犬 （公，8周）患有主动脉狭窄。二维超声心动图，右侧胸骨旁的长轴位。室性心肌病以及乳头肌肥厚

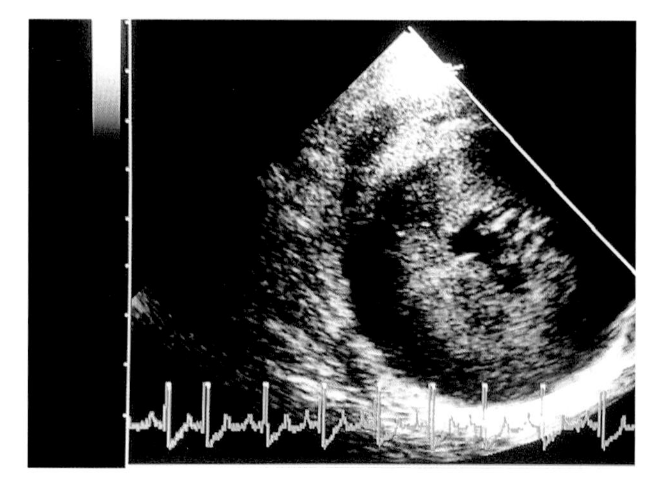

**图10.5e** 拳师犬（公，15月）患有主动脉狭窄和肺动脉狭窄。二维超声心动图，右侧胸骨旁短轴位。室性心肌病和乳头肌肥厚及关闭不全

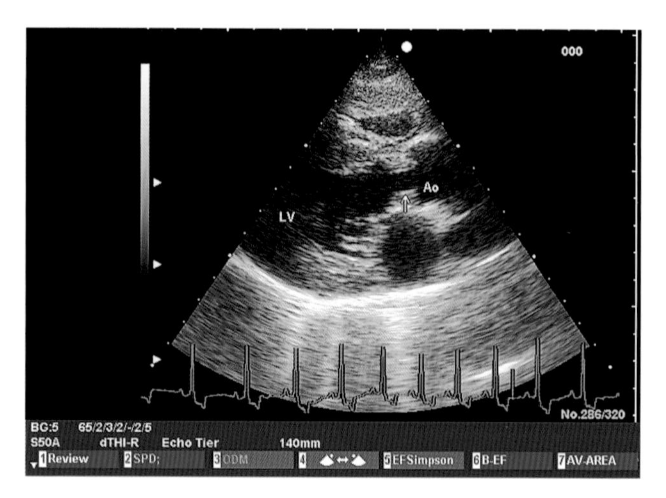


**图10.5f** 斗牛㹴犬（公，4岁）。患有瓣膜下狭窄（SAS）。二维超声心动图右侧胸骨旁长轴位。紧邻主动脉瓣下见枕状周边肥厚（箭）

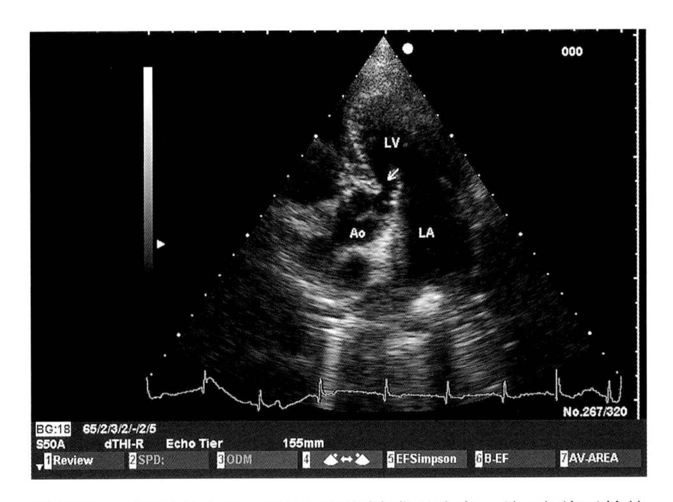


**图10.5g** 拳师犬（母，5岁）患有瓣膜下狭窄，从4岁前开始接受治疗。二维超声心动图，左侧5腔心尖位。室间隔近端的肌性凸起使左心室流出道缩小了

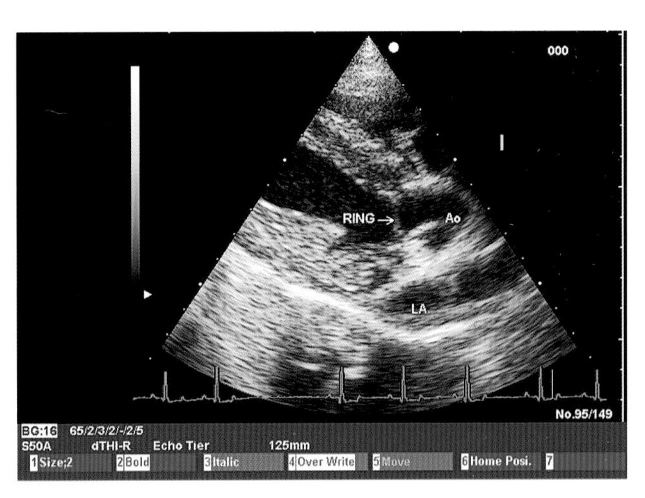


**图10.5h** 拳师犬（公，3岁）患有多种先天性缺陷：主动脉狭窄、主动脉关闭不全和三尖瓣发育不良。二维超声心动图，右侧胸骨旁长轴位。增厚的主动脉瓣下见纤维条索或纤维环。心电监控中显示窦传导阻滞

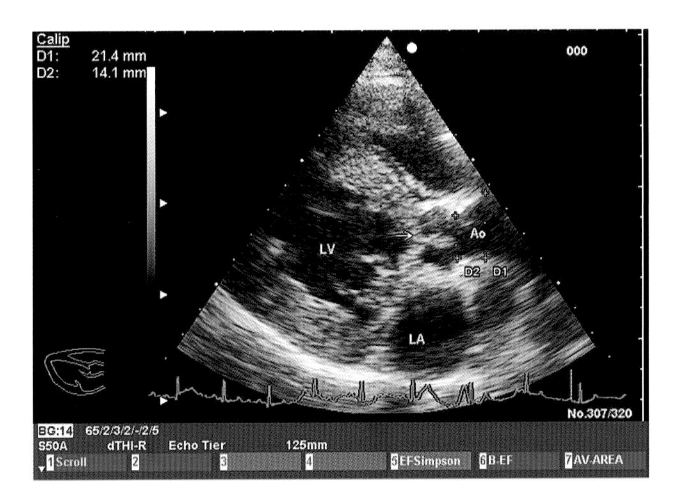


**图10.5i** 拳师犬（公，8周）患有瓣膜性主动脉狭窄。二维超声心动图，右侧胸骨旁长轴位。瓣膜增厚，以及狭窄后的升主动脉呈梨形扩张

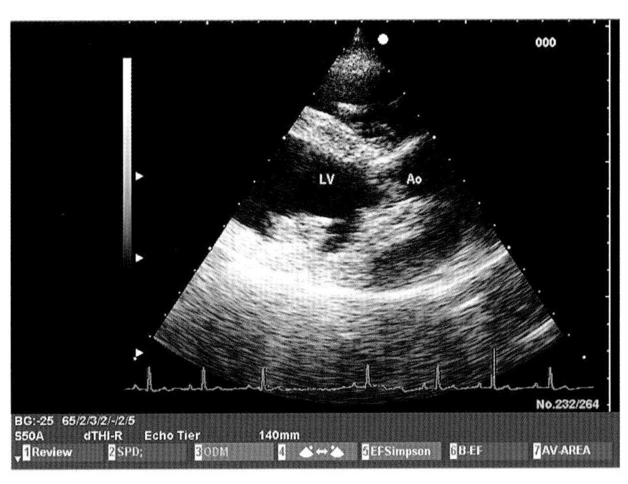


**图10.5j** 拳师犬（母，2岁）患有瓣膜性主动脉狭窄。二维超声心动图，右侧胸骨旁长轴位。不同层面显示了左室的流出道以及增厚的瓣膜

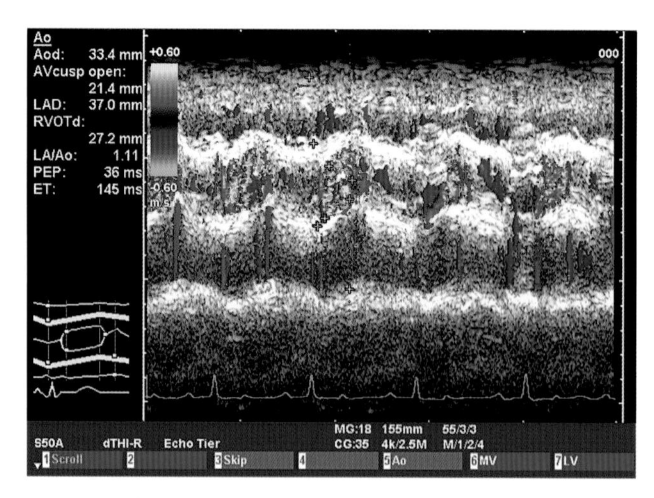


**图10.5k** 德国牧羊犬（母，4岁）患有主动脉狭窄。主动脉瓣和左心房的TM超声显示，左心房内的湍流和s 射血前期时间缩短

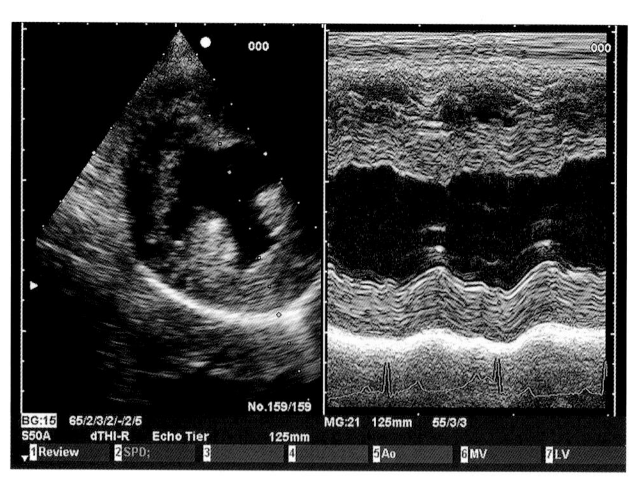


**图10.5l** 拳师犬（公，8周）患有主动脉狭窄，左心室二尖瓣瓣膜下，乳头肌之间的TM超声显示，肥厚性心肌病

PW：由于血流速度加快导致波谱混叠常超出测量血流多普勒波谱范围。CW：由于血流加快，抛物线样信号增宽超过参考值（图10.5m，n）。

CFD。流出道可见湍流，经瓣口后呈混杂彩色血流（图10.5o）。

**严重程度分级：**

**解剖学：**根据超声波图片观察到的狭窄（主观的）。

**流变学：**流速（受心输出量及瓣膜开放面积影响）以及产生的压力差（表10.1）。

多变且难以评价。无症状的患者死于身体负荷或情绪激动导致的自发性心脏猝死。有症状出现时，要根据患者的年龄来评估。最初出现晕厥和疲劳乏力症状，提示预后相关的预期生存时间会变差。可以用于评估预测症状的指标有：峰值速度>3m/s，痰量减少，静息状态下心电图中散发心律失常以及几个月内峰值速度快速上升。

Rp! 无症状患者仍需定期检查。每年至少做一次超声心电图检查。明确可能出现的症状。β受体阻滞剂用于延长舒张期，降低心肌的耗氧量，降低血流速度/压力差以及心跳频率。

预防心内膜炎及血管炎。必要时抗心律失常治疗。

**注意：**药物（包括ACEI和正性肌力血管扩张剂）对于明显的动脉粥样硬化不起作用。冠状动脉灌注压降低以及心排血量降低。利尿剂和正性肌力药用于改善充血性左心功能不全。饮食保持钠平衡。

可以采取手术方式切除狭窄病变，但是这并没有给存活时间带来任何改善。易出现狭窄病变复发以及狭窄病变的残存的风险。球囊扩张仅仅对于一些特定情况可行，如环形狭窄。

**复杂的动脉狭窄：**通过文丘里效应降低三尖瓣关闭不全（见章节10.6），主动脉瓣关闭不全，心房颤动，细菌性心内膜炎（见章节11.1.2）。

**表10.1 拳师犬主动脉狭窄分级**
（Bussadori等，2000年）

| 分级 | 压力差 | 相应的流速 |
|---|---|---|
| 轻度 | 20 ~ 49mmHg | 2.25 ~ 3.5m/s |
| 中度 | 50 ~ 80mmHg | 3.5 ~ 4.5m/s |
| 重度 | > 80mmHg | >4.5m/s |

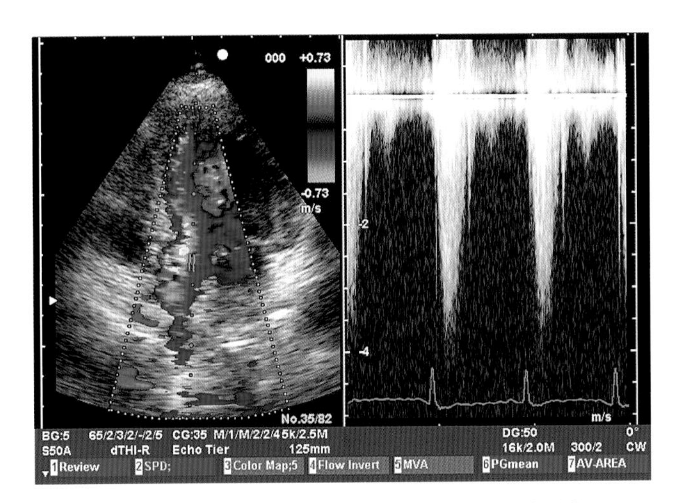


**图10.5m** 罗特韦尔犬（公，3岁）患有瓣膜性主动脉狭窄。CFD和CW多普勒超声。显示左室流出岛内的湍流。收缩期流速明显提高，达到4m/s

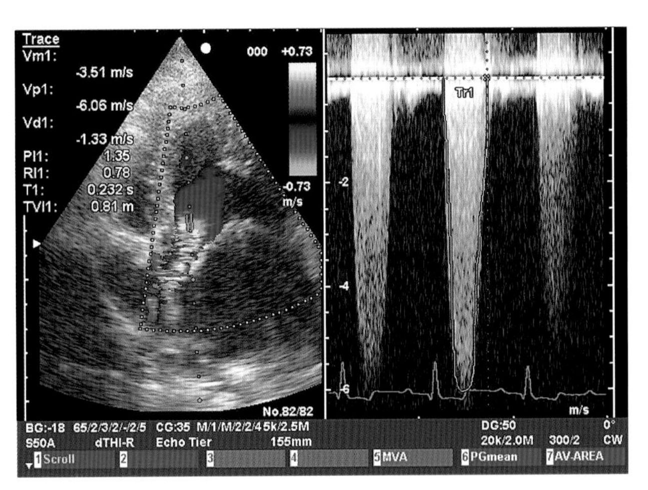


**图10.5n** 拳师犬（公，7周）患有瓣膜性主动脉狭窄。CFD和CW多普勒。显示瓣膜和主动脉球部的湍流。收缩期血液流速Vmax=6.06m/s

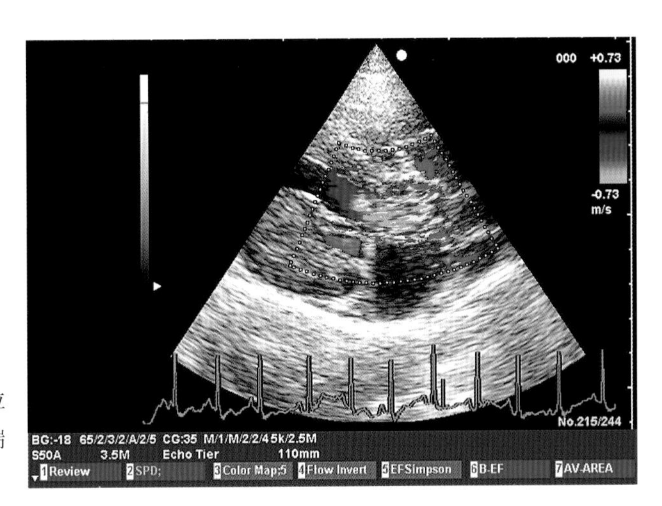


**图10.5o** 金毛猎犬（母，10周）患有瓣膜性主动脉狭窄。长轴位的二维超声和CFD多普勒超声。显示左室流出道大量的湍流，左室后壁肥厚

## 10.6 主动脉瓣关闭不全（AI）

Ralf Tobias

主动脉瓣关闭功能降低，可能是由于先天发育异常或者半月瓣上的赘生物。主动脉关闭不全常合并有瓣膜狭窄的出现（见章节10.5），也有可能是单发的先天性缺陷，例如在主动脉扩张时出现。极少数情况下是由于双尖瓣或者出现多于的主动脉瓣膜。

心脏舒张期时左心室内出现返流。根据返流的程度及持续时间的不同，而由此引起左心室容量负荷增加导致不同程度室腔扩大。主动脉瓣关闭不全增加了心肌的工作负荷，可能导致心脏长期持续性的过度扩张。

根据严重程度。经常长年无症状。活动后或静息状态下呼吸困难，身体机能减退，发展到后期出现昏迷。

出现在拳师犬，金毛猎犬，苏格兰牧羊犬，以及大多数大型犬。猫中更多见。

大多数缺乏临床征象。常在超声波检查主动脉狭窄时偶然发现（见章节10.5）。发展到晚期，出现左心充血性心力衰竭的征象。

紧接着第二心音后出现由强到弱的舒张期杂音，在轻度至中度主动脉瓣关闭不全时听诊常不能发现异常。同时伴有主动脉狭窄时，常合并有渐强到减弱的收缩期杂音。

无特异性。参照主动脉狭窄。（见章节10.5，图10.6a）。

一般情况下心脏形态没有典型的变化。主动脉舒张时，主动脉弓投影增宽。心肌肥大及心肌数目减少会出现心影显著的扩张。

诊断和严重程度分级的方法。

**二维超声：**严重程度与心室扩张程度相关。可以见到瓣膜的改变，如单个或多个瓣膜的增生和脱垂。很少见到主动脉球及升主动脉扩张。

**三维超声：**观察扩张的主动脉球，主动脉瓣的改变。三尖瓣前瓣舒张期运动障碍。较严重时左心扩大（图10.6c）以及心肌活性减低。收缩期缩短。EPSS间距增大。

**多普勒：**在CFD中根据左心室喷射的宽度及范围对主动脉关闭不全进行半定量分析（图10.6d、e）。

在PW多普勒中对主动脉瓣开放进行成像，并且在CW多普勒中根据信号强度，时间和空间范围以及喷射速度对心瓣膜关闭全血流进行半定量分析（图10.6e，f）。

轻微主动脉关闭不全：瓣膜关闭不全信号明显较收缩期主动脉信号弱。弱的心瓣膜关闭不全信号，仅仅能辨认出来。

中度主动脉瓣关闭不全：中度强度，可以较好的辨认心瓣膜关闭不全信号。强度较收缩期血流信号弱。

重度主动脉关闭不全：清晰的心瓣膜关闭不全信号，与血流信号差不多。影响到做心室后壁（图10.6g）。

与严重程度相关。轻微的瓣膜关闭不全，预后良好。中度和严重的瓣膜关闭不全，预后较难估计，如果导致左心功能不全预后不好。出现昏迷的风险较高。

降低前后负荷。应用强心剂和利尿剂。预防心内膜炎的发生。

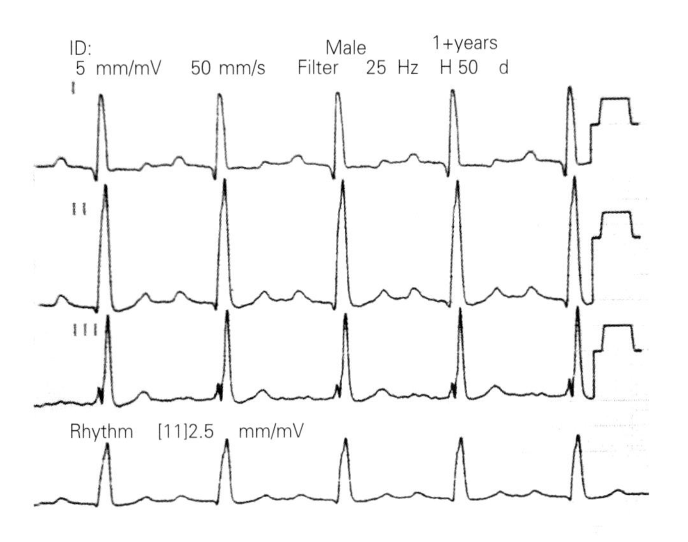


**图10.6a** 格立芬犬（公，4岁）主动脉关闭不全和继发性左室肥大。心电图（进纸速度为50mm/s，5mm刻度=1mV）。R峰高电压

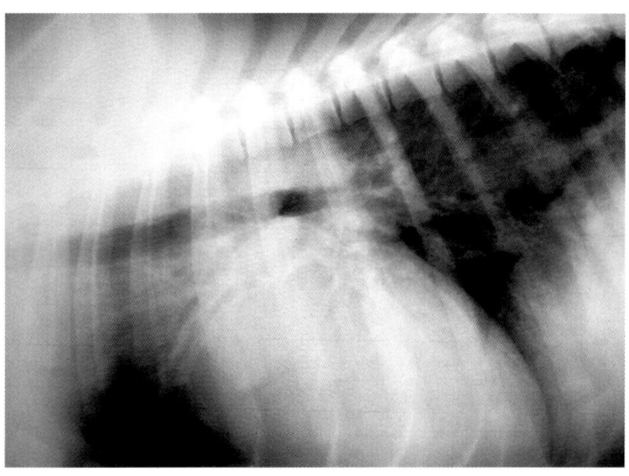

**图10.6b** 波尔多大丹犬（母，9周）主动脉瓣膜增厚以及重度瓣膜关闭不全。胸部侧位X线片。心脏增大，中肺野有间质条纹影，瓣膜尖部的血流量增多

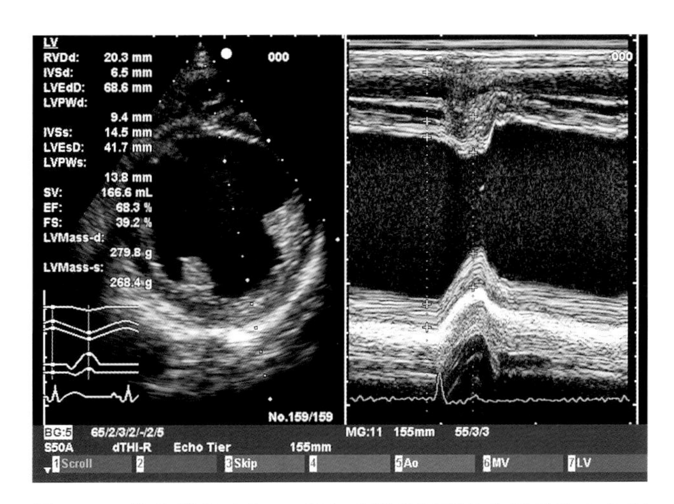


**图10.6c** 格立芬犬（公，4岁）动脉关闭不全和继发性左心室增大。右侧胸骨旁短轴位二维超声心动图及二尖瓣下TM，显示左心室容量负荷过大

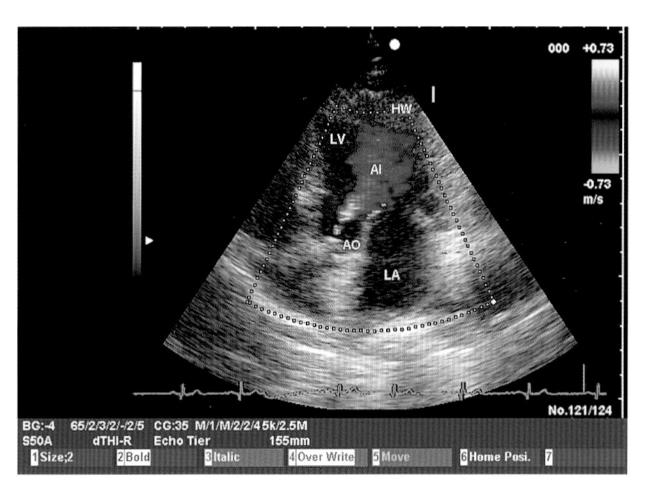


**图10.6d** 雪纳瑞犬（母，3岁）主动脉关闭不全。二维彩色多普勒超声。左侧5腔心尖位。舒张期血流从主动脉返流到左心室，一直到达后壁

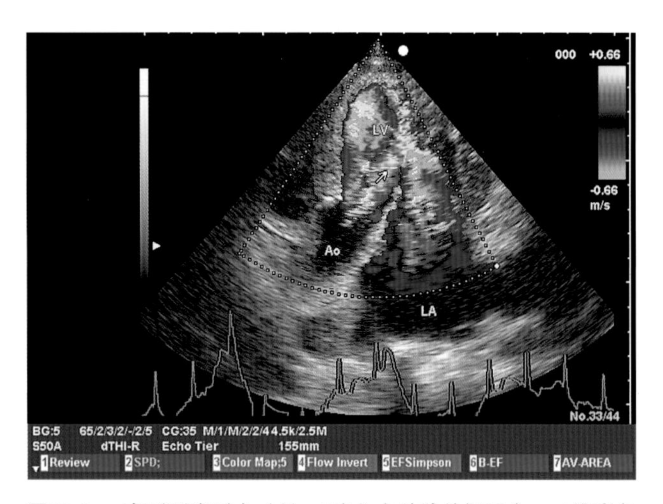


**图10.6e** 高哥西班牙犬（母，2岁）主动脉关闭不全。二维彩色多普勒超声。左侧5腔心尖位。舒张期血流从主动脉返流到左心室，沿后壁到达心尖部

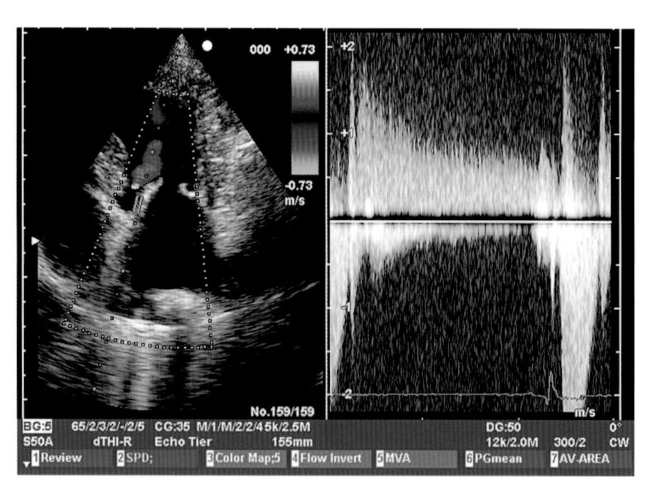


**图10.6f** 金毛猎犬（母，7岁），中度主动脉狭窄和轻度的主动脉关闭不全。CW多普勒二维超声。左侧四腔心尖位。在整个舒张期，主动脉瓣关闭不全而探测到的左室流出道血流速度<2m/s

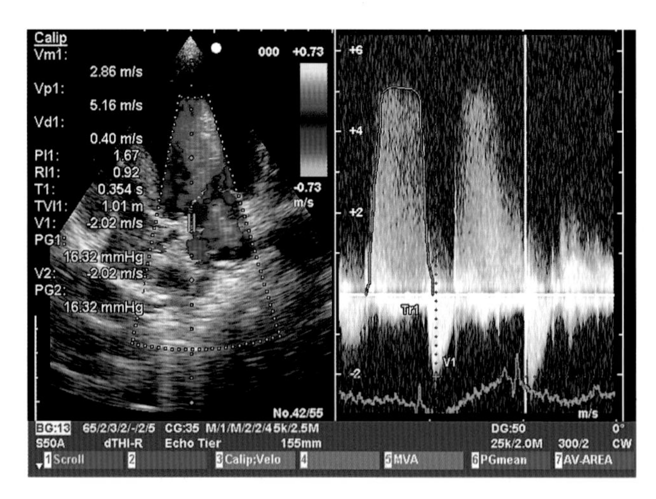


**图10.6g** 拳师犬（母，2岁）。明显的主动脉狭窄和重度关闭不全。彩色多普勒二维超声。左侧5腔心尖位。整个舒张时重度的主动脉关闭不全，测得的左心室血流速度为5.16m/s。收缩期主动脉流速为2.01m/s，轻度升高

## 10.7 肺动脉狭窄

瓣膜狭窄（发育异常或融合）最常见的形式是由于继发性肥厚导致漏斗状的收缩。原发瓣膜上或者单纯的瓣膜下狭窄很少见。

在牛头犬和拳师犬（其他品种犬少见）或许是由于单个冠状动脉起始部关闭引起的。肺动脉狭窄时法洛四联症一部分（见章节10.8）并且常合并有主动脉下狭窄（SAS，见章节10.5）及三尖瓣发育异常（TD，见章节10.10.2）。肺动脉狭窄导致肺灌注量减少。由于湍流形成，肺动脉干增粗，右心压力负荷增大导致向心性的肥厚。常继发右室流出道出现动力性的狭窄，肺动脉瓣或三尖瓣关闭不全，以及永存卵圆孔。

在德国犬类中，PS是第二常见的先天性心脏病，而在猫中出现相对较少。在Beagle和Keesh-ound区域占据了相当一部分。

与病变的严重程度以及从患者从无症状到有心灌注不全（不能耐受活动，呼吸困难，晕厥）。当存在严重的三尖瓣关闭不全时，右心衰首先出现i.d.R。

遗传倾向于比格犬和荷兰毛狮犬。在德国经常出现：西高地㹴犬和拳师犬。不同地方所描写品种不同。

临床检查没有特异性。紫绀提示可能有分流（室间隔缺损见章节10.2，房间隔缺损见章节10.1）。右心功能不全时可能会出现颈静脉阻塞和Aszites。脉搏通常没有异常，在病情很重的情况下才会出现减弱。

收缩期渐强到减弱的杂音，杂音最强点位于左侧第3肋间，有时向尾侧和右侧发散。有时还可以听到收缩期三尖瓣关闭不全杂音（右侧第4肋间）或者舒张期肺动脉关闭不全杂音（左侧第3肋间）。

中度到重度情况下可以显示明显的右心增大（在Ⅰ、Ⅱ、Ⅲ和aVF导联中出现深的S波；电轴右偏）（图10.7a）。

中度和中度狭窄时右心室增大。在后前位片上肺动脉（PA）扩张（图10.7b，c）。在极重的情况下，可以显示狭窄和变细的肺动脉和肺静脉。腔静脉扩张提示充血。

从左侧和右侧胸骨旁经胸部视图，有时经食管显示瓣膜。

**2DE/TM模式：**严重程度与多回声区的右室向心性肥厚相关，首先是在心内膜下和乳头肌（图10.7d）。右心房扩张。有时三尖瓣增厚，尤其是中隔部分瓣膜因为伴有三尖瓣脱垂或继发性三尖瓣关闭不全。左心室正常或变小。室间隔平坦。肺动脉瓣不同程度增厚，活动性减小。肺动脉狭窄后扩张。肌肉呈漏斗样收缩。

右室壁及室间隔肥厚（图10.7e），有时候左心室缩小。室间隔平坦。在横轴位上舒张期以及在病情很重情况下的收缩期室间隔都是平坦的（图10.7f）。肺动脉瓣不同程度的增厚和活动受限以及狭窄后肺动脉的扩张大多时候从右侧胸骨旁就可以观察到（图10.7g），同时经常显示肌肉呈漏斗样收缩。对瓣膜准确的评价还是从左侧胸骨旁比较好（图10.7h）。

**多普勒：**肺动脉瓣：在CFD图像上，瓣膜和漏斗部的湍流填充了肺动脉。借助CW多普勒超声从胸骨左侧检查大多数轻微或中度肺动脉关闭不全，狭窄处的最大流速，在特别严重的情况下也可以从胸骨右侧检查（图10.7j）。严重程度分级是根据血流速度大小：轻度=1.5～3.5m/s；中度=3.6～4.9m/s；重度≥5.0m/s。主动脉瓣：大多数情况下没有变化，有时由于室间隔的隆起出现流速轻度加快。二尖瓣：无特殊异常。三尖瓣：不同程度的三尖瓣关闭不全以及E/A比例倒置，提示右心室舒张功能异常。

**对比剂超声显像：**在卵圆孔持续性未闭或者房间隔缺损时（见章节10.1），对比剂可以从右心房进入左心房。如果室间隔缺损（见章节10.2）对比剂可以进入左心室。

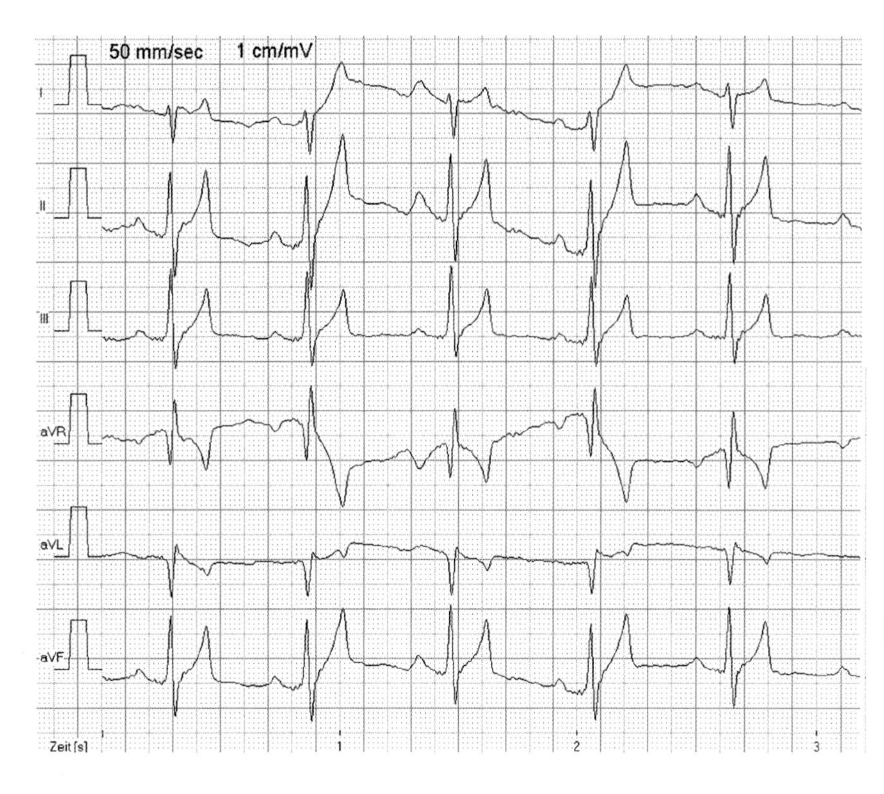


**图10.7a** 恩特雷布赫山地犬（母，2岁）重度肺动脉狭窄。在Ⅰ、Ⅱ、Ⅲ导联上出现明显的S峰。平均心电轴约130度并且电轴右偏

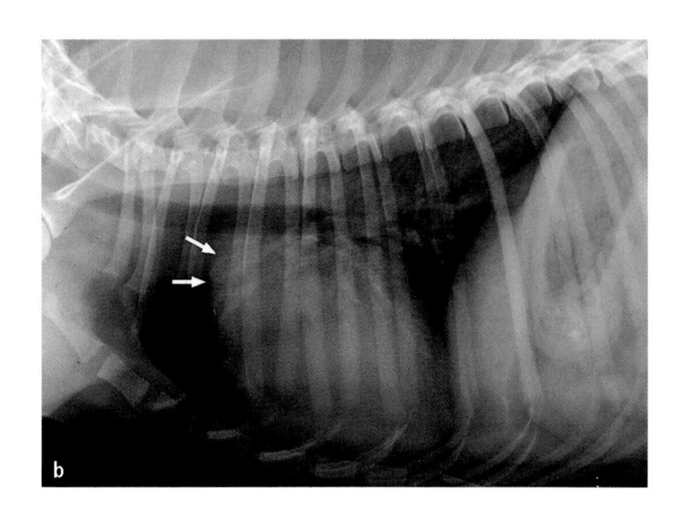


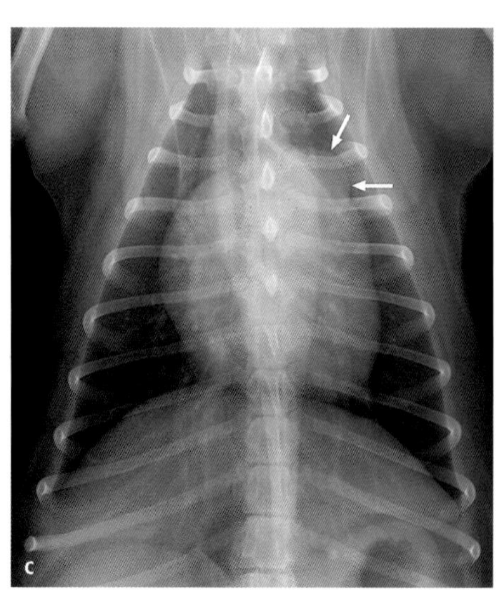


**图10.7b，c** 恩特雷布赫山地犬（母，2岁）重度肺动脉狭窄。胸部X线片。（b）右侧位片。右心明显增大（心尖部与胸骨大面积相连），肺血流量降低（动脉和静脉变窄）。（c）背腹位片。右心仅仅轻微增大，但是肺动脉干明显增宽（箭），同样在侧位片上也可以看见（箭）

**导管检查：**向右心室内注入造影剂：收缩期瓣膜呈穹窿样改变，有时候出现流出道梗阻，肺动脉干扩张（图10.7k）。选择性的冠脉造影对斗牛㹴犬和拳师犬或者超声心电图有疑问的是有意义的。通过伯努利方程计算的流速显示，在昏迷病人中收缩中期右心室和肺动脉之间压力差要比清醒病人低40%～50%。舒张末期右心室压力升高。心房压力记录显示明显的心房收缩波。

与疾病严重程度相关，预后可以很好或者中等，甚至发展到昏迷和猝死。

Rp! 轻度到中度狭窄要定期检查（3～6月）指导患者成年为止，以后最少每年一次检查。出现明显肥厚或伴有动力异常时，使用β受体阻滞剂。

如果出现腹水时，使用利尿剂。

如果是严重的瓣膜狭窄，建议使用球囊扩张（生存率超过95%，压力平均下降50%；图10.7k，l，m，n，o）。此后长期服用β受体阻滞剂减少漏斗部的狭窄。在三尖瓣高度关闭不全时，由于明显的三尖瓣增厚难以达到治疗效果。

以前的手术的方式是在心脏不停止搏动的情况下做单纯的瓣膜下成型术（Flag术或Concuit）或者做开放性心脏手术（见章节12）。

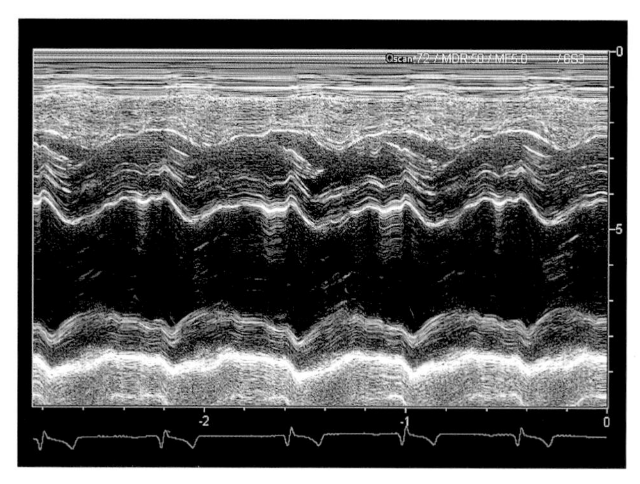

**图10.7e** 恩特雷布赫山地犬（母，2岁）重度肺动脉狭窄。在心室平面，右侧胸骨旁从长轴位TM。显示右侧心室壁增厚

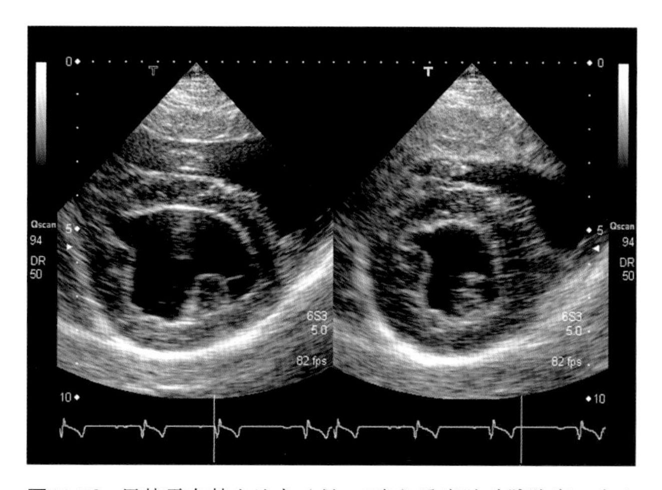

**图10.7f** 恩特雷布赫山地犬（母，2岁）重度肺动脉狭窄。在心室水平从右侧胸骨旁短轴位探测。舒张期时间稍扁，收缩期室间隔正常形态。右心室明显增厚

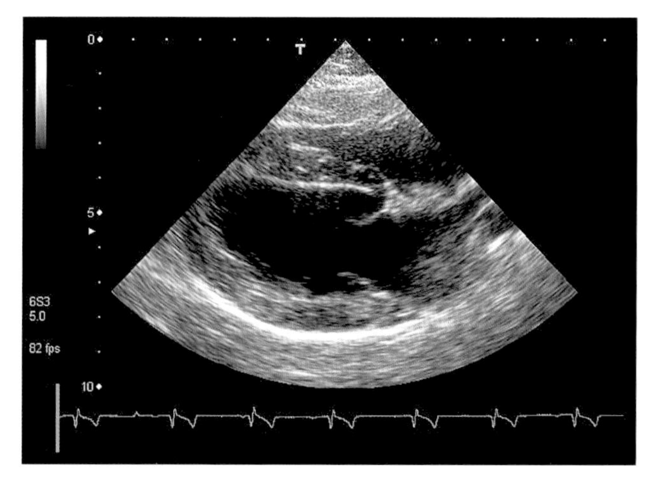

**图10.7d** 恩特雷布赫山地犬（母，2岁）重度肺动脉狭窄。右侧胸骨旁长轴位四腔心二维超声心动图。左心室和左心房小。右心室正常宽度，右心室壁明显增厚。右侧心房中度扩张

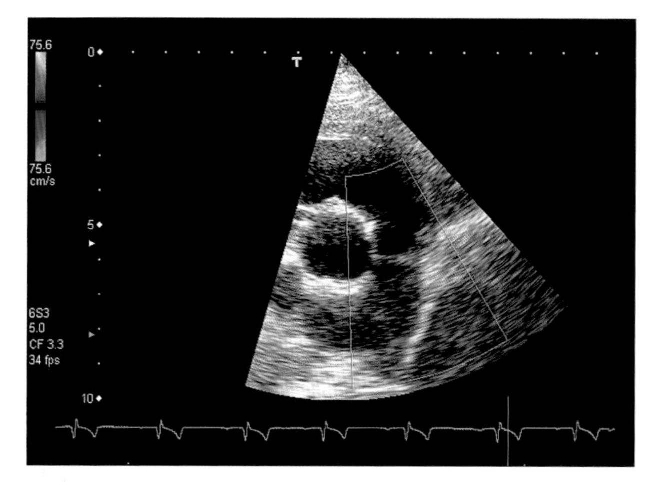

**图10.7g** 恩特雷布赫山地犬（母，2岁）重度肺动脉狭窄。在肺动脉瓣水平经右侧胸骨旁短轴位探测。肺动脉瓣轻度增厚。右室流出道没有显示明显受限。肺动脉干明显增宽

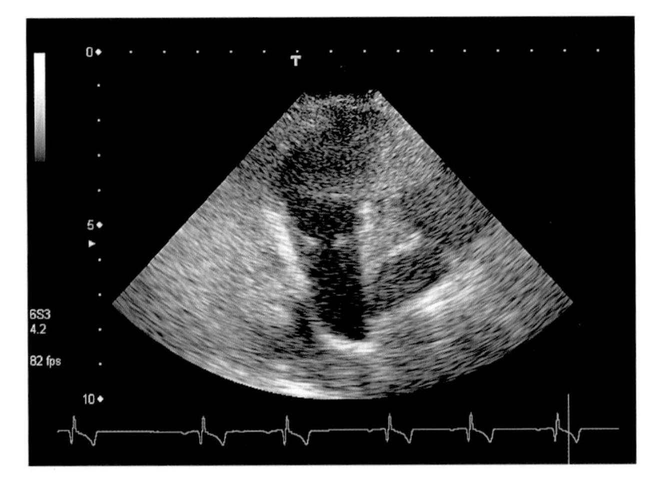

**图10.7h** 恩特雷布赫山地犬（母，2岁）重度肺动脉狭窄。在肺动脉瓣水平处，左侧胸骨旁头侧短轴位超声心动图收缩期图像。肺动脉瓣未完全开放，呈圆顶状

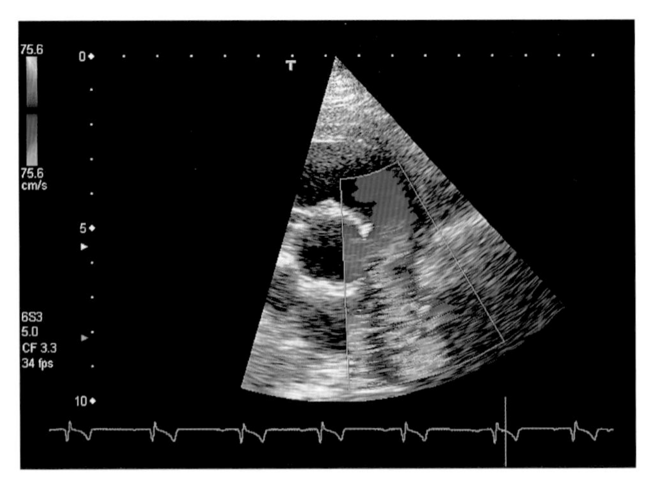

**图10.7i** 恩特雷布赫山地犬（母，2岁）重度肺动脉狭窄。右侧胸骨旁短轴位，彩色多普勒表示肺血流。右室流出道血流室层流，肺动脉瓣层面肺动脉干血流流出是湍流

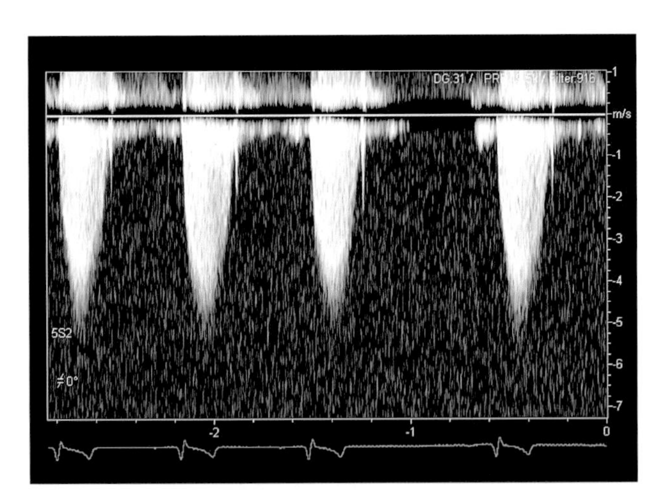

**图10.7j** 恩特雷布赫山地犬（母，2岁）重度肺动脉狭窄。胸骨旁右侧短轴位CW多普勒超声。CW多普勒信号显示最大速度约5.0m/s，这相当于压力差约100mmHg

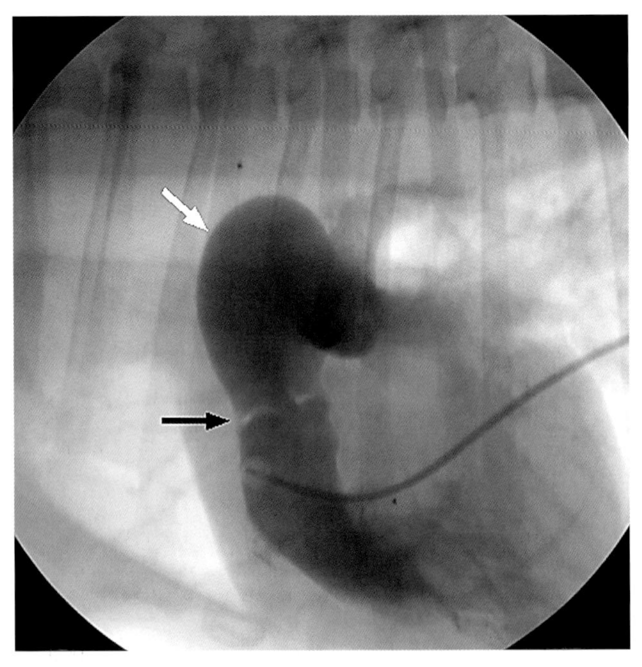

**图10.7k** 恩特雷布赫山地犬（母，2岁）重度肺动脉狭窄。右心室和肺动脉心血管造影。通过血管造影导管将造影剂注入右室流出道。肺动脉瓣（黑箭）轻度增厚，在收缩期不能完全开放。明显的肺动脉狭窄后扩张（白箭）

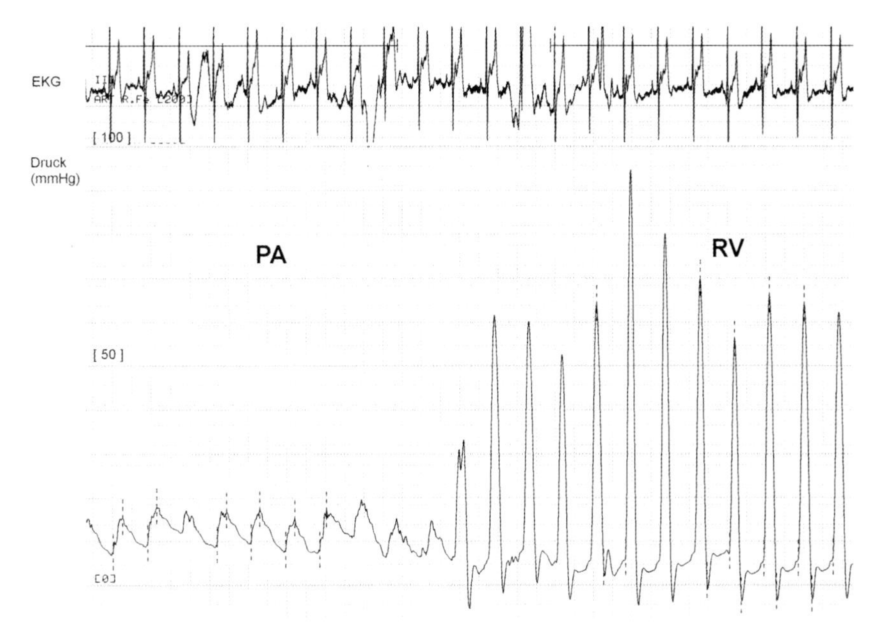


**图10.7l** 恩特雷布赫山地犬（母，2岁）重度肺动脉狭窄。球囊扩张前右心室的肺动脉压力曲线。在收缩期右心室与肺动脉之间的压力差明显，约50mmHg，在麻醉状况下这仅是多普勒梯度的一半（100mmHg，见图10.7j）

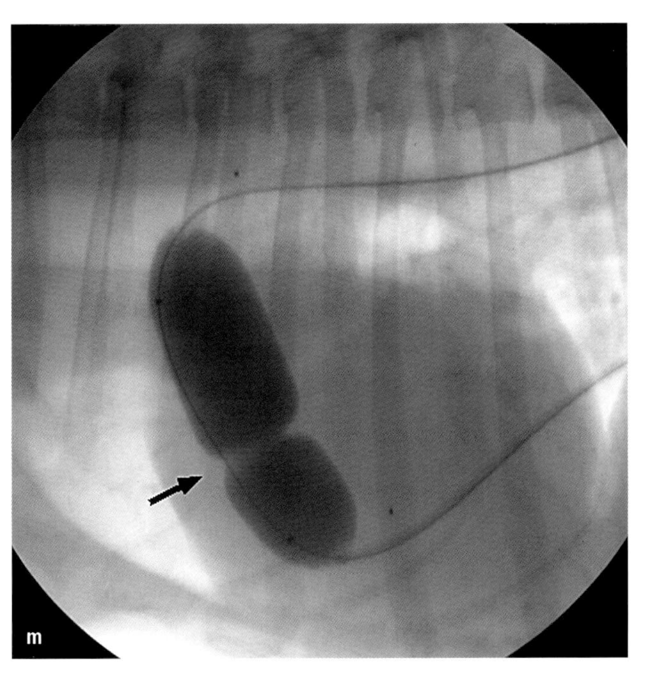


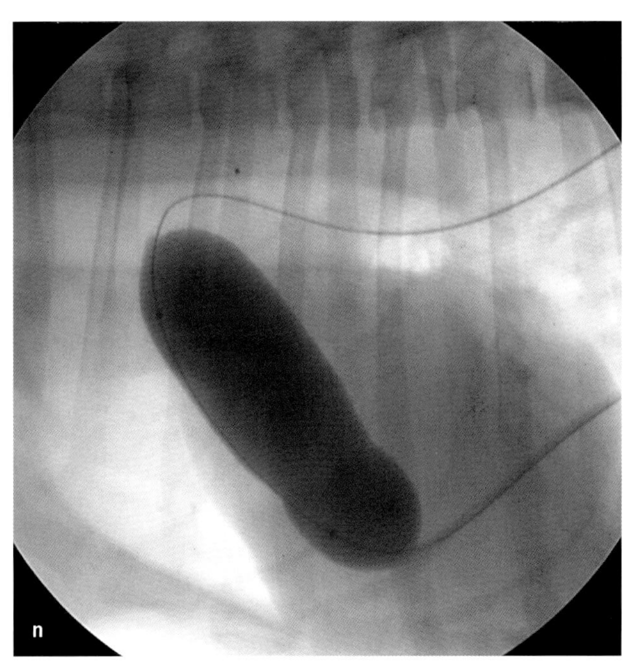


**图10.7m，n** 恩特雷布赫山地犬（母，2岁）重度肺动脉狭窄。肺动脉狭窄球囊扩张，中度和最大的球囊填充。扩张导管借助导丝从股静脉进入肺动脉。（m）填充球囊的缺损部位（黑箭）表示瓣膜狭窄的位置。（n）球囊最大填充时压力大约为3巴，缺损消失，仅仅在瓣膜口留下一点凹陷

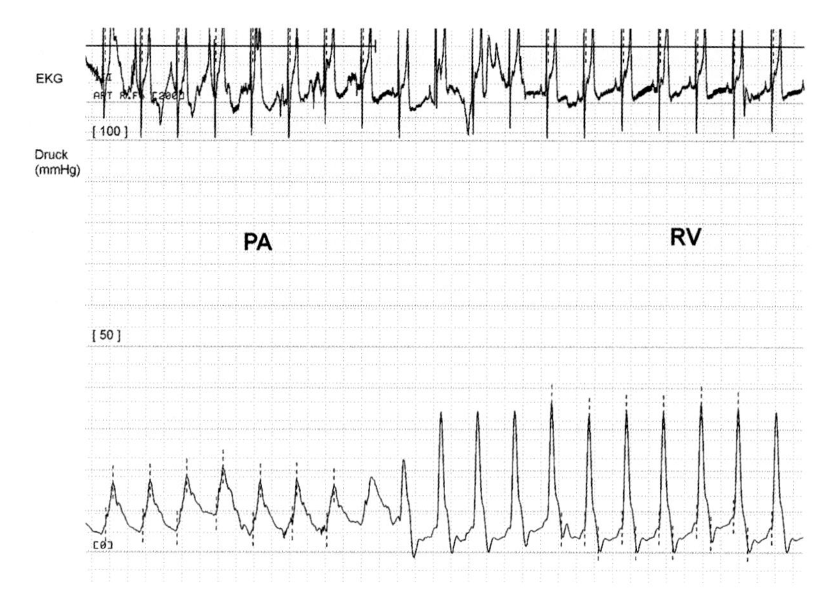


**图10.7o** 恩牧雷布赫山地犬（母，2岁）中度肺动脉狭窄。球囊扩张后右心室的肺动脉压力曲线。球囊扩张后10分钟，收缩期肺动脉和右心室之间的压力差明显减低，大约20mmHg。这种降幅大于50%，我们可以认为扩张效果较好

## 10.8 肺动脉瓣关闭不全

舒张期肺动脉瓣不完全关闭因为：原发的瓣膜形态改变（如畸形或两瓣型瓣膜）继发性改变（如肺动脉狭窄，见章节10.7.1）或肺动脉干增粗（如动脉导管未闭，见章节10.8）

肺动脉高压（如反转型动脉动脉导管未闭）

血流动力学结果：右心室容量负荷增加，严重关闭不全时出现离心性肥厚。很少诊断单纯的肺动脉瓣关闭不全，有时也有可能，因为它只能引起轻微的心脏杂音。肺动脉瓣关闭不全常合并有肺动脉瓣狭窄（见章节10.7.1），动脉导管未闭（见章节10.10）及肺动脉高压（如反转型动脉导管未闭）。

主要是基础疾病的症状，肺动脉瓣关闭不全发展到非常严重的程度是，出现充血性心力衰竭表现。

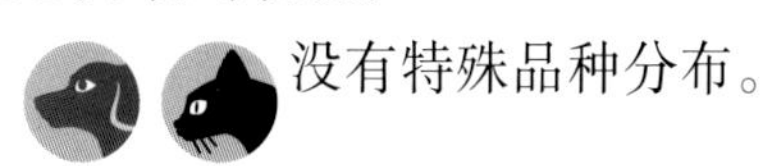

没有特殊品种分布。

非常严重情况下出现颈静脉堵塞及腹水。

左侧第3肋间隙可以听到由强到弱的舒张期杂音。听诊经常不能诊断，因为正常肺动脉干噪音很小，与并发的动脉导管产生的杂音相互重叠在一起。只有在非常严重的关闭不全或者明显的肺动脉高压（如rPDA）时才能听到。在合并肺动脉狭窄时，有时会出现来回的杂音，必须同动脉导管未必产生的连续性的杂音鉴别开来。

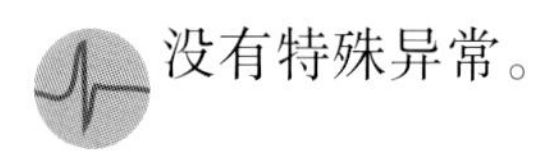

没有特殊异常。

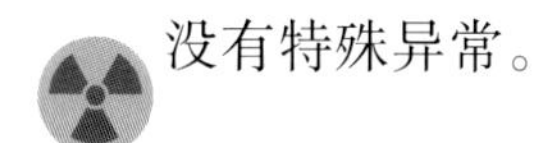

没有特殊异常。

从右侧和左侧胸骨旁经胸部检查。

**2DE/TM模式：**右心室离心性肥厚，有心房轻度扩张。

**多普勒：**肺动脉瓣：心室内舒张期返流：通常层流及最大速度2.2m/s；与此相反，在肺动脉高压时，流速较快并且常常是湍流。彩色的喷射带越宽越长以及舒张期返流速度下降越快，关闭不全程度就越重（图10.8a，b）。当然后者也受到其他因素影响如右心室的延展性。其余的瓣膜没有异常改变。

除了非常严重病变，大多时候预后较好。

在右心充血时，使用利尿剂和ACE抑制剂。

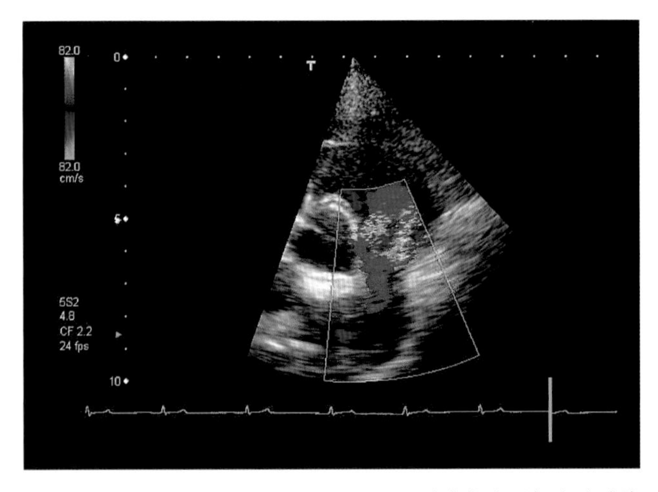

**图10.8a** 恩特雷布赫山地犬（母，2岁）球囊扩张后轻度肺动脉狭窄和中度肺动脉关闭不全。胸骨旁右侧短轴位彩色多普勒超声肺血流图像。在舒张期图上显示肺动脉瓣两处小的关闭不全性的喷射

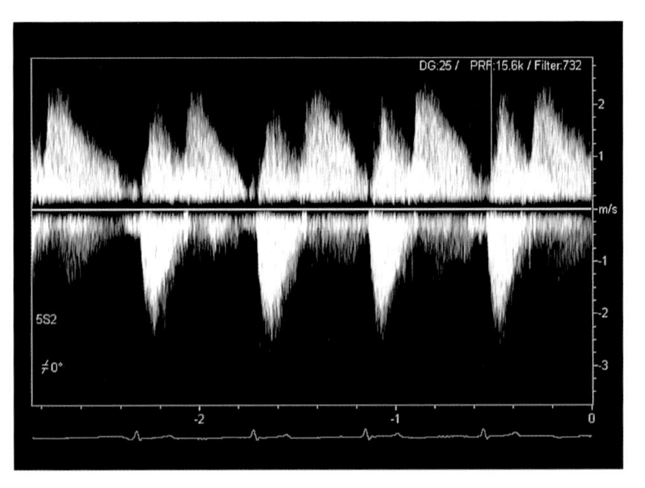

**图10.8b** 恩特雷布赫山地犬（母，2岁）球囊扩张后轻度肺动脉狭窄和中度肺动脉关闭不全。右侧胸骨旁短轴位CW多普勒超声图。在收缩期由于轻度狭窄血流加速约2.5m/s（=25mmHg）。在舒张期右心室（肺动脉关闭不全）内的血流速度降低；这提示存在严重的关闭不全，由于肥厚的右心室的延展性降低

## 10.9 法洛姓四联征（FT）

非常少见的结构异常，漏斗部和/或肺动脉瓣狭窄合并大的室间隔缺损（VSD，见章节10.2）和主动脉骑跨以及明显的继发性右心肥厚。右心肥厚可以加重漏斗部狭窄。由于流出道明显狭窄，出现具有特点的右向左分流型室间隔缺损。由于静脉血进入体循环，导致紫绀。在非紫绀型中（Pink Fallot），漏斗部狭窄轻微，而导致做向右分流型室间隔缺损。法洛四联症在一些情况下，产生一种多酶，引起促红细胞生长素升高。

生长减慢，紫绀，呼吸急促和呼吸困难，负荷能力减低，不安，晕厥，猝死。

由于这种疾病较少见，因此分布不是很广，但是仍可以出现在㹴犬，英国斗牛犬和DSH等犬的品种中。在美国基斯犬中，已经证明了遗传性瓣膜异常是多种基因的表现。

紫绀，呼吸急促及呼吸困难，晕厥，根据分流形式的不同出现左心和/或右心功能不全的征象。

可以听到由渐高到渐低的杂音，肺动脉瓣处最明显，向尾侧呈带状传导，经常在右半胸廓能听到，尤其是在>>Pink Fallot<<中（听诊能够发现，但是不能用来作为鉴别诊断）。

常出现心电轴右偏（图10.9a）。可能出现心率失常，但是很少见。

根据右心肥厚的程度不同，或多或少会出现右心增大，心尖圆顿。狭窄后扩张时，会出现肺动脉段增宽，而在其它情况下没有特殊异常。肺动脉严重狭窄时，肺血流灌注量低（图10.9b）。

**2DE/TM模式：**骑跨的主动脉和室间隔之间见大范围的无回声区（图10.9c，d）。右心室肥厚，增大（图10.9e）。右室流出道狭窄，肺动脉瓣或漏斗部狭窄（图10.9f）。

**多普勒：**在CFD和常规多普勒上出现跨室间隔的喷射（图10.9g，h）。确定肺动脉狭窄的严重程度（见章节10.7）。

缺氧。在一些情况下出现多酶，和相关的促红细胞生成素增高。

不好。

β受体阻滞剂，出现多酶时采用静脉切开引流血液，对于人类大多数情况下采用手术或介入治疗方法。在犬中采用球囊扩张肺动脉狭窄，也显示有良好的效果。

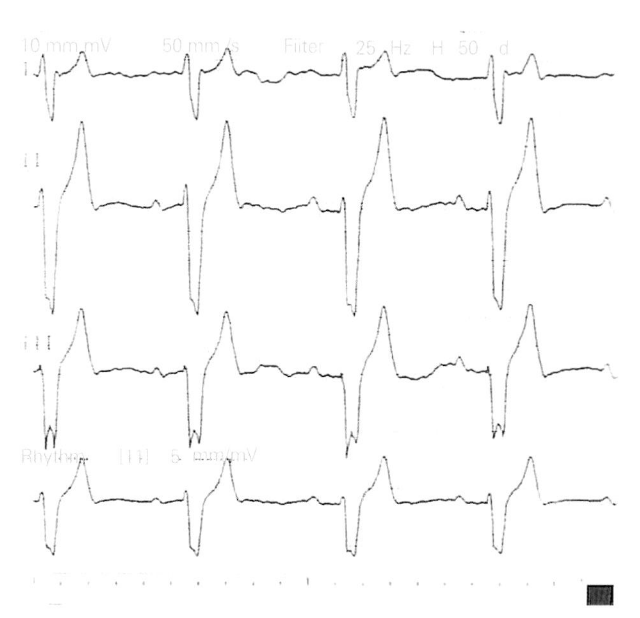

**图10.9a** 洛威犬（公，8月）患有法洛四联症。心电图。埃因霍温Ⅰ～Ⅲ导联（出纸速度50mm/s，1cm刻度=1mV）。右束支传导阻滞

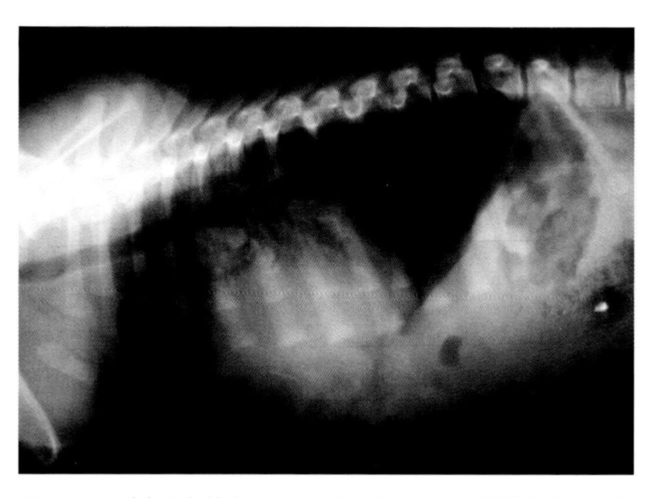

**图10.9b** 霍夫瓦尔特犬（母，4月）患有法洛四联症和腹膜心包膈膨出。X线片。部分肝脏在心包内，心脏基底部血管阻塞以及尾侧重叠肺容量减少

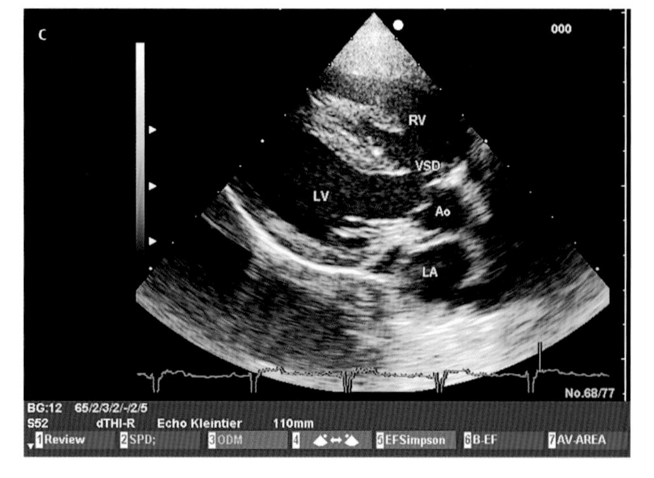


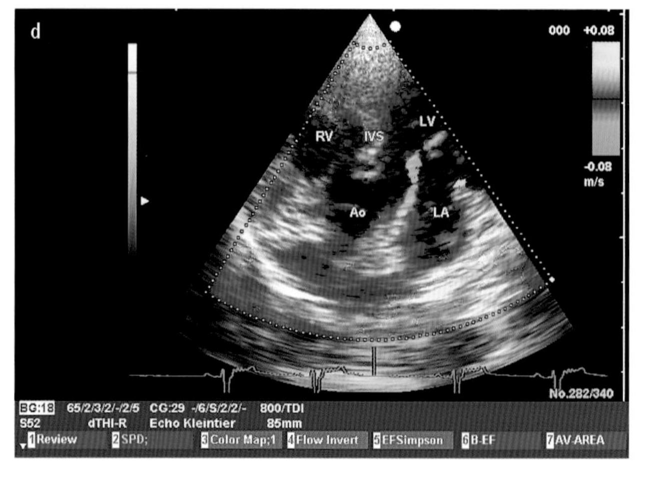


**图10.9c，d** 德国猎㹴（母，12月）患有法洛四联症。（c）右侧胸骨旁长轴位二维超声心动图。在室间隔近端和动脉间无回声区（VSD），右心肥厚。（d）TDI二维超声心动图，左侧心尖四腔心位。主动脉骑跨

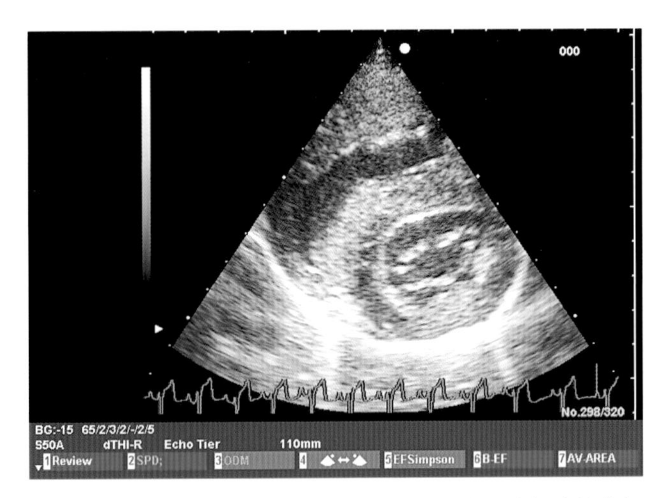


**图10.9e** 洛威犬（公，8周）患有法洛四联症。右侧胸骨旁短轴位二维超声心动图。右心肥厚，伴二尖瓣关闭不全（Fishmaul Konfiguration）

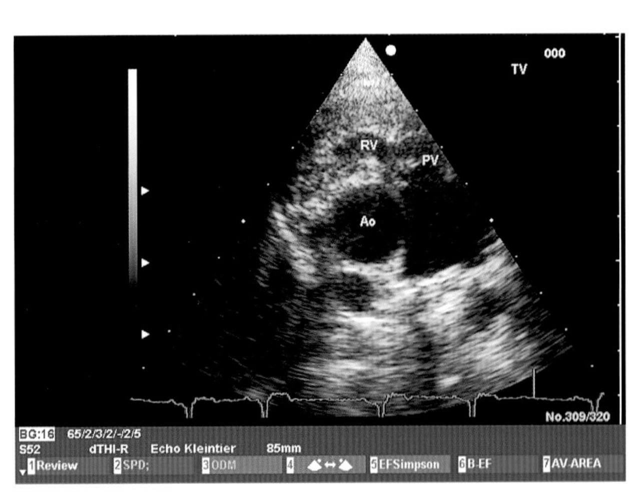


**图10.9f** 德国猎狮（母，12周）患有法洛四联症。左侧短轴位二维超声。肺动脉瓣狭窄。右心肥厚

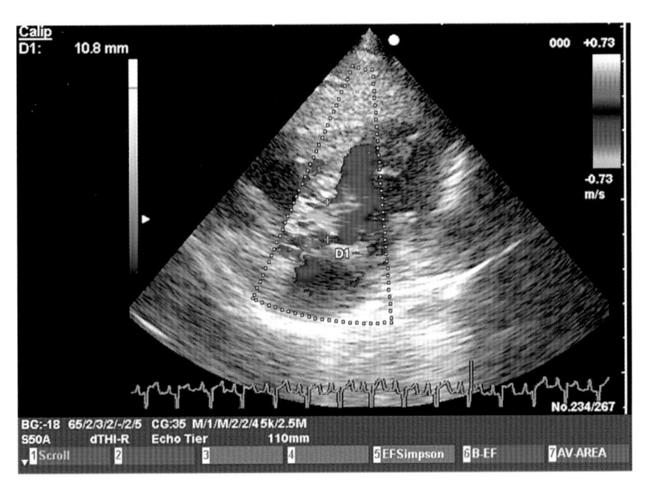


**图10.9g** 霍夫瓦尔特犬（母，4月）患有法洛四联症和腹膜心包膈肌膨出。左侧四腔心尖部彩色多普勒。室间隔缺损，右向左分流

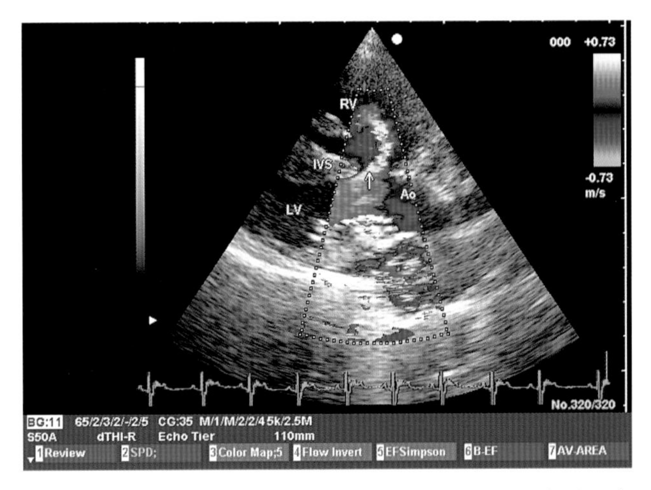


**图10.9h** 德国猎狮（母，12周）患有法洛四联症。右侧胸骨旁长轴位彩色多普勒。室间隔缺损伴左向右分流，右室流出道狭窄

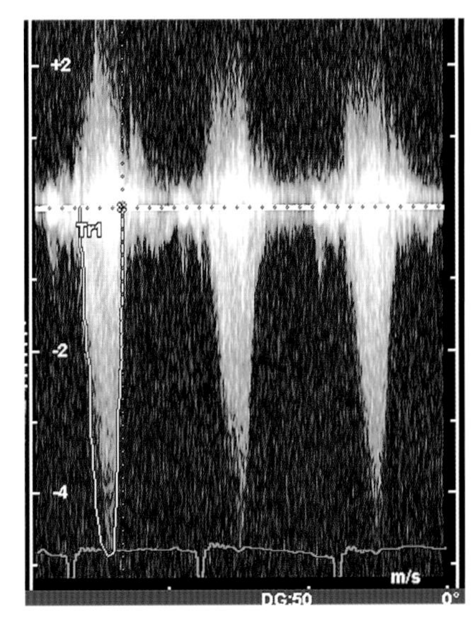


**图10.9i** 洛威犬（公，8周）患有法洛四联症。肺动脉CW多普勒超声。狭窄导致血流流速上升，大小约4.9m/s

## 10.10 动脉导管未闭

### 10.10.1 左向右分流型动脉导管未闭

由于动脉导管壁肌肉组织减少，导致胚胎时期肺动脉干和降主动脉之间的交通在出生后持续存在（图10.10.1a）。由于出生后动脉压升高，出现主动脉向肺动脉的左向右分流。在肺动脉压正常情况下，分流的血液通过肺流入左心内，导致容量负荷增大，进而导致肺淤血。左心逐渐长生离心性肥厚（心室扩大而心室壁正常厚度），做心房扩大。在较严重情况下，由于左心室扩大而产生继发性的二尖瓣关闭不全，这进一步加重了左心房扩大以及肺淤血。

作为鉴别诊断在血管方面很少考虑其它类型的左向右分流，如主肺动脉窗和主肺动脉旁。后者有时候在超声心电图上也不能同动脉导管未必区分开，所以必须进行血管造影。

长期无症状，随后出现左心功能不全的症状（负荷能力减低，呼吸急促，咳嗽）。

在德国，犬动脉导管未闭居先天性心脏病第三位，居有分流的心脏病第一位。在猫中很少见。一种多基因遗传通过所谓的阈值模型在长卷毛犬中得到证实。在不同地方德国牧羊犬的发病率高。在到德国近几年来，波兰平原牧羊犬的发病率也在上升，因此建立了一个繁殖调查。母性动物的发病率是公的2～3倍。

根据导管的大小和患者的年龄，除了心脏杂音外没有其它临床发现。中等大小和大的动脉导管未闭时，常出现脉搏急促，频率增加。心率过快时，可能会出现脉搏细弱。不同程度的混合性呼吸困难。终末期，消瘦虚弱以及少量腹水可能伴有心房颤动。

最显著的临床表现：渐强和减弱的持续性心脏杂音（机械样杂音），在左侧心底部最清晰。杂音在舒张期有时仅仅局限在心底部，以至于只能在收缩期心尖部才能检查到杂音。这种杂音有时候和继发性二尖瓣关闭不全产生的杂音重叠在一起。大多数在心前区存在嗡嗡的杂音。

在猫，仅有三分之一出现收缩期心脏杂音及很少有心前区嗡嗡的杂音。鉴于繁殖调查，在犬中个别情况下出现导管杂音非常小或听不到的情况。

大多数患者窦性心率过快，有时也出现心房颤动或者室性期前收缩（图10.10.1.b）。最常见的心电图异常是左心房（宽大的P波）和左心室增大（在Ⅱ、Ⅲ、aVF导联和左胸壁导联中R峰的振幅增大，图10.10.1c）的征象。

X线片上的异常包括不明显的左心增大到严重的左心充血性改变。典型的左心房和左心室增大，在侧位片上可能误以为是右心室增大（高且非常宽大的心影，图10.10.1.d）。在后前位片上。大约50%的患者显示主动脉弓（12点到一点方位）和肺动脉干（2点方位）及左心耳（3点方位）。几乎在所有的病患中，位于导管出口范围的降主动脉都有不同程度的明显扩张（图10.10.1e，f）。由于分流产生的高血压，导致肺动脉和肺静脉扩张，进一步发展肺静脉会进一步增粗，和肺动脉差不多粗，产生明显的肺水肿。

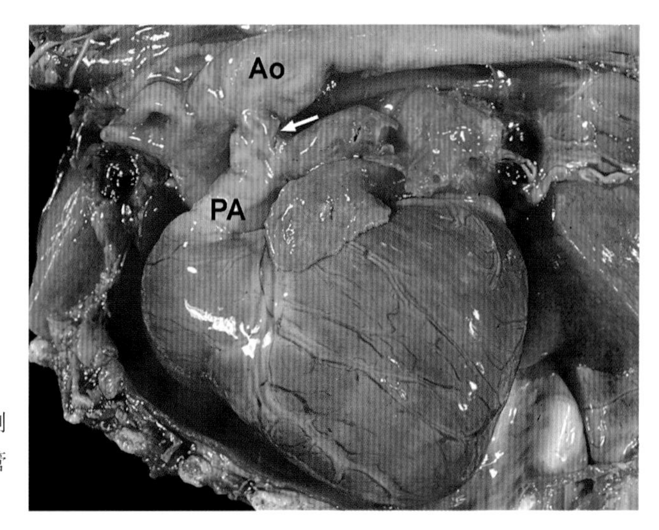


**图10.10.1a** 德国牧羊犬（母，2岁）动脉导管未闭。标本部分制作。（Justus Liebig大学的动物病理研究所）。大导管（箭头所示）连接降主动脉和肺动脉干

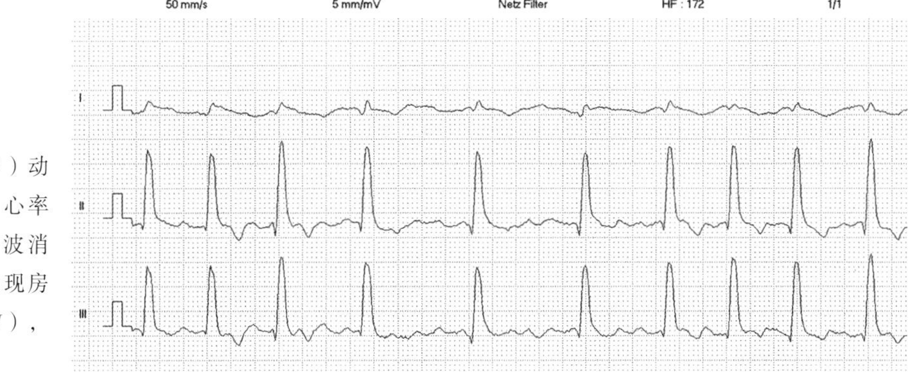


**图10.10.1b** 德国牧羊犬（母，7.5岁）动脉导管未闭。心电图。心率过快以及心率失常，P波消失。这些一起会导致出现房颤。R峰值偏高（3.0mV），QRS波增宽（0.08s）

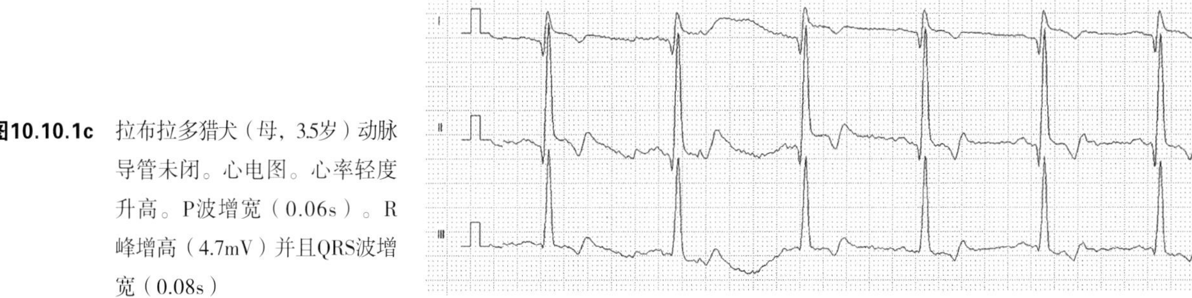


**图10.10.1c** 拉布拉多猎犬（母，3.5岁）动脉导管未闭。心电图。心率轻度升高。P波增宽（0.06s）。R峰增高（4.7mV）并且QRS波增宽（0.08s）

经胸廓探测，有时在导管介入过程中经食管探测。

**2DE/TM模式：**超声心电图的异常改变程度与分流的大小和患病的时间长短及继发性改变相关。

大部分出现左心室扩大，但室壁厚度正常（离心性肥厚）。左心房增大，与左心室比较程度稍轻（图10.10.1g）或同等程度（图10.10.1h）。在严重的心室扩张时经常继发二尖瓣关闭不全，这进而导致左心房严重扩张（图10.10.1i）。长期二尖瓣关闭不全，二尖瓣瓣膜底部增厚而且很难和二尖瓣发育不良鉴别开（见章节10.10）。左心室的直径不仅在舒张期增大而且在收缩期也会增大，因此心肌缩短分数正常或（在负荷性心肌病时）稍偏低（图10.10.1j）。在二尖瓣关闭不全同时，出现室间隔运动过度伴有缩短分数值处于高位的正常值到高值（图10.10.1k）。由于肺动脉干增粗引起湍流，动脉导管从深部进入分叉口的近端（图10.10.1l）。从右侧显示和测量动脉导管，但是从左侧胸骨旁，肺动脉和主动脉之间头侧显示更好（图10.10.1m）。大多数可以看见主动脉壶腹部和肺动脉峡部。

**多普勒：**彩色多普勒显示动脉导管内的层流和肺动脉干内湍流，大多到达肺动脉瓣处（图10.10.1n）。

**CW：**收缩晚期最大流速约5m/s（T波），在舒张期测得的流速下降（>4.0/s，图10.10.1o）。如果平行探测，血流速度缓慢提示早期肺动脉高压。肺动脉瓣：由于动脉导管血流，可能很少观察到单纯的肺动脉血流。常有轻到中度的肺动脉瓣关闭不全。主动脉瓣：由于分流血量导致做心室容量增加，以及主动脉层流速度加快（达到3.5m/s），而且常有轻度主动脉关闭不全。二尖瓣：二尖瓣处血流速度增加，以及继发二尖瓣关闭不全。三尖瓣：三尖瓣处血流一般情况下没有特殊改变。

**导管介入检查：**压力的改变与动脉导管的大小和发病时间的长短有关。在收缩压升高或正常时，舒张压降低，左心室舒张末期和肺动脉瓣闭合压力升高以及肺动脉压升高。借助测氧器测量，结果显示与右心房和右心室相比较，肺动脉干内的氧含量升高，并可以通过菲克法对分流进行定量计算。

应该在降主动脉起始部注射造影剂，因为如果在升主动脉注射造影剂会使主动脉和未闭的动脉导管进入肺动脉入口处产生重叠。动脉导管未闭大多时候显示较长，有时也显示较短，以及显示导管壶腹部和肺动脉脉狭窄段（按照Krichenko的分型 E型或A型）。其他类型像动脉导管未闭伴有主动脉狭窄（B型），无狭窄（C型）或少见的伴有更多的狭窄部（D型）。因为一般不存在狭窄部，早期应用血管造影对导管的测量很重要。

导管未闭缺损大的患病动物预后差，最近研究显示60%患病动物在确诊后一年内死亡。非常小的缺损可以长期存活而无察觉，然后随着年龄增大就出现问题。导管闭合后，预后好。

Rp! 存在肺淤血时采用利尿剂和血管紧张素酶抑制剂。在进展期病例中使用正性强心要是有意义的。要想长期预后变好，必须使导管闭合。通过有经验的外科医生进行外科结扎可以获得较高的成功率（约95%），但是对于有充血性心力衰竭的患病动物明显要差些（大约60%）。最常见的并发症是术中出血。尽管结扎了，但是在犬中仍然有20%～45%通过彩色多普勒检查发现轻度的残余分流。

作为另外一种治疗方法，近些年来通过导管用金属线或其他植入物封闭未闭的动脉导管的方法流行起来（图10.10.1.r.s）。成功率与未闭导管的大小有关，采用商用的金属螺旋线（0.038英寸）治疗小的（≤2.5mm）和中等大小的（2.6～4.0mm）导管未闭的病例成功率将近100%。对于大的动脉导管未闭，可能需要采用其它工具（如，阿姆普拉泽导管闭合器），或者固定的金属螺旋线，以及正在开展中的工具。

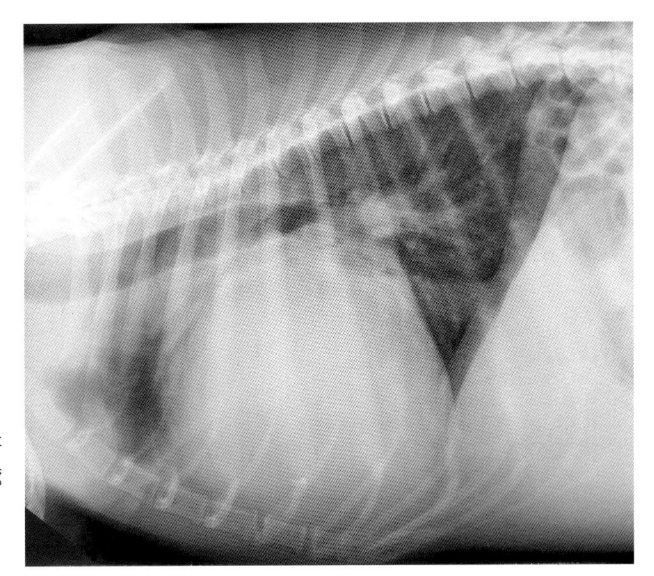

**图10.10.1d** 德国牧羊犬（母，7.5岁）动脉导管未闭。X线片。侧位（右侧）。心脏轮廓向上像肿块样增大，心尖位于胸骨处。左心房明显增大。肺门周围肺水肿

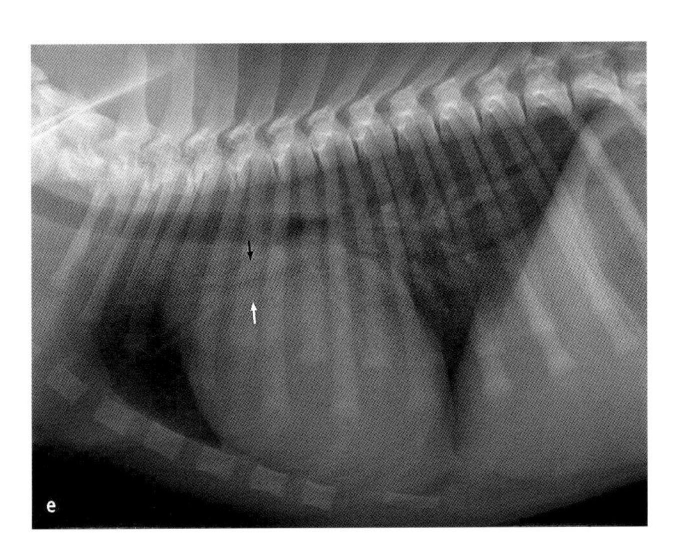


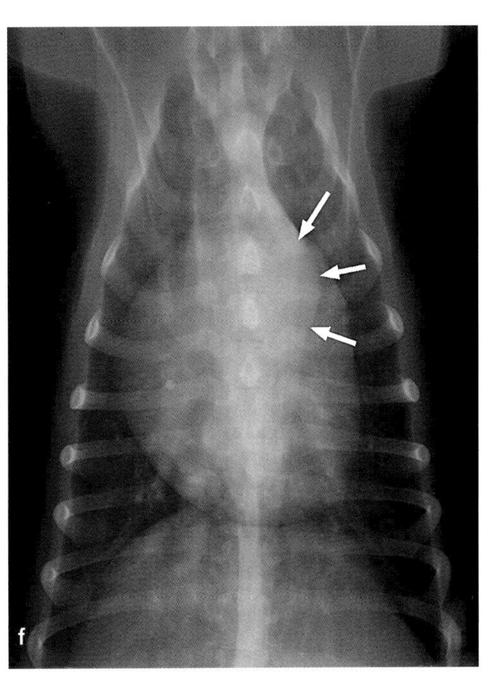


**图10.10.1e，f** 澳洲牧羊犬（公，4月）动脉导管未闭。X线片（e）侧位（右侧）。左心室（增高，增宽）和左心房明显增大。肺动脉（黑箭）和肺静脉（白箭）同层度增大，肺门周围阻塞。（b）背腹位片。球形心脏。降主动脉在动脉导管起始部明显增宽（白箭）

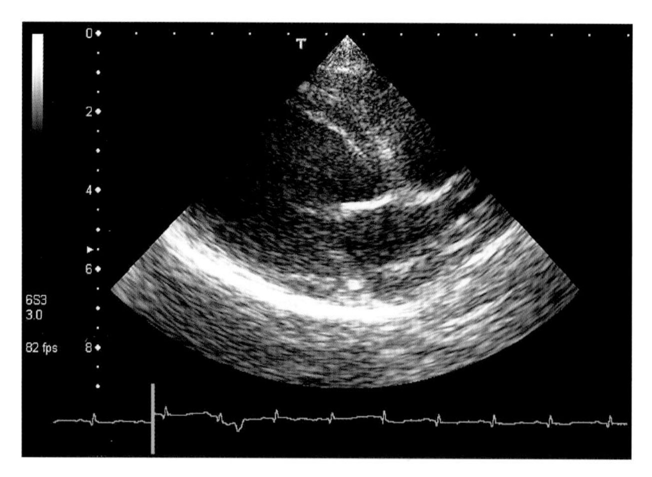

**图10.10.1g** 澳洲牧羊犬（公，4月）动脉导管末闭。右侧胸骨旁四腔心长轴位二维超声心动图。左心室和左心房同程度扩大

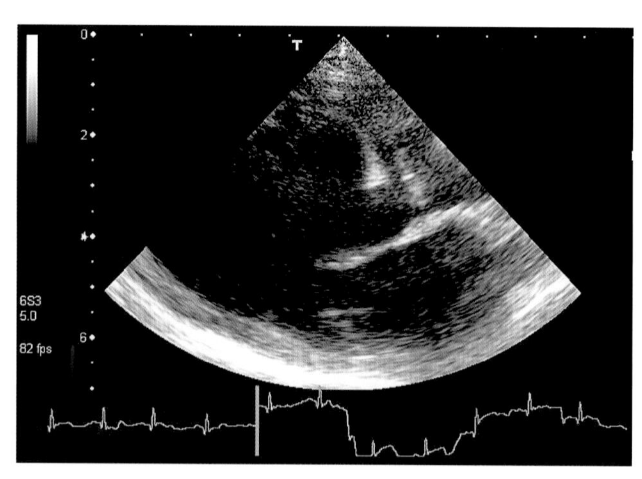

**图10.10.1h** 比利时牧羊犬（母，8个月）动脉导管末闭。右侧胸骨旁四腔心长轴位二维超声心动图，左心房及左心室均扩大

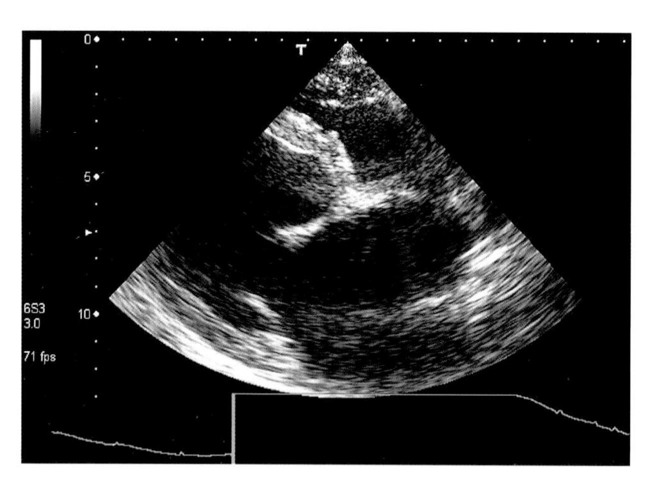

**图10.10.1i** 德国牧羊犬（母，7.5岁）动脉导管末闭和重度二尖瓣关闭不全。右侧胸骨旁长轴位四腔心二维超声。左心房较左心室扩张明显

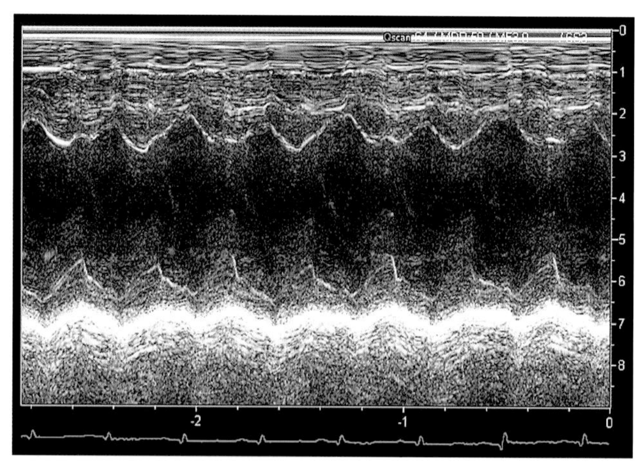

**图10.10.1j** 澳洲牧羊犬（公，4月）动脉导管末闭。在心室处右侧胸骨旁长轴位TM超声。舒张期左心室高于平均值约40%，收缩期高于平均值约50%。射血分数低于正常值32%

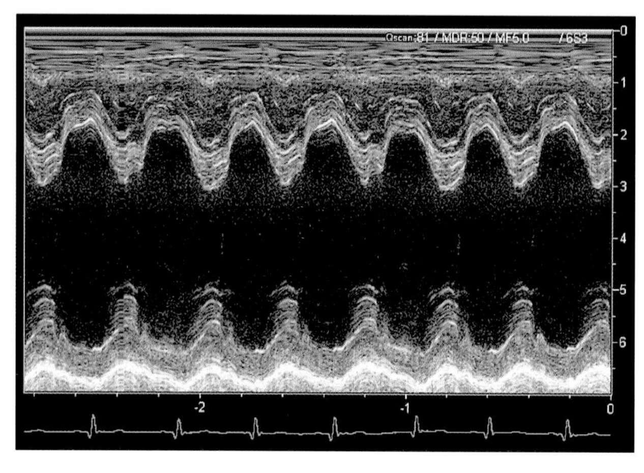

**图10.10.1k** Groenendale（母，8周）动脉导管末闭。在心室处右侧胸骨旁长轴位TM超声。舒张期左心室高于平均值约90%，收缩期高于平均值约80%。射血分数高于正常值39%

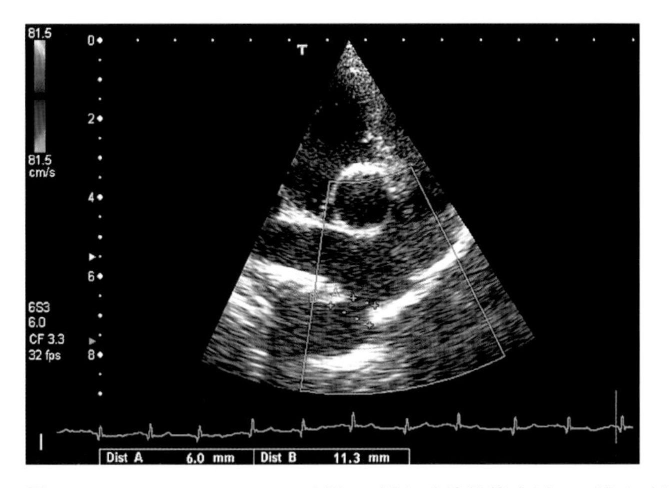


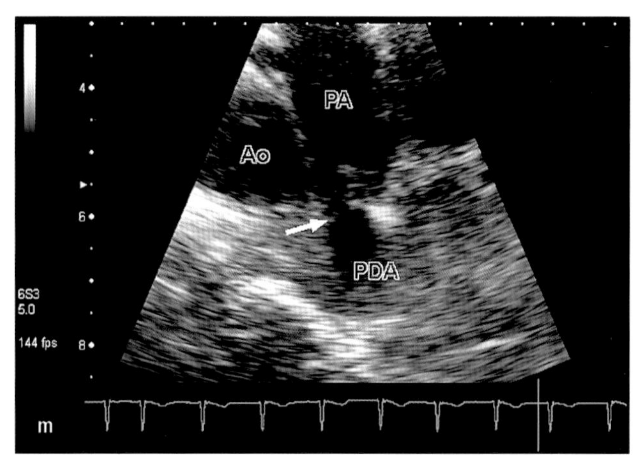


**图10.10.1l，m** Groenendale（母，8周）动脉导管未闭。二维心动图测量导管。（l）在血管干水平右侧胸骨旁横轴位。肺动脉干明显比主动脉宽，右侧肺动脉分支也扩张，动脉导管未闭在肺动脉干开放。它存在一个（测量点A）宽的基底部和一个向肺动脉（测量点B）移行的狭窄部。（m）左侧胸骨旁短轴位。主动脉和肺动脉之间的壁由于平行于超声波，不能显示。PDA存在一个基底部和一个向肺动脉移行的狭窄部（箭）

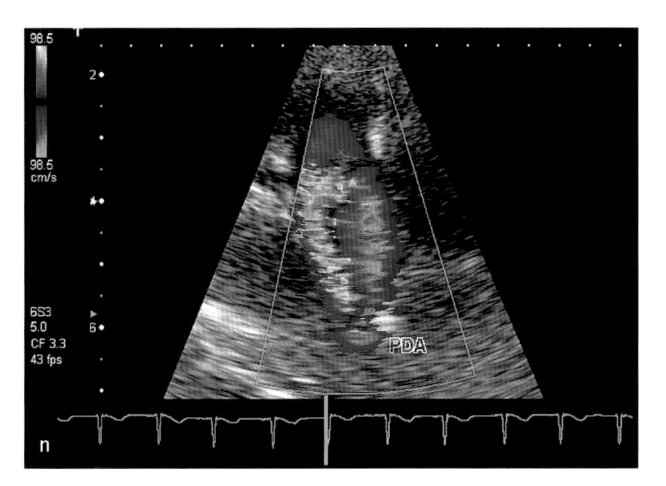


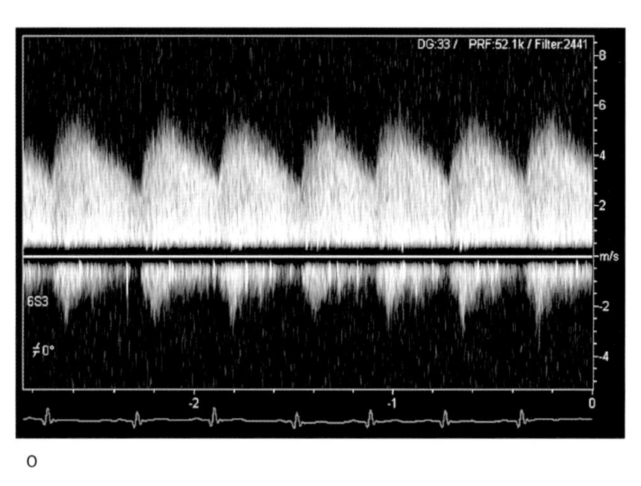


**图10.10.1n，o** Groenendale（母，8周）动脉导管未闭。（n）左侧胸骨旁短轴位彩色多普勒显示动脉导管未闭血流。在肺动脉出口出现湍流喷射，直到肺动脉瓣开放充分。（o）左侧胸骨旁头侧短轴位CW多普勒显示动脉导管未闭血流。在声头方向有连续的血流。在最大收缩期（大概在T波结束时），血流速度达到峰值约5.5m/s而在过度舒张期流速降低至3.5m/s。相对较大的流速差导致肺容量负荷增加，以及由此产生舒张期高血压

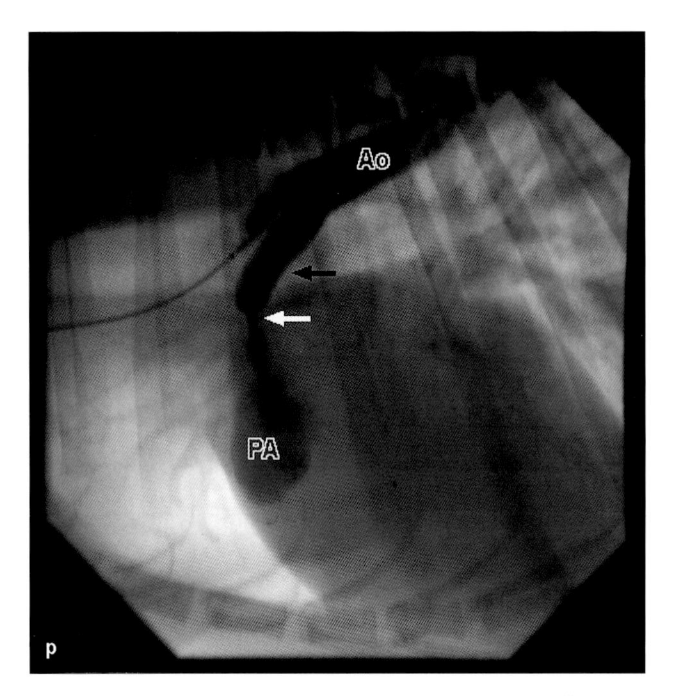


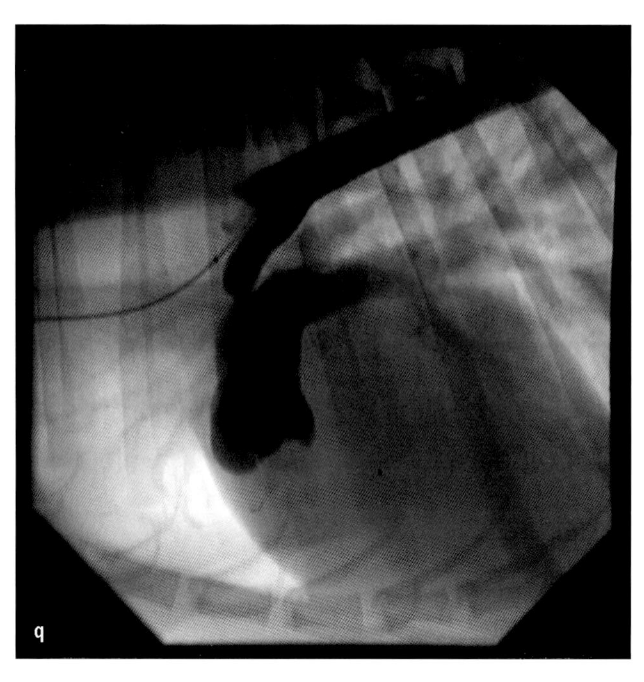


**图10.10.1p，q** 杂种犬（公，2岁）动脉导管未闭。弹簧圈栓塞治疗之前进行降主动脉血管造影，侧位片。经血管造影导管向降主动脉起始部注射造影剂。（p）早期可以看到大的动脉导管未闭的基底部（黑箭）及肺动脉的狭窄部（白箭）。导管内血流跨越肺动脉到肺动脉瓣。（q）后期图像。肺动脉明显扩张，导管狭窄部显示不明显

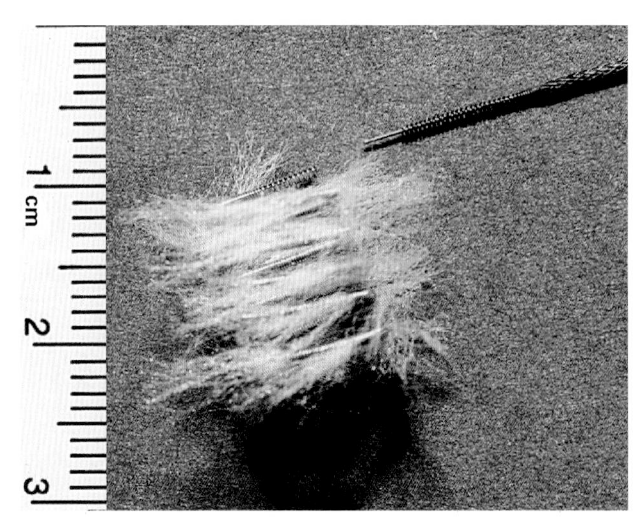


**图10.10.1r** 由于封闭动脉导管未闭的不锈钢金色圈（弹簧圈）。塑料光纤激活凝血可以快速起到封闭作用。这种弹簧圈与一个导丝连接在一起，如果第一次位置不好可以通过导丝再次放置。如果在正确位置上可以通过转动导丝释放弹簧圈

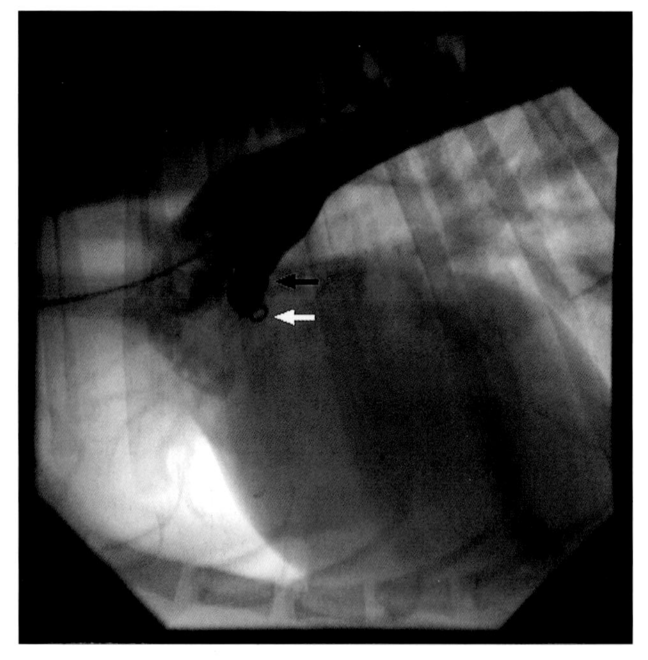

**图10.10.1s** 杂种犬（公，2岁）动脉导管未闭。瘫痪圈栓塞治疗后降主动脉心血管造影，侧位片。造影剂将以与图9.9p和q相同的量和速度注射进入降主动脉和导管壶腹起始部。没有造影剂进入肺动脉，这意味着导管完全封闭。将弹簧圈的一个卷旋至于肺动脉内，以防止其滑脱

### 10.10.2 右向左分流型动脉导管未闭（rPDA）

出生后开放的动脉导管同时伴有肺动脉高压时会导致在降主动脉的右向左分流，即所谓的反转型动脉导管未闭（rPDA）。由于血液含氧量降低，引起肾分泌促红细胞生成素增多，从而导致血红细胞升高。这导致血液粘度增加，一方面加重了组织缺氧（尤其是肢体远端）以及另一方面引起动脉血栓形成。肺动脉高压形成的原因有以下几点：

- 出生前高的肺动脉阻力的持续存在
- 由于肺异常导致的特发性肺动脉高压
- 大的左向右分流后分流反转（艾森门格效应）

右向左分流的动脉导管未闭，很少表现为正常的心脏，而且在犬中是排在第二位的容易发生紫绀的心脏疾病。

根据右向左分流的容量可以出现：呼吸短促，后足疲软，虚脱，抽搐。

动脉导管未闭的病患中大约有5%的病患发展成为右向左分流型，因此和左向右分流型的动脉导管未闭有相同的品种类型（见章节10.9.1）；反转型动脉导管未闭没有特异的品种分布特点。

下肢紫绀，头面部面膜充血或紫绀。激动时出现晕厥。

大多时候听不见心脏杂音，第二心音响亮或者分裂。有时候因为继发性三尖瓣关闭不全出现三尖瓣区收缩性心脏杂音。

红血球增多，学期分期显示动脉血缺氧。促红细胞生成素含量增高。

显示右心房增大（Ⅰ、Ⅱ和aVF导联上见到S峰）伴有电轴右偏（图10.10.2a）。同样可能会显示右心房增大（P波>0.4mv）。

在侧位和背腹位片上可见右室增大（图10.10.2b，c）。在背腹位片上一清晰观察到肺动脉干明显扩张。肺血管变化很大，从总体上变细到明显增宽。肺有时出现间质性变化。

超声：经胸部和腹部的动脉超声造影成像。

**2DE/TM模式超声：**左心室和左心房大多情况下增大，右心室向心性或偏心性肥厚，右心房常扩张（图10.10.2d）。在舒张期和收缩期间隔平坦（图10.10.2e）。肺动脉干明显增宽，动脉导管很难显示清晰，特别是和左肺动脉的分界不清（图10.10.2f）。多普勒：动脉导管血流很难显示清晰。收缩期大部分显示从肺动脉通过动脉导管的层流，在收缩早期出现短暂的反流（图10.10.2g，h，i）。肺动脉瓣：常出现肺动脉关闭不全，血流速度加快（大约4m/s）。主动脉瓣：无异常。二尖瓣：无异常。三尖瓣：常出现三尖瓣关闭不全，血流速度加快（5~6m/s）。

对比超声心动图：经静脉注射超声对比剂，首先经心间四腔心位排除心内的右向左分流（图10.10.2j，k）。然后再注射造影剂经腹主动脉背侧超声显像证实为心外的右向左分流（图10.10.2l，m）。

导管介入检查：右心室和肺动脉的压力和左半心的压力相同。降主动脉的含氧量明显低于左心室和升主动脉。在右心室和肺动脉干中注射对比剂，显示通过管状动脉导管的右向左分流（图10.10.2n）。虽然理论上也可以从外周静脉注射，不过实际应用中常从下肢静脉注射，以避免上腔静脉和动脉导管重叠（图10.10.2o）。

不好。

单纯的右向左分流情况下应是关闭动脉导管的禁忌症。治疗的目的是降低血液粘度（红细胞压积约 65%），可通过定期放血或者使用骨髓抑制剂来治疗。推荐采用抗血栓治疗（比如，乙酰水杨酸）。在医学上可以使用血管扩张剂（前列环素抑制剂和西地那非），这种方法在动物医学中目前正处于研究阶段。个别情况下，可以首先检查对肺动脉关闭时病人的反应，然后再根据情况决定是否进行双向关闭。

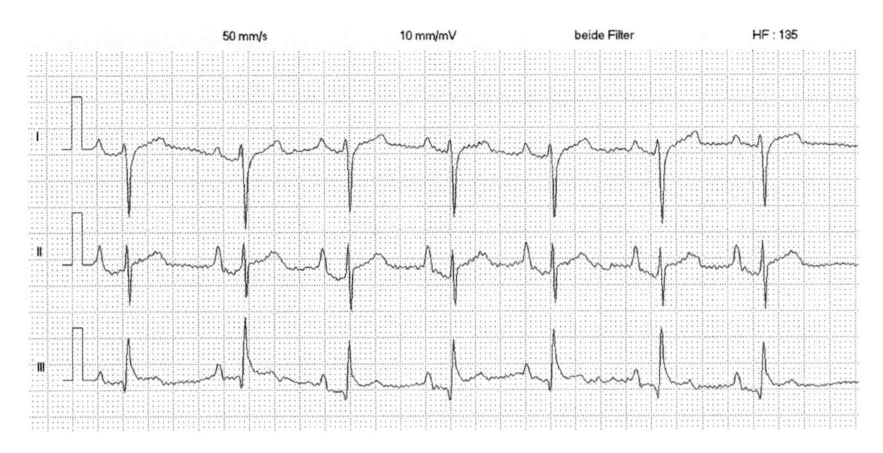


**图10.10.2a** 杰克拉西尔㹴犬（母，2岁）反转型动脉导管未闭。心电图。轻度的窦性心率过快（135次/分）。在Ⅰ和Ⅱ导联上S峰变深。P波轻度升高（0.4mV）并且变小

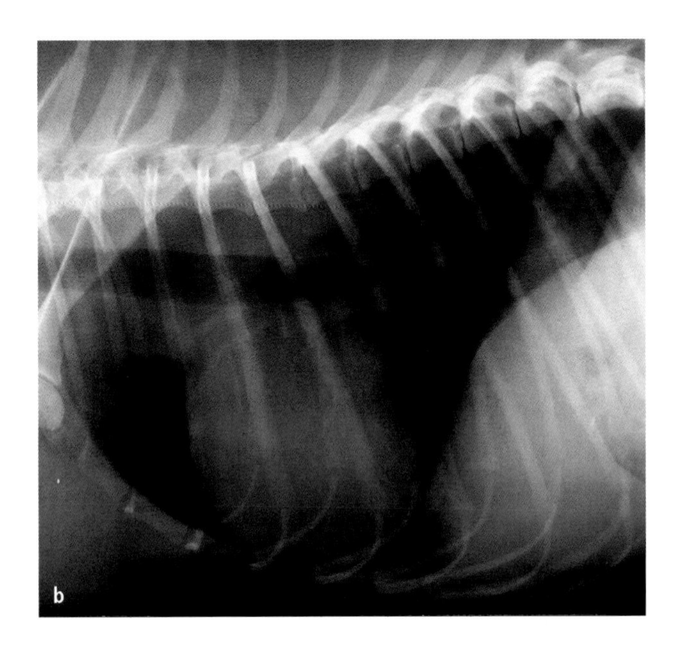

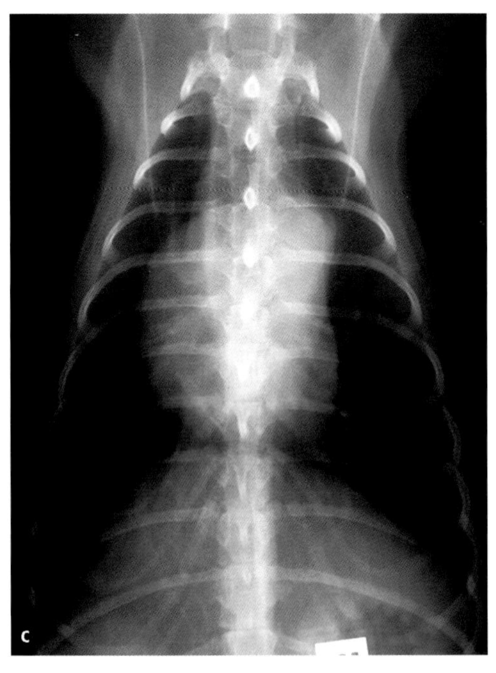

**图10.10.2b，c** 贵妇犬（公，2.5岁）患有反转型动脉导管未闭。（b）侧位片显示心影增大，心尖上翘，肺血管变窄。（c）背腹位片上显示右心明显增大以及肺动脉干扩张

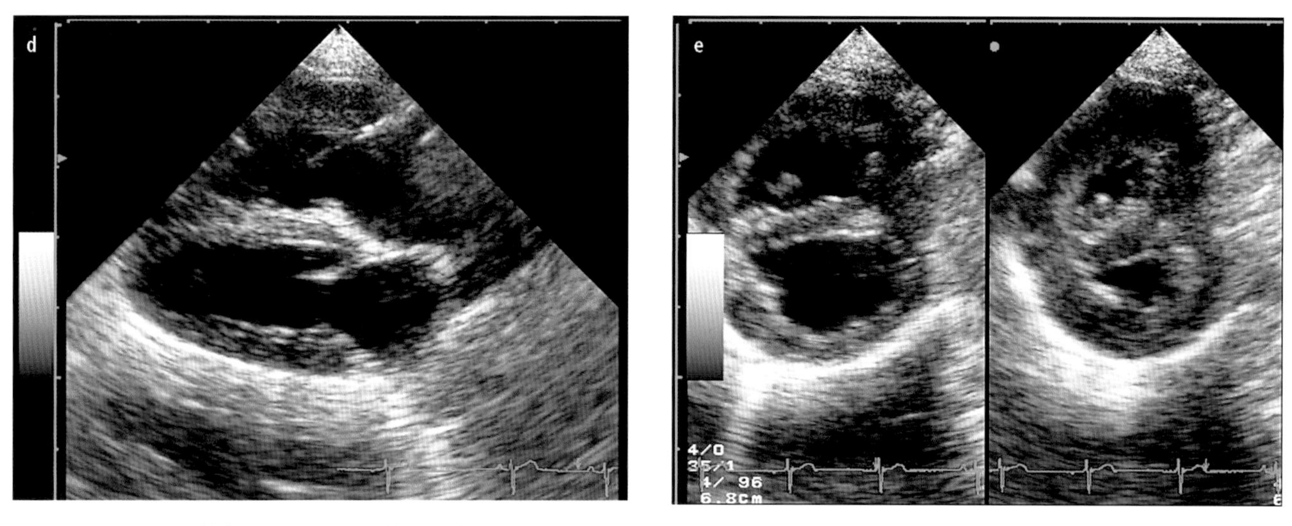


**图10.10.2d，e** 比熊犬（母，7月）反转型动脉导管未闭。二维超声心动图。（d）右侧胸骨旁四腔心长轴位。左心室和左心房小，右心室明显肥厚，有房明显扩张。（e）在心室水平处右侧胸骨旁短轴位。在舒张期（左）和收缩期（右）图像上室间隔都是扁平的。右心室明显肥厚

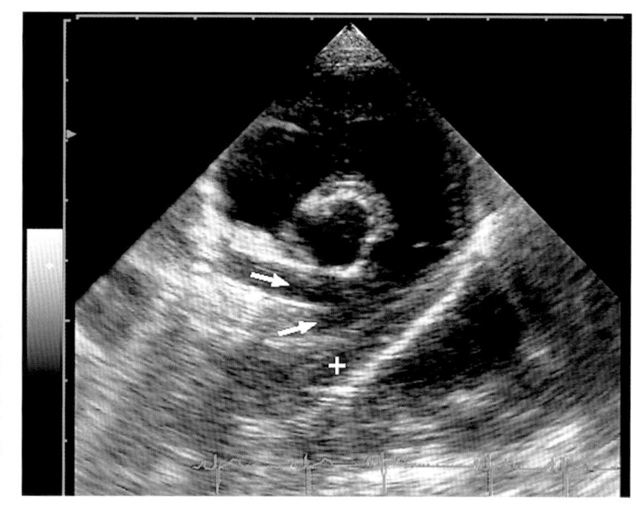

**图10.10.2f** 比熊犬（母，7月）反转型动脉导管未闭。在动脉干水平处右侧胸骨旁短轴位二维超声心动图。肺动脉干明显增宽与主动脉宽度相同。左右肺动脉（箭）的分支显示出来。这个病患的动脉导管（+）可以从左肺动脉很好的勾画出来

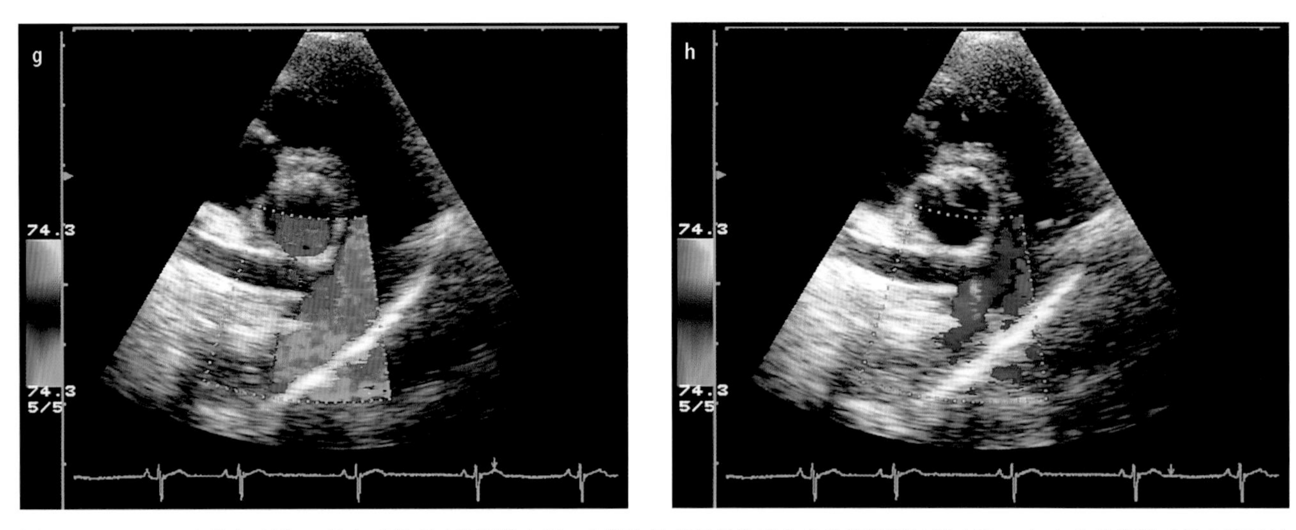


**图10.10.2g，h** 比熊犬（母，7月）反转型动脉导管未闭。右侧胸骨旁短轴位彩色多普勒探测导管血流。（g）收缩期肺动脉血液通过导管室层流。（h）在舒张早期有轻度的反流从导管进入肺动脉

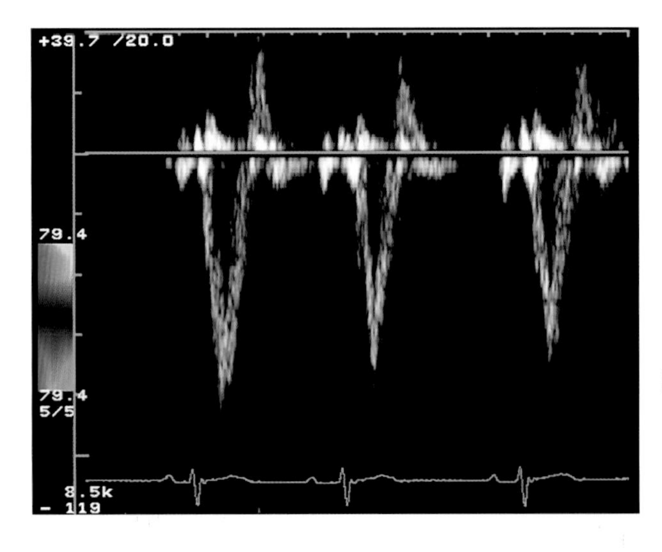


**图10.10.2i** 比熊犬（母，7月）反转型动脉导管未闭。胸骨旁右侧短轴位PW多普勒超声探测导管口的血流。收缩期可以看到从肺动脉进入导管内的血流，在心电图T波出现之后立即出现反方向的血流

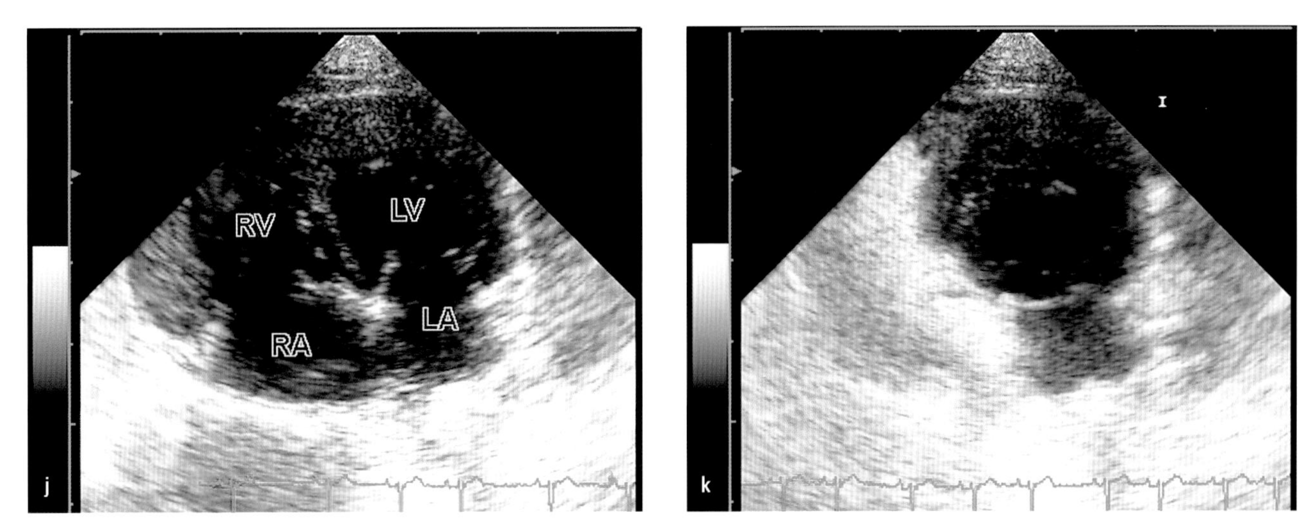


**图10.10.2j，k** 比熊犬（母，7月）反转型动脉导管未闭。超声造影现象。（j）左侧胸骨旁显示四腔心。（k）经外侧隐静脉注射造影剂（0.1mL/kg 氧化明胶聚合物溶剂）后右心房和右心室见造影剂着色。左心房通过与上前静脉局部重叠而有轻度的着色。左心室没有造影剂进入，因此是一种心内右向左分流

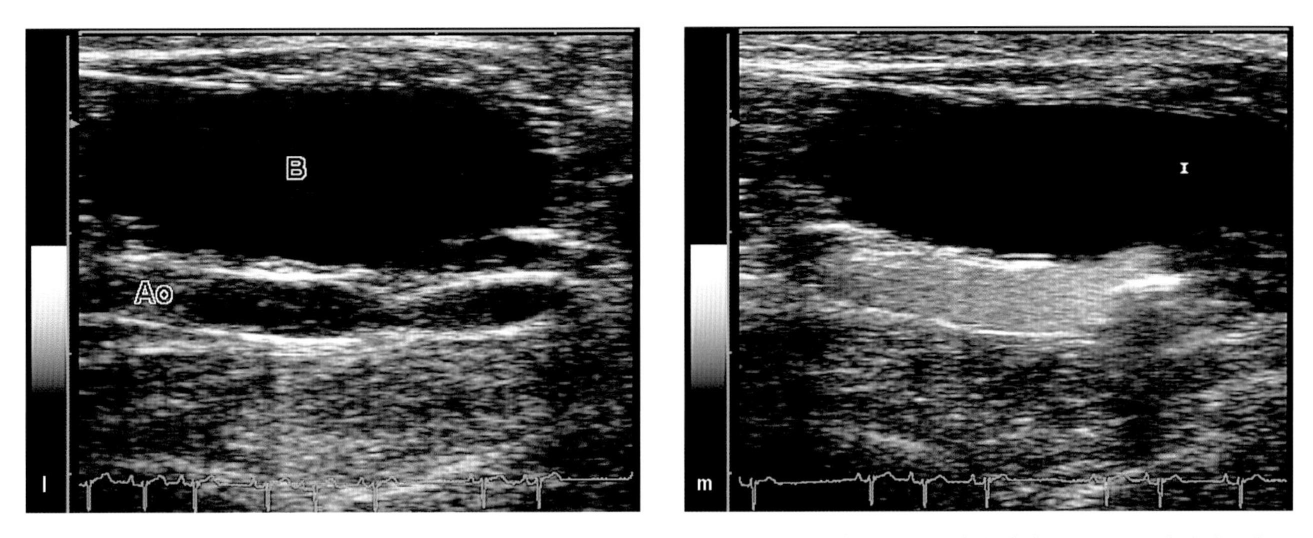


**图10.10.2l，m** 比熊犬（母，7月）反转型动脉导管未闭。异常主动脉超声造影显像。（l）异常主动脉（Ao）显示在泡沫下方。（m）经外侧隐静脉注射造影剂（0.1mL/kg 氧化明胶聚合物溶剂）后主动脉自动显影。在排除心内分流（图9.9.2.j，k）同时，证明这是一种心外型右向左分流

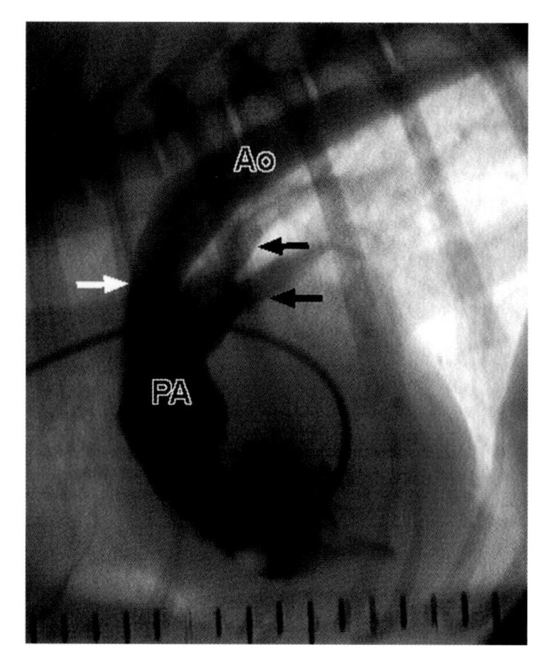


**图10.10.2n** 比熊犬（母，7月）反转型动脉导管未闭。右心室剂肺动脉干心血管造影，侧位片。注射造影进入右心室后，扩张的肺动脉干（PA）及管状的动脉导管（白箭）和降主动脉（Ao）立刻显影。仅仅有很少造影剂流入左心及右肺动脉分支内（黑箭头所示）

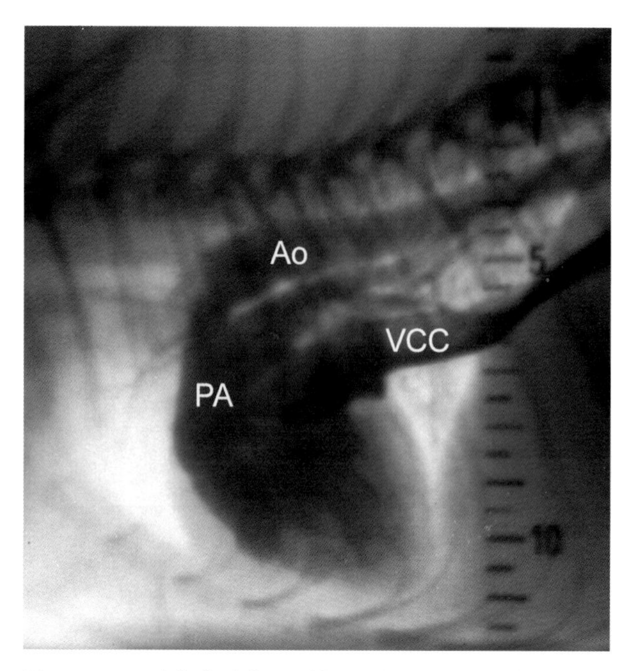


**图10.10.2o** 贵妇犬（公，15周）。非选择性心血管造影，侧位片。经隐静脉注射造影剂。由于反转型动脉导管未闭，造影剂通过上腔静脉（VCC）右心和右肺动脉（PA）进入主动脉内（Ao）

## 10.11 先天性瓣膜病

### 10.11.1 先天性瓣膜病是种罕见心脏缺陷

先天性的病因是胚胎期心内膜的发育缺陷。二尖瓣和三尖瓣可发生以下单一的或者多种病变——瓣膜缩短，瓣膜延长，瓣膜增厚，瓣膜破损伴开窗，伴或不伴纤维环增生，乳头肌萎缩和腱索脱位。

三尖瓣发育不全导致右心房和右心室容量负荷增加。三尖瓣环扩张加重心功能不全并最终导致右心衰伴后腔静脉回流受阻和腹水（图10.11a，10.11.1h，10.11.1i，10.11.1m）。也可发生在主动脉瓣狭窄（见第10.5节）并持续的动脉导管未闭（见第10.9节）。

伴有轻微畸形的患者可终生无明显症状；当病变较重时，可有以下症状：嗜睡，厌食及体重下降、呼吸困难伴或不伴咳嗽和腹水等。

大型公犬： 大丹犬、波尔多猎犬、拉布拉多猎犬、金毛猎犬、威斯拉犬，某些小犬种比如：惠比特犬、西施犬和小猎犬。此外还有暹罗猫和欧州短毛犬。

对应10.1。大缺陷时低噪音。

对严重的左心或右心负荷症状随机调查发现，在年轻动物中也可发生颈静脉搏动、肝脏肿大、明显的腹水。

对应10.1（图10.11.1c）。

心肌肥大，肺血管怒张。三尖瓣发育不良时可见：肝肿大，胸腔积液，和下腔静脉壶腹样延长（图10.11.1d，e，f，g）。

2DE/TM-Mode：舒张期延长，心室壁多增厚（电轴偏转）。心房较心室扩张严重。瓣膜可有多种病变可能：缩短，增厚，瓣膜裂孔，异常缩短，乳头肌的改变（图10.11.1j，k，l，n，o）。室间隔增厚，左室壁收缩力起初增强，后期常常收缩力减退发生心力衰竭。二尖瓣发育不良：右心通常无明显症状，除非同时伴有三尖瓣发育不良或者左心衰肺动脉高压（时而见于大型犬，常见于猫）。三尖瓣发育不良：右心室壁多增厚（电轴偏转），舒张期延长。右心房高度扩张。左心房、心室常缩小。三尖瓣增厚，瓣膜常缩短，在收缩期也几乎彼此分离。瓣膜壁层延长，另可见乳头肌改变。

极少可见三尖瓣位置向心室方向偏移（Ebstein畸形）。室间隔出现相反运动。鉴别诊断：容量超负荷（持续的动脉导管未闭，参见章节10.9，或者室间隔缺损，参见章节10.2，罕见扩张性心肌病，参见章节11.2）引起二尖瓣功能不全后二尖瓣边缘的变化。

**多谱勒**：见后文11.1（图10.11.1p，q，r），三尖瓣：严重关闭不全伴低流速（<3.0m/s）。曾有报道，在猫身上发现基于大的缺损的返流现象。三尖瓣血流加速导致的悬浮流。

根据病变严重程度，预后可好可差。

对应10.1 外科重建或瓣膜置换是根据右心的解剖学和减少血栓形成的希望。

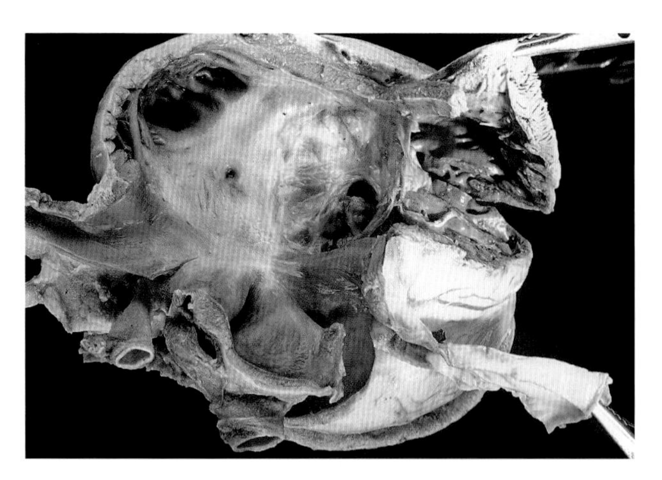

**图10.11.1a** 德国牧羊犬（公，13周）。三尖瓣发育不良。部分准备的标本（汉诺威兽医学院病理研究所惠赠）。通过高度扩张的右心房观察发育不良的三尖瓣，右心室同样有明显的缺陷

**图10.11.1b** 大麦町犬（公，4岁）重度二尖瓣和三尖瓣发育不良。呼吸困难和腹水

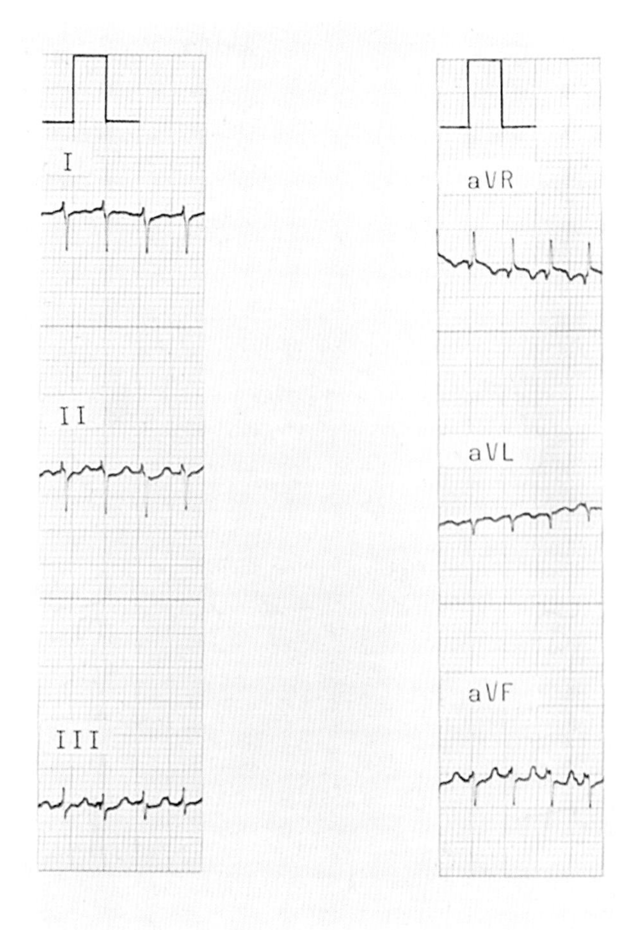


**图10.11.1c** 暹罗猫（公，8月）重度三尖瓣发育不良。在Ⅰ、Ⅱ和aVF导联上大多数负QRS波的深S峰值表示右心超负荷。在aVR导联上为正的QRS波；冠状面矢量向右侧和头侧转。出纸速度为25mm/s，刻度1cm=1mV）

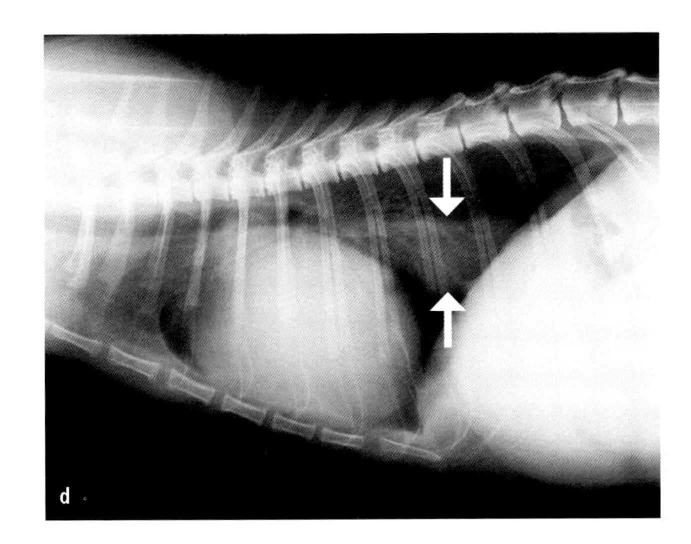


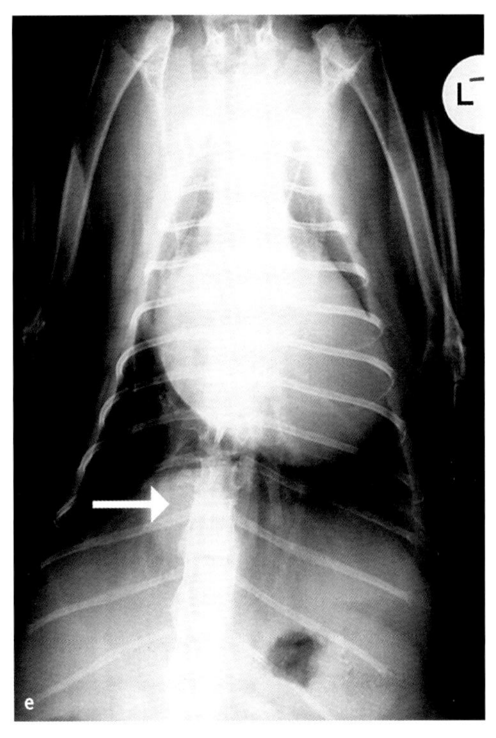


**图10.11.1d，e** 暹罗猫（公，8月）重度二尖瓣发育不良。胸部X线片。（d）侧位片。心脏增大伴有下腔静脉（箭头所示）呈“钟裙样”扩张。（e）背腹位片。双侧心室和心房均增大

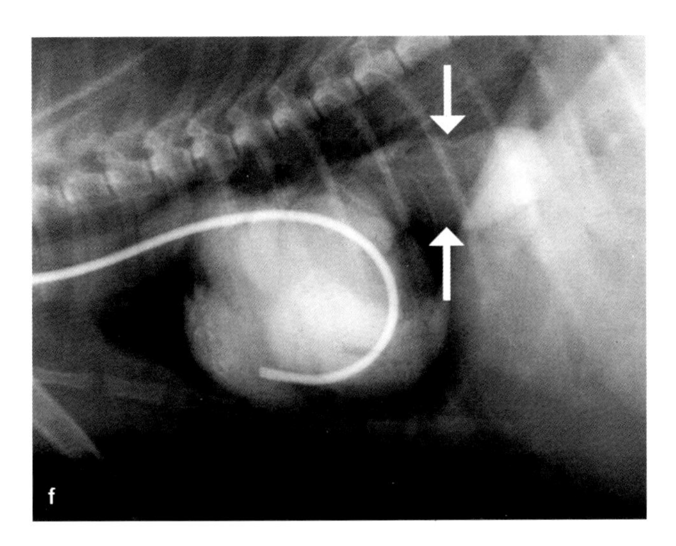


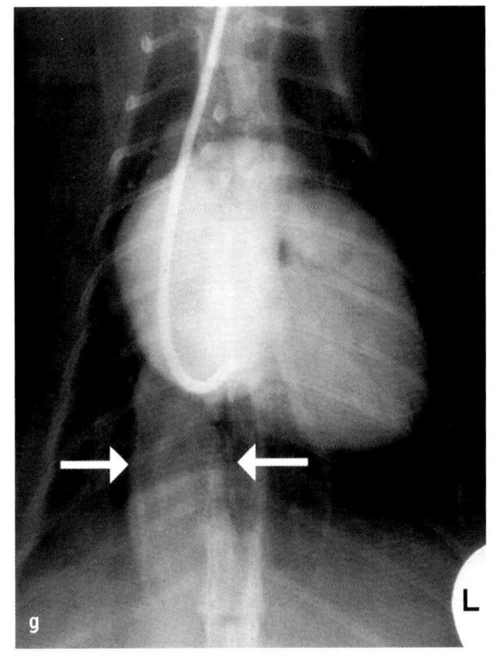


**图10.11.1f，g** 暹罗猫（公，8月）重度二尖瓣发育不良。在右心室内注射造影剂进行选择性心血管造影。（f）侧位片，（g）背腹位片。后腔静脉（箭）呈“钟裙样”明显扩张。通过延迟造影剂流入可以同时显示双侧心室。主动脉在总共30s的检查时间里显示不是很明显

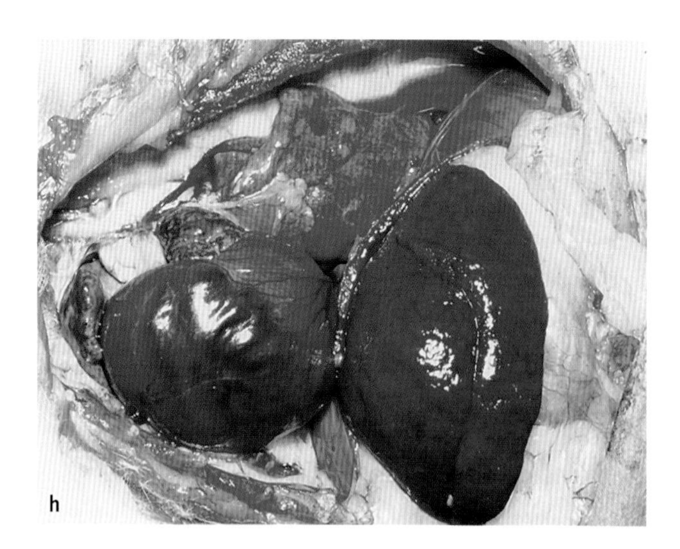


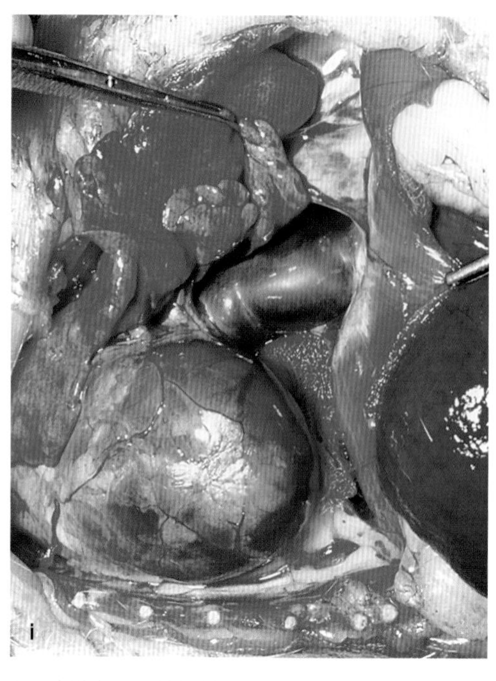


**图10.11.1h，i** 暹罗猫（公，8月）重度二尖瓣发育不良。尸检内脏（心脏增大，“钟裙样”，后腔静脉阻塞及肝脏肿大）证实了图9.10c～e的临床发现

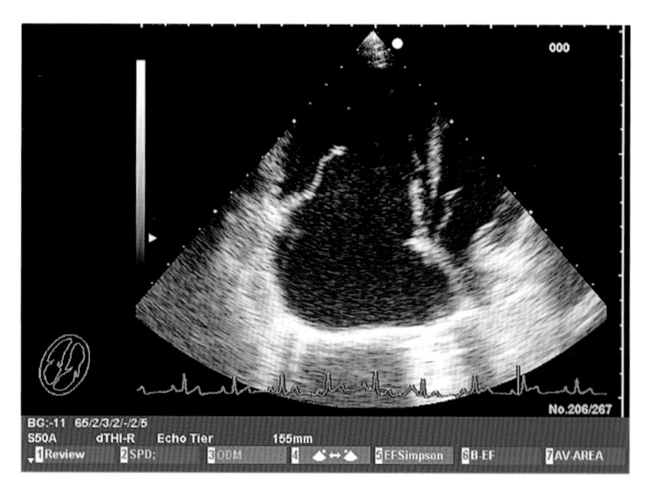


**图10.11.1j** 拉布拉多猎犬（公，5月）二尖瓣发育不全。左侧四腔心尖部的二维超声心动图。二尖瓣瓣膜拉长，运动障碍。右心房和心室重度扩张

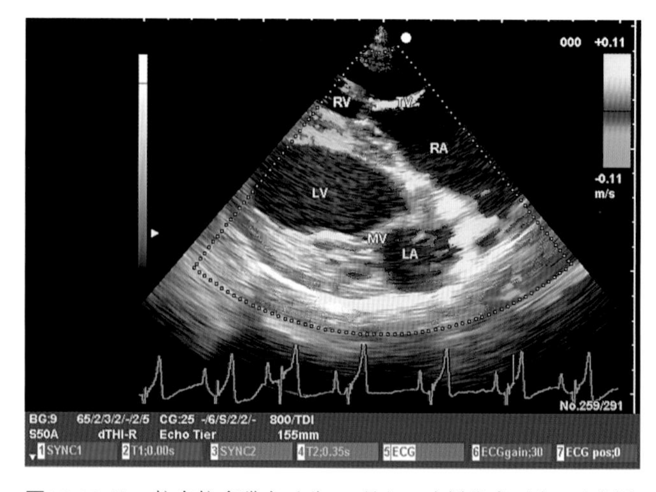


**图10.11.1k** 拉布拉多猎犬（公，7月）二尖瓣发育不全。右侧胸骨旁长轴位TDI型二维超声。二尖瓣发育不全及右心房扩大

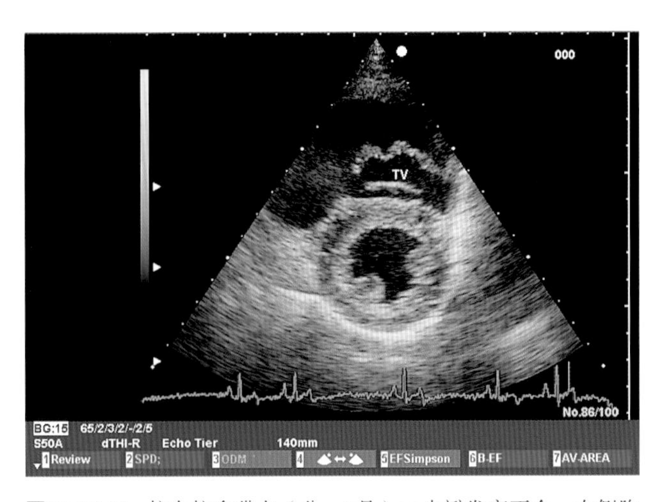


**图10.11.1l** 拉布拉多猎犬（公，7月）二尖瓣发育不全。右侧胸骨旁短轴位二维超声心动图。三尖瓣瓣膜增厚，舒张期自动开放

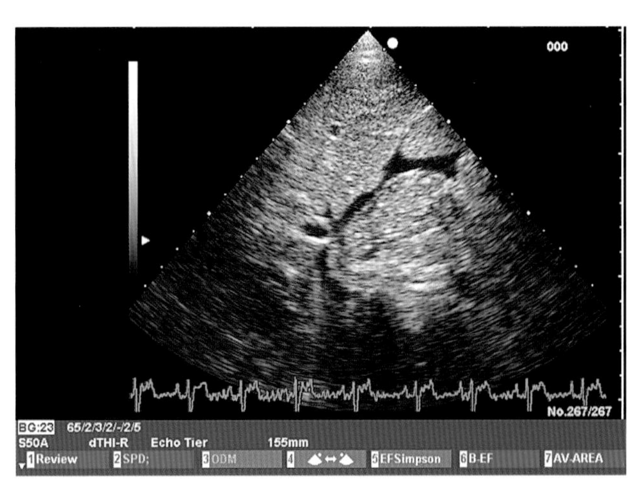


**图10.11.1m** 拳师犬（公，11月）三尖瓣发育不全。异常二维超声图。右心衰引起的腹水

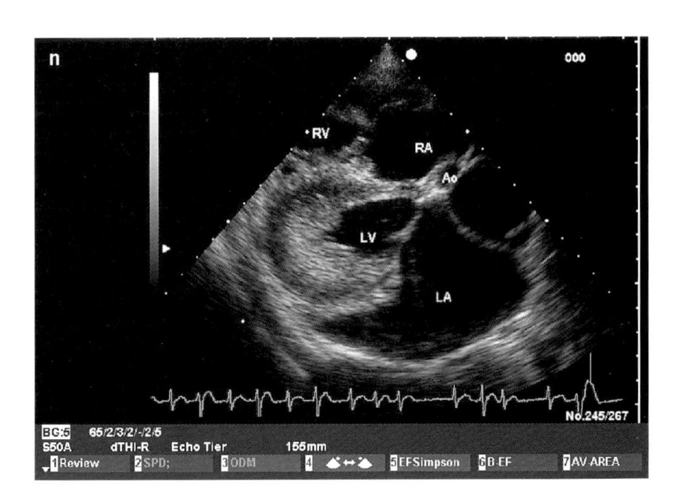


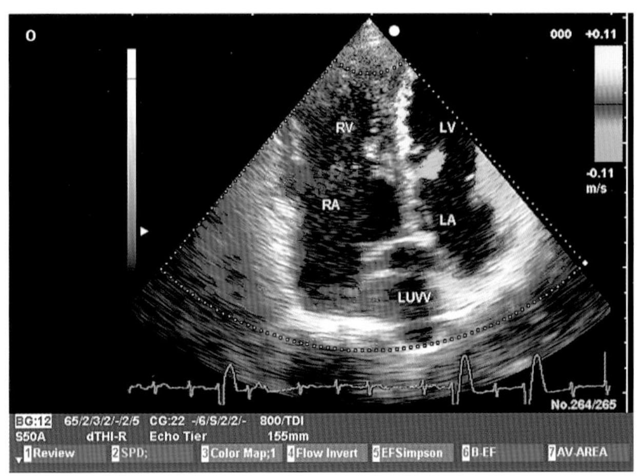


**图10.11.1n，o** 威玛猎犬（母，15月）。三尖瓣和二尖瓣发育不全。二维超声。（n）右侧胸骨旁长轴位。三尖瓣瓣膜增厚缩短，二尖瓣膜拉长。左心房、左心耳以及肺静脉扩张。右心房扩张。（o）TDI型超声。左侧4腔心尖。三尖瓣瓣膜缩短增厚。右心房扩张。在长程心电图上显示心室过度收缩

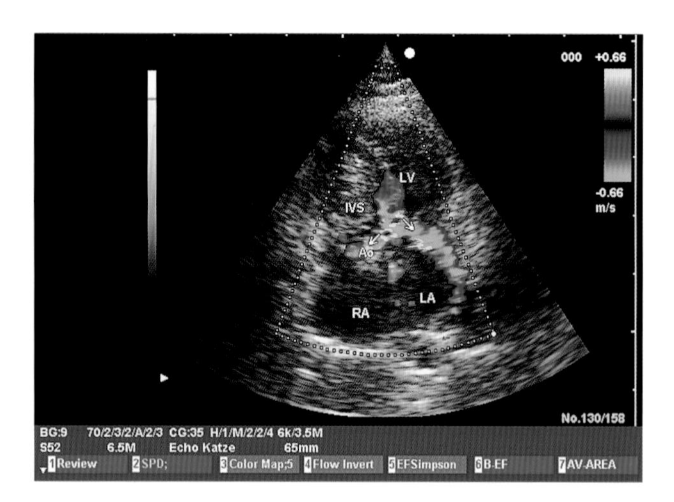


**图10.11.1p** 英国短毛猫（母，1岁）三尖瓣发育不全。左侧四腔心尖部彩色多普勒超声。收缩期二尖瓣关闭不全信号沿着心房顶壁直到心房顶

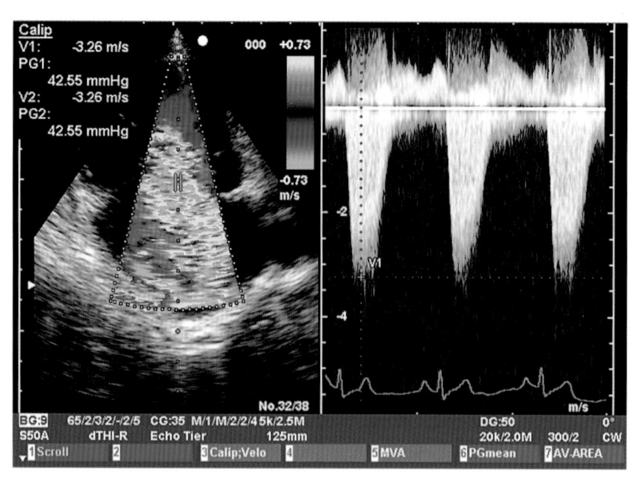


**图10.11.1q** 拉布拉多犬（公，7月）二尖瓣发育不全。彩色多普勒（左半图）显示在右房内有大量管状反流信号。CW～多普勒超声（右半图）：收缩期全程的关闭不全信号相当于E～/A～波强度

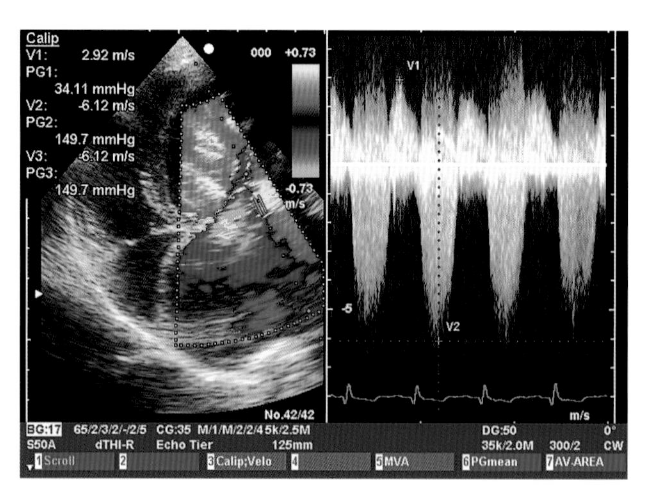


**图10.11.1r** 灵猩犬（公，5月）二尖瓣发育不全。彩色多普勒（左半图）显示左心房内返流信号（蓝色）。CW～多普勒（右半图）：收缩期全程的信号强度相当于流入的血流形态

## 10.11.2 动静脉——瓣膜发育不良伴有狭窄

三尖瓣发育不良伴有狭窄

二尖瓣不规则开放结果导致左心房压力超负荷以及肺淤血。在犬猫，二尖瓣发育不全伴狭窄属于少见心脏异常。经常合并二尖瓣关闭不全（见章节10.10.1）及其他先天性疾病，尤其是主动脉下狭窄（见章节10.5）。

负荷诱导的呼吸困难，有时也出现昏厥。

牛斗㹴犬。

大多不明显，严重情况下出现呼吸困难。

舒张期在左心尖部听见微弱的心脏杂音：仅仅只有大约三分之一的犬会发生，在猫中察觉不到。

在犬中出现室上性期前收缩，室上性心动过速或房颤。出现左心房增大的表现。

单独出现左心房增大和肺淤血（图10.11.2a）。

胸部超声探测。

**2DE/TM型超声：**相对于正常或缩小的心室腔，左心房或多或少明显扩张（图10.11.2b）。大多数增厚的二尖瓣舒张期运动减少。在M型超声中二尖瓣的EF斜率降低（图10.11.2c）。

**多普勒：**二尖瓣：舒张期彩色多普勒上可以见到湍急的血流。二尖瓣流速增加（E波>1.0m/s）伴有血流速度下降延迟（压力下降半衰期>50ms）（图10.11.2d～f）。三尖瓣：没有明显异常。

导管检查：左心房压力和肺动脉毛细血管压力增高，伴有压力降低半衰期延长。注射造影剂进入肺动脉，造影剂充填引流进入扩张左心房的肺血管。

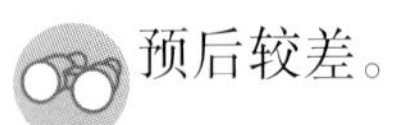

预后较差。

采用袢利尿剂降低肺淤血后进行对症治疗。不能过多的降低负荷，否则会引起心排血量降低。在可以应用心肺机的情况下，进行开放性外科手术通过切开或瓣膜置换来纠正。狭窄扩张在人类医学中可以运用手术或者介入方法（扩张球囊通过房间隔进入）进行治疗，当时在动物医学中到目前很少使用。

**三尖瓣发育不全伴狭窄**

犬三尖瓣发育不全是三尖瓣狭窄中单独的一种。这种疾病的特点与二尖瓣狭窄相似。可以出现右房高负荷以及在严重情况下出现右心充血性心力衰竭。舒张期很少有心脏杂音。心电图异常没有特异性。典型的放射学和超声异常见图10.11.2g～l。在严重情况下球囊扩张可以有效果，但是它也仍然存在显著的风险，可能会加重瓣膜关闭不全。

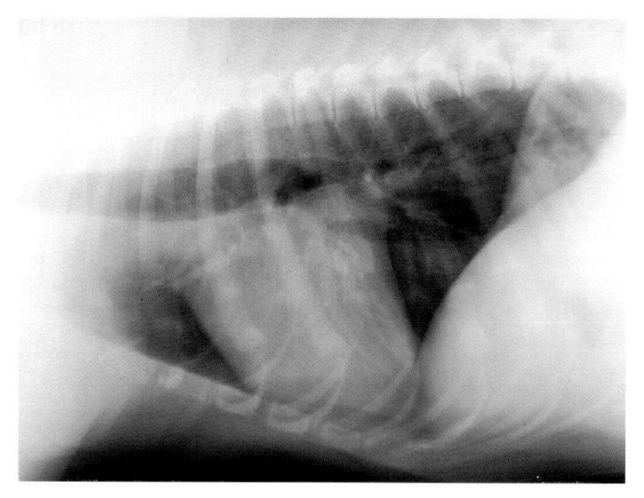

**图10.11.2a** 纽芬兰犬（母，7月）二尖瓣狭窄。侧位X线片。在控制性检查下进行的放射学检查。左心房明显增大伴有肺静脉轻度扩张及肺门早期阻塞

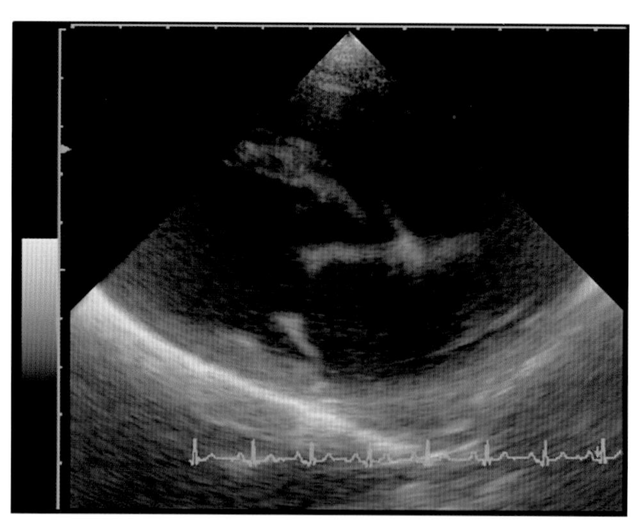

**图10.11.2b** 纽芬兰犬（母，7月）二尖瓣狭窄。右侧胸骨旁四腔心尖。二尖瓣轻度增厚以及左方轻度扩张。左心室表现正常

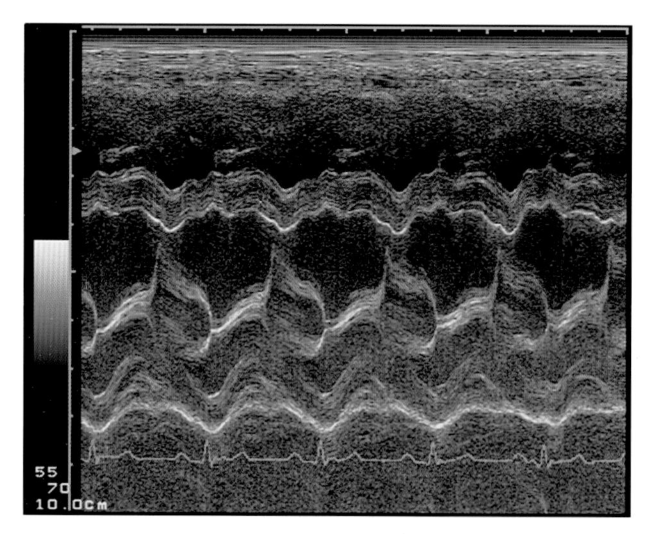


**图10.11.2c** 纽芬兰犬（母，7月）二尖瓣狭窄。在二尖瓣水平右侧胸骨TM型超声波探测。二尖瓣增厚。二尖瓣运动（EF斜率）减弱，不能看到独立的A波

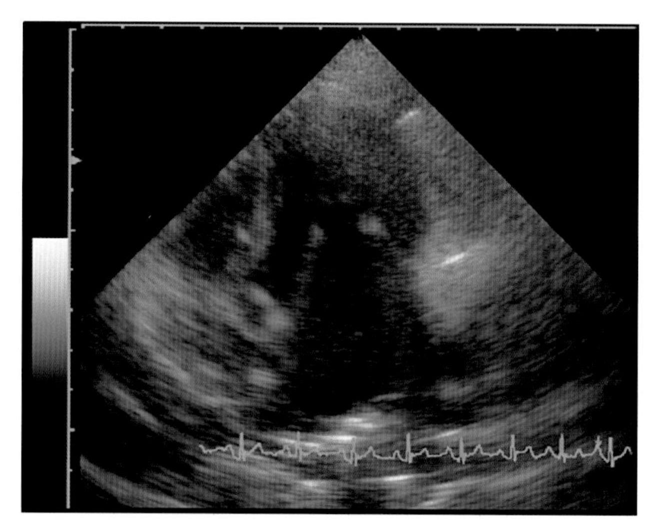

**图10.11.2d** 纽芬兰犬（母，7月）患有二尖瓣狭窄。左侧胸骨旁四腔心位。在舒张末期轻度增厚的二尖瓣不能完全分开

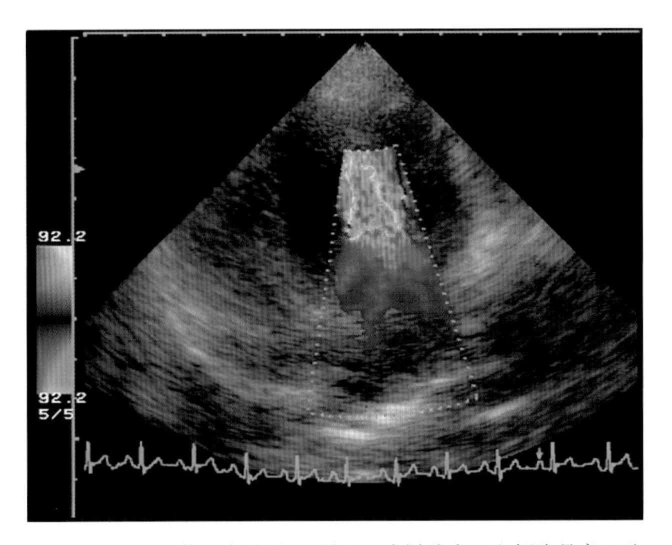


**图10.11.2e**　纽芬兰犬（母，7月）二尖瓣狭窄。左侧胸骨旁四腔心位彩色多普勒。显示二尖瓣流入的血流，在二尖瓣水平处血流加速伴有混叠现象

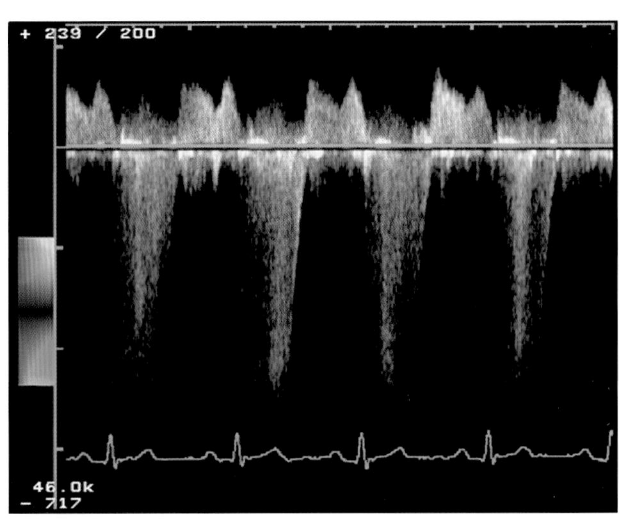


**图10.11.2f**　纽芬兰犬（母，7月）二尖瓣狭窄。左侧胸骨旁四腔心位，CW多普勒超声，二尖瓣流入血流加速速度约1.3m/s，E波降低延迟。同时存在严重的二尖瓣关闭不全

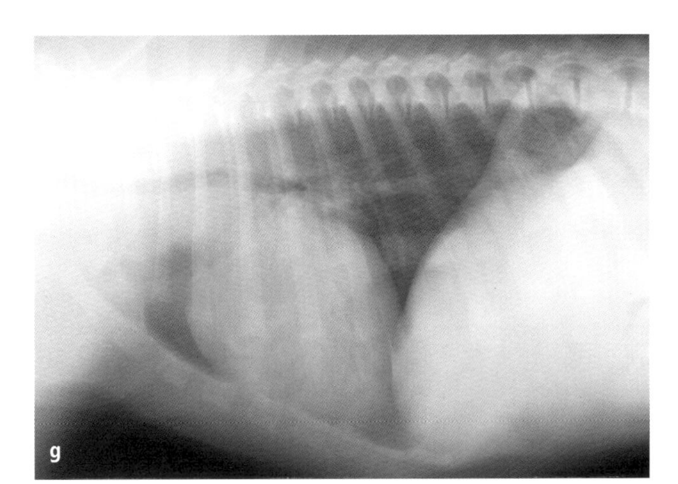


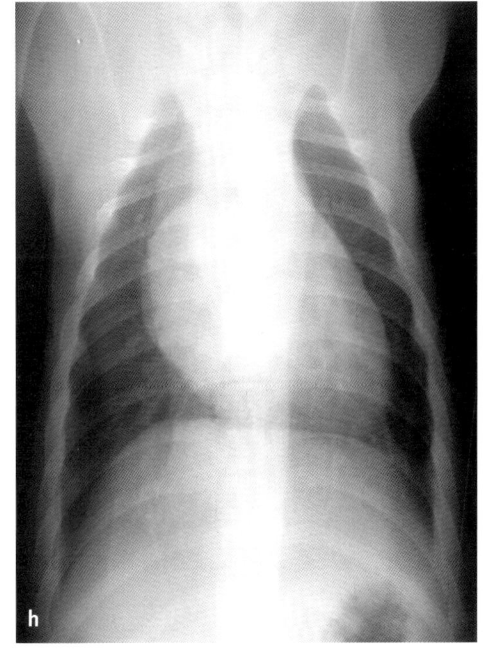


**图10.11.2g，h**　拳师犬（公，6月）三尖瓣狭窄。胸部X线片。（g）侧位片。心脏增大并且前侧心影更加圆钝。后腔静脉关闭并且增宽。（h）背腹位片：右心房突出

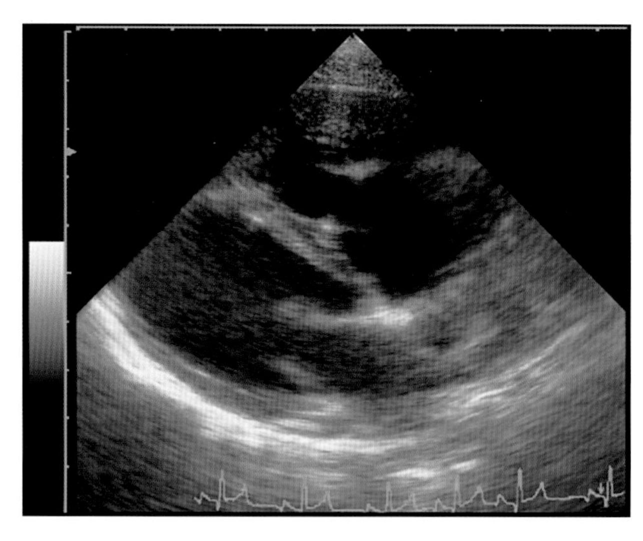

**图10.11.2i** 拳师犬（公，6月）三尖瓣狭窄。右侧胸骨旁四腔心尖部。三尖瓣明显增厚，二尖瓣轻度增厚。右心房明显扩张

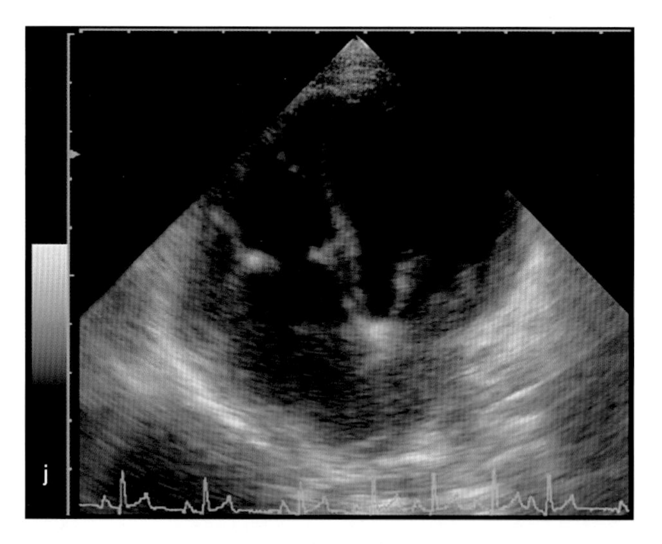


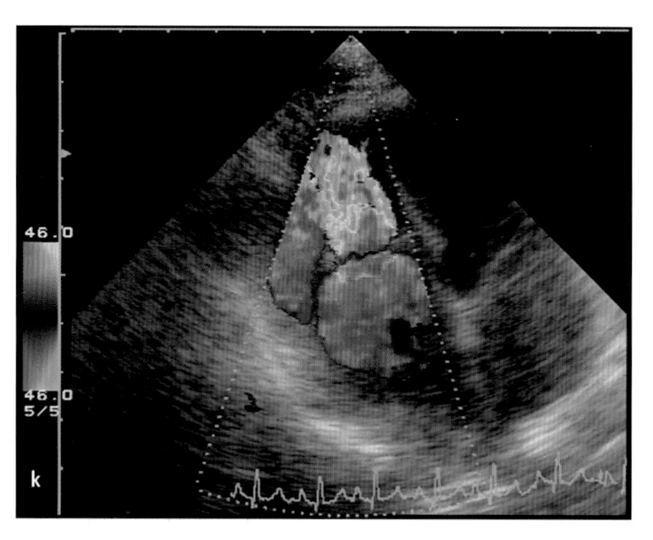


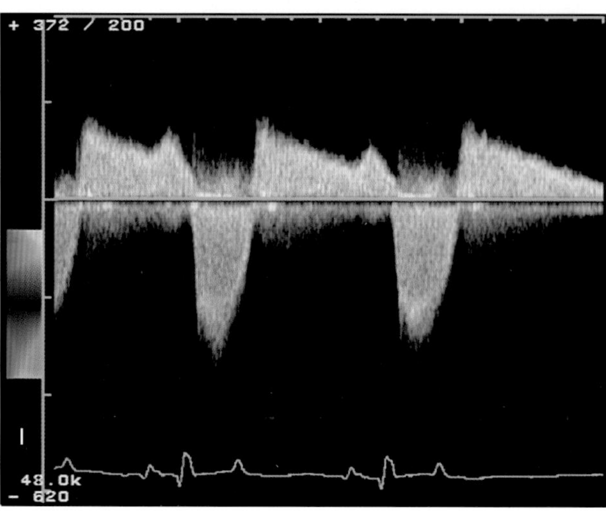


**图10.11.2j～l** 拳师犬（公，6月）三尖瓣狭窄。（j）左侧胸骨旁四腔心尖位二维超声。在舒张末期明显增厚的三尖瓣分开不完全。（k）左侧胸骨旁四腔心尖位彩色多普勒三尖瓣流入血流。在三尖瓣水平处流速明显加快，然后湍流的血液进入右心室。（l）左侧胸骨旁四腔心尖位CW多普勒。三尖瓣流入血流加速，大约1.8m/s，E波降低延迟。同时伴有重度的关闭不全

## 10.12 腹膜心包疝（PPH）

腹部膈肌缺乏及心包胸膜未能合并导致了伴有心包和腹部之间非生理性联系的限制性畸形。虽然心包腹膜疝的病因目前仍不清楚，但是在猫妊娠期异常可以出现。结果导致肝脏，胆囊和部分小肠，少数情况下脾脏和胃及肠系膜可以从腹腔进入心包（图10.12a，b）。血流动力学是根据器官移位的程度以及引起左心室舒张期充盈量减少的程度而变化的。

轻度的器官变化，有时候在年龄大的时候才发现。在器官移位严重的情况下：在出生时吸收能力就会降低。3岁以下的幼犬出现身体发育迟缓伴有运动能力缺乏，以及容易疲倦和呼吸困难。呼吸困难和/或厌食，呕吐，腹泻，昏睡以及紫绀或腹水等情况也可以在年纪比较大的动物中出现。

波斯猫（图10.12.c）。犬类发病品种和性别均不明。

症状出现的类型、时间和严重程度多种多样，与器官移位的程度和舒张期心脏充盈量有关。可能出现导致极为重引起死亡的症状，也长期症状不明显或无症状。可以出现不同类型的胃肠道，呼吸系统，心血管系统和或肝脏症状。

无明显异常或侧出现病理性呼吸杂音和/或在胸廓一侧或两侧心影消失。在伴有心脏关闭不全时，可能听到收缩期心脏杂音。

大多无明显异常。在有明显内脏移位（犬）的情况下出现低电压，心脏关闭不全可能会出现左心超负荷和/或心率失常。由于心包性高血压，如心包内器官紧缩的作用可以引起右心负荷增加以及冠状位向量电轴向右偏移。

侧位片上“腹膜心包背侧残留间皮组织”（DPMR）的表现为或多或少增大的卵圆形心影在背侧限制了疝。（图10.12.f）。心包内腹部器官的准确定位在后前位或前后位投射图像上（图10.12.g）。典型的影像学表现是器官向背侧移位，膈肌走形不连续以及心意密度不均匀。

在肠道或胃移位情况下，心影部有含气体影（图10.12d，e）。在有疑问的情况下，还可借助阳性造影剂腹膜造影或借助口服硫酸钡造影检查。

检查方法的选择。特征性的回声模式可以帮助确定尤其是脾脏，肝脏和胆囊及评价内脏移位的程度（图10.12.h）。对于观察可能存在的心脏循环系统的改变是必要的。

大多无明显异常，在肝脏损伤的情况下各种肝酶明显升高。

在很轻微的内脏移位的情况下，仅仅需要对症处理。否则采用外科手术将内脏从心包内还纳至腹部最后封闭两者之间的缺损。

从好到不利均有，与疝的程度，病患年龄和心脏循环改变的严重程度有关。术后数天或数周进行控制性检查的超声和放射检查（图10.12.i，j）是必要的。

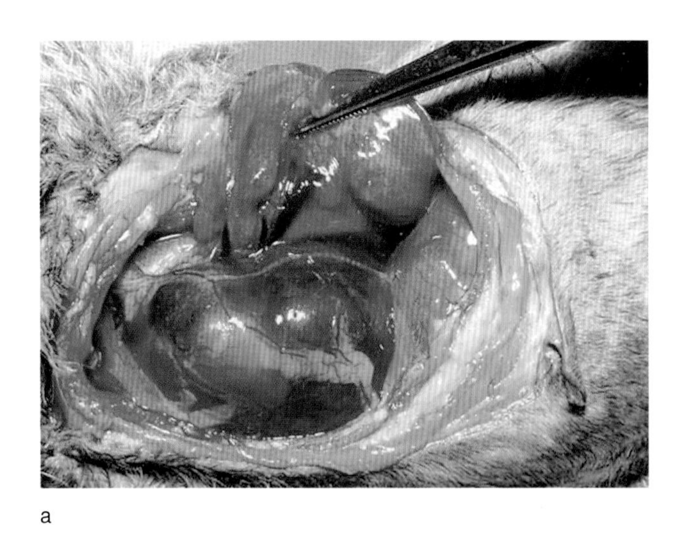

a

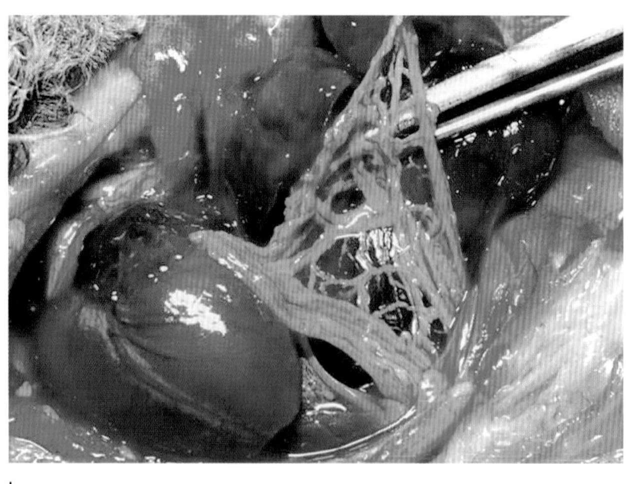

b

**图10.12.a，b** 波斯猫（母，6周）腹膜心包疝。病理解剖图。（a）掀开背侧肺组织从打开胸廓的左侧观察。心包明显增大占据了左半胸腔的大部分。（b）打开心包向背侧折叠。脱出的网状结构覆盖了同样也脱出的部分肝脏组织和包裹十二指肠球部。心脏头侧相对增大

**图10.12.c** 波斯猫（公，1岁）腹膜心包疝。这个动物生长发育迟缓，到现在仍需要将食物调成糊状进行喂养

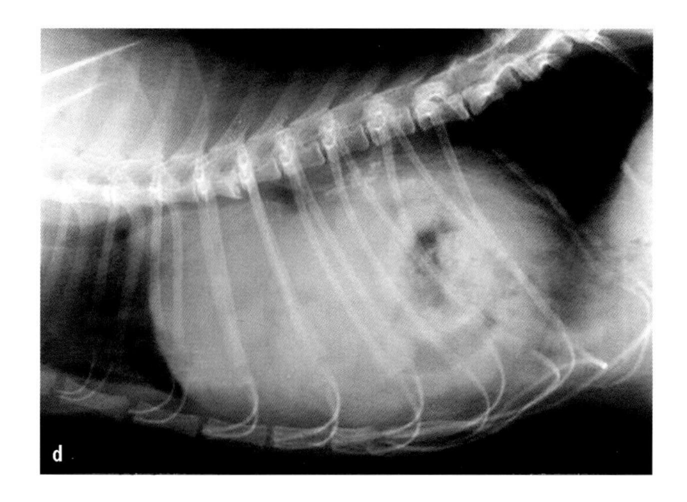


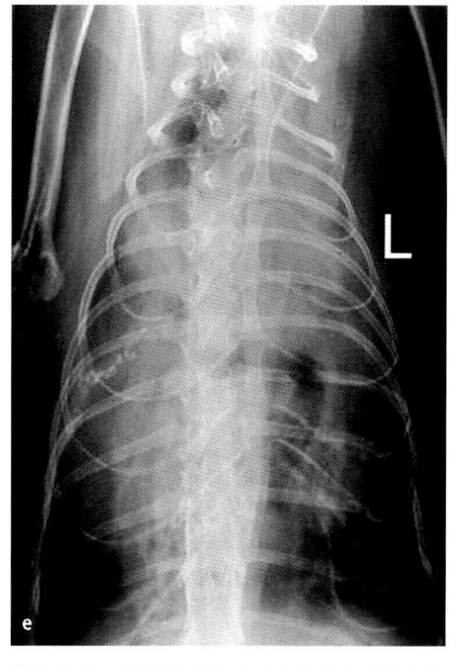


**图10.12d，e** 波斯猫（母，6岁）腹膜心包疝。胸部侧位片（d）背腹位（e）X线片显示明显增大和密度不均匀的心影及气体影即气体淤积的透亮肺

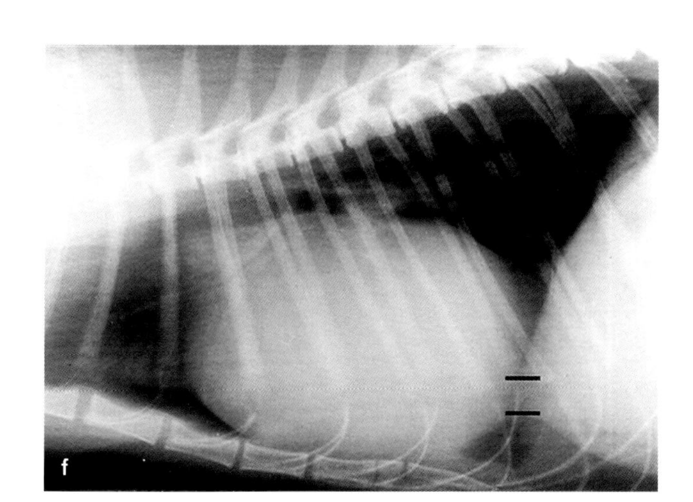


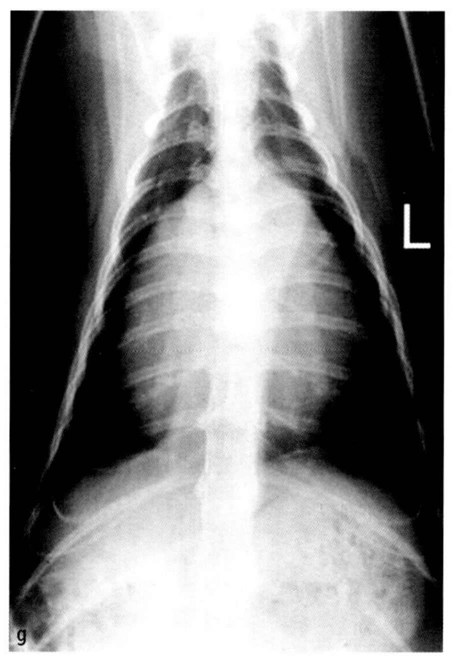


**图10.12f，g** 波斯猫（母，6岁）腹膜心包疝。手术之前的（f）胸部侧位X线片，显示增大的卵圆形心影。"DPMR"表示间皮组织通过膈肌缺损处将腹部和心包相连。（g）腹背位X线片显示双侧均增大的心影

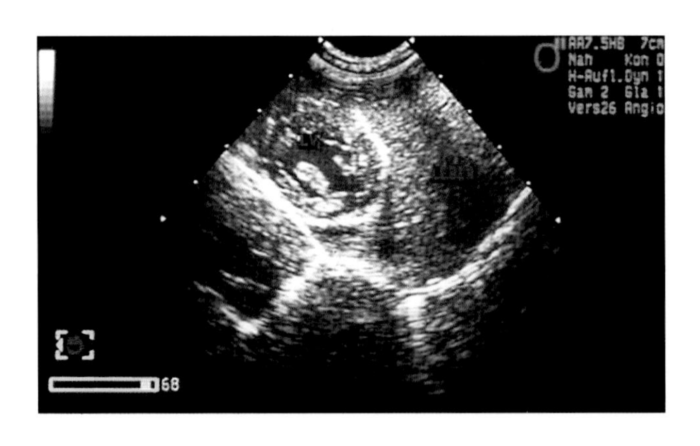


**图10.12h** 波斯猫（公，1岁）腹膜心包疝。二维超声心动图显示肝脏位于心包内伴有组织特异性的回声模式，临近左心室。少量心包积液

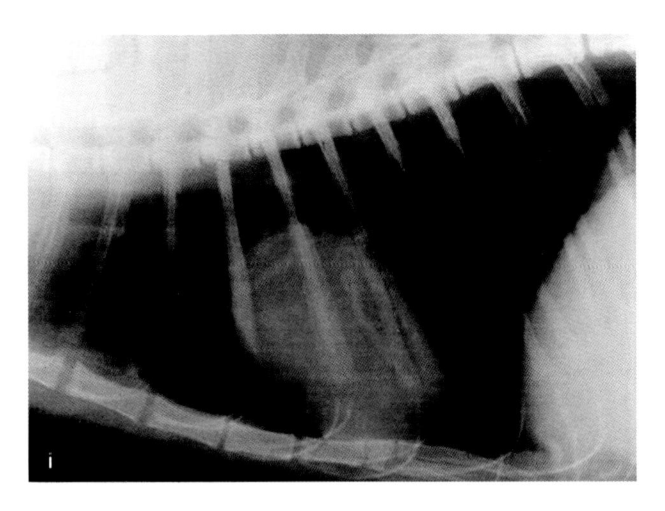


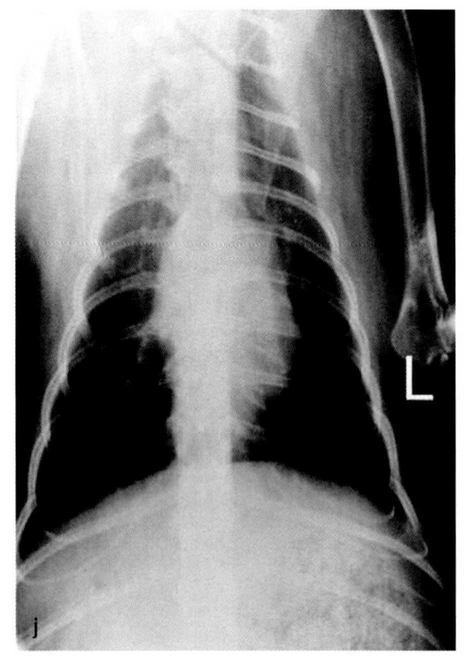


**图10.12.i，j** 波斯猫（母，1岁）腹膜心包疝。手术后两个星期的（i）侧位和（j）背腹位胸部X线片，显示形态和大小接近正常的心影

## 10.13 持续性右位主动脉弓和其他血管环畸形

用来构成食管和器官供血动脉环的大血管发育异常。常见的形式是持续性的右位主动脉弓伴有左侧动脉韧带或持续性动脉导管韧带（见章节10.9）。其他异常形式的血管环是：

- 左侧动脉弓伴有右侧动脉韧带
- 右侧锁骨下动脉向背侧移位
- 双主动脉弓

食管梗阻结果出现相应扩张及临床上出现食物反刍。在犬这种缺陷相对常见，而在猫很少见。

病患大多在摄入第一口饲料时出现食物反刍。由于能量摄入减少，导致生长发育迟缓。呼吸困难可以用器官受限解释，大多时候是因为吸入性肺炎引起的。

德国牧羊犬和爱尔兰㹴犬。

营养状态差以及脱水。在吞咽时有时候可以在颈部看到或摸到扩张的食管。

血管环畸形本身不会引起心脏杂音，在合并有动脉导管未闭时可以出现收缩期和舒张期杂音，这些经常不出现，因为导管处在高的压力下面。较明显的肺杂音可能被误认为是吸气音。

无明显异常。

心脏基地部前方扩张食管内见空气、液体和饲料部分。有时在非常小的幼犬中与胸腺相互重叠难以辨认（图10.13a，b）。在这种情况下经口服用对比剂可以很清楚的显示胸廓内扩张的食管直到心底部（图10.13c）。有时候食管颈部，以及少数情况下心脏尾侧食管扩张。合并动脉导管未闭时，左半心脏增大。如果有吸入性肺炎，可以发现肺相应的变化。气管有时变窄。

经胸廓探测。

**2DE/TM 型超声**：血管环畸形在超声图片上不能显示。

**多普勒**：有时候出现非常狭窄的反流性层流血液进入肺动脉内，表示有很小的动脉导管未闭。缺乏彩色多普勒信号，无法探测动脉导管未闭。

**CT血管造影和导管介入检查**：CT血管造影的方法可以准确清晰显示血管环。当为右侧永存主动脉弓时，胸主动脉位于椎体右侧和食管右侧（图10.13d，e，f）。同样其他所有血管畸形在CT上都能很好显示。在不能明确异常改变时，如果没有CT可用，应用主动脉弓的血管造影成像。通过食管内的探测器可以很好地评估主动脉弓的相对位置。

治疗方法选择：因为永存的导管腔和腔内压力，通过彩色多普勒、CT血管造影和介入造影发现导管有时候不能自动关闭，先结扎双侧动脉导管，然后分离动脉导管。在腔内用球囊在狭窄区域连接食管扩张部分，尽可能清除食管壁结缔组织。虽然手术可以取得了好的效果，但是长期的预后是无法预测的，并且和食管扩张的程度相关。通过向抬高的位置内输入营养，病患可以获得更好的临床效果。

不能纠正的病患，预后很差。

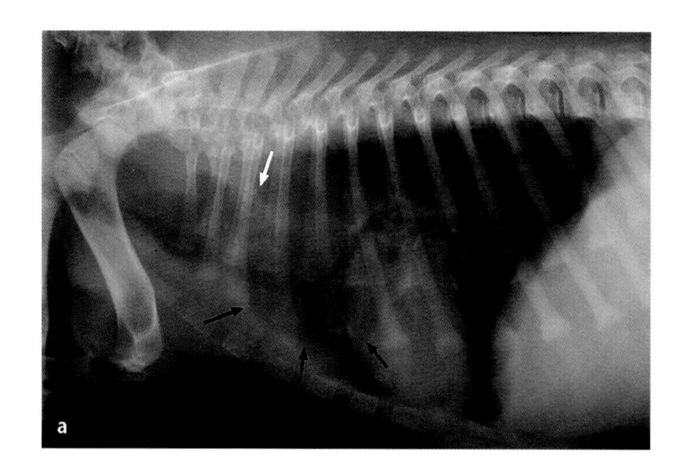


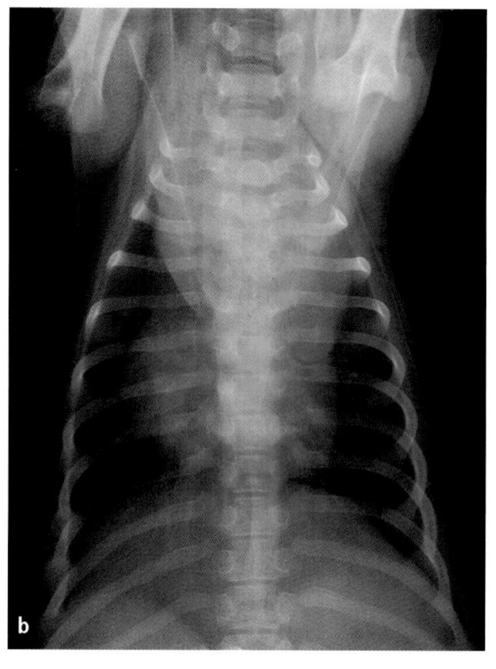


**图10.13a，b** 澳洲牧羊犬（母，5周）持久性右位主动脉弓伴有动脉环发育障碍。胸部X线片。（a）侧位片（右侧位）显示心脏小，气管被压向腹侧，前纵隔不能清晰显示。食管表现为在心脏周围扩大的结构（黑箭）并且在其中填满了饲料残渣（白箭）。心脏后侧的食管未能显示。（b）背腹位片显示由食管不同部分的投影重叠占据整个前纵膈

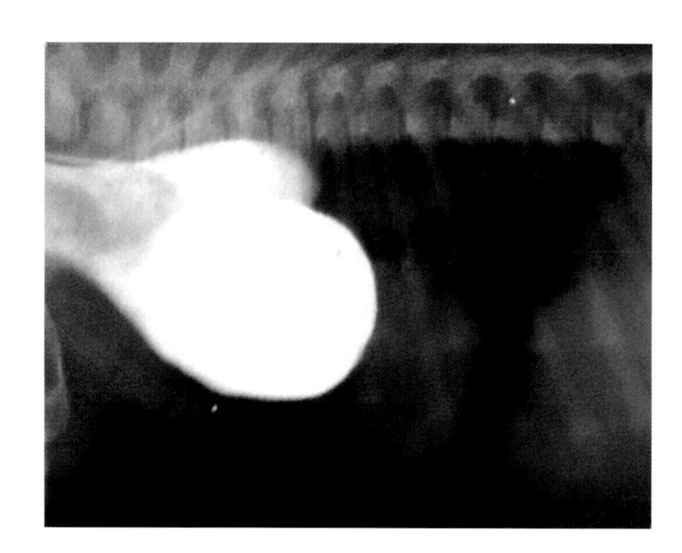

**图10.13c** 澳洲牧羊犬（母，5周）持久性右位主动脉弓伴有动脉环发育障碍。服用碘对比剂背腹位点片显示食管。进入食管的碘对比剂经过探测器。这个显示食管明显扩张一直到心脏基地部。没有造影剂进入食管的背侧部分

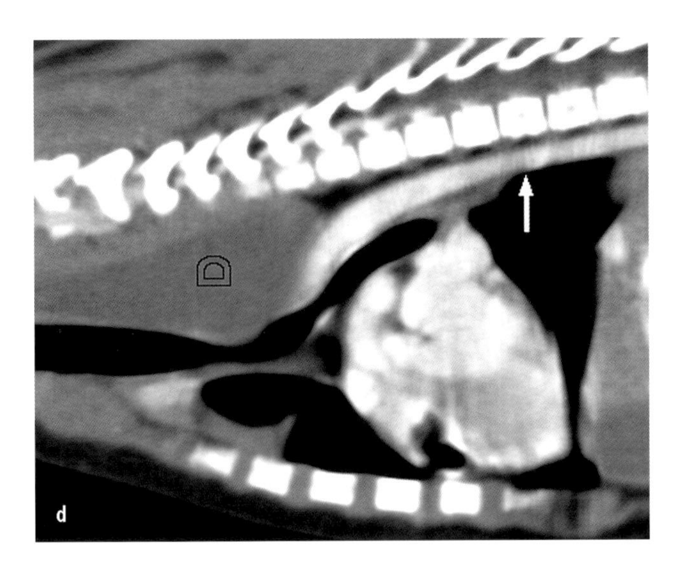


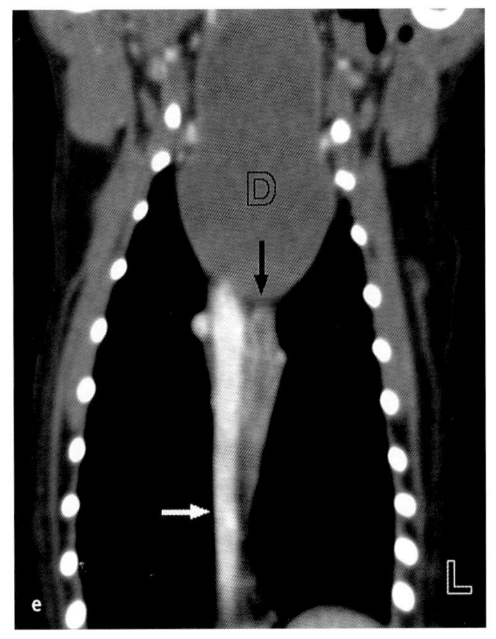


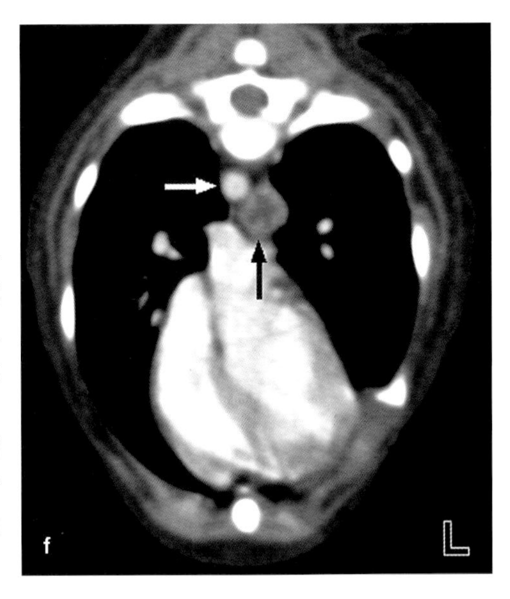


**图10.13d，e，f**　澳洲牧羊犬（母、5周）持久性右位主动脉弓伴有动脉环发育障碍。CT血管造影，矢状面，冠状面和横断面。在矢状面（d）和冠状面（e）显示食管扩张（D）直到主动脉水平（白箭）：在冠状面可以看见食管扩张（D）向正常部分（白箭）过渡。永存的动脉导管腔看不见。在横断面上（f）和冠状面显示主动脉（白箭）位于食管右侧（黑箭）以及在横断面上位于脊柱右侧可以用来诊断该疾病

## 10.14 持续性动脉干

持续性动脉是由于胚胎时期分化障碍引起的。从双侧心腔，也可以是主要从左或右心室发出只有一个带有三尖半月瓣主干血管并跨越过一个大的膜性室间隔缺损。双侧肺动脉直接发自持续性动脉干，持续性动脉干接着移行为主动脉（图10.14a）。

大多在出生后几天至几周内突然死亡，较长生存者有严重的呼吸困难和食欲不振。

很少见的畸形，没有品种或性别差异。

身体发育迟缓。营养状况长期很差，经常出现呼吸困难和紫绀。

双侧胸廓可以听见收缩期心脏杂音。

在四肢和胸壁导联上出现右心负荷增加伴有负向运动的特点（V4导联，图10.14b）。也可能出现双侧心室负荷增加的表现。

在左向右分流时，双侧心室负荷增加及右心增大（图10.14c，d），血管影明显。通过半选择性心血管造影可以确诊该病。（图10.14e，f，g）.

2DE。经胸骨旁长轴四腔或五腔心尖位显示有一个大的动脉血管信号（动脉干），在心脏基底部可见动脉血管骑跨在大的室间隔缺损之上（图10.14h）。动脉干的瓣膜可以是四个半月瓣也可以是三个。经胸骨旁短轴位沿动脉干探测。肺动脉从没有瓣膜的动脉干壁上发出。（鉴别诊断：法洛氏四联症）。

CFD：显示室间隔缺损处的分流。

极差。

### 参考文献


TTERSON, D. E, PYLE, R. L.,VAN MIEROP, L., MELBIN, 1., OLSON, M. (1974): Hereditary defects of the conotruncal septum in Keeshound dogs. Amer. Cardiol. 34, 187.

BUSSADORI et al. (2000): Guidelines for the echocardiographic studies of suspected subaortic and pulmonic stenosis. Journal of Veterinary CardiologyVol 2, No 2.

PATTERSON, D.E, PYLE, R.L., VAN MIEROP, L., MELBIN, J. OLSON, M. (1974): Hereditary defects of the conotruncal Septum in Keeshound dogs. Am. J. Cardiol. 47.631.


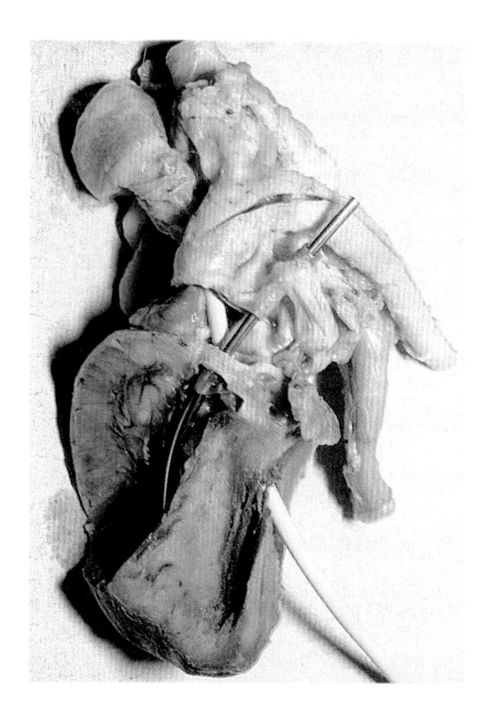

**图10.14a** 英国短毛猫（母，7月）持续性动脉干。一根蓝色导管从左心室穿入动脉干内。另外一根导管进入肺部供血血管干内

**图10.14b** 英国短毛猫（母，7月）持续性动脉干。所有心电图导联显示右心室负荷增加。QRS波在Ⅰ导联上为0.6mV，在Ⅱ、Ⅲ、aVF、$V_2$和$V_4$上出现深的S峰，以及仅仅在aVR导联上出现正向的QRS波，T波高尖

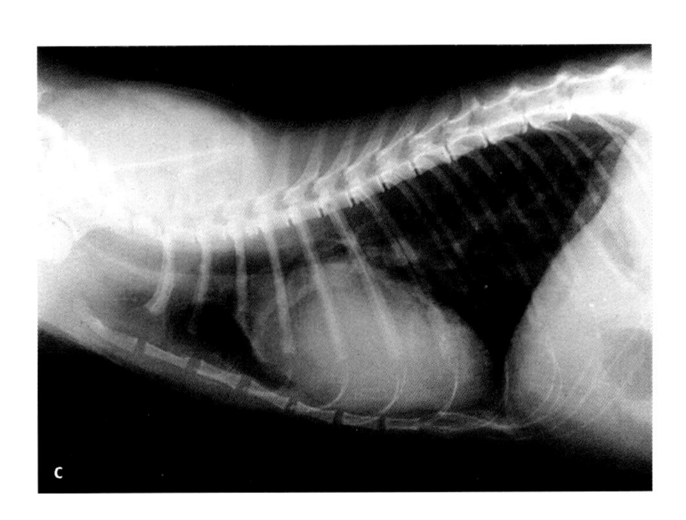


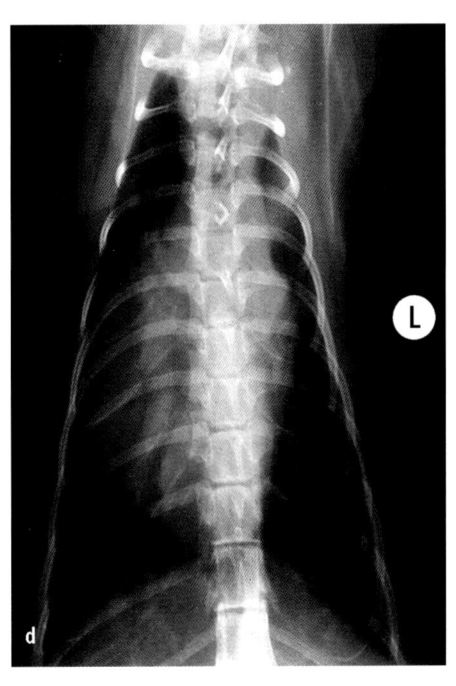


**图10.14c，d** 英国短毛猫（母，6月）持续性动脉干。胸部X线片。（c）在侧位片上可见心影扩大到4个肋间隙，肺血管明显显影，部分迂曲。（d）在背腹位片上，心影增大，右侧心影几乎接近右侧胸壁

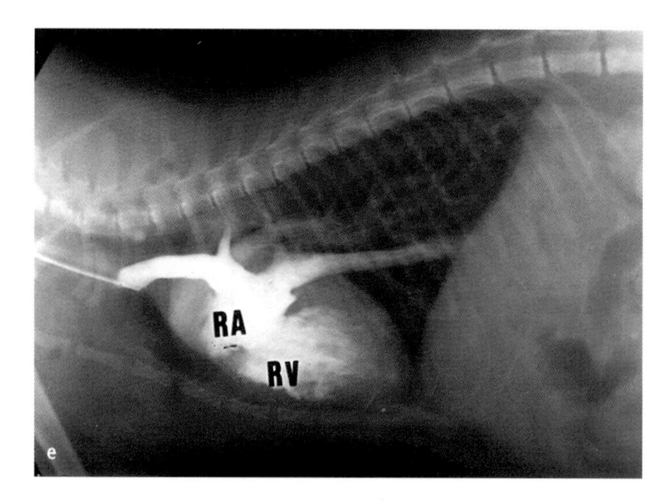


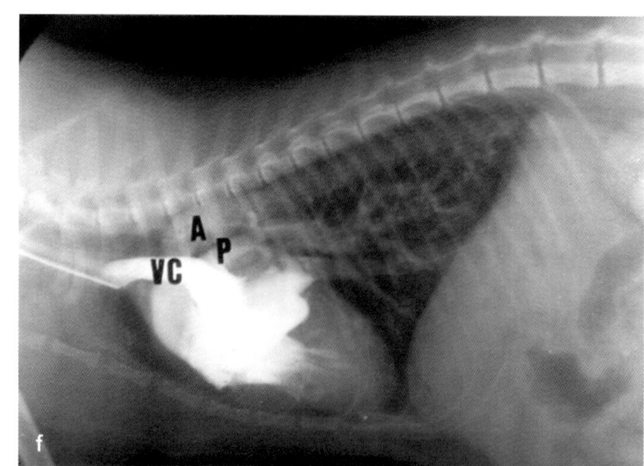


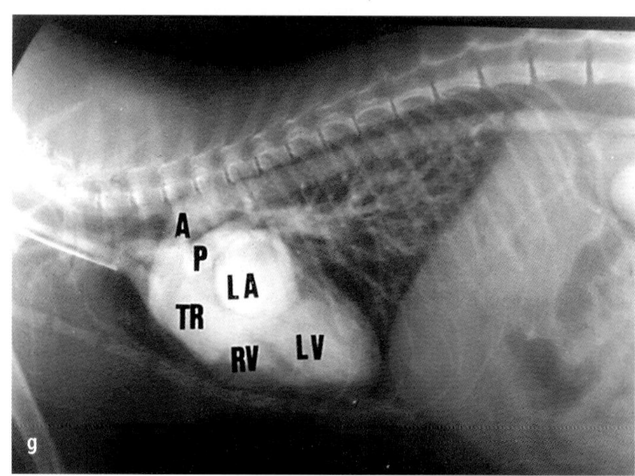


**图10.14e～g** 英国短毛猫（母，6月）持续性动脉干。经前腔静脉注射造影剂进行血管造影，4帧/s。（e）显示增大的右心房和扩张的右心室，主动脉（A）和肺动脉（P）内开始有含有造影剂的血液充填。（f）持续性动脉干由左右心室血液充填。从持续性动脉干发出的血管很少发育成肺动脉（P），左心房和左心室相对增大增宽

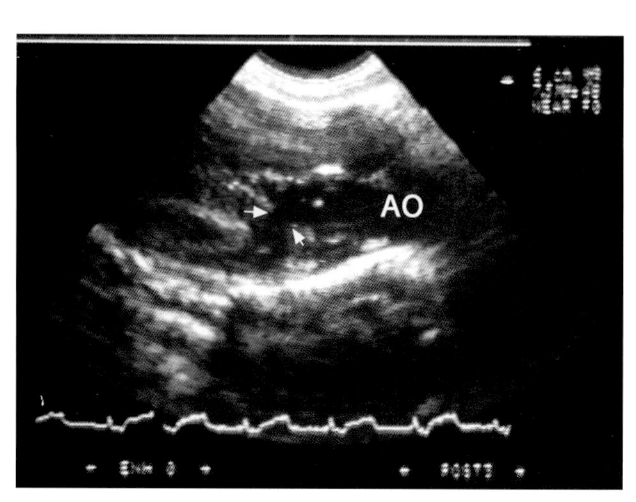


**图10.14h** 英国短毛猫（母，7月）持续性动脉干。右侧胸骨旁长轴位二维超声心动图，持续性动脉干（TR）骑跨在室间隔缺损（箭头）上

# 11 后天性心脏病和遗传性心脏病

Ralf Tobias, Marianne Skrodzki, Matthias Schneider

## 11.1 瓣膜病

### 11.1.1 退行性瓣膜病

二尖瓣位于左心房与左心室之间，由两个帆形瓣叶组成，其下方为腱索和乳头肌结构。三尖瓣位于右心房与右心室之间。退行性瓣膜病是引起小型犬种心力衰竭的最常见病因，在大型犬种中也不少见。

瓣膜结构退行性病变会导致关闭功能障碍，二尖瓣或三尖瓣密封性丧失，血液返流。常见的病因包括：一个或多个瓣叶脱垂、瓣叶肥厚、瓣叶缩短（或同时伴有腱索、乳头肌缩短）及腱索断裂等。

根据血液返流方式不同，体循环或早或晚会出现瘀血表现（图11.1.1a）。血液返流量取决于瓣膜缺损的大小、房室之间压力差以及心房收缩开始和主动脉瓣开放时间。

静息或运动后出现咳嗽和/或呼吸困难，伴烦躁不安。多见于早晨或夜间。虚脱，伴或不伴意识丧失。腹围明显增加，食欲不振。可能出现心源性猝死。

多见于小型犬种，特别是软骨营养不良型：腊肠犬、卷毛犬、查尔斯王骑士猎犬。此外有小猎犬、小灵犬等。大型犬种也可出现，不过相当少见。公犬多见于母犬。

可参照NYHA、ISACH和CHIEF等关于左心/右心功能不全的分级标准（见2.6章）。无症状、咳嗽、呼吸困难、腹水，少数出现四肢水肿。

全收缩期杂音。定位：二尖瓣关闭不全：胸部左侧，第5肋间，肋软骨结合部。三尖瓣关闭不全：胸部右侧，第4肋间，胸骨附近。杂音较强时可传导至对侧胸部，可干扰对病变瓣膜的正确诊断。可有心律失常。

窦性心律不齐，窦性心率，二尖瓣型P波（图11.1.1b），肺型P波，房性期外收缩（图11.1.1c），房颤，房室传导阻滞，左心室/右心室增大表现。

根据瓣膜关闭不全的程度不同，可表现为：无明显异常，心房增大，伴或不伴气管上抬或支气管夹角增大，心影增大（图11.1.1d）。肺野内出现不同程度淤血表现：尖叶动静脉比值达1：1，肺间质增多，肺水肿（图11.1.1e，f），胸腔积液。腹水。

**二维超声**。正常房室瓣：光滑，回声弱于心包膜，强于心肌。二维和M型超声可观察瓣膜运动情况。瓣膜结节化退变时，易将腱索与瓣叶混淆。二尖瓣和三尖瓣均于胸骨右缘和左心尖位检查。

**二尖瓣**：舒张期末于短轴位呈典型“鱼嘴形”，收缩期表现为“哑铃形”（图6.2.1，图6.2.2）。长轴位可较好的显示瓣膜下结构。三尖瓣：结构显示优劣取决于仪器的近场分辨率（见第6章）。

**瓣膜结节样退变**：目测瓣叶回声增厚，呈结节状表现。瓣膜运动不协调。由于瓣叶短缩，瓣膜口出现缺损。如果伴有腱索断裂，瓣膜口会发现明显的缺口。

**二尖瓣脱垂**：（图11.1.1j）二尖瓣呈“降落伞”样突入心房，可伴有瓣膜结节样变。脱垂的严重程度取决于收缩期瓣叶突入心房的长度，以及是否伴有二尖瓣闭锁不全。脱垂深度的测量：以瓣膜关闭平面的垂线测量。对于不规则形脱垂必须进行跟踪监测。房室瓣闭锁不全的程度可根据间接指标来衡量：例如左心房或左心室的大小。心肌可无异常，到晚期出现扩张，张力正常或升高。心房内血栓在犬少见，对于伴有心房增大的猫要注意排除。

**M型超声：**用于评价瓣膜运动、厚度和回声强度（图11.1.1h），同时也可了解因瓣膜退变导致的其他心脏结构改变。左心房扩张时，左房与主动脉比值LA：Ao>1.3（图11.1.1k）。左心室大小可正常，或因容量负荷增加而增大，从而导致收缩期左心室缩短分数（FS）保持正常或升高。心肌一般正常或轻度肥厚，晚期出现扩张。腱索断裂时，二尖瓣振幅增大。

**多普勒超声：**CFD、PW及CW等可以显示并量化瓣膜闭锁不全的程度及血流速度等。在彩色多普勒（CFD）和脉冲（CW）多普勒取样容积中漏口呈彩色柱状表现，很容易显示轻中度闭锁不全血流喷射的形态及宽度（图11.1.1 l，m），重度关闭不全时，返流信号呈马赛克样（图11.1.1 n，p）。连续性（PW）多普勒可量化反映返流情况，高亮的多普勒波提示血流量大，而闭锁不全较轻时返流信号则相对较弱。CFD：可测量喷射血流宽度、方向、表面积和高度与心房比值（表11.1）。PW：只能量化测定较小返流血流的信号强度和速度，可了解肺静脉血流情况。CW：可测定信号强度和血流速度。可参照二尖瓣正常血流信号反映返流强弱。

**PISA法：**根据仪器配置及患者情况可有条件实施。以r（cm）表示彩色翻转截面至二尖瓣距离，混叠极限速度小于0.5m/s，计算关闭不全信号的时间-速度分数以及$V_{max}$。

如果合并进行利尿治疗，要特别注意尿素、肌酐、电解质等。

NYHA Ⅰ～Ⅳ期、ISACH 1～3b期或CHIEF A～D期（见2.6章）经数年后发展为心力衰竭。

对无症状者目前只能进行临床和心脏超声追踪观察，必要时对心脏瓣膜炎进行预防。症状明显者，其治疗取决于其临床表现及并发症情况：饮食疗法、去除瘀血表现、降低前后负荷、RAAS抑制剂等，必要时使用正性肌力药物、抗心律失常药、醛固酮抑制剂、支气管扩张药。轻至中度心功能不全（CHIEF C2）的治疗：ACEI和呋塞米。危及生命的呼吸困难（CHIEF C3）：胃肠外给药或静脉推注丘系利尿剂，吸氧，必要时使用抗焦虑药（CHIEF D）。

**表11.1 房室瓣闭锁不全的多普勒分级**

| 分级 | 返流量 |
| --- | --- |
| Ⅰ | 返流限于瓣膜附近 |
| Ⅱ | 返流最远至心房近1/3 |
| Ⅲ | 返流最远至心房中1/3 |
| Ⅳ | 返流最远至心房顶部，可逆流入肺静脉 |

**表11.2 二尖瓣瓣闭锁不全的连续多普勒分级（Hatler和Angelson，1985年）**

| 分级 | 返流量 |
| --- | --- |
| 轻 | 可见返流信号，但明显弱于二尖瓣正常血流信号 |
| 中 | 返流信号较明显，但弱于E峰及A峰（图11.1.1o） |
| 重 | 返流信号明显，强度等于或超过二尖瓣正常血流信号 |

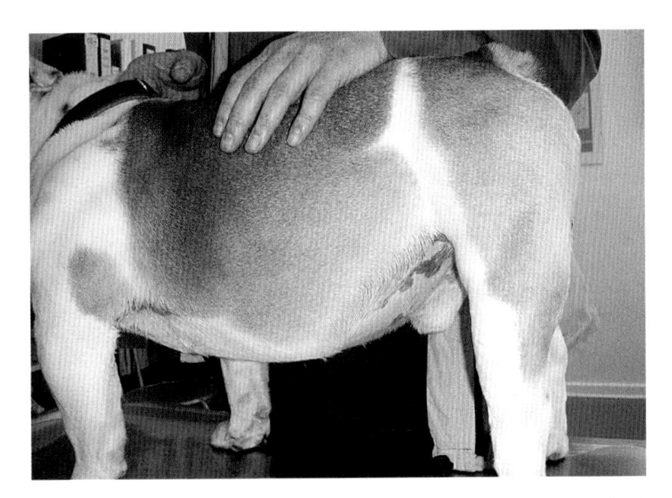

**图11.1.1a** 斗牛犬（公，9岁），二尖瓣及三尖瓣退变。腹水导致腹围增加，腹壁压力明显增大

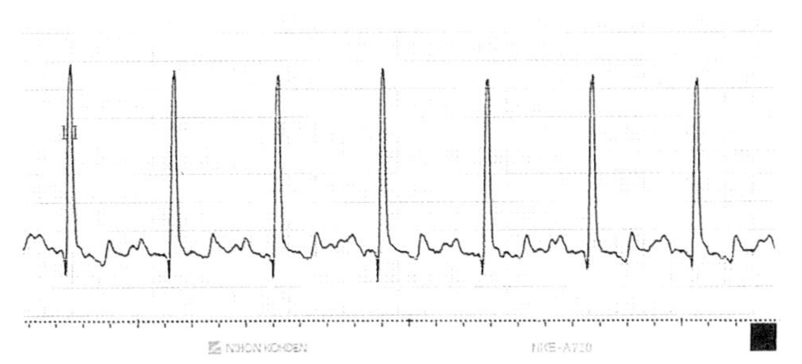

**图11.1.1b** 西班牙灵犬（公，7岁），二尖瓣退变。心电图Ⅱ导联（纸速50mm/s，刻度1cm=1mv）。P波时间延长，呈锯齿状（二尖瓣型P波）

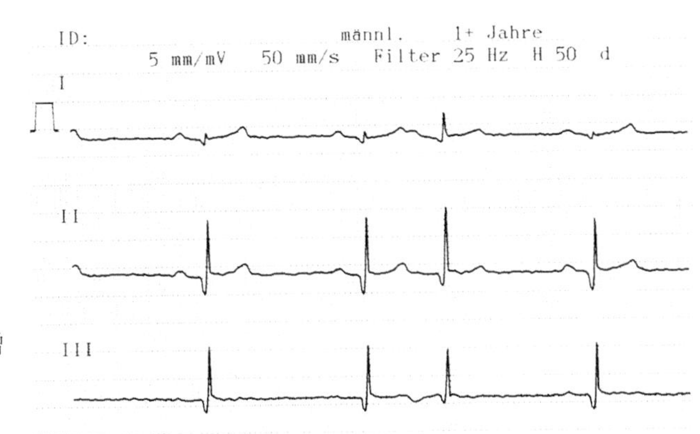


**图11.1.1c** 贵宾犬（公，10岁），二尖瓣及三尖瓣退变，心房增大。心电图Ⅱ导联（纸速50mm/s，刻度0.5cm=1mv）。房性期外收缩

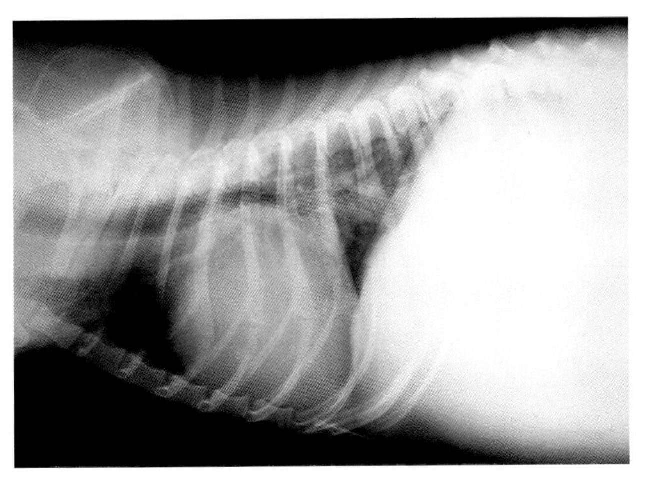

**图11.1.1d** 德国猎犬（公，12岁），二尖瓣及三尖瓣闭锁不全。侧位X线片，心影增大，肺部充血。因腹水致前腹部呈均匀阴影表现

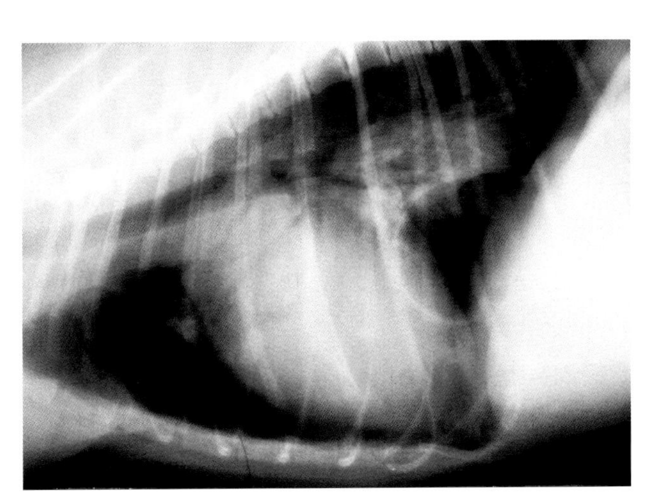

**图11.1.1e** 贵宾犬（公，8岁），二尖瓣闭锁不全，重度呼吸困难。右侧卧位，胸部侧位X线片。呼吸困难的原因为气胸及肺吸虫感染。尾叶可见一囊性钙化灶

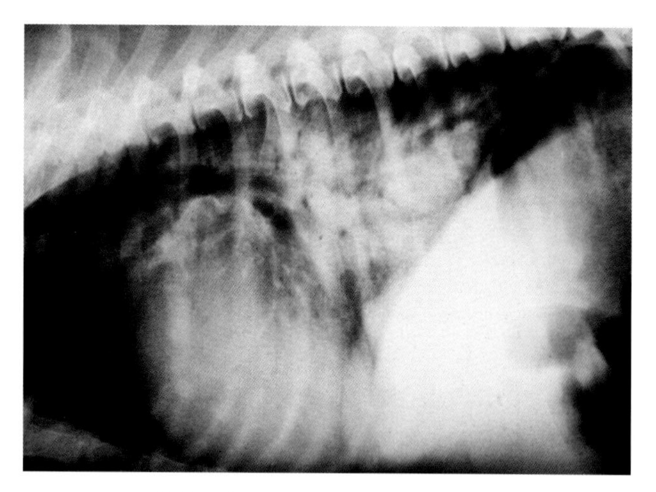

**图11.1.1f** 比格犬（公，13岁），二尖瓣闭锁不全失代偿。侧位X线片可见心影增大，肺间质水肿。因吞咽空气而致上消化道积气

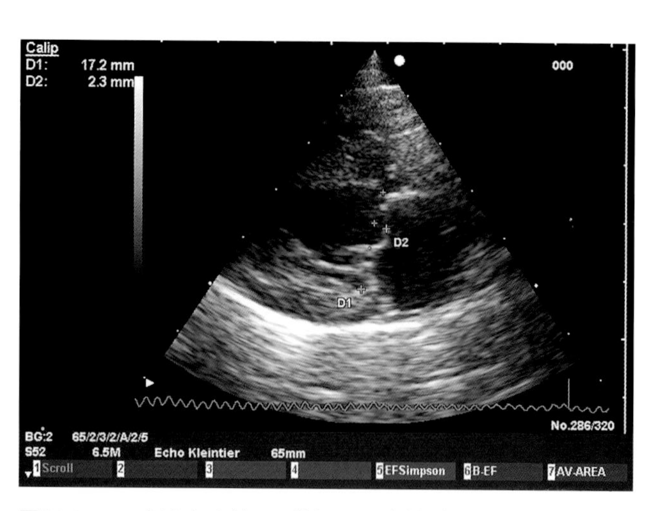


**图11.1.1g** 哈巴犬（母，9月），二尖瓣脱垂。二维超声心动图，右侧胸骨旁长轴位。收缩期瓣膜关闭时，部分瓣叶如“降落伞”样延伸进左心室

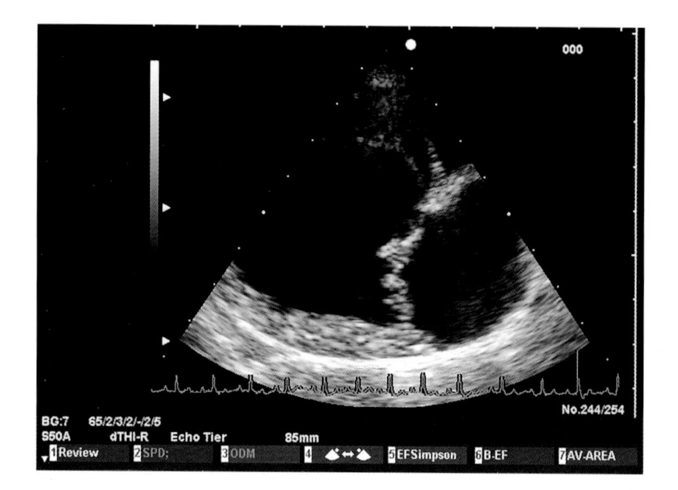


**图11.1.1h** 杂种犬（母，13岁），二尖瓣退变。二维超声心动图，右侧胸骨旁长轴位。可较好的显示收缩期二尖瓣关闭情况。左心房及左心室内容量增加

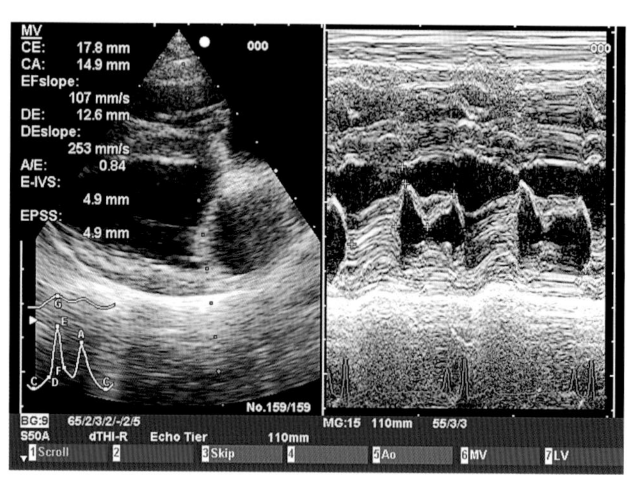


**图11.1.1i** 德国猎犬（公，11岁），二尖瓣退变。右侧胸骨旁长轴位，二维超声及M型超声。二尖瓣增厚，腱索增粗。正常二尖瓣与室间隔距离（EPSS）

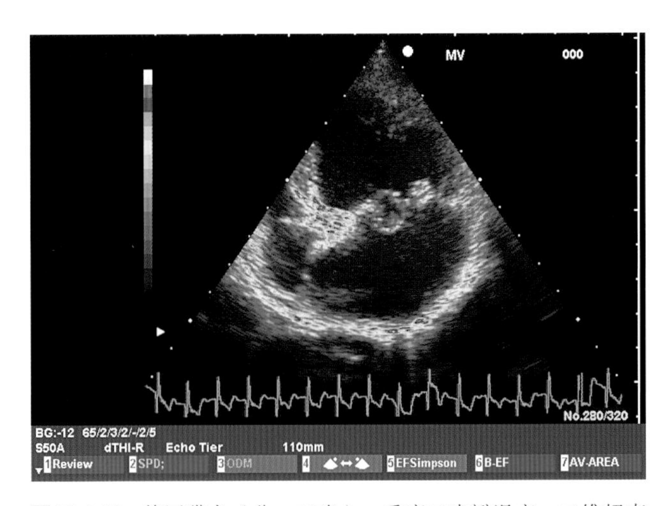


**图11.1.1j** 德国猎犬（公，10岁），重度二尖瓣退变。二维超声心动图，左侧四腔位。二尖瓣叶明显缩短、增厚。左心房明显扩张

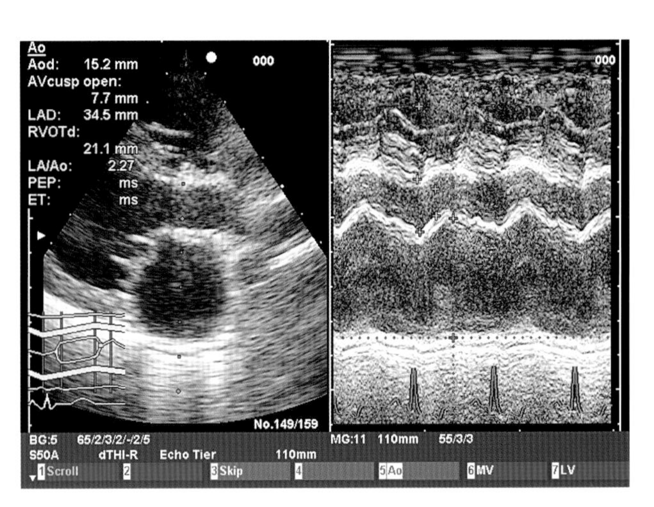


**图11.1.1k** 查尔斯王骑士猎犬（母，7岁），二尖瓣闭锁不全。二维超声心动图及M型超声，右侧胸骨旁长轴位。测量左心房与主动脉直径比值。左房扩张

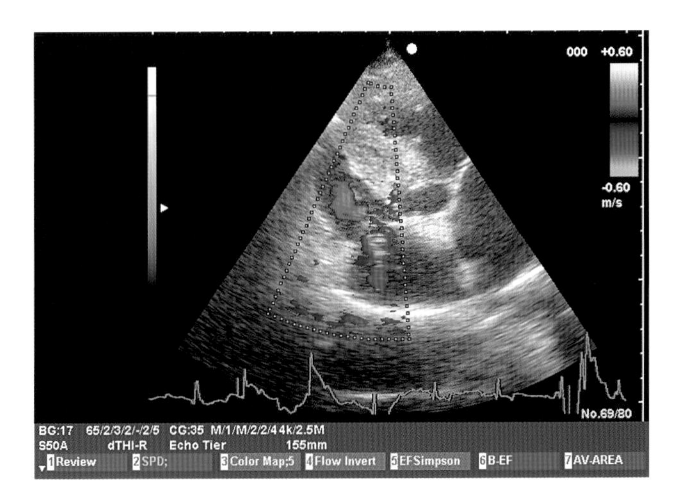


**图11.1.1l** 德国牧羊犬（母，9岁），房室瓣退变。心脏彩色多普勒，左侧二腔心位。三尖瓣闭锁不全，右心房内可见中央性返流信号

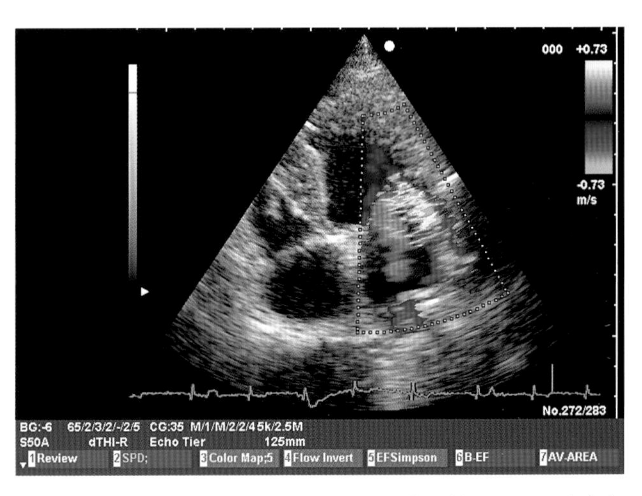


**图11.1.1m** 明斯特猎犬（母，13岁），房室瓣退变。心脏彩色多普勒，左侧四腔心位。左心房壁缘见返流信号，直达肺静脉

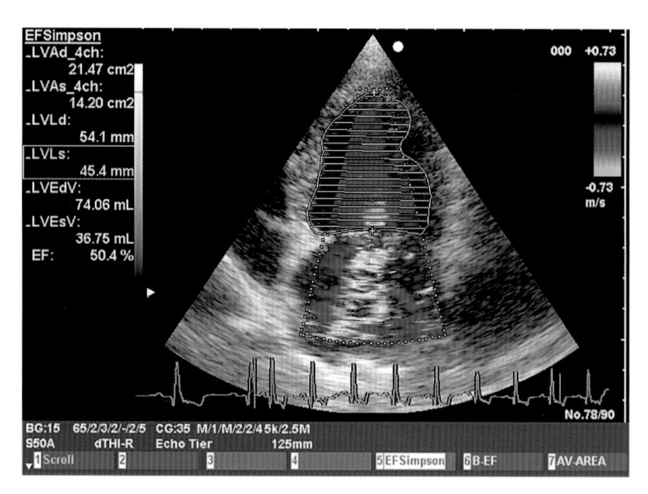


**图11.1.1n** 杂种犬（公，10岁），二尖瓣退变。心脏彩色多普勒，左侧心尖四腔心位。左心房内经二尖瓣返流信号呈马赛克样图案。彩色信号在瓣膜心室侧区域出现翻转，类似PISA法。以Simpson盘式法测定舒张期末容积（EDVI）、收缩期末容积（ESVI）和射血分数（EF）

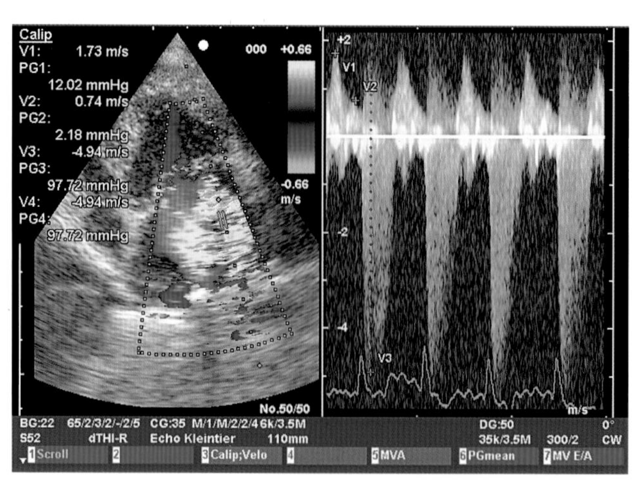


**图11.1.1o** 德国猎犬（公，10岁），二尖瓣退变。连续多普勒显示全收缩期返流信号。信号强度稍弱于E波和A波

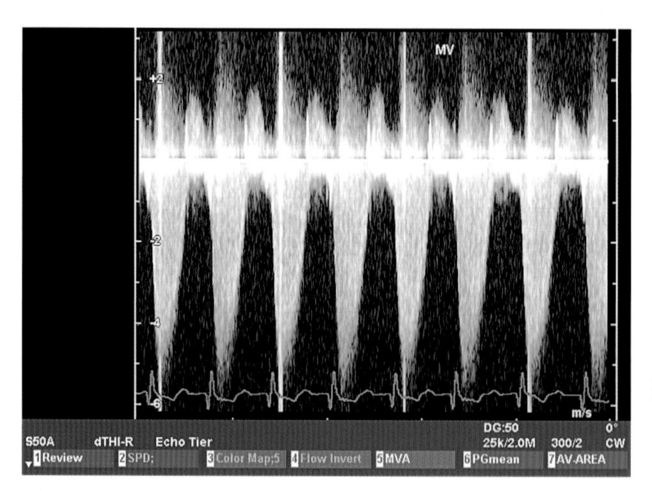


**图11.1.1p** 惠比特犬（公，12岁），房室瓣退变。连续多普勒。二尖瓣闭锁不全，全收缩期返流信号，信号强度与E波和A波相仿

## 11.1.2 感染性瓣膜疾病

感染性瓣膜疾病少见，其中以二尖瓣病变为主（图11.1.2a），也可联合主动脉瓣病变。多继发于心外炎性病变，主要为链球菌、棒状杆菌、变形杆菌、金黄色葡萄球菌和大肠杆菌等，少见的有真菌感染等。

发热、乏力、心外感染症状、原发疾病久治不愈。

所有品种均可发病。

发热、乏力、跛行，前期有原发疾病表现。

二尖瓣和主动脉瓣区收缩期杂音，主动脉瓣区可有舒张期杂音。

室性期外收缩、房颤、心动过速（图11.1.2a），房室传导阻滞。

可无明显异常。有重度瓣膜关闭不全时，可能出现部分心影增大。

**二维/M型超声**。瓣膜边缘毛糙，瓣膜赘生物（图11.1b，c，d），辩膜脱垂，心室高张力，腱索断裂。

**多普勒**。见11.1.1章节。

炎性指标：血常规，血沉（炎症参数）；血培养。

病程有好有差。

尽量使用广谱抗生素。有外周瘀血表现时，使用动脉舒张药物和利尿剂。抗心律失常药物。

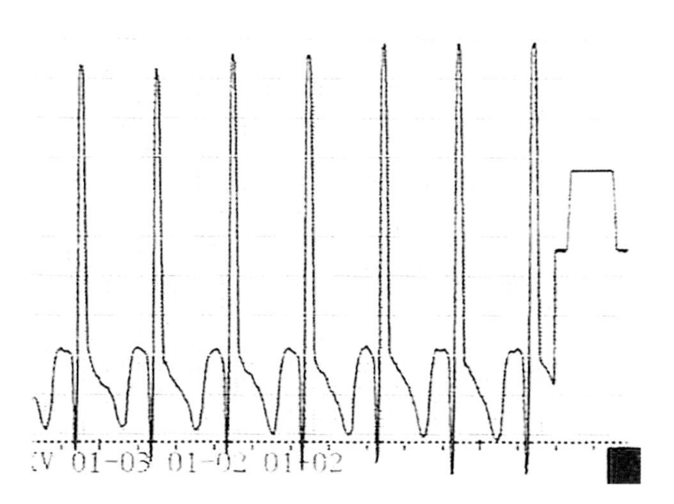


**图11.1.2a** 汉诺威侦探犬（母，3岁），狩猎事故后出现发热及肺炎。心电图Ⅱ导联（纸速50mm/s，刻度1cm=1mV）。阵发性心动过速，心率300次/min

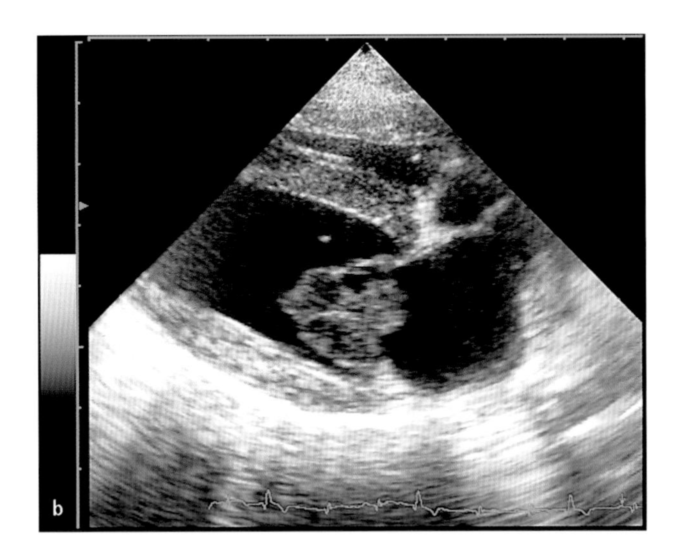


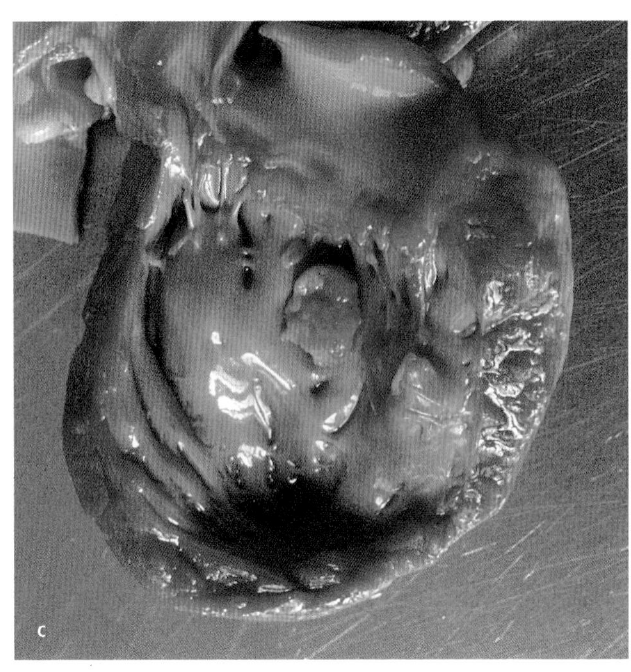


**图11.1.2b，c** 西部高地白㹴犬（公，10岁），败血症导致心内膜炎/瓣膜炎。（b）二维超声，右侧胸骨旁长轴位，可见二尖瓣及腱索区炎性赘生占位灶。（c）左心室标本。二尖瓣及腱索区感染灶，病灶沿左心室内膜扩散

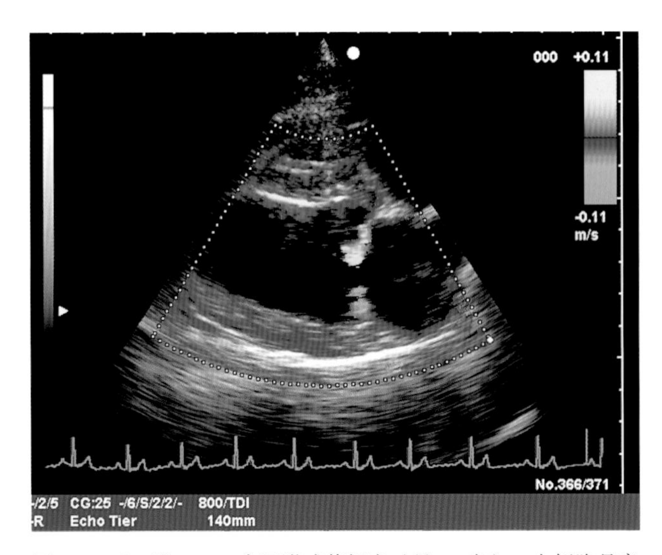


**图11.1.2d** 图10.1.2a中汉诺威侦探犬（母，3岁），右侧胸骨旁二维超声。二尖瓣因赘生物而增厚，瓣叶运动呈飘动表现

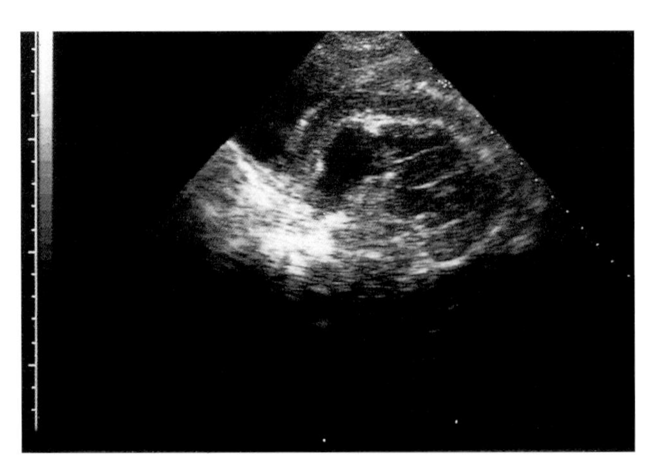

**图11.1.2e** 南美杂种犬（公，12月），发热、肺炎、关节疼痛、心动过速。右侧胸骨旁短轴位二维超声，可清晰显示心内膜、心肌和心包呈不均匀回声改变。组织学及微生物学检查证实为传染性球孢子菌病

## 11.2 扩张型心肌病（DCM）

扩张型心肌病是一种病因不明的心肌疾病，心脏收缩与舒张功能均有异常。以左心室扩张为特征性表现，也可伴有右心室扩张，心肌收缩力下降。心肌厚度低于正常。由于收缩期末可舒张期末心室容积均扩张，二尖瓣纤维环扩大，引起继发性二尖瓣关闭不全，继而导致心房扩张。扩张型心肌病可较早发病，杜宾犬类即有幼年型扩张型心肌病，不过一般于成年时才出现临床症状。

扩张型心肌病的病因不明确，可能的致病因素包括：基因分布、神经激素作用、病毒感染，或因饮食缺乏左旋肉碱、牛磺酸或镁等。

扩张型心肌病的分期见表11.3。其中1、2期可缓慢持续较长时间，而3期则短时间内很快出现进展。DCM的组织病理学可分为两种类型（表11.4）。

2期：影像检查可发现“心脏增大”。

3期：乏力，腹围增加，咳嗽，呼吸短促，呼吸困难，晕厥，突发心源性猝死，侧胸壁可见不规则心脏搏动。因腹水而致体重增加，少数出现四肢水肿。

主要见于大型犬类：大丹犬、爱尔兰猎狼犬、爱尔兰猎鹿犬、纽芬兰犬、杜宾犬、拳师犬、骑士猎犬、萨路基猎犬等，雄性多见。采用富含牛磺酸食料喂养的猫类很少发病。

参照左心和右心功能不全的NYHA、ISACH和CHIEF分期（见2.6章）。因肝脏或其他内脏淤血而出现腹痛。

无杂音或房室瓣区收缩期杂音，心律失常，心房纤颤，奔马律。

P波振幅及持续时间出现异常，PQ间期延长，QRS波高电压，室性期外收缩（杜宾犬、拳师犬），房性期外收缩，阵发性心动过速，房颤（爱尔兰猎狼犬）（图11.2a）。猫类或爱尔兰猎狼犬易出现胸腔积液，导致心电图上波幅下降。Holter心电图有助于早期诊断。

隐匿期和临床前期：正常，或左心增大。临床期：心影中、重度增大，左房增大，气管夹角增大，支气管上抬，静脉及肺间质不同程度瘀血（图11.2b，c），胸腔积液（猫和爱尔兰猎狼犬最易出现，图11.2d）。

超声是诊断DCM的有效方法，不过无法给出病因诊断。

**二维超声**。左右心室增大，常伴左房或双侧心房扩张（图11.2e，f，g）。心壁强度减弱（图11.2h），心肌运动减弱（图11.2i，p）。可通过Simpson法测量收缩期末容积（ESVI）和舒张期末容积（EDVI）（图11.2i，见6.3.1节）。房室瓣开放程度受限，瓣叶解剖结构无异常，纤维环扩张。猫类患者如果有左心房扩张可出现血栓，犬类则很少出现。可见心包积液、胸腔积液和腹水（图11.2j）。

**M型超声**。左右心室均增大，左房亦常增大（图11.2l，n）。后壁及室间隔心肌强度减弱，心肌运动振幅降低。左室后壁心肌常接近于运动失能状态。左室射血分数及收缩期缩短分数下降，ESVI与EDVI比值升高，EPSS增加（图11.2m）。左室射血时间（LVET）缩短，主动脉瓣射血前期时间（PEP）延长（图11.2l）。出现心包积液和胸腔积液表现。

**多普勒**。CFD：由于流速慢，一般着色较浅。可显示继发性房室瓣关闭不全。PW：各瓣膜区血流速度缓慢，可显示继发性房室瓣关闭不全。由于心脏舒张障碍及左室舒张期压力增加，E峰、A峰比值可能倒置。CW：可定量显示继发性房室瓣关闭不全（图11.2n，o）。

关于扩张型心肌病的超声诊断标准见表11.5。

因灌注障碍出现肾功能指标异常（肌酐、尿素和电解质）。猫类患者可能出现血清牛磺酸含量下降，肌酸激酶（CK）、α-HBDH和肌钙蛋白升高。

影响预后最大的问题在于疾病难以早期发现，因此对于发病种群建议进行常规筛查。一旦出现临床症状，很容易发生心源性猝死。合理治疗可以延长生存时间。

Rp! 正性肌力药物，发生急性心力衰竭时可以持续静脉滴注。降低心脏前后负荷药物，RAAS颉颃剂，扩血管药物，抗心律失常药物，降心率药物，利尿剂，病患处于密切监测下时可加用β受体阻滞剂，饮食或营养药物补充左旋肉碱、牛磺酸或镁等，严重者可考虑手术治疗。

**表11.3　扩张型心肌病分期**

| 分期 | 表现 |
|---|---|
| 1期=隐匿期 | 超声、心电图无明显异常，无临床症状 |
| 2期=临床前期 | 超声和心电图显示扩张型心肌病改变，临床无症状 |
| 3期=临床期 | 临床出现症状，超声和心电图也有异常 |

**表11.4　扩张型心肌病组织病理特点**

| 名称 | 表现 |
|---|---|
| 衰减曲线纤维型DCM | 心肌细胞缩小，呈波浪形，细胞内水肿（杜宾犬） |
| 脂肪变性浸润型DCM | 心肌细胞碎裂、萎缩，出现广泛脂肪变性和浸润（拳师犬） |

**表11.5　扩张型心肌病超声诊断标准**

| 参数/检查 | 注释 | 结果 |
|---|---|---|
| LVDd | 左心室舒张末期内径 | 明显增大 |
| LVDs | 左心室收缩末期内径 | 明显增大 |
| 二维超声与M型超声 LVDd比值 | | < 1.65 |
| FS% | 短轴缩短率 | < 20 ~ 25 |
| EF% | 二维超声测量射血分数 | < 40 |
| EPSS | 收缩期末二尖瓣 ~ 室间隔间距 | 增大 |
| PEP：LVET | PEP：射血前期 | 增大 |
| LVET：左室射血时间 | | |
| 心房直径 | 左房或双侧增大 | |
| ECG | 心律失常 | |
| ECG | 房颤 | |

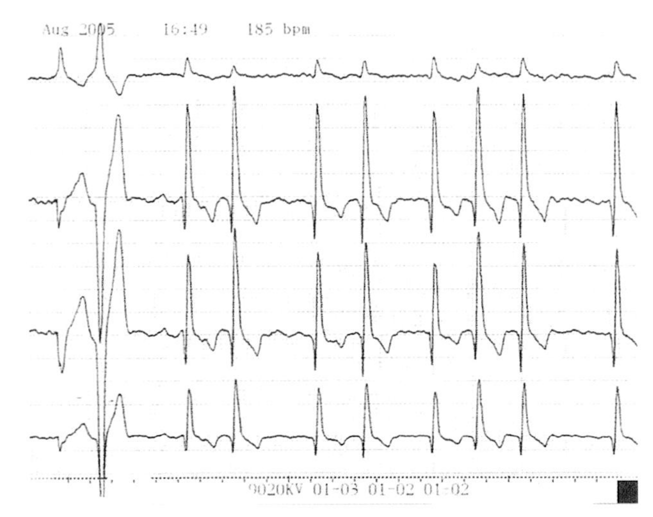


**图11. 2a**　纽芬兰犬（公，4岁），扩张型心肌病。心电图Ⅱ导联。快速型房颤，室性期外收缩来源于左室心肌

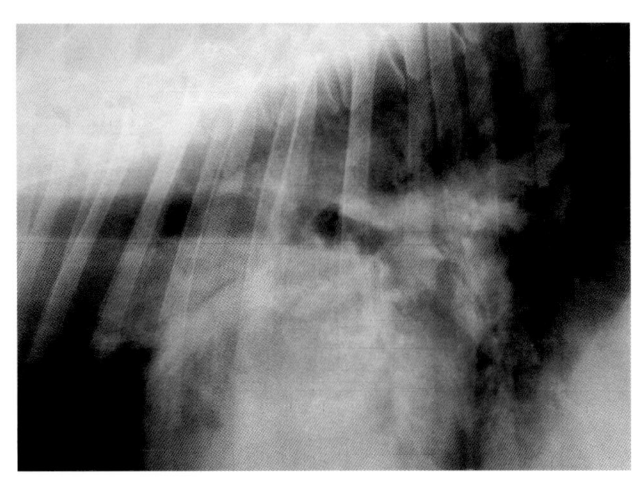

**图11. 2b**　杜宾犬（公，5岁），扩张型心肌病，侧位胸片（部分）。心影增大，左房增大。可显示主支气管分叉，肺部淤血，尖叶血管增粗

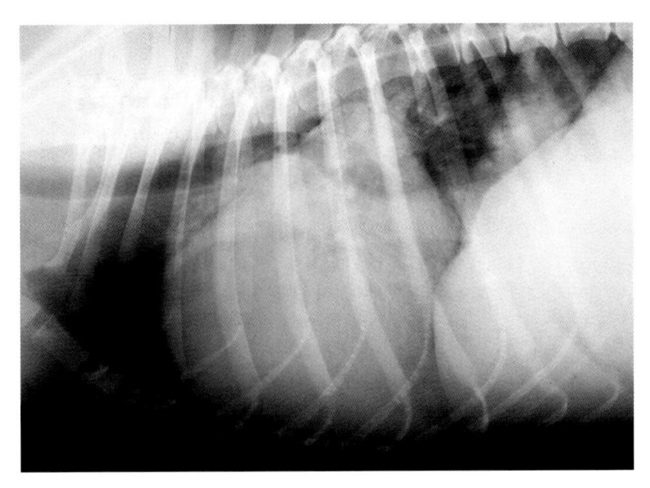

**图11.2c** 霍夫瓦尔特犬（公，6岁），扩张型心肌病，侧位胸片。心影显著增大，左心房增大，支气管夹角增加，尖叶静脉及尾侧肺野血管淤血

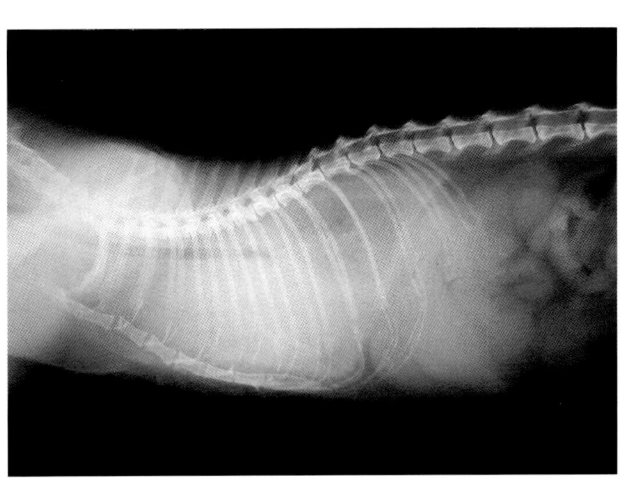

**图11.2d** 母（猫，12岁），扩张型心肌病及胸腔积液。胸部及上腹部侧位片。由于胸腔积液，心影轮廓难以区分，仅气管清晰可见

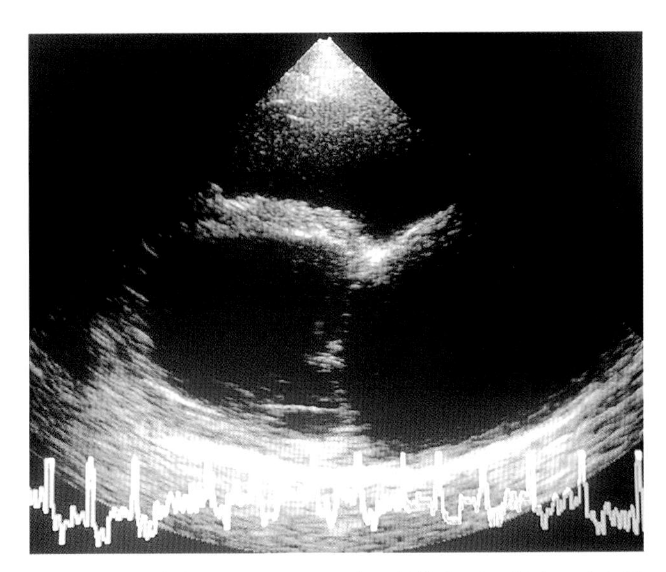

**图11.2e** 杜宾犬（公，5月），先天性扩张型心肌病。为少见的幼年发病型。二维超声心动图显示心腔扩大，心肌变薄

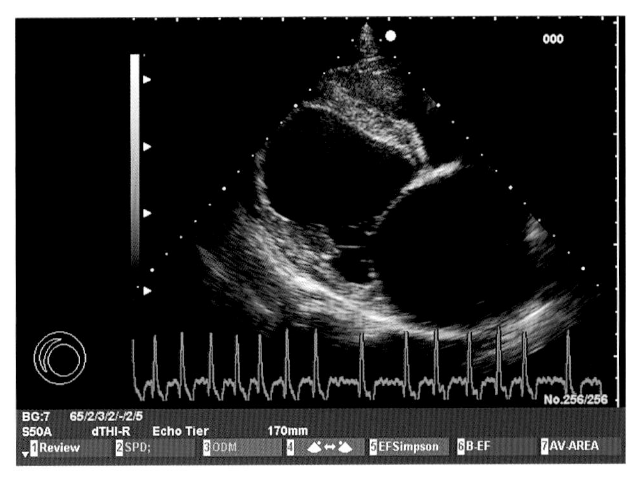


**图11.2f** 罗德西亚背脊犬（公，8岁），扩张型心肌病。二维超声心动图，右侧胸骨旁长轴位。左、右心室均扩张，二尖瓣和腱索解剖结构正常。左房高度扩张，心肌变薄。快速型房颤，心率180～200次/ min

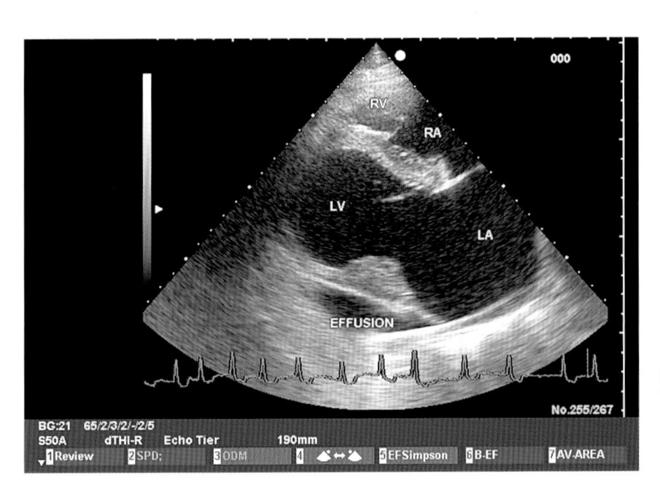


**图11.2g** 罗威纳犬（公，8岁），扩张型心肌病。二维超声心动图，右侧胸骨旁长轴位。两侧心室及心房均扩张，少量胸腔积液。房颤，心率120次/ min

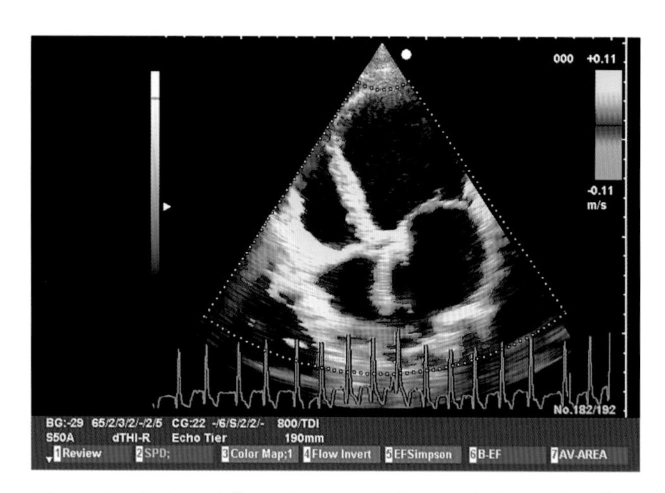

**图11. 2h** 杜宾犬（公，3岁），二维超声心动图，四腔心位，组织多普勒成像。左室扩张甚于右室扩张。快速型房颤，心率200次/ min

**图11. 2i** 拳师犬（公，6岁），组织多普勒成像，心尖四腔心位。以Simpson平面法测量左心室容积。虽经积极治疗，左心室收缩末期容积指数（ESVI）及舒张末期容积指数（EDVI）仍然明显升高。房颤，心率150次/ min

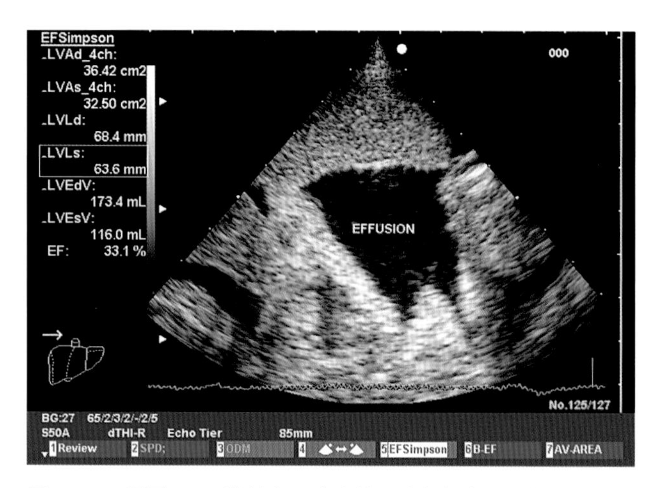


**图11. 2j** 同图10. 2i拳师犬，治疗前。腹部超声示因外周淤血所致腹水

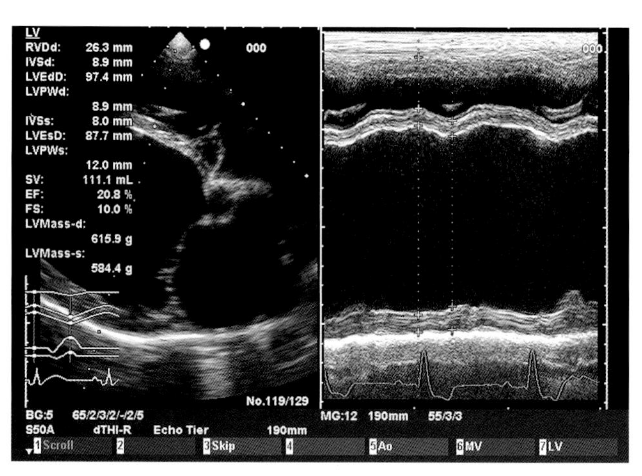


**图11. 2k** 大丹犬（公，3岁），扩张型心肌病，二维超声及M型超声。左心室明显扩张，心肌变薄，张力增加。心室后壁收缩运动振幅极小，收缩期缩短分数FS仅为10%

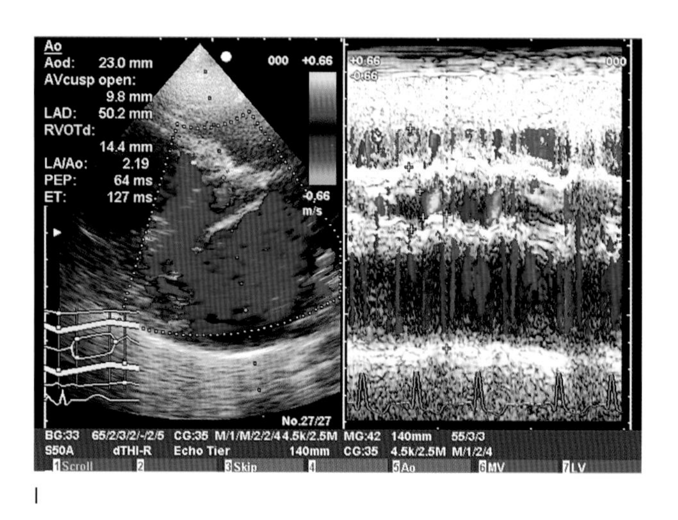


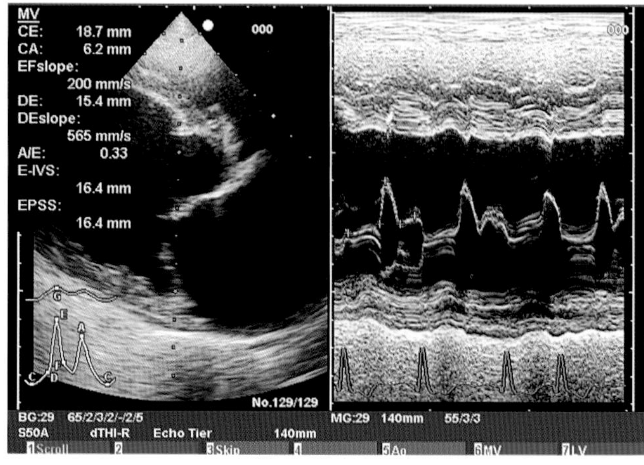


**图11. 2l，m** 拳师犬（公，6岁），扩张型心肌病，二维及M型超声。（l）左房扩张，左房及主动脉比LA：Ao升高，左室射血前时间（PEP）延长，左室射血时间（LVET）缩短。（m）二尖瓣与室间隔间距（EPSS）明显增大

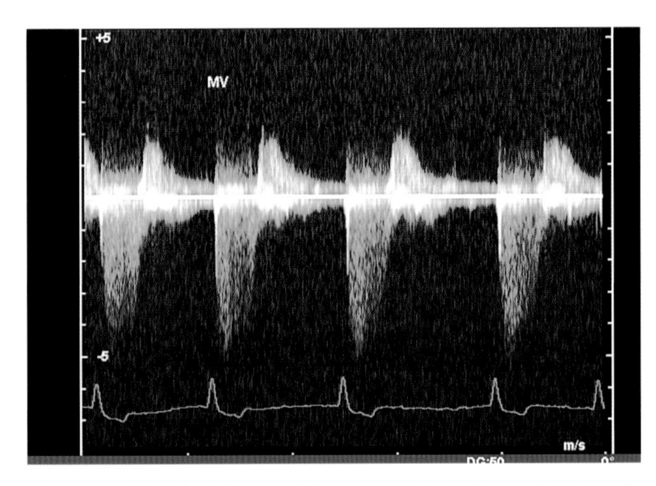


**图11. 2n** 洛威犬（公，10岁），扩张型心肌病，二尖瓣区连续型多普勒。可见经过二尖瓣环的继发性全收缩期返流信号

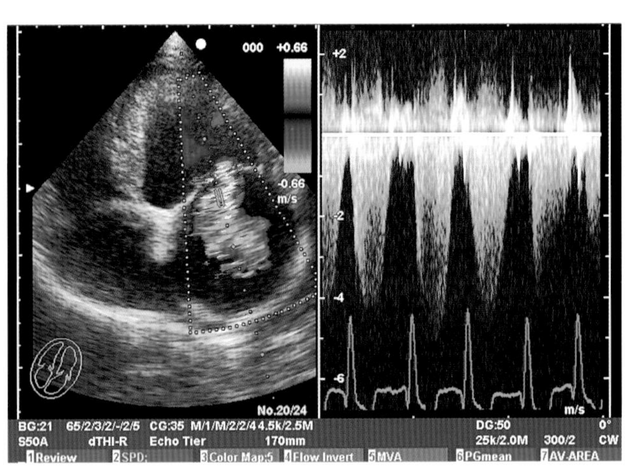


**图11. 2o** 罗德西亚背脊犬（公，8岁），扩张型心肌病，二尖瓣区多普勒超声，左为彩色多普勒，右为连续型多普勒。全收缩期返流信号，流速4m/s，达左心房内三分之二高度

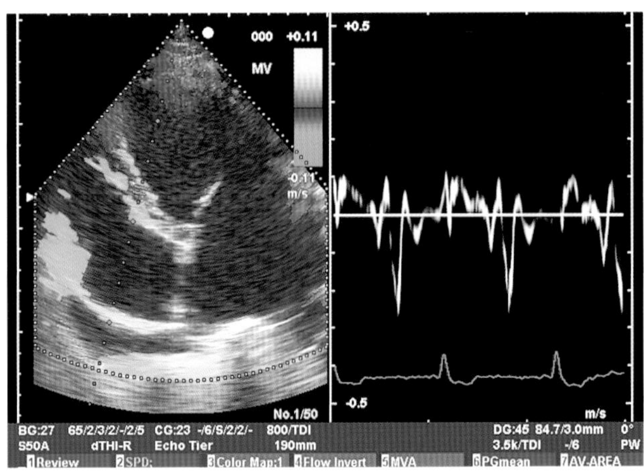


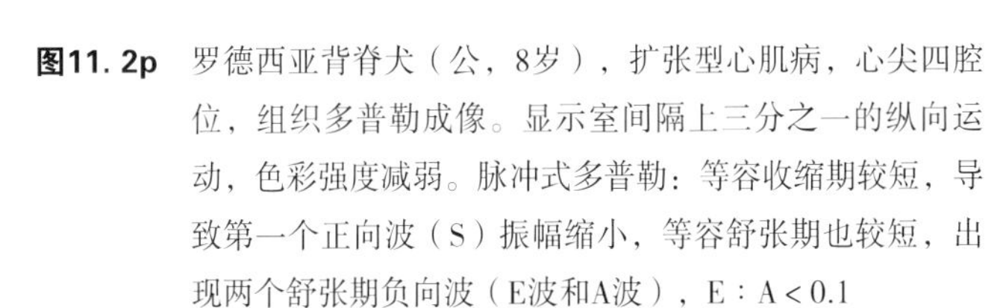

**图11. 2p** 罗德西亚背脊犬（公，8岁），扩张型心肌病，心尖四腔位，组织多普勒成像。显示室间隔上三分之一的纵向运动，色彩强度减弱。脉冲式多普勒：等容收缩期较短，导致第一个正向波（S）振幅缩小，等容舒张期也较短，出现两个舒张期负向波（E波和A波），E：A < 0.1

## 11.3 肥厚型心肌病（HCM）和阻塞性肥厚型心肌病（oHCM）

心肌肥厚可引起心壁局限性或弥漫性增厚，导致左心室或双心室向心性肥厚。在肥厚型心肌病（HCM）早期，左心室内径常无明显异常，随着心肌肥厚加重，心腔容积开始变小，收缩期末心室内压力增大。与此同时，左房所受后负荷逐渐增加，进而出现扩张。到疾病晚期，常出现房颤及血栓。

原发性肥厚型心肌病被认为是常染色体显性遗传疾病，肌球蛋白和肌节收缩蛋白基因突变是主要致病因素。目前尚不清楚一共有多少种基因参与本病发病机制（人类已知的致病基因有100多种）。心肌肥厚可始于心尖部，向室间隔发展，最终累及后壁（图11.3h）。如果因心肌肥厚引起心室流出道狭窄，则为阻塞性肥厚型心肌病（oHCM）。由于流出道狭窄，血流速度增快，可能会引起二尖瓣收缩期前向运动（SAM），进而出现二尖瓣关闭不全。其机理为左室流出道血流速度加快，流出道相对负压，吸引二尖瓣前叶及腱索前向运动，即Venturi效应，以及乳头肌松弛所致。由于室间隔增厚，在二维超声及M型超声中可发现二尖瓣叶部分融合，在对快心率的猫类检查时应尤其注意有无SAM现象。

诊断原发性HCM时，要注意与继发性HCM相鉴别，后者可因甲亢、糖尿病、Cushing综合征等代谢性、内分泌性疾病或肾脏疾病所引起的血压升高引起。此外，还要注意与主动脉狭窄所致左心室肥厚或肺动脉狭窄所致右心室肥厚等相鉴别。

有猝死家族史。食欲不振，呼吸困难，快速呼吸，体重减轻，缺乏活力，少数出现晕厥。血栓可引起一侧偏瘫或双侧瘫痪。对好发种群需进行预防性筛查。

是猫类最常见的心脏疾病。好发品种包括欧洲短毛猫、英国短毛猫。迄今已发现缅因库恩猫常染色体显性遗传的致病基因，其他等位基因还在不断研究之中。犬类很少发病。

患病猫在幼年和中年期即可出现猝死。主要的临床表现为食欲减退并体重下降，稍有运动即出现呼吸急促。心衰导致胸腔积液、乳糜胸等，进而出现呼吸困难。

可无异常表现，奔马律，心律不齐。流出道狭窄者可闻及渐强-减弱式杂音。因继发重度房室瓣关闭不全出现的收缩期杂音，难以同oHCM的流出道杂音鉴别。

因病变程度不同可表现为：正常，代表左室负荷的R波大于0.9mV（猫）或大于3.0mV（犬）。ST段呈心肌缺血表现，心动过速，室上性或室性心律不齐，束支传导阻滞或左前支传导阻滞（猫）。

因病变程度不同，后前位或前后位胸片心影可表现为正常或明显增大，呈典型“心”型表现（图11.3b）。因继发性房室瓣关闭不全而致心房增大（图11.3c）、肺淤血，出现胸腔积液时肺野显示不清。如有流出道狭窄， 可因压力差增大出现主动脉增宽。

**二维超声**。可见左心室和/或右心室肥厚，室间隔不对称性增厚。不过，也可仅有心尖部和乳头肌肥厚（图11.3d，e，f，g）。猫类患者一般最后才出现心后壁和二尖瓣下方室间隔肥厚。心室收缩期末和舒张期末内径均变小（图11.3e）。左室流出道狭窄时可见SAM现象：收缩期二尖瓣叶出现前向运动，瓣环开放。左心耳区可出现血栓。另可见少量心包积液，或胸腔积液。

**M型超声**。目前多以心后壁和室间隔厚度大于6mm为诊断猫类心肌肥厚的标准（图11.3h），其余根据动物种类和体重而标准各不相同。室间隔呈非对称性肥厚，乳头肌和后壁均增厚，心室收缩期末和舒张期末内径变小，左心室壁高张力，左心房因继发性二尖瓣关闭不全而扩大（图11.3i）。oHCM可见SAM现象。部分病例出现心包积液和胸腔积液。

多普勒。CFD：oHCM可见经过房室瓣区的返流信号（图11.3k）。PW/CW：由于心室舒张充盈受限，E波变小，小于A峰（比例倒置，图11.3j）。收缩期可见二尖瓣叶出现前向运动，并显示二尖瓣环情况（图11.3k）。

oHCM经左室流出道的血流速度加快，猫大于1.4m/s。

基因测试（仅用于缅因库恩猫和布偶猫）：提取口腔黏膜细胞检测。临床生化检查，排除代谢性、内分泌疾病以及肾脏疾病。

与疾病严重程度有关。在有效治疗下疾病可迁延数年，反之可出现猝死（图11.3 l，m）。弱较早出现充血性心力衰竭，预后愈差。

β受体阻滞剂，降低前、后负荷的药物，RAAS颉颃剂，钙通道颉颃剂，醛固酮颉颃剂，利尿剂等可降低死亡率，改善临床症状。急性肺水肿时，可使用乙酰丙嗪镇静。有血栓形成时，需使用抗凝药和抗血小板聚集药物。

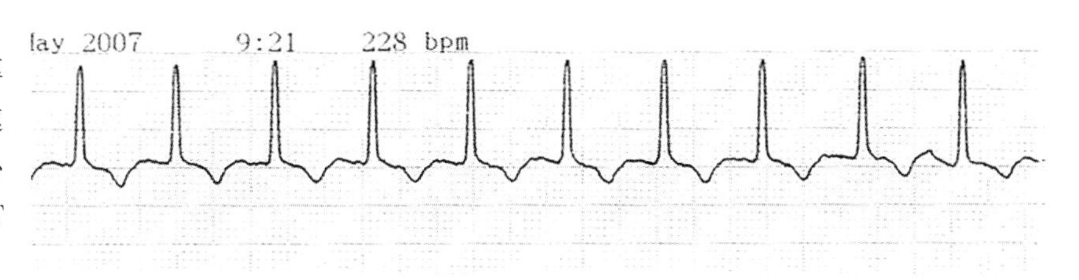


**图11.3a** 英国短毛猫（母，3岁），肥厚型心肌病。心电图Ⅱ导联（纸速50mm/s，刻度1cm=1mV）。心室高电压，心动过速，P波落在T波上

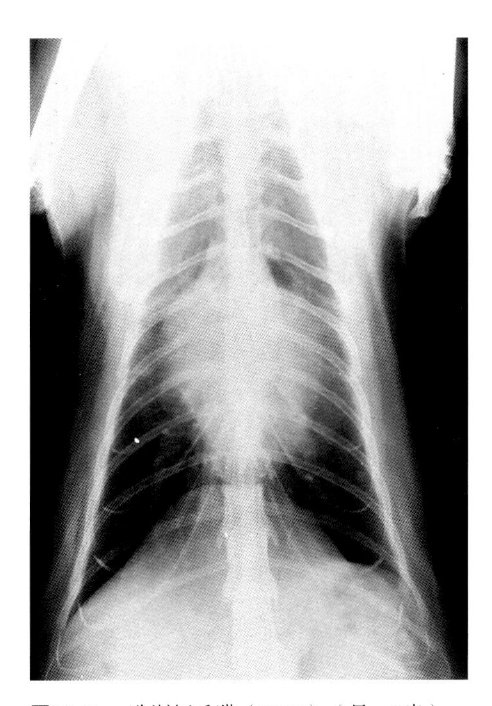

**图11.3b** 欧洲短毛猫（EKH）（母，6岁），肥厚型心肌病。胸片背腹位，心脏影呈典型“心形”表现

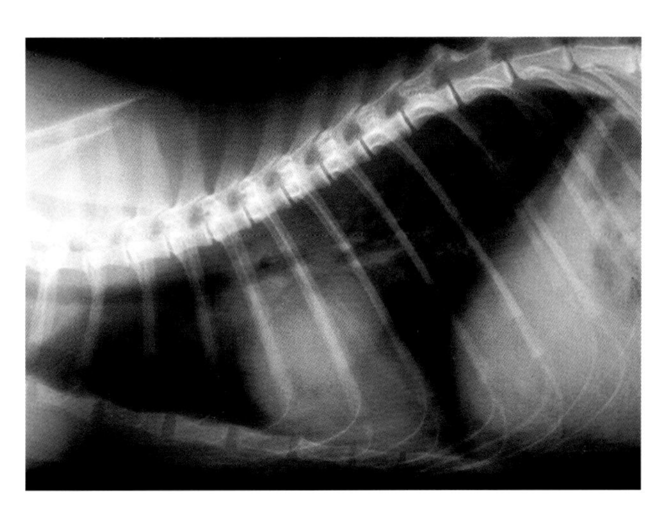

**图11.3c** 英国短毛猫（母，3岁），肥厚型心肌病并二尖瓣关闭不全。侧位胸片，心影增大，左房增大，肺尖叶血管淤血

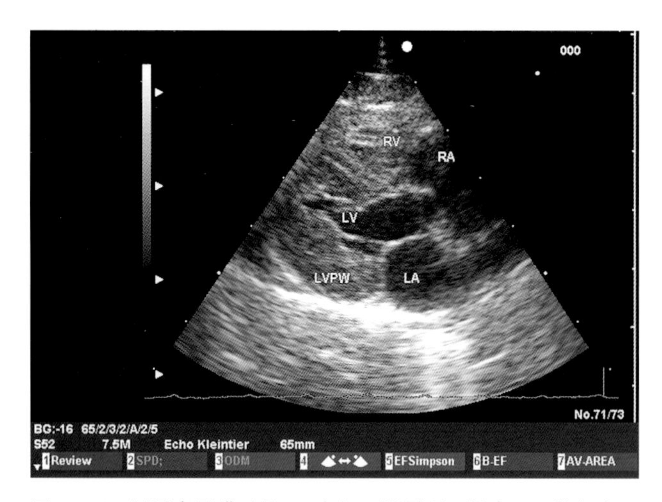


**图11.3d** 缅因库恩猫（母，2岁），肥厚型心肌病。二维超声，右侧胸骨旁长轴位。心脏处于收缩期，心壁增厚，>6mm。乳头肌增粗

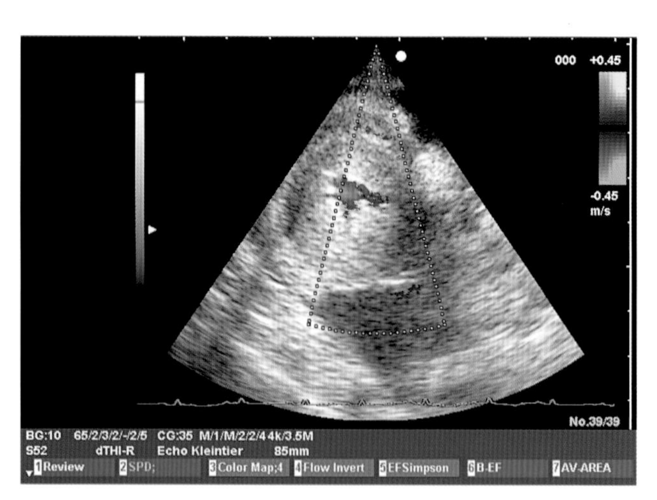


**图11.3e** EKH母猫，肥厚型心肌病。二维超声，右侧胸骨旁短轴位。两侧心室心肌均显示肥厚，14点钟方向可见回声增强

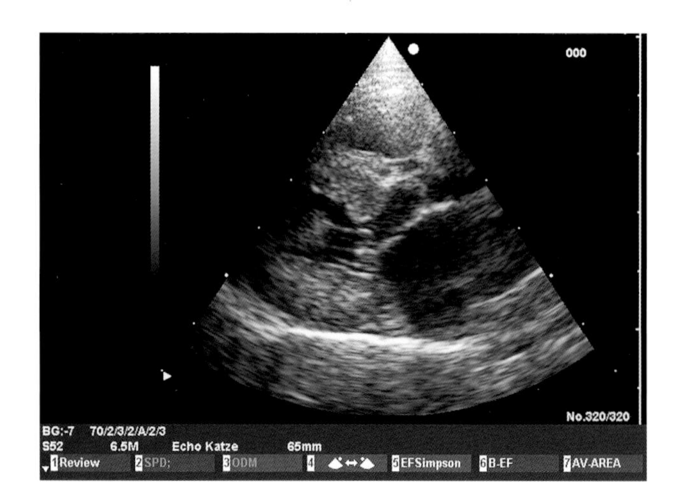


**图11.3f** 欧州短毛猫（母，2岁），阻塞性肥厚型心肌病。二维超声，右侧胸骨旁长轴位。由于室间隔远端心肌隆起导致左室流出道梗阻

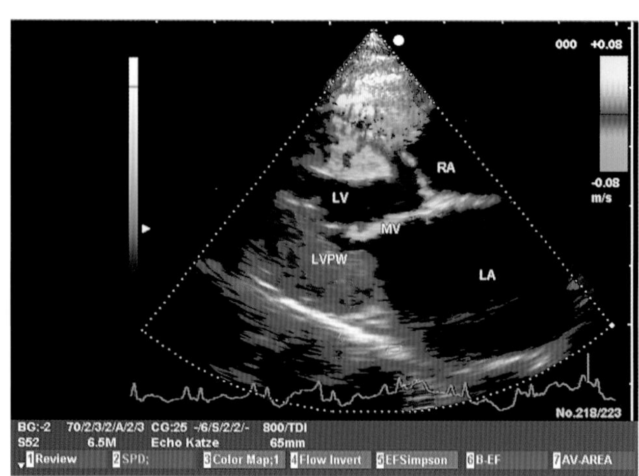


**图11.3g** 缅因库恩猫（公，2岁），肥厚型心肌病。二维超声，右侧胸骨旁长轴位，TDI型。左心室心肌肥厚，左房扩张

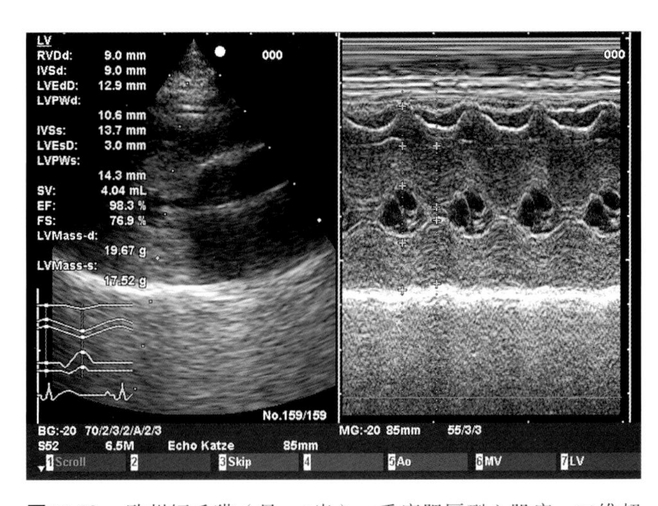


**图11.3h** 欧州短毛猫（母，4岁），重度肥厚型心肌病。二维超声（左）及M型超声（右），二尖瓣下心肌层面。可见左室心肌显著肥厚

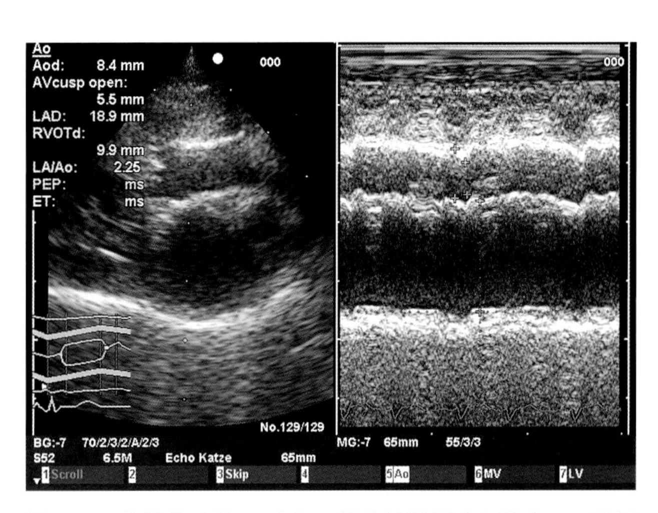


**图11.3i** 布偶猫（母，3岁），阻塞性肥厚型心肌病。二维超声，右侧胸骨旁长轴位（左）及M型超声（右），主动脉根部及左房层面。由于继发性二尖瓣闭锁不全导致左房扩张

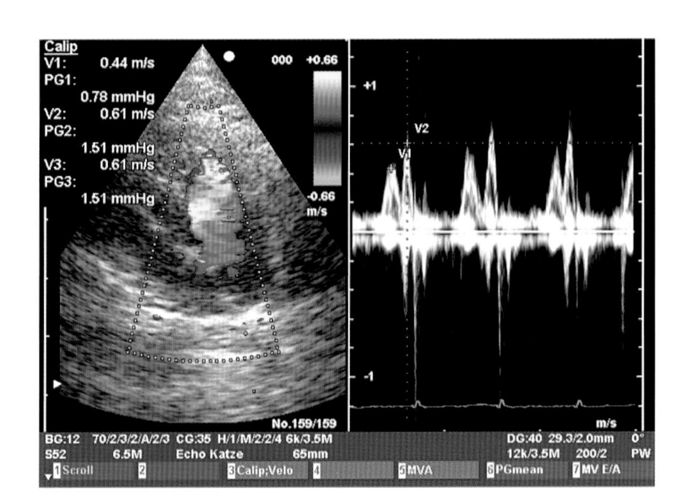


**图11.3j** 欧州短毛猫（公，1岁），肥厚型心肌病，彩色多普勒超声（左）和PW多普勒（右）。可见经二尖瓣流向左心室的血流信号，由于心肌肥厚，阻抗增加，导致A峰高于E峰

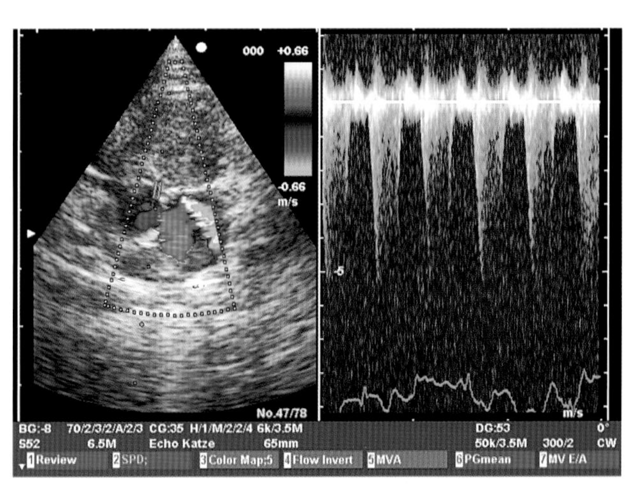


**图11.3k** 英国短毛猫（公，2岁），肥厚型心肌病并二尖瓣闭锁不全。彩色多普勒超声（左）可见流向主动脉的血流信号以及直达左房顶部的返流信号。CW多普勒（右）：全收缩期返流信号

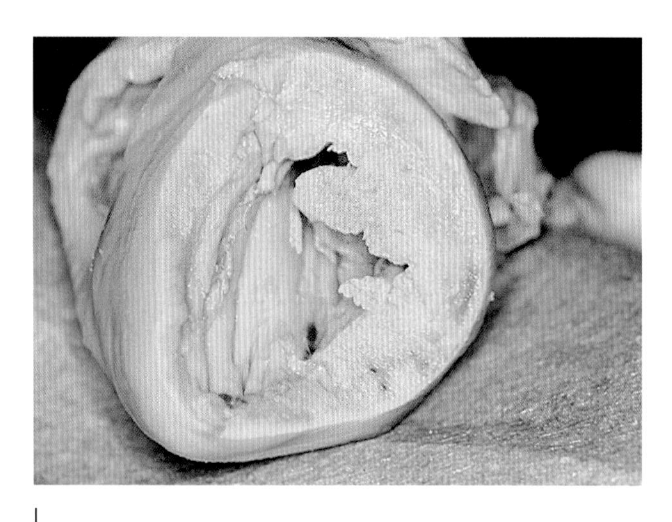

l

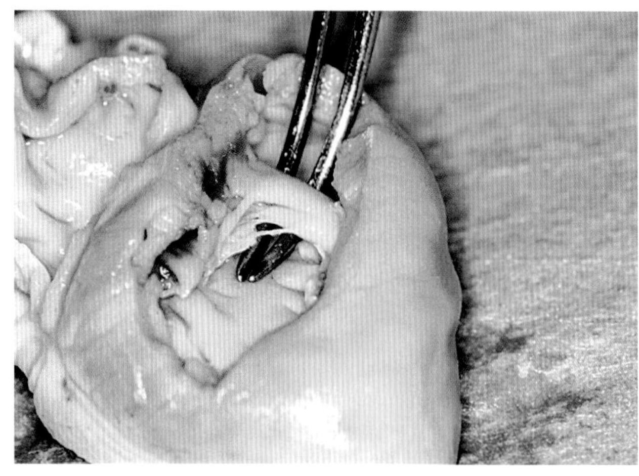

m

**图11.3l，m** 暹罗猫（公，10周），肥厚型心肌病，大体标本。（l）左心室心肌及乳头肌均显示肥厚。（m）右心室内增厚的节制索，位于乳头肌附近，连接室间隔和心室壁

## 11.4 限制型心肌病（RCM）和未分类型心肌病

限制型心肌病无论是临床表现还是病理解剖改变均比较多样化，特征为心肌内结缔组织沉积及纤维化，病因不明确。心肌纤维致一侧或双侧心室心肌伸展受限、舒张期容积缩小，导致心脏舒张功能受限。心室大小和收缩功能无异常。

可有呼吸困难、呼吸急促，张嘴呼吸，食欲减退及体重减退等病史。症状不一定与疾病的严重程度一致，血栓形成所引起的症状可为最初的临床表现。

不明。

可出现所有充血性心力衰竭以及血栓栓塞的症状。偶见颈静脉搏动，头颈部或四肢水肿。如果心排血量严重降低，猫类病患可出现体温降低的表现。

无异常，或出现奔马律或不同强度的收缩期返流杂音，胸骨左缘强于右侧。

基本上与肥厚型心肌病类似（见11.3章节），常可见明显的二尖瓣型P波和/或肺型P波（图11.4a）。

进展期出现心影增大（图11.4b），左房明显增大，不同程度的充血表现。血管造影可见血栓形成的间接征象（图11.4k）。

**二维超声/M型超声**。心内膜明显增厚，左室心肌肥厚，心腔缩小，并左房明显扩张。可于心房或心耳处发现血栓（图11.4c）。

**M型超声**：收缩期缩短分数、射血分数和EPSS多为正常，左房与主动脉比值（LA：Ao）明显升高（图11.4d）。

**多普勒**。可显示通过房室瓣区的返流信号，心动过速时可见E峰与A峰部分融合。E、A比值倒置，单数E峰明显升高（图11.4e）。

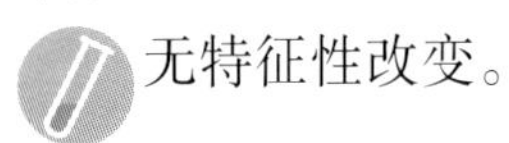

无特征性改变。

病程发展快慢不一，即使早期正规治疗也难以逆转疾病进展。

胸腔穿刺，给氧，强化利尿治疗，RAAS阻滞剂，降低前、后负荷药物，洋地黄药物治疗室上性心动过速及心肌收缩功能减弱。目前尚无逆转心肌纤维化的治疗方法。发现血栓需给予抗凝治疗和抗血小板聚集治疗（图11.4f，g）。

**未分类型心肌病**

未分类型心肌病是对于无法归类于前述几种心肌疾病的总称，常有左心房明显增大表现（图11.4h），心室可正常，伴心肌肥厚，或者出现心室扩张（图11.4i）。可于心房或心耳处发现血栓（图11.4j，k）。

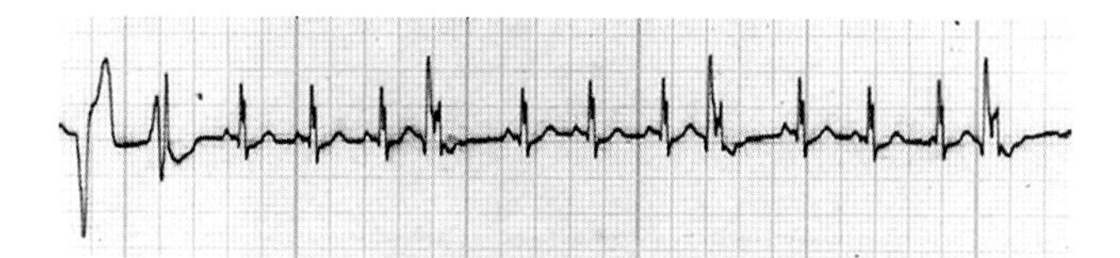

**图11.4a** 欧州短毛猫（公，6岁），RCM。心电图Ⅱ导联（纸速50mm/s，刻度1cm=1mV）。心动过速，心室波出现融合，可见室性期外收缩（第1、2、6、10、14个波群）

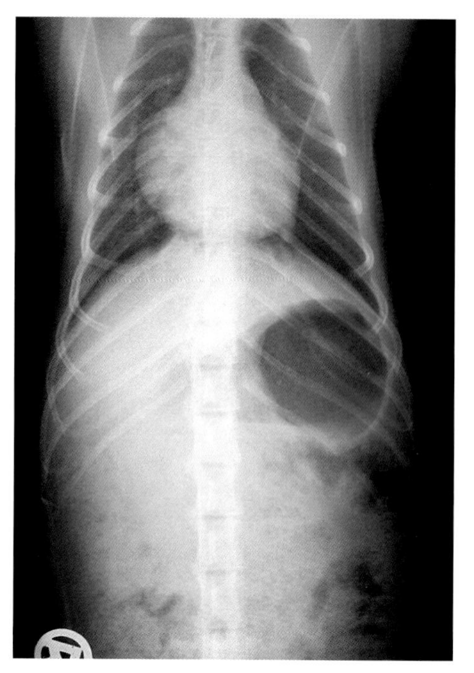

**图11.4b** 欧州短毛猫（公，6岁），RCM。背腹位胸片示心影双侧增大

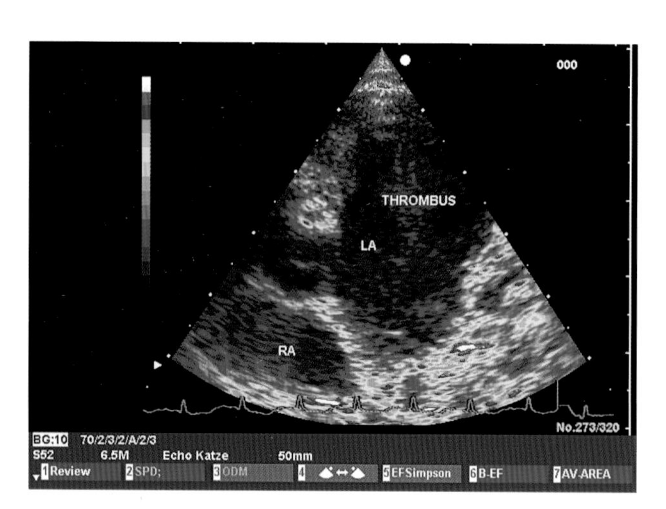


**图11.4c** 波斯猫（公，7岁），RCM。二维超声，左侧心尖四腔位。左房增大，可见血栓

**图11.4d** 欧州短毛猫（母，5岁），RCM，M型超声。可见左房明显扩张，LA：Ao=3.3

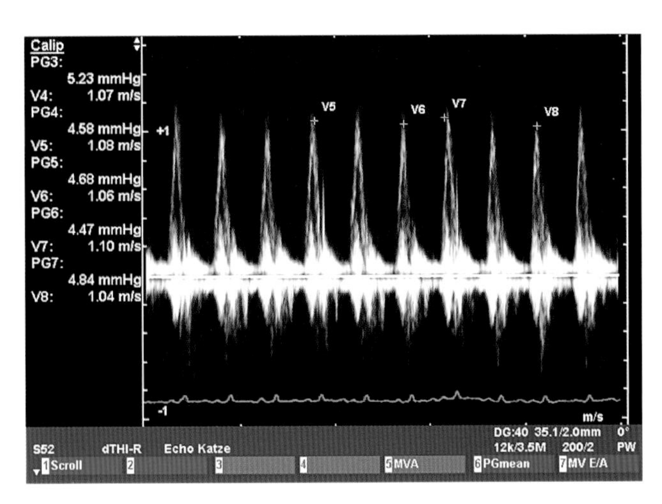


**图11.4e** 欧州短毛猫（母，5岁），RCM，PW多普勒。左心室舒张受限，E峰升高

**图11.4f** 欧州短毛猫（母，5岁），RCM，因血管栓塞导致左前肢轻瘫

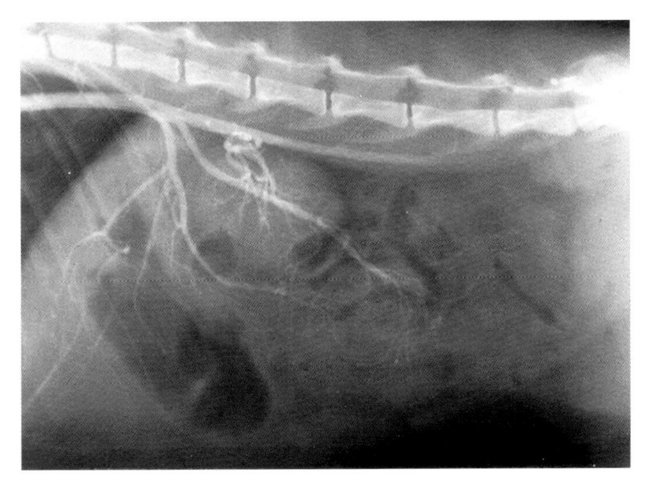

**图11.4g** 欧州短毛猫（公，8岁），RCM，血栓形成。经静脉注射造影剂后约15s，血管造影照片。因主动脉血栓形成，于髂动脉分叉水平可见血管闭塞（箭头所示）。患猫有轻瘫症状，股动脉不能触及

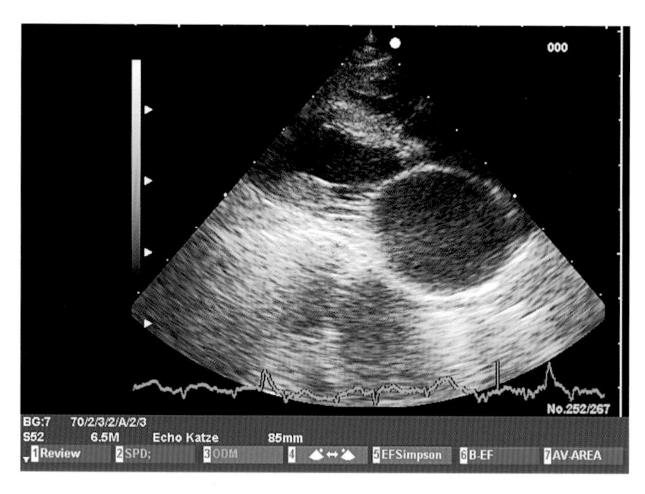


**图11.4h** 欧州短毛猫（母，16岁），未分类型心肌病。二维超声，右侧胸骨旁长轴位，双侧心房增大

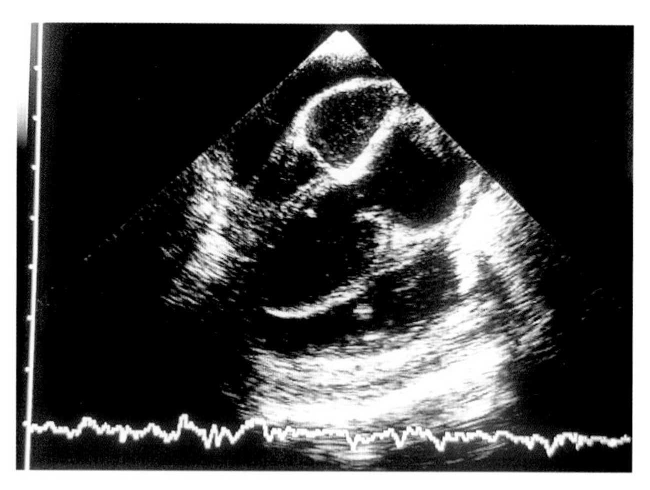

**图11.4i** 欧州短毛猫（母，6岁），未分类型心肌病。二维超声，右侧胸骨旁长轴位，心肌扩张，两侧心房增大，心内膜呈低回声改变。因淤血导致胸腔积液

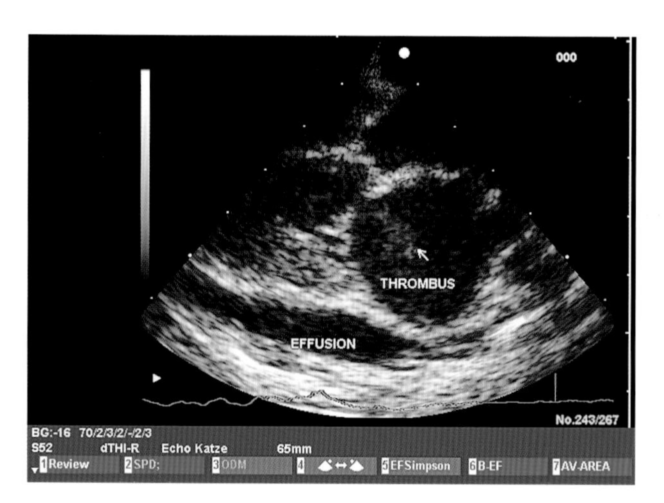


**图11.4j** 欧州短毛猫（母，10岁），未分类型心肌病。二维超声，右侧胸骨旁长轴位，两侧心房增大，二尖瓣上方可见心房内附壁血栓（稳定型）。胸腔积液

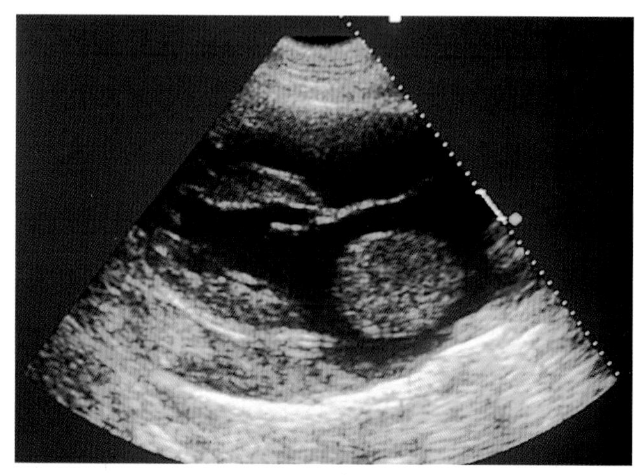

**图11.4k** 欧州短毛猫（公，6岁），未分类型心肌病。二维超声，右侧胸骨旁长轴位，心肌厚度正常，两侧心房扩张。左心房内见可活动的团状血栓。胸腔积液

## 11.5　心包疾病

**心包积液**：心包腔内因各种原因出现液体聚集。常见原因包括感染、新生物或外伤等。

**心包填塞**：多为心包内出现急性液体聚集，使心脏舒张充盈受限，从而影响心功能。

**缩窄性心包炎**：心包壁因感染病变而出现纤维化增厚，心脏舒张受限。

急性心包积血，之前应该有循环瘀血病史。全身感染性疾病与甲状腺功能低下也可能与心包积液有关，某些药物如肼苯酞嗪 可导致心包积液。此外，外伤也可引起心包积液。

金色巡回犬，拉布拉多犬，牧羊犬。

运动无力，呼吸困难，因严重舒张障碍所致心力衰竭表现。心脏搏动减弱，可有发热，肿瘤致心包积血时也可因循环淤血而引起腹水（可行心包穿刺和腹腔穿刺确诊）。

心音减弱，可出现第三心音、心包摩擦音。

所有波形均呈低电压表现（图11.5a），心律不齐，心率正常或心动过速，房颤。

心影呈球形，大量积液时呈“南瓜”形（11.5b）。胸水或腹水可使肺野及腹腔呈阴影表现。心缘可因心底或心室肿瘤而出现异常，肺内可出现转移灶。

**二维/M型超声**。可见心包腔内不同程度无回声信号（图11.5c ~ g），回声强度可因肿瘤组织或其他高回声物质（纤维蛋白、细胞碎片）而升高（图11.5d，h）。积液较多时可出现“心脏摆动”征象：两侧心室舒张受限，出现平直而快速的收缩。M型超声中收缩峰降低。在舒张期测量积液厚度，如果积液呈圆形包绕心脏，应该多点测量心壁各个方向积液量。

**多普勒**。用于诊断积液病因及后果，了解有无返流信号。流入心脏的血流速度受呼吸影响：吸气时右心室增快，左心室减慢；呼气时右心室减慢，左心室增快。

检查心包积液的渗出、漏出液指标，有无肿瘤细胞。若疑有凝血障碍，可检查血液中凝血因子。

取决于心包积液的原因。

治疗性/诊断性心包穿刺，心包切除，抗感染治疗，有心包积液时忌用心脏病药物。

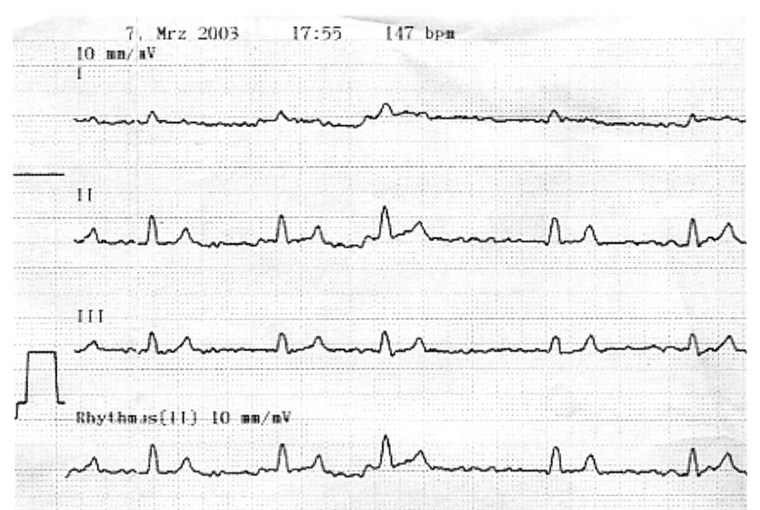


**图11.5a** 德国牧羊犬（公，8岁），扩张型心肌病，心包和胸腔积液。心电图Ⅰ～Ⅲ导联，房颤，心室波群低电压

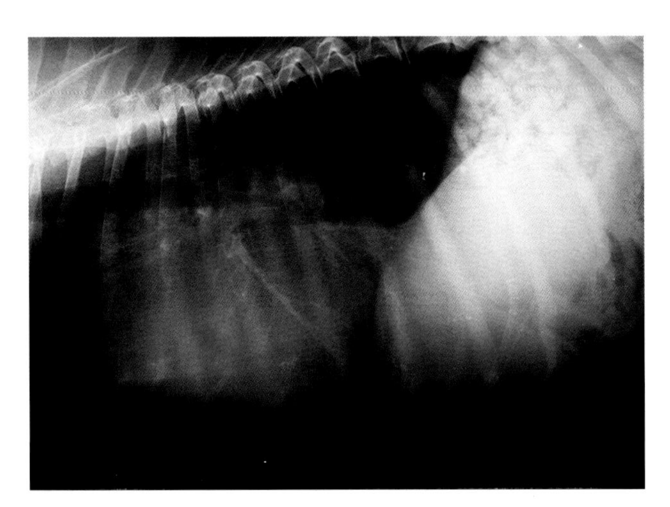

**图11.5b** 拳师犬（公，11岁），拳师犬心肌病，心包积液和腹水。侧位胸片，心脏呈“南瓜”形

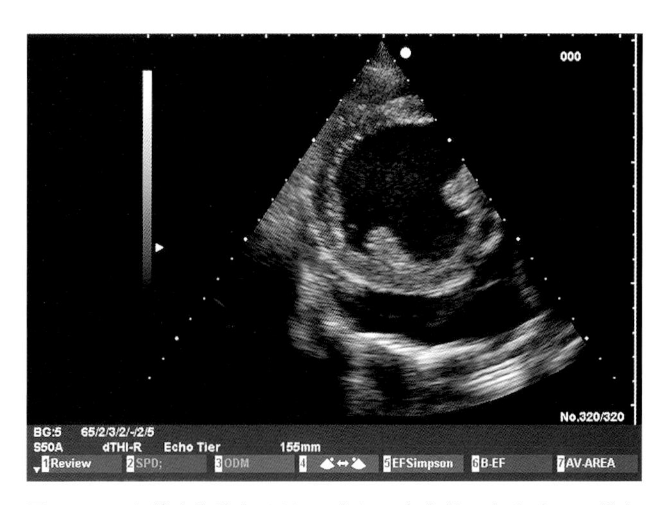

**图11.5c** 比利时牧羊犬（母，5岁），自发性心包积液。二维超声，右侧胸骨旁短轴位，心包腔内见无回声区

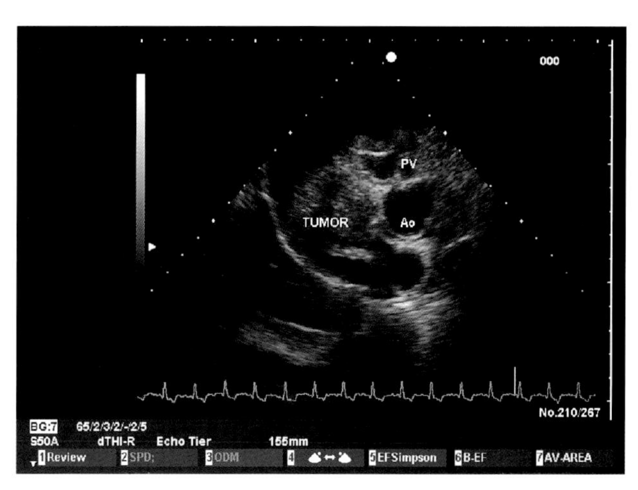


**图11.5d** 罗威纳犬（公，13岁），患血管肉瘤，心包积血。二维超声，右侧胸骨旁短轴位，心包腔内可见占位病变，与主动脉和肺动脉毗邻。心包积液

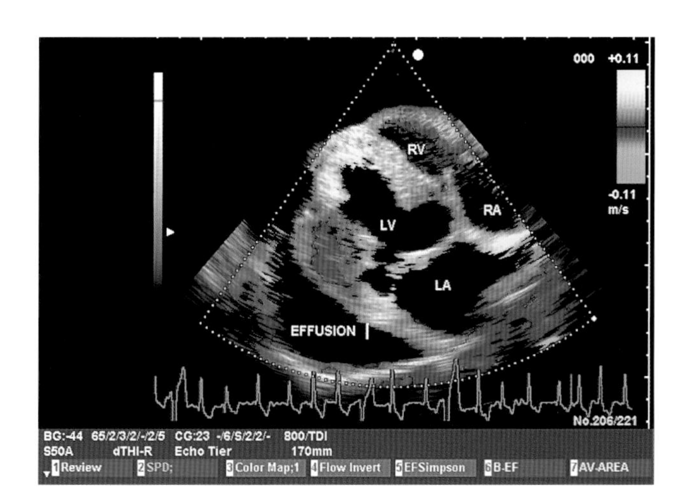


**图11.5e** 罗德西亚背脊犬（公，9岁），房室瓣发育不全，已经过长期治疗。晚期出现并发症：心包积液和腹水。TDI型二维超声可见心包积液和室性期外收缩

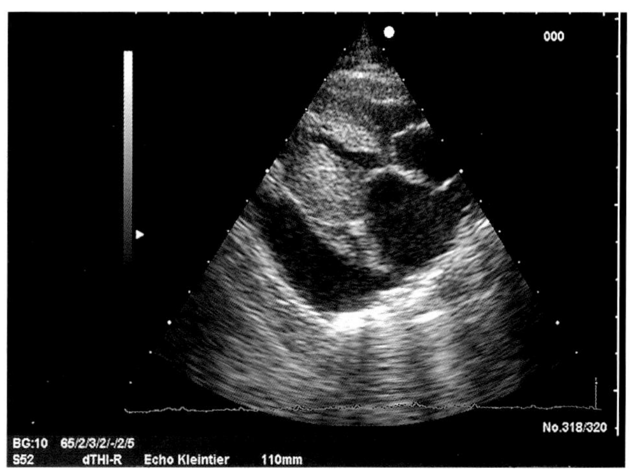

**图11.5f** 欧洲短毛猫（母，14岁），肥厚型心肌病和心包积液。二维超声，右侧胸骨旁长轴位。心包腔后壁和心房区域可见无回声区，心肌肥厚，心房增大

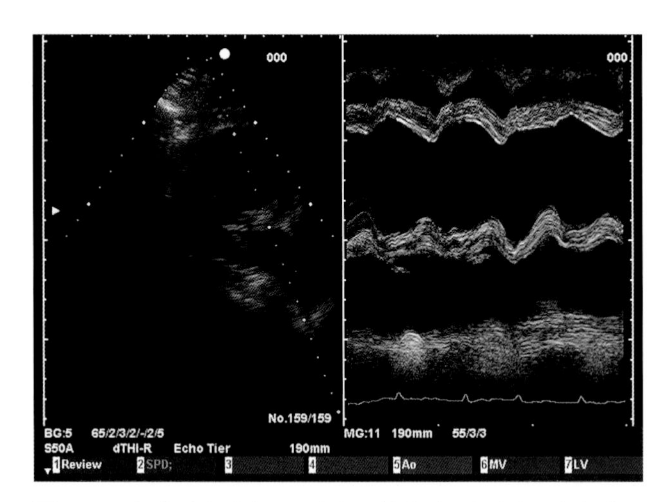


**图11.5g** 纽芬兰犬（公，10岁），扩张型心肌病和心包积液。右侧胸骨旁短轴位二维超声和M型超声。心包腔内无回声区

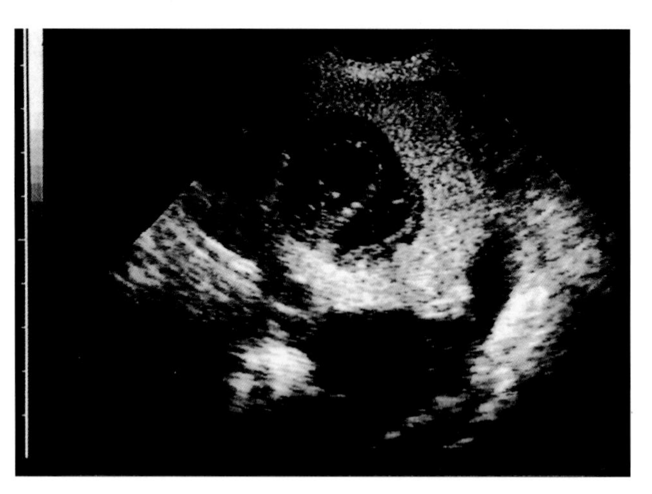

**图11.5h** 贵宾犬（公，13岁），外伤后重度缩窄性心包炎和脓胸。经肋骨下二维超声，心包壁增厚，呈强回声表现，心包腔内为弱回声液体（混有脓液），边界清晰

## 11.6 心脏肿瘤

心脏肿瘤比较少见，在所有接受检查的犬只中发病率为0.19%～3%。不过对临终前动物进行心脏超声检查可发现该发病率明显升高。心脏肿瘤可为：血管肉瘤、粘液瘤、脂肪瘤、主动脉弓肿瘤、淋巴瘤和甲状腺癌。最好发年龄为9～15岁。

可因急性心包出血发病，或有渐进性循环淤血表现。可有全身疾病表现，心外肿瘤等，评估此前治疗所用药物。

均可发病，金色巡回犬和德国牧羊犬发病率稍高于其他种群。

乏力、困倦、食欲不振、呼吸困难、呼吸急促、腹壁紧绷、呕吐、腹泻等。由于常伴有心包积血，还可见以下症状：脉搏微弱、颈静脉怒张、心音遥远、心律失常和腹水等。

心音微弱、遥远，可出现第三心音、心律失常、心动过速。可有收缩期杂音。

可无特异性表现。心包积液时可表现为所有波群低电压。心律失常，尤其是房性心律失常和快速型心律失常。可出现电交替现象（图11.6a）。

心内肿瘤无明显异常X线表现。继发心包积液时可见心影呈球形（11.6b），甚至大如南瓜形。肺内可见转移灶（11.6c）。有些位于心底部和心室壁上的肿瘤引起心影外形异常，需与心包积液鉴别。

**二维超声**。因占位致患病部位体积增大，信号均匀或混杂不等。实质性病灶，可位于房间隔、心壁、主动脉弓、心耳或瓣膜，可带蒂，或者浸润性生长（图11.6d～h）。超声可明确部位及病灶大小，并显示继发性心包积液（见11.5节）。

**M型超声**。二尖瓣肿瘤，心房增大，可见房室瓣信号宽度及DE波（二尖瓣开放波）改变。心室壁肿瘤可见局部心肌增厚，回声不同于正常心肌。可显示继发性心包积液（见11.5节）。

**多普勒**。心腔内肿瘤表现为彩色信号空白区（图11.6f），心房及瓣膜肿瘤可见相应血流信号异常。

只要患病动物情况允许，均须行穿刺或活检细胞学检查。

预后一般不佳。良性肿瘤取决于占位程度及有无其他继发病变。

治疗强度取决于生存预期，因此准确的诊断与预后判断非常重要。对情况较好的患者可进行手术、放疗和化疗，完整的治疗方案需要由心血管医生、外科医生和肿瘤科医生共同制定，而这一点在门诊很难实现。对症治疗包括：引流积液、抗生素、疼痛治疗和辅助心脏循环治疗等。

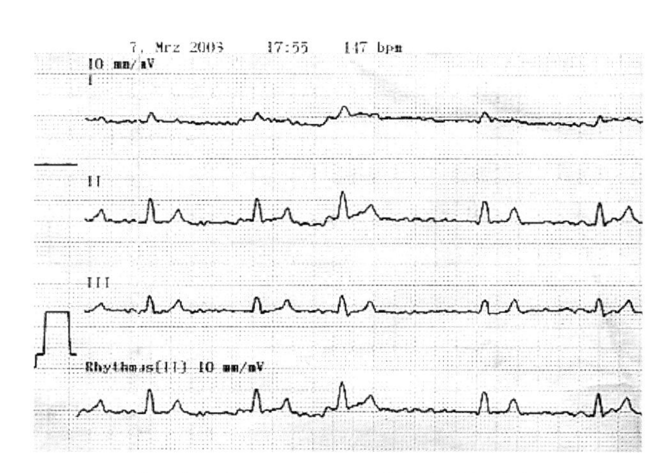


**图11.6a** 拳师犬（公，8岁），心底部软组织肿瘤和心包积液。心电图Ⅰ～Ⅲ导联，可见房颤，低电压

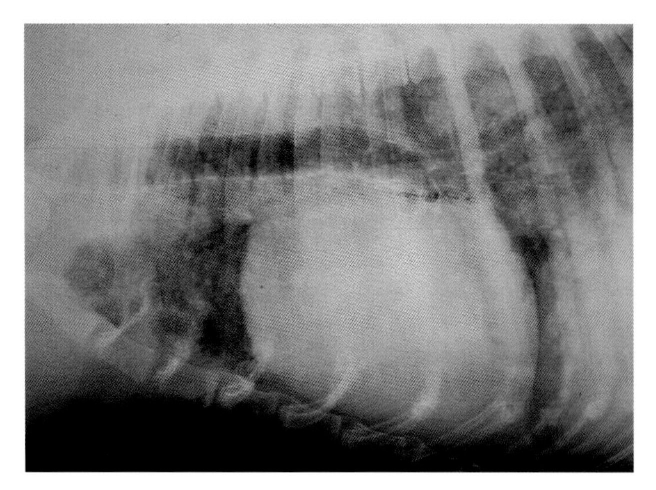

**图11.6b** 伯恩山犬（公，8岁），心底及肺部肿瘤，心包积液。侧位胸片，心影增大，肺内可见结节灶

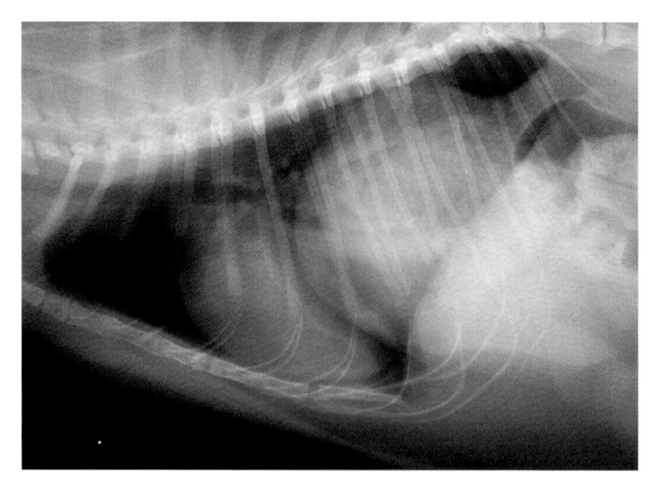

**图11.6c** EKH猫（母，14岁），恶性淋巴瘤，病理证实肾脏、皮肤、心肌和心内膜转移。侧位胸片可见心影下部与膈肌之间巨大的占位病灶

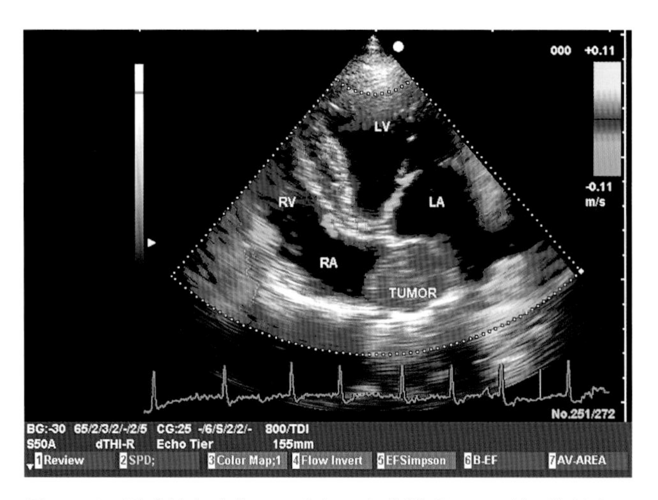


**图11.6d** 罗威纳犬（公，12岁），心房肿瘤。TDI型二维超声，左侧心尖部四腔位。肿瘤侵犯右方和肺静脉

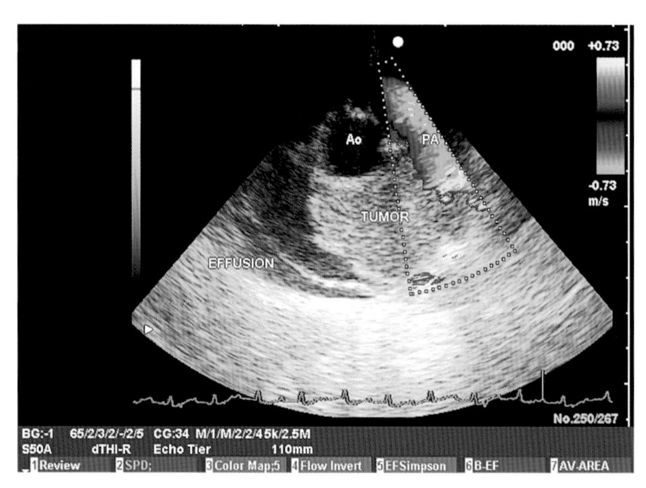


**图11.6e** 腊肠杂交犬（母，13岁），邻近心脏的大血管肿瘤。二维超声，左侧短轴位。肿瘤组织位于主动脉和肺动脉干之间

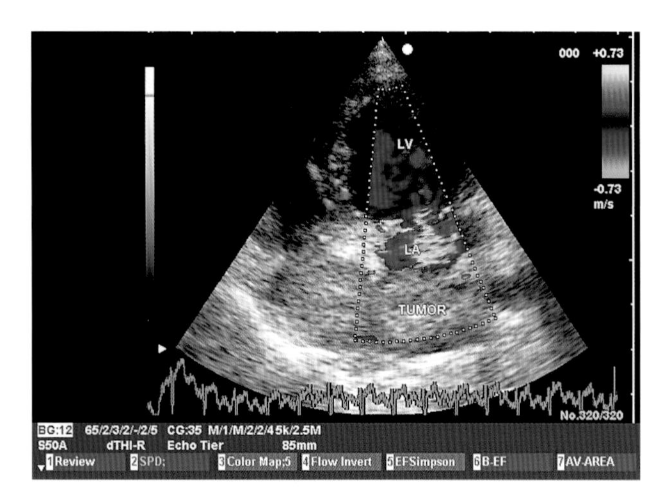


**图11.6f** 波斯顿㹴犬（母，10岁），乳腺癌并心房转移。二维超声，左侧心尖部四腔位。肿瘤面积占据了两侧心房三分之二

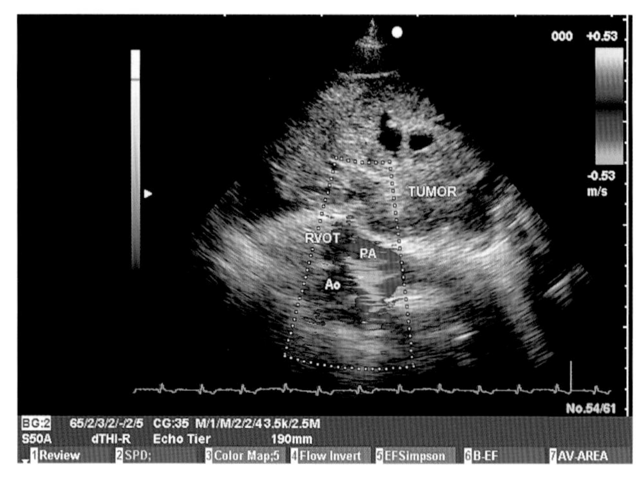


**图11.6g** 德国牧羊犬（公，11岁），经细胞学证实为血管肉瘤。二维彩超，肿块位于心脏和肺组织之间，心包和胸腔积血

## 11.7 恶丝虫病

见于温带地区，由恶丝虫引起、经蚊虫叮咬传播的一种感染性疾病。幼虫可经皮下、血液直到肺部血管。雌性成虫约在半年后才向血液中再次排出微丝蚴。犬恶丝虫病可引起肺动脉高压和肺心病，猫仅在少数地区可见发病。

有恶丝虫病疫区接触史。

无明显品种和性别差异。

乏力、呼吸困难、呼吸急促、咳嗽、体重减轻以及右心衰竭表现。

早期无异常，后可出现肺部杂音、三尖瓣区收缩期杂音、心律不齐、第二心音分裂等。

多为正常。进展期出现肺型P波，心律不齐和电轴右偏。

早期无异常。进展期右心增大，肺动脉主干增宽，肺动脉增粗，尤以尾叶为甚（图11.7a），后前位片显示最明显。可有肺间质浸润改变（图11.7b）。

**二维/M型超声**。可无异常。进展期可见右心室和右心房增大，右室壁增厚，室间隔出现矛盾运动。位于肺动脉主干及分叉处的成虫呈线状异常回声（图11.7c）。另可见心包积液和腹水等。

**多普勒**。肺动脉干内可见湍流信号和血流速度加快表现，三尖瓣区可出现返流信号。

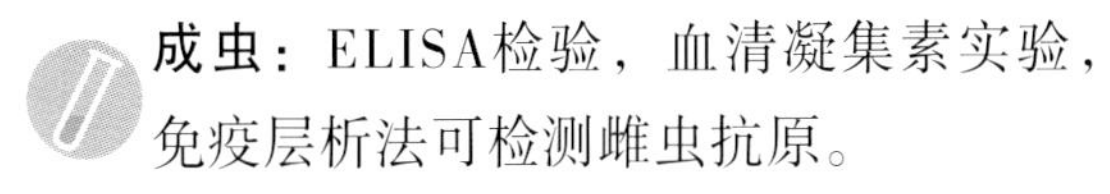**成虫**：ELISA检验，血清凝集素实验，免疫层析法可检测雌虫抗原。

**微丝蚴**：因微丝蚴体型过小，血涂片染色检查可能出现假阴性。浓缩实验可以过滤掉溶解的红细胞，固定微丝蚴。

其他非特异性结果包括嗜伊红染色、嗜碱性和单核细胞增多等。还可出现氮质血症、血清酶类和球蛋白增加，以及血小板减少等。

病患可出现一系列并发症，包括右心衰竭、肺动脉高压、血栓栓塞、免疫抑制性肺炎等。治疗后由于成虫死亡，可能导致血栓形成和肺动脉梗阻。

**成虫治疗**：Melarsamine（Immitizide）或Thiazetarsamid（Carpasolate）。如果出现腔静脉综合征，只能通过外科手术去除病虫（图11.7d）。

**微丝蚴治疗**：伊维菌素或密比霉素，糖皮质激素预防休克。在成虫治疗结束后需间隔一个月。每个月根据病虫活动情况以密比霉素、莫西菌素或伊维菌素等进行预防治疗。

出现淤血性心力衰竭时给予利尿剂和ACE抑制剂和正性肌力药物治疗。

肺动脉栓塞时可给予糖皮质激素、支气管扩张剂及吸氧，注意休息。阿司匹林与肝素是否有效尚存疑问。

猫没有有效的成虫和微丝蚴治疗，可用密比霉素和伊维菌素进行预防。

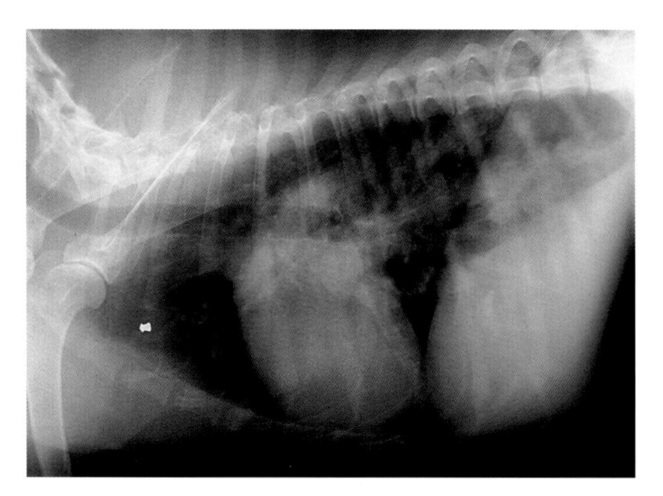

**图11.7a** 杂交犬（母，2岁），恶丝虫病。侧位胸片可见心底部及后叶肺泡表现，肺间质有浸润。另可见异物影（子弹）

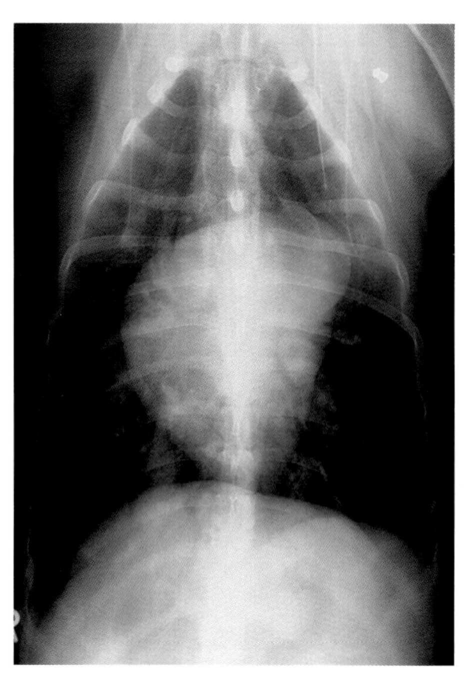

**图11.7b** 杂交犬（母，2岁），恶丝虫病。背腹位胸片，肺动脉干增宽，心右缘隆起，中叶及后叶可见片状肺泡影

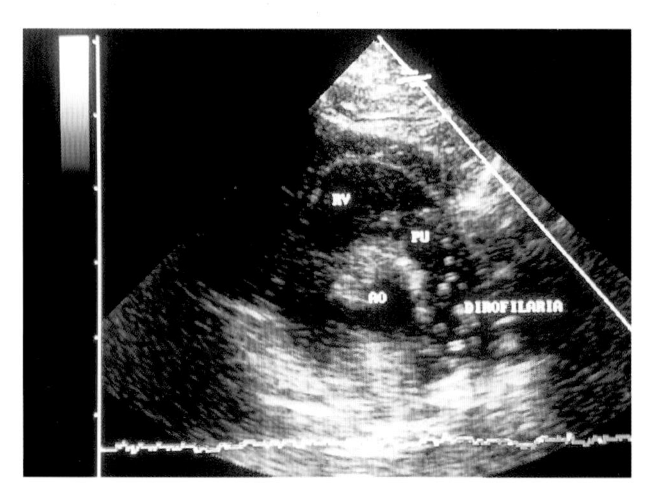


**图11.7c** 杂交犬（公，3岁），恶丝虫病。二维超声，左胸短轴位，肺动脉干内成虫呈点状回声

**图11.7d** 恶丝虫成虫，取自腔静脉综合征患病动物

## 11.8 肺动脉高压和肺心病

正常生理情况下，右心室压力处于相对低位，用以维持心脏正常每分钟输出量。当肺血管阻力升高或静脉回流减少时，右心室压力会发生变化。肺循环压力升高，对右心室意味着后负荷增加，因此肺循环只要稍有升高，右心室搏出量都会显著增加。早期，右心室还可以通过心肌肥厚等代偿适应肺循环压力，随着疾病进展，右心功能逐渐衰竭，出现肺心病的临床表现。

急性肺心病是指因急性肺动脉高压引起的突发性右心扩张，猫和犬类最常见的病因为寄生虫栓塞、肾上腺皮质功能紊乱、肾病综合征、溶血性贫血并肺动脉闭塞等（见11.7节）。其他病因包括外伤或外科手术后所致重度气胸、张力性气胸等。以上这些病因均可引起肺动脉压力升高，肺静脉血流减少，从而导致血氧量下降。急性肺心病可引起体循环血压下降，严重时出现休克和心源性猝死。

慢性肺心病由慢性肺动脉高压引起，病程较长，基础病变包括肺部血管缩窄、血管弹性下降、血管闭塞或丢失等。由于肺内微循环压力增长缓慢，早期右心室可以逐渐适应新的血压变化，直至血压过高，心脏失去代偿，最终演变为心功能不全。

猫和犬类肺动脉高压多以继发性为主，可由各种心内外病变引起。心脏病变包括：慢性瓣膜退行性疾病所致二尖瓣关闭不全并左房压力升高，先天性心内间隔缺损并左向右分流等。心外疾病主要为肺实质疾病、肺血管疾病以及肺泡换气不足等，包括肺部慢性阻塞性或感染性疾病、支气管扩张、肺气肿、支气管哮喘、上呼吸道狭窄和恶丝虫病等。此外，还有一些少见的病因，如胸廓畸形或重症肌无力引起呼吸困难也可导致慢性肺心病。

首先有基础病变的各种临床表现。部分病例因微循环压力升高，肺动脉高压明显，在静息状态即有临床症状；另外一些为隐匿型，仅在活动后出现肺动脉高压。活动后肺动脉高压伴有呼吸困难可视为肺动脉高压的早期表现。随着疾病进展，逐渐演变为轻微活动即可引起肺动脉压力升高、静息时呼吸困难、出现惊恐不安的表现、咯血等。

无明显差异。或可认为，一些易发基础疾病者为好发品种。例如部分短头属或矮小品种，容易出现上呼吸道狭窄如气管软化或气管塌陷、鼻孔过小或软腭过长（图11.8a）。

因肺动脉高压引起右心功能不全，体循环淤血，以腹腔脏器为主，四肢淤血少见。

三尖瓣相对关闭不全时可与右侧第4、5肋间闻及收缩期杂音。犬类听诊第二心音分裂可视为肺动脉高压特征性表现，猫类则少有此征象。

大多正常。肺动脉压力逐渐升高，右心室负荷加重时，可出现：肺型P波，提示右房增大；Ⅰ、Ⅱ导联和/或胸导联CV6LL或CV6LU上S波加深，电轴右偏，提示右心室肥厚；窦性心动过速。

可显示肺部基础病变。肺心病可见肺动脉段突出（图11.8 b）和肺动脉主干增宽。早期心影正常，晚期可见右房和右室增大，右心功能失代偿后可出现胸腔积液、下腔静脉淤血，肝脏淤血引起右膈抬高；可有腹水。

**二维/M型超声**。右方增大，右室向心性肥厚并扩张，舒张期右室外壁厚度大于5.5mm；室间隔运动不协调；右室压力过高可引起室间隔向左偏移。

腹部超声可显示下腔静脉和肝静脉淤血。

**多普勒**。可显示肺动脉高压的间接征象：三尖瓣（$V_{max}$ > 3m/s）和肺动脉瓣（$V_{max}$ > 2.2m/s）相对关闭不全。收缩期进肺动脉血流速度正常时（> 1.5m/s），右室压力与肺动脉压力相等。有症状型肺动脉高压并三尖瓣相对关闭不全者，可通过测量三尖瓣区返流速度大致了解肺动脉压力差。

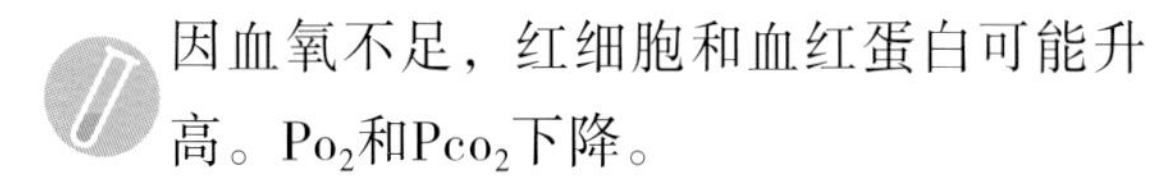

因血氧不足，红细胞和血红蛋白可能升高。$Po_2$和$Pco_2$下降。

右心衰竭可导致猝死；可有心律失常、血栓形成以及因慢性组织缺氧引起继发性器官损伤。

急性期应立即给予吸氧，此外，抗凝药也许是救命的药物。慢性肺心病首要的是治疗原发疾病，除了常规措施，例如让肥胖者减肥以改善肺部换气以外，还须给予支气管扩张药物（氨基比林、氨茶碱）治疗。右心衰竭并体液潴留时可使用利尿剂和ACE抑制剂治疗。由于可能导致低血压等不良反应，在使用氨氯地平治疗时应尝试使用很低的剂量。西地那非（万艾可，Viagra）的临床应用经验相对较少。

外科手术也许可以用于修正鼻孔、缩短软腭。

在医学上，有使用内皮素受体颉颃剂波生坦（Bosentan）和类前列腺素药物（Inomedin）改善日常活动能力，延缓疾病进程。

## 参考文献

HATLE, L., ANGELSON, B. (1985): Doppler ultrasound in cardiology. Lea & Febinger, Philadelphia.

DUKES-MCEWAN, J., BORGARELLI, M., TIDHOLM, A.,VOLLMAR,A., HAGGSTROM,J. (2003): Proposed Guidelines for the Diagnosis of Canine Idiopathic Dilated Cardiomyopathy. Journal of Veterinary Cardiology, 7-19,Vol. 5, 2.

HARPSTER, N. K. (1983): Boxer Cardiomyopathy. In: Kirk, R.W. ed. CurrentVeterinary Therapy. Small animal Practice VIII. Philadelphia, Saunders, 329-337.

SANDUSKY, G. E, CAPEN, C. C., KERR, K. M. (1984): Histological ultrastructural evaluation of cardiac lesions in idiopathic cardiomyopathy in dogs. CanJ Comp Mod, 48, 81-86.

KITTLESON, M. D., PION, P. R, MEKHAMER,Y (1993): Hypertrophic Cardiomyopathy in a group of highly interrelated Maine Coon cats,J.Vet. Internal. Mod. 7, 117.

**图11.8a**　英国斗牛犬（公，1岁），因患有短头综合征，鼻孔较小，咽腔较短，出现明显呼吸困难，舌头因口腔空间不够而露在外面

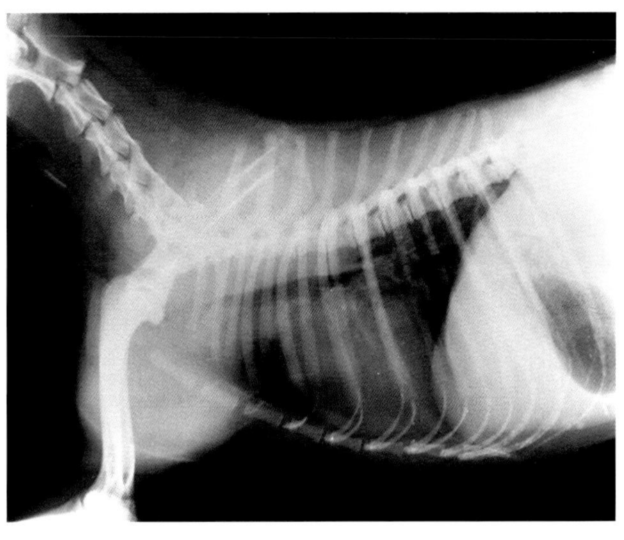

**图11.8b**　约克夏㹴犬（母，6岁），侧位胸片，吐气相，气管塌陷

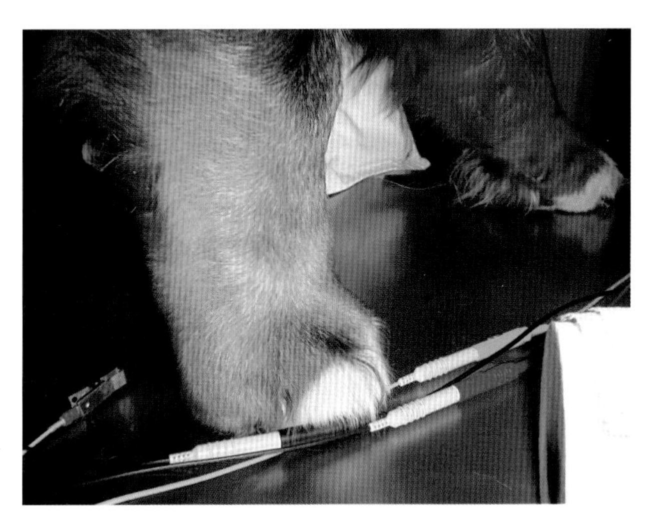

**图11.8c**　伯恩山犬（公，8岁），慢性阻塞性呼吸道疾病并慢性肺心病，右前肢肿胀

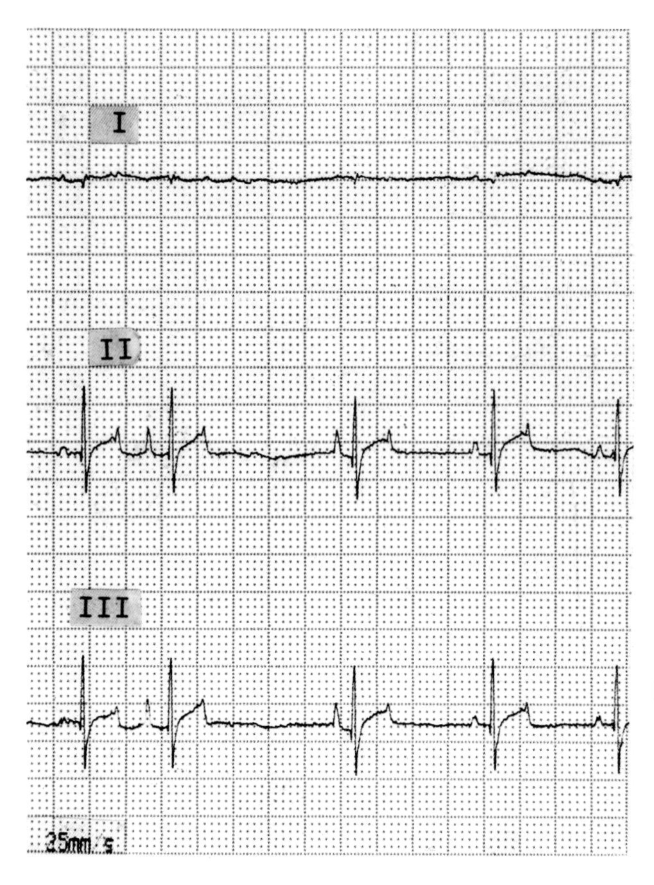


**图11.8d** 长毛腊肠犬（母，4岁），支气管哮喘并肺心病。心电图（纸速25mm/s，刻度0.5cm=1mV），Ⅱ导联和Ⅲ导联均可见s波加深，分别为1.2mV和1.7mV，提示右心室负荷加重，Ⅱ导联还可见ST段抬高0.25mV，提示心肌缺氧。窦性心律，心率80次/min

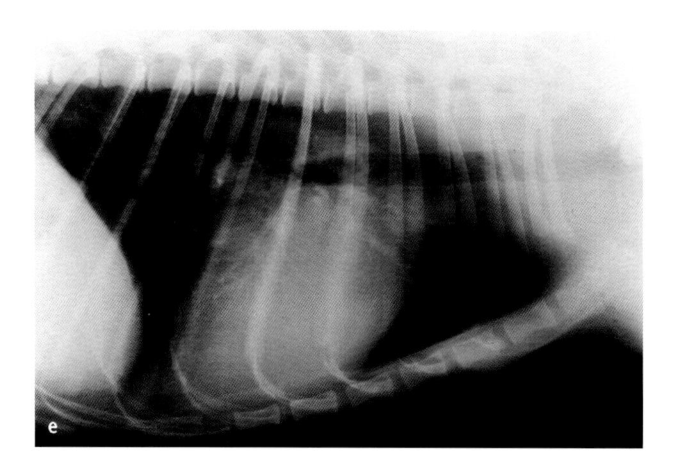


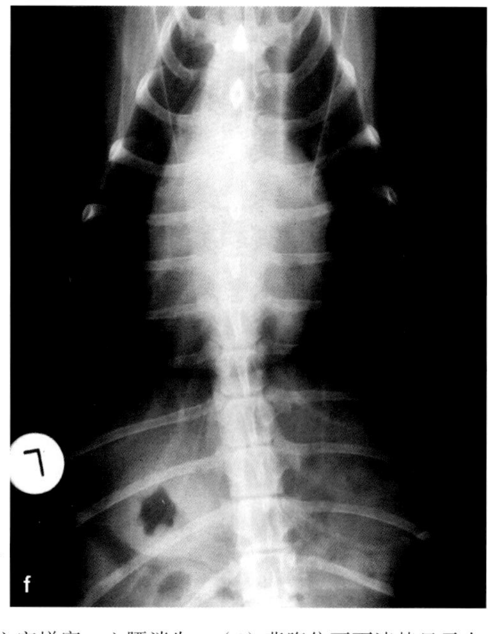


**图11.8e，f** 贵宾犬（公，12岁），（e）侧位胸片示心影增大，右心室增宽，心腰消失。（f）背腹位可更清楚显示右心室和心房增大

# 12 介入心脏病学

Matthias Schneider

介入心脏病学是药物治疗无效，而采用导管方法治疗的器质性心脏病的一门学科。其应用主要包括以下几方面：

- 使用球囊扩张术或支架植入术扩张狭窄段
- 以金属弹簧圈或其他栓塞物封堵分流
- 以心包导管治疗心包积液或球囊扩张术治疗心包疾病
- 取出各种栓塞物（如静脉导管、犬心丝虫、金属弹簧圈等）
- 消融旁路治疗室上性心动过速

在实施每种治疗之前，均需要使用无创性检查方法作出尽可能准确的诊断。各种治疗方法需要相应的术前准备、麻醉以及监护（见章节5.2）。实施介入治疗的危险性比单纯进行心导管检查要高得多，如果能得到儿科心脏病学家的协助，将会更好地掌握介入治疗技术，避免更多的错误。

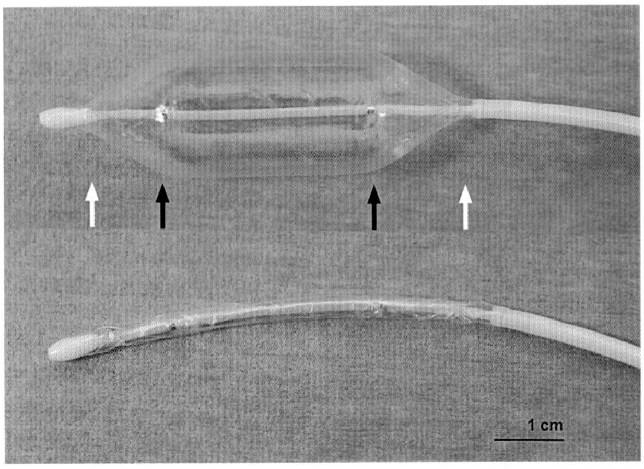

**图12.1** 充盈与非充盈状态的球囊导管。球囊位于导管头端，在3bar气压下充盈直径为18mm。内有标记（黑箭头所示），利于在透视下更好的定位球囊。值得注意的是球囊整体长度（白箭头所示）实际长于标称的3cm。球囊在抽空的状态下可以包绕在狭长的导管柄上，只需要10F（=3.3mm）的导引器械即可

## 12.1 狭窄扩张术

球囊扩张术是指通过使用特定的心脏导管扩张狭窄部位。球囊导管在使用前要充分了解其最大可充盈压力及所需导引器械的大小。由于兽医学中所涉及的血管都较细小，且狭窄段一般比较坚硬，因此推荐使用导引器械较小的高质量球囊，最大充盈压大于3bar[①]。

一般常用的球囊直径为8～30mm、长2～5cm。此处球囊长度是指球囊的有效扩张长度，球囊实际长度可能标称长1～2cm（图12.1）。

目前使用的新型球囊导管中，球囊可以很好地贴附在导管柄上，这样导管鞘只需5～14F（1F=1/3mm）即可。

由于球囊导管有一定硬度，所以需要稳固的导丝引导，在扩张过程中，导丝也应继续放置与导管中。动物越大，所需导丝越坚硬。

球囊充盈过程中使用带有压力计的压力泵（图12.2）是最简单最安全的方法，通过压力计的监测可以使球囊内压力准确的达到标注压力，且可避免球囊爆裂。透视监视下，球囊扩张时狭窄处呈缺口表现，随着球囊逐渐达到最大直径，缺口慢慢消失。第二次扩张时如果未显示缺口则证明扩张成功。

在扩张过程中可能出现室性心律失常和明显的血压下降，后者在球囊撤除后能很快恢复（图12.3）。如果血压没有恢复，应该立即进

注：①1bar=$10^5$Pa

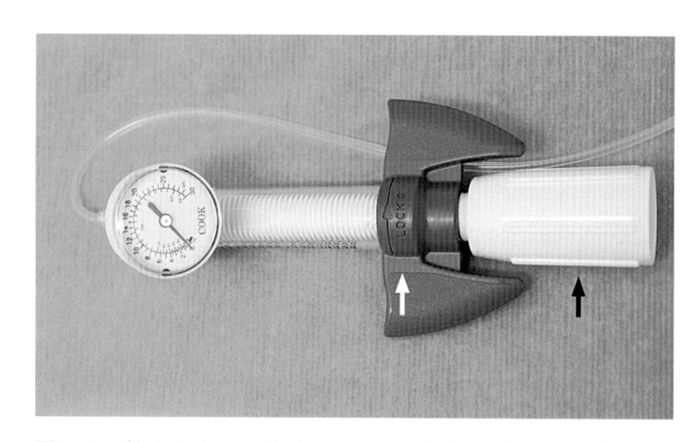

**图12.2** 扩张压力泵。前端有一个压力计以监测球囊内压力。此外还有一个锁扣装置（白箭头所示），旋转手柄（黑箭头所示）可使球囊内压力逐渐升高

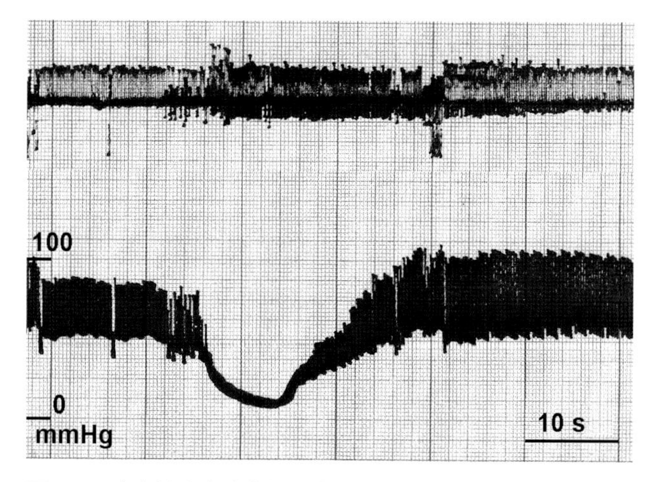


**图12.3** 球囊扩张术治疗主动脉瓣下狭窄，ECG及足背动脉体外血压测量。扩张治疗时出现心律失常，血压急速下降。球囊撤除后血压迅速恢复，并稍高于正常值，这是由于球囊扩张时，有较多血液淤滞在心室之中

行血压测量，必要时进行心室造影，以了解可能的原因。心室压下降应考虑有无血管破裂、重度房室瓣关闭不全或心肌疾病。心室压升高的原因可能是流出道阻塞，可通过短期β受体阻滞剂进行治疗。

球囊扩张术最常用于肺动脉瓣狭窄，较少用于主动脉瓣下狭窄治疗，到目前为止用于三尖瓣狭窄和右侧三房心治疗仅见个案报道。

肺动脉瓣狭窄的治疗指征是部分瓣膜融合引起的中到重度狭窄。单纯瓣叶结构不良以及瓣上或瓣下狭窄使用球囊扩张治疗的效果不佳。肺动脉狭窄的治疗原则是越早越好，一般选择股静脉入路，导管可以不用弯曲，直接进入右心。进行右心室造影时，重度观察漏斗形狭窄、瓣膜形态、肺动脉分支走行以及冠状动脉情况等。必要时，加做选择性冠状动脉造影。根据文献报道，球囊大小应为瓣环直径的20%～50%。在笔者近12年所治疗的约170例病例中，一般选择球囊大小为瓣环的20%～30%，因为如果选用大球囊则需要更大的导引器械，而在治疗效果方面却没有明显优势。肺动脉瓣狭窄在扩张治疗时偶可发生一过性右束支传导阻滞。笔者在使用特大球囊（30mm）治疗时曾观察到动物出现房颤的症状，需电除颤治疗才能缓解。围手术期死亡率低于5%，危险因素包括动物过小（＜2kg）、伴有心律失常或重度三尖瓣关闭不全所致充血性心力衰竭。压力差平均缓解率约为50%，且与瓣膜形态及漏斗形狭窄程度有很大相关性。复查超声心动图可出现无血流学意义的肺动脉瓣关闭不全表现，仅个别病患出现再狭窄。

主动脉瓣下狭窄的球囊扩张治疗指征并不多，仅在重度纤维环形狭窄时可通过撕裂狭窄处改善症状。如果情况允许，应尽量拖后治疗时间，否则小动物长大后可能出现再狭窄或狭窄加重。为了避免发生术后主动脉瓣关闭不全，不应选择和瓣环大小一样的球囊。治疗过程中，血压突然下降的情况比肺动脉狭窄扩张治疗时更明显。在我们治疗过的8例动物中，5例治疗后动脉压力差下降超过50%，2例超过15%，1例犬没有明显血流动力学变化。7例动物监测超过1年没有出现再狭窄，这与文献报道中情况不同，可能和动物病例的选择有关。

三尖瓣发育不良性狭窄的球囊扩张治疗比较棘手，因为治疗后可能出现严重三尖瓣关闭不全。

对于不适合球囊扩张术的狭窄，可考虑植入金属支架治疗（图12.4）。目前文献报道中，有2例肺动脉瓣上狭窄成功的进行了支架植入治疗，不过其他一些先天性或后天性血管狭窄也可使用支架治疗。

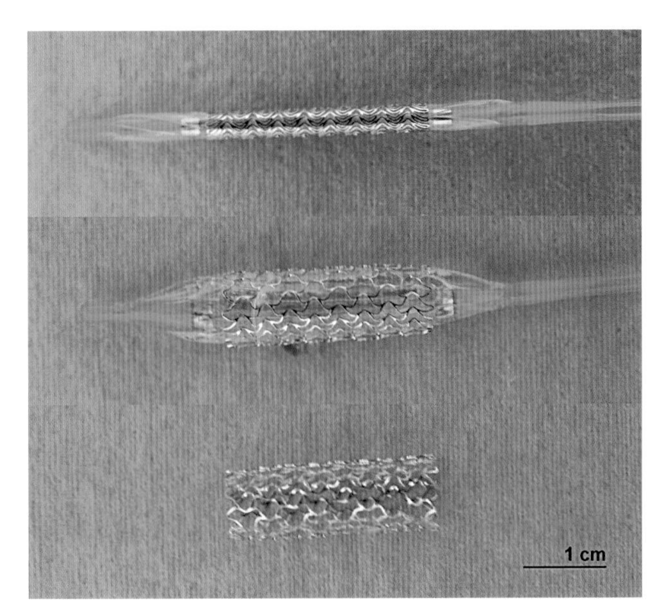


**图12.4** 球囊膨胀型支架。支架（直径8mm，长18mm）首先紧紧的压缩在球囊导管上，这样使整个装置可以通过7F内径的导引导管。球囊充盈后支架膨大，球囊回撤后支架即保持其大小固定于狭窄处

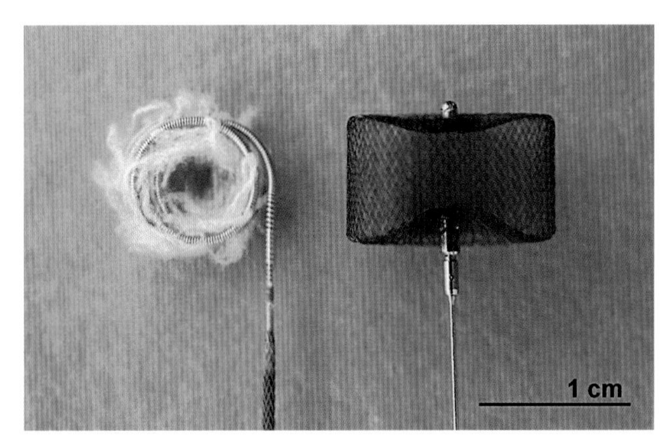


**图12.5** 可分离式弹簧圈和封堵器。弹簧圈材质为不锈钢，为了促进血栓形成，缠有合成材料。弹簧圈与导丝相连，在释放之前可以反复定位。封堵器为圆柱形，镍钛合金材料，其密集的网眼机构可以直接促进血栓形成。封堵器也与导丝相连，可反复定位

## 12.2 分流封堵术

根据分流类型不同，在导管导引下，可选用金属弹簧圈、柱形封堵器（图12.5）以及双侧膜片进行封堵治疗。这些器械的基本材料大多数为不锈钢或镍钛合金，上面缠绕有合成纤维材料，可促进局部血栓形成。目前使用的封堵系统大多固定在导丝上，可更好的控制并可以重新释放。封堵物在释放之前为长形伸展状态，这样在引入血管时只需要较小的导管（4～8F）即可。在兽医学中，目前封堵术应用最广泛的是治疗动脉导管未闭。此外有个案报道用于治疗动静脉瘘以及室间隔缺损和房间隔缺损。除心脏疾病以外，心脏病学家也经常以封堵术治疗门静脉系统的分流。

### 12.2.1 动脉导管未闭（PDA）修复术

通过造影明确动脉导管未闭情况并进行了相关测量后，再经股动脉或股静脉途径进一步进行治疗。经股静脉途径有几点好处，首先是封堵定位更准确，其次是在使用较大的导引导管时，术后出血的危险性更小。只有当PDA很小或同时伴有肺动脉狭窄时，经股静脉及右心途径操作起来才有一定难度。栓塞用的弹簧圈的螺旋直径应该是动脉导管最狭窄处直径的2倍，经肺动脉侧放置，放置后使弹簧圈盘旋1/2至1圈固定。封堵器的大小选择可参照壶腹部直径，以使封堵器能良好的固定为宜。

**小PDA（≤2.5mm）**

对于小PDA可选择可分离式弹簧圈，大小为0.038 in（1 in = 25.4mm），因为这种小弹簧圈可通过5F甚至4F导管释放，基本可以封堵住所有的小PDA。

**中度PDA（2.6～4.0mm）**

对于这一类型PDA，0.038 Inch弹簧圈虽然能足够稳固的栓塞，不过为了确保完全封堵，应该使用多个弹簧圈。由于一个弹簧圈有脱落的危险，目前新式弹簧圈螺旋圈数更多，这样即使单个弹簧圈也可以达到封堵的目的。

**大PDA（＞4.0mm）**

针对这种类型PDA，0.038 in弹簧圈显然不够用，可以尝试使用多个0.052 in弹簧圈，不过有文献报道这样也只能封堵不超过5.0mm直径的PDA。

这种情况下可以考虑使用封堵器，封堵器类似一个柱形支架，不过有一端是封闭的。在医学上，封堵器一般选择从右侧入路放置。在两项关于犬类PDA使用封堵器的研究中也取得了良好的效果。不过目前封堵器的价格约为3000欧元，不适于在兽医学中常规使用。

最近，美国研制出一种改进型的封堵器，可通过动脉系统植入。虽然该系统的最终价格目前还没确定，不过由于比以前便宜，所以其在犬类PDA治疗中的应用很值得期待。此套系统能否在较大的PDA封堵中发挥作用有待未来检验。目前所有封堵器都有一个无法回避的问题，对于可能出现的封堵器移位还没有什么有效的解决办法。基于这个原因，无论是厂家还是医务工作者，都应该尽量研制更加稳定的弹簧圈系统。

在我们医院进行的约300例介入治疗封堵PDA取得了如下结果：在所有病例中死亡率不足5%，不过在心功能不全和治疗前已有房颤的患者中死亡率高达15%，这些患者的死亡原因主要是心力衰竭和房颤。使用多个弹簧圈栓塞以及术后仍有残余分流的患者应进行机械性溶血方面的检查，一般来说这种溶血会自动缓解与消失。此外，最常见的并发症还包括穿刺部位出血或一过性神经压迫，前者因绷带包扎过送引起，后者则是由于包扎过紧所致。还有一种少见的致命并发症为弹簧圈感染，可与手术当天至数周内发生。

## 12.3 动静脉瘘栓塞术

先天性主肺动脉侧枝形成以及外伤或肿瘤引起外周动静脉瘘均为栓塞治疗的适应证。动静脉瘘的形态各异，多为细小、相互盘绕的血管，由于血流速度较快，栓塞物有移位的可能。基于这些原因，我们一般使用0.038 inch的可分离式弹簧圈栓塞。

## 12.4 室间隔缺损介入治疗

室间隔缺损的封堵一般比较困难，因为大多数缺损位于主动脉瓣附近，治疗后很容易引起主动脉瓣关闭不全。在人类医学中常使用的封堵物包括特异性封堵器、双盘式弹簧圈等，少数情况下也是用普通弹簧圈封堵。其中，普通弹簧圈在犬类小实缺的封堵治疗中已有不错的疗效。植入路径一般选择右侧。为了使封堵物定位准确以及避免发生主动脉瓣关闭不全，封堵过程中推荐使用透视及经食管超声心动图监测。到目前为止，我们尝试为3例患犬进行双盘式弹簧圈栓塞，其中2例获得成功。

## 12.5 房间隔缺损介入治疗

在医学上，中央型房间隔缺损可使用双盘式封堵器进行治疗。需要注意的问题是封堵器需离房室瓣及肺静脉有一定距离。文献中有成功治疗犬房缺的个案报道，我们自己还没有这方面的经验。

## 12.6 心包积液治疗

对于良性心包积液可采用心包导管直接抽吸（图12.6 a，b），还可以留置于心包持续引流以及进行局部药物灌注治疗。治疗前先确定积液量有多少，然后对动物进行镇静处理（如克他命和地西泮）。以积液量最多处（心包壁与心影距离最远处）为穿刺点，局麻后穿刺心包，放入导丝。先以6F扩张器扩张胸壁软组织，再引入5F或6F猪尾导管。这里我们使用的是造影导管，与人类医学中常用的心包穿刺器械相比，器械破裂、折断的危险性大大降低。如果引流数天（3～5d）后引流液体量已经非常少，或者出现了心律失常的症状，则必须拔出引流导管。拔出导管前，应该再次置入导丝并伸出导管末端，然后一起拔出。

对于恶性心包积液且积液量较少的患犬，除多次心包穿刺引流以外，还可以经皮穿刺行球囊扩张或导管导引下行心包切开。不过这种开放术应该保留多长时间还没有准确的依据。如果心包内有炎症表现则不能选择这些方法，因为有可能导致心包与心外膜粘连。

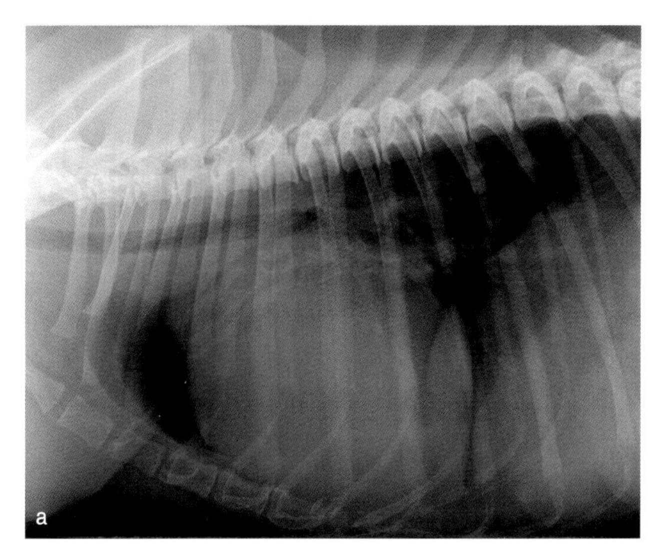


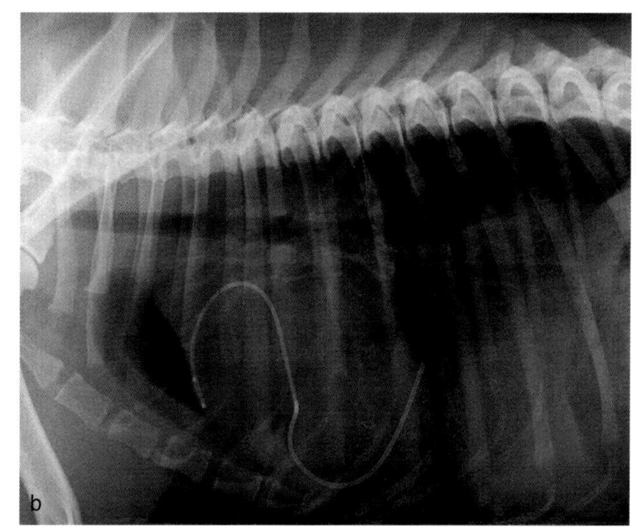


**图12.6 a，b**　心包导管治疗犬良性心包积液。（a）治疗前心影呈典型球形表现，直接以心包导管于心包内引流出血性液体约600mL后动物获得康复，原有的快速心律恢复正常。（b）X线片复查可见留置于心包内的导管，心影轮廓恢复正常，提示心包积液已完全引流

## 12.7　栓塞物取出

有各种不同形状的套索装置（图12.7）用于套出或抓取血管内栓塞物。文献报道以及我们自己的实践中均曾有过套取静脉导管、犬心丝虫以及移位的弹簧圈的经验。操作中需要注意的是，导管内径应该足够大，例如套取弹簧圈时，导管直径应为植入导管直径的两倍。将导管靠近要抓取的栓塞物，以套环套住栓塞物后，将套环及栓塞物整体回拉入导管内，同时要避免造成瓣膜损伤。抓捕栓塞物一般在透视下进行，不过实际操作起来，一维的透视图像下抓捕难度很大。

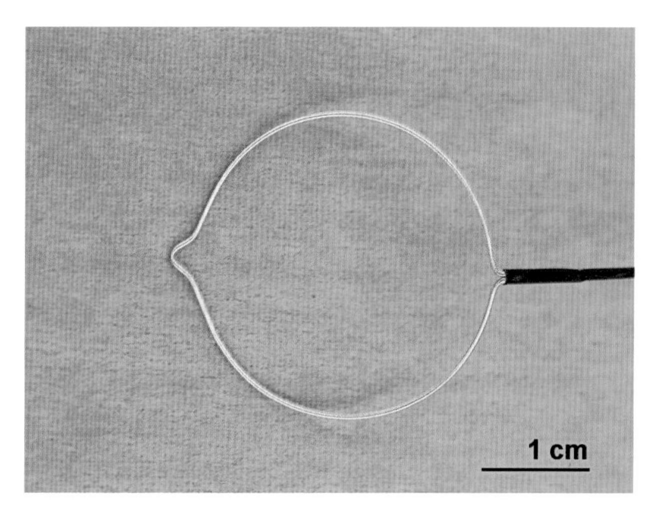


**图12.7**　套取栓塞物的套环。套环直径约25mm，可通过内径0.052 in的导管

## 12.8　旁路消融

某些类型的室上性心动过速可采取旁路消融的方法治疗。首先经电生理方法准确定位旁路位置，再以电消融或冷冻消融的方法予以治疗。实施消融治疗所需仪器费用较高（心内12通道心电图系统、电刺激器、消融设备），且耗时较长（3～5h）。实施治疗时一定要确保定位准确，否则有可能导致房室传导阻滞形成。文献中有来自意大利和美国的两个研究小组分别报道了在犬身上实施消融治疗的经验。我们目前在治疗此类疾病时仍然以药物为主，尚无类似消融治疗的经验。

## 12.9　介入治疗在猫类的应用

对于从事介入诊疗的兽医来说，在猫身上实施介入治疗是一个难点。因为猫的血管都很细小且容易痉挛，此外，猫的心室形状比较狭长，内径稍大的导管操作起来就很困难，甚至根本无法

操作。另一方面，以我们的经验来看，对肺动脉狭窄（n=4）和PDA（n=5，图12.8 a，b）的介入治疗均取得了不错的效果，而室缺和房缺的治疗前景如何还有待未来继续研究。

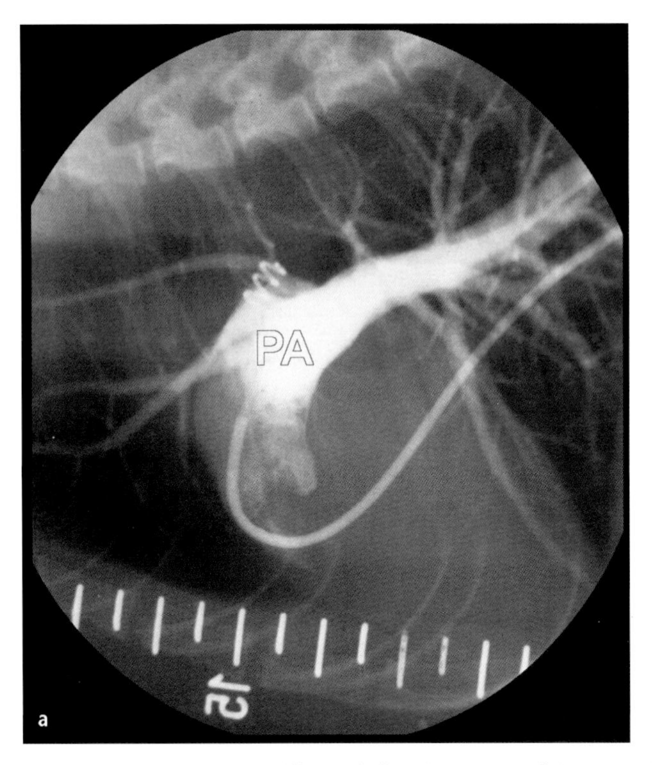


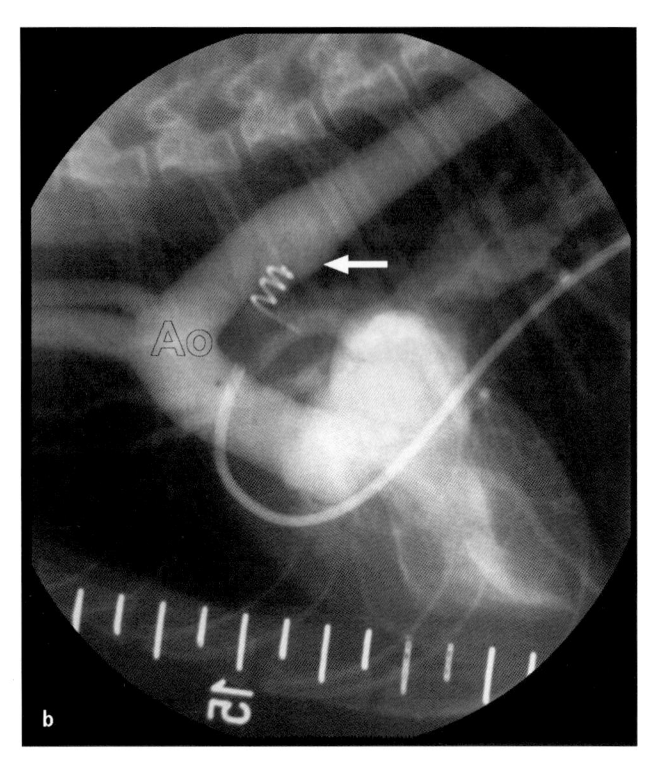


**图12.8 a，b** PDA患猫，弹簧圈栓塞术后造影。（a）直径3mm金属弹簧圈，共3圈螺旋，经4F导管自右心侧置于动脉导管内。（b）复查造影，于肺动脉内（PA）注射6mL造影剂，经过肺动脉系统后，主动脉（Ao）及动脉导管壶腹部（白箭）显影，无造影剂再进入肺动脉，说明动脉导管已经封堵完全

# 13 心脏用药

Ralf Tobias, Marianne Skrodzki, Matthias Schneider

## 13.1 需要考虑到的问题

尽管病程各不相同，慢性心脏病的终点事件均为：死亡。我们治疗的目的为：

▪ 短期目标为缓解或消除症状，提高患病动物的生存质量。

▪ 长期目标为延长生命。

为了达到这些目标，首先需要明确几个问题：什么时候开始用药？用什么药？治疗多长时间？需要联合应用哪些药物？要想回答这些问题，需要有尽可能准确的诊断，对药物作用机理、不良反应、适应证等有充分的了解，当然还要有丰富的用药经验。

大多数心脏病都需要长期治疗，为了使动物的主人积极配合，需要做很多工作。

心脏病的表现各不相同，治疗措施也不尽相同，因此要根据动物本身及其主人情况以及疾病所处阶段等灵活制定治疗方案。

长期、规律服药是治疗成功的关键。医生不是将药物说明书交给动物主人就完事了，而应该结合自己的专业知识以及以往经验详细的给动物主人做出说明。如果药物厂家对药物的不良反应等有说明，应该对动物主人做详细的解释。要知道，不是每个人在用药之前都会仔细的阅读说明书。

无规律的服药、自行停药或换药，均可能引起不良后果，甚至导致动物死亡。

如果动物的主人不了解长期治疗的必要性或对治疗失去“兴趣”，那么动物肯定无法得到有效的治疗。

近来，为了让病患更加乐于服用药物，生产商努力在使药物的口感更好。不过，味道不错的非甾体类药物在使用过程中已经出现过药物中毒的报道。因为当动物不能区别“美食”与药物时，它们很有可能在你不注意的时候误食药物而导致药物服用过量。所以兽医要注意交待动物主人，一定将药物放置在动物无法自行取到的地方。

在兽医门诊常可以听到这样的话语：“邻居家的犬吃了这种药后效果很好，我本以为对我的犬也很有用的……” 咳嗽并非都是心脏病的表现，正确的鉴别诊断是治疗成功的关键。尽管检查耗时较长且费用较高，但是比起诊断不明确就进行治疗来说，孰重孰轻一目了然。

无症状的病患属于诊治中需要重点注意的对象，要考虑的问题在于，是否真的没有任何症状？或者有症状但是没被主人观察到或被忽略掉了？这种现象在猫类尤其明显，往往我们接诊的“急性”患猫，其实已经属于心功能不全失代偿期。

心脏病学专业检查结果比医生的主观判断更敏感、更客观，因此在决定治疗方案时一定要参考检查结果。

对于无症状的心血管疾病患犬什么时候开始治疗以及使用什么药物治疗，文献报道的几项研究中均没有得出确切的结论。同样的难题还在于，我们面对的是否真的是一只无症状的动物。

因此，何时开始治疗以及使用何种药物治疗，一定要以影像诊断为基础（超声心动图及X线检查），根据不同的动物个体进行具体分析。

作为医生，应该时刻注意药物的最新研究进展，这样才能不断改进治疗方案并提供多种治疗选择。一种药物包治百病，这种愿望可以理解，但是肯定不现实。要注意排除药品广告对医生潜移默化的影响。

老年动物以及罹患多种疾病的动物常常需要使用多种药物。使用时一定要注意这些药物与心血管药物之间的相互影响。例如非甾体类抗炎药物会影响心脏病药物的血药浓度，联合用药时可能需要对剂量进行适当的调整。

在这里，作者有意识的避免给出治疗的详细处方。药物选择也没有追求完全性，而是日常工作中常用的一些核心药物。

## 13.2 利尿药

利尿药是充血性心力衰竭代偿期治疗不可缺少的药物。此外，利尿剂还用于降血压治疗。

### 13.2.1 丘系利尿药

**药物：**呋塞米，托拉塞米，布美他尼。

**给药方式：**口服，胃肠外给药。布美他尼只能口服。

**作用机制：**作用于丘系，阻断氯化物转运，从而促进钠、氯、钾及水分自尿液排出，此外有扩血管作用，可降低前负荷及肺动脉压。

**排泄：**肾脏。

**适应证：**充血性心力衰竭，急性肺水肿（静脉给药），急性肺动脉高压，高血压危象，高钾血症。

**不良反应：**长期使用可能导致血容量减少而引起低血压、氮质血症和肌酐升高，低钾血症、低镁血症以及脱水和胃肠道反应等。

**药物相互作用：**合用ACE抑制剂时，由于钾重吸收增加，使钾丢失获得一定补偿。

**禁忌证：**脱水、无尿。

### 13.2.2 醛固酮颉颃药

**药物：**螺内酯。

**给药方式：**口服。

**作用机制：**作用于远曲小管和集合管，阻断$Na^+$－$K^+$和$Na^+$－$H^+$交换，结果$Na^+$、$Cl^-$和水排泄增多，$K^+$、$Mg^{2+}$和$H^+$排泄减少。可能对心肌重构及心脏保护有积极作用。

**排泄：**肾脏。

**适应证：**由于利尿作用较弱，常与丘系利尿剂合用。

**不良反应：**胃肠道反应。肌酐升高，红细胞压积升高。人类患者在联合使用ACE抑制剂及丘系利尿剂时，会出现高钾血症。

**药物相互作用：**使洋地黄类药物排泄减少。

**禁忌证：**高钾血症，肌酐升高。

### 13.2.3 噻嗪类利尿药

**药物：**氢氯噻嗪，环戊噻嗪。

**给药方式：**口服。

**作用机制：**作用于远曲小管，阻断钠、钾、氯、镁重吸收。增加远端小管和集合管的钠钾交换，钾排泄增多。

**排泄：**肾脏。

**适应证：**轻度心功能不全。建议与其他利尿剂合用。对顽固性水肿疾病长期治疗，联合应用丘系利尿剂及噻嗪类利尿剂有很好的效果。

**不良反应：**糖尿病患者可出现高钾血症，脱水，胃肠道反应。

**禁忌证：**高钾血症，严重肾功能不全。

## 13.3 血管扩张药

扩张外周血管是治疗慢性心功能不全的重要手段。扩张血管可以抑制过度代偿，从病因学上治疗心功能不全。

血管扩张剂包括静脉扩张药（降低前负荷）、动脉扩张药（降低后负荷）以及混合性扩张药。ACE抑制剂也属于混合性血管扩张药，此外还可以作用于神经体液系统。在兽医学中，纯静脉扩张药或动脉扩张药并非首选用药。

### 13.3.1 动脉扩张药

动脉扩张药可降低动脉压，减轻心脏后负荷。二尖瓣关闭不全时，由于血流向前的阻力减小，返流量降低。此外，左心充盈压下降可改善肺静脉淤血情况，从而减轻呼吸系统症状。

#### 13.3.1.1 肼屈嗪

**药物：**肼屈嗪，双肼苯哒嗪。

**给药方式：**口服，胃肠外给药。

**作用机制：**直接松弛小动脉平滑肌，减少后负荷，使平滑肌舒张，小动脉扩张，减低外周血管阻力。可减少返流，对右心房压力和肺血管压力影响不大。出现反应性心动过速使心排血量增加，肾脏血流灌注增多。有液体潴留倾向，可因前负荷增加导致肺淤血。

**排泄：**经肝脏代谢，由尿液排泄。

**适应证：**心动过缓。在医学上用于降血压及二尖瓣关闭不全的治疗。

**不良反应：**反应性心动过速，水肿。

**禁忌证：**心动过速。

### 13.3.2 静脉扩张药

全身静脉收缩和肾性水钠潴留可导致前负荷增加，心脏舒张末期压力和容量均增加。此时需要使用静脉扩张药。

#### 13.3.2.1 硝酸盐

**药物：**硝酸甘油。

**给药方式：**口服，舌下含服（快速起效）。

**作用机制：**静脉扩张药，特别是作用于大静脉。通过舒张血管平滑肌，可降低前负荷，舒张期末容量及充盈压。

**排泄：**肾脏。

**适应证：**急性左心衰竭伴肺水肿、急性高血压、急性右心衰竭伴肺动脉高压。

**不良反应：**血压下降，反应性心动过速。

**药物相互作用：**可与所有其他心脏病药物联用。

**禁忌证：**低血压性休克，阻塞性肥厚型心肌病（外周压力降低导致心室负荷减小，间接导致压力差增大）。

### 13.3.3 混合性血管扩张药

混合性血管扩张药物对动脉和静脉均有扩张作用。

#### 13.3.3.1 血管紧张素转化酶抑制剂（ACEI）

迄今为止已经有超过200种ACEI类药物应用于临床，其中有4种（贝那普利、依那普利、咪达普利和雷米普利）获准用于兽医学领域。

**药物：**贝那普利、依那普利、卡托普利、咪达普利、喹那普利和雷米普利。

**给药方式：**口服：片剂或水剂（咪达普利），带果味片剂（贝那普利和雷米普利）。胃肠外给药：依那普利和喹那普利。

**作用机制：**干预肾素-血管紧张素-醛固酮系统（RAAS，见第2章），抑制血管紧张素Ⅰ转化为血管紧张素Ⅱ。这些血管收缩剂在心肌肥厚、心肌纤维化、肾小球纤维化、肾小球内压力增高等方面有重要影响，并且引起醛固酮分泌增加，激活组织纤溶酶系统。

ACE抑制剂主要作用于各脏器（心脏、肾脏、肾上腺、肺、肝脏、血管壁、大脑和子宫）及循环血液中的转化酶。

ACE抑制剂通过以下作用机制降低前、后负荷：

1. 通过抑制血管紧张素转化酶（ACE），颉颃血管紧张素I转化为血管紧张素Ⅱ，从而舒张血管，减少肾上腺素分泌。
2. 通过抑制缓激肽降解、增加前列环素使血管扩张。
3. 抑制醛固酮和ADH分泌。
4. 抑制成纤维细胞增殖。
5. 减少水潴留。
6. 减缓重塑型进程（存疑）。

**排泄：**同时经肾脏和肝脏排泄。依那普利与卡托普利只经过肾脏排泄。

**适应证：**房室瓣退变或心肌病引起的轻到重度慢性心功能不全。具有肾脏保护功能，可延缓慢性肾功能衰竭进程。

**不良反应：**低血压、虽经补钾仍有低钾血症、无刺激性咳嗽（与人不同）。个别案例报道，如出现咳嗽症状，在更换使用其他ACE抑制剂后可缓解。使用卡托普利者可出现胃肠道症状及肾功能损害。

**药物相互作用：**与醛固酮抑制剂合用时需检

测血钾水平。

**禁忌证：**主动脉狭窄、限制型心肌病、妊娠、肾动脉狭窄。

#### 13.3.3.2 血管紧张素Ⅱ受体颉颃剂（ARB）

血管紧张素Ⅱ刺激在体内引起许多生理性反应以维持血压及肾脏功能。在高血压病、动脉疾病、心脏肥大、心力衰竭及糖尿病、肾病等的发病机制上都起着主要的作用。血管紧张素转换酶抑制剂（ACEI）部分阻断血管紧张素Ⅱ的形成，对上述心脏血管疾病产生了显著的治疗效应，但小部分的病人因干咳不能耐受，从而促使研制出沙坦类完全阻断血管紧张素Ⅱ效应的血管紧张素Ⅱ受体颉颃剂。各种AT1受体亚型颉颃剂的临床前药理作用大体相似。阻滞AT1的特异性相同，但颉颃AT1的强度、选择性作用AT1与AT2的比值、化学活性物质不尽相同。

在医学上，ARB的主要适应证是原发性高血压，心功能不全时仅于ACE抑制剂治疗无效时使用。兽医学中，此类药物的应用还不广泛。

## 13.4 正性肌力药物

### 13.4.1 洋地黄类药物

**药物：**β-甲地高辛，地高辛，α或β-醋地高辛以及黄毒甙。

**给药方式：**口服，胃肠外给药（目前只有地高辛可静脉给药）。

**作用机制：**治疗剂量时，选择性地与心肌细胞膜$Na^+$-$K^+$-ATP酶结合而抑制该酶活性，使心肌细胞膜内外$Na^+$-$K^+$主动偶联转运受损，心肌细胞内$Na^+$浓度升高，从而使肌膜上$Na^+$、$Ca^{2+}$交换趋于活跃，使细胞浆内$Ca^{2+}$增多，肌浆网内$Ca^{2+}$储量亦增多，心肌兴奋时，有较多的$Ca^{2+}$释放；心肌细胞内$Ca^{2+}$浓度增高，激动心肌收缩蛋白从而增加心肌收缩力。由于其正性肌力作用，使衰竭心脏心排血量增加，血流动力学状态改善，消除交感神经张力的反射性增高，并增强迷走神经张力，因而减慢心率。此外，小剂量时提高窦房结对迷走神经冲动的敏感性，可增强其减慢心率作用。大剂量（通常接近中毒量）则可直接抑制窦房结、房室结和希氏束而呈现窦性心动过缓和不同程度的房室传导阻滞。心脏电生理作用：通过对心肌电活动的直接作用和对迷走神经的间接作用，降低窦房结自律性；提高普肯野氏纤维自律性；减慢房室结传导速度，延长其有效不应期，导致房室结隐匿性传导增加，可减慢心房纤颤或心房扑动的心室率；由于本药缩短心房有效不应期，当用于房性心动过速和房扑时，可能导致心房率的加速和心房扑动转为心房纤颤；缩短普肯野氏纤维有效不应期。

**排泄：**甲地高辛和地高辛：犬类主要经肾脏排泄，猫类同时经肝脏和肾脏排泄。黄毒甙：肝肠途径。

**适应证：**快速型心律失常，例如房颤、房扑，发作性室上性心动过速，房性期外收缩等。

**不良反应：**出现新的心律失常、房室传导阻滞、恶心、呕吐、厌食、异常无力等。

在洋地黄治疗中出现这些不良反应必须监测血浆中洋地黄水平，必要时停药。

**药物相互作用：**与以下药物合用或出现以下情况会增强洋地黄效应：β受体阻滞剂，高钙血症，口服钙片，低钾血症，水杨酸盐，甲状腺素，拟交感药物和甲黄嘌呤。与Ⅰ类抗心律失常药物、钙离子颉颃剂、红霉素或四环素合用时，血清洋地黄水平升高。

**高钾血症：**洋地黄特异性受体蛋白同时也是钾离子受体，血钾水平升高时，如果洋地黄浓度也高，则受体数目出现不足（洋地黄敏感度下降。）

**低钾血症：**低钾血症时，相反的，洋地黄受体数目相对增加（洋地黄敏感性增加。）

**甲亢和甲减：**甲状腺机能减退可引起肾小球滤过减少，从而导致血清洋地黄浓度增加。相应的，甲状腺机能亢进时，肾小球滤过增加，血清洋地黄浓度下降。

**禁忌证：**病窦综合征，心动过缓，房室传导阻滞，预激综合征，阻塞性肥厚型心肌病，限制性心肌病，左室流出道阻塞（包括主动脉瓣狭窄）。

### 13.4.2 拟交感神经药

拟交感药物属于肾上腺素类物质，其刺激作用类似于交感神经药物。可分为直接拟交感药物，如肾上腺素和去甲肾上腺素，以及间接拟交感药物，如多巴酚丁胺。心搏骤停时这些药物可以用于急救。

**作用机制：**$\beta_1$受体刺激作用：使细胞内钙增加，正变时性作用，正性肌力作用，正性传导作用；肾素释放。

$\beta_2$受体刺激作用：平滑肌松弛（动脉，子宫，支气管等），从而降低后负荷，增加心脏搏出量。

$\alpha_1$受体刺激作用：使平滑肌细胞收缩，后负荷增加，舒张压升高。

$\alpha_2$受体刺激作用：去甲肾上腺素释放减少，中枢性交感神经紧张性下降。

多巴胺受体刺激作用：肾性血管舒张。

#### 13.4.2.1 多巴酚丁胺

**给药方式：**直接静脉注射。给药时剂量渐增，停药时剂量渐减。

**作用机制：**能直接激动心脏$\beta_1$受体以增强心肌收缩和增加搏出量，使心排血量增加。对血压无明显影响。

**排泄：**酶式分解。

**适应证：**用于治疗器质性心脏病心肌收缩力下降引起的心力衰竭、心肌梗塞所致的心源性休克及术后低血压。

**不良反应：**血压升高，心动过速，心律失常或心肌中毒。长期使用可能产生依赖性。

**禁忌证：**心包积液，阻塞性肥厚型心肌病，未纠正的低血容量症。

#### 13.4.2.2 多巴胺

**给药方式：**直接静脉注射。

**排泄：**在肝、肾及血浆中降解成无活性的化合物。部分代谢成去甲基肾上腺素。约80%在24h内排出，尿液内以代谢物为主，极小部分为原形。

**适应证：**与多巴酚丁胺相仿，用于心源性休克和严重心力衰竭。此外，小剂量使用时，主要作用于多巴胺受体，使肾及肠系膜血管扩张，肾血流量及肾小球滤过率增加，尿量及钠排泄量增加；

**不良反应：**剂量过大可引起血管收缩，心动过速，心律失常，呼吸困难和/或呕吐等。

**禁忌证：**快速性心律失常，流出道狭窄，甲亢。特别注意：血容量不足。

#### 13.4.2.3 肾上腺素/去甲肾上腺素

**药物：**肾上腺素，去甲肾上腺素。

**给药方式：**胃肠外给药（静脉注射、皮下注射、肌肉注射、皮内注射）。

**作用机制：**激动$\beta_1$和$\beta_2$受体，大剂量时可激动$\alpha$受体。大剂量肾上腺素作用于$\alpha$受体使血压升高，超过作用于$\beta_2$受体的血管舒张效应。去甲肾上腺素以激动$\beta_1$和$\alpha$受体为主。

**排泄：**肾脏。

**适应证：**用于心脏停搏的复苏抢救。

**不良反应：**肾上腺素：快速性心律失常，肺水肿，肢端发冷，妊娠期使用可能因子宫收缩导致流产。去甲肾上腺素：快速性心律失常，缓慢性心律失常，高血压等。

**禁忌证：**心肺复苏时无禁忌证。主动脉瓣狭窄。

#### 13.4.2.4 钙离子增敏剂

详见正性肌力药13.4.3.2节

### 13.4.3 正性肌力-血管扩张药

#### 13.4.3.1 磷酸二酯酶Ⅲ（PDE-Ⅲ）抑制剂

**药物：**米力农，氨吡酮，伊诺昔酮。

**给药方式：**胃肠外给药（静脉注射）。

**作用机制：**正性肌力作用主要是通过抑制磷酸二酯酶，使心肌细胞内环磷酸腺苷（cAMP）浓度增高，细胞内钙增加，心肌收缩力加强，血管扩张。

**适应证：**急性心力衰竭的短期静脉内给药治疗。正在使用β受体阻滞剂治疗的慢性心衰急性发作患者可使用PDE-Ⅲ抑制剂治疗48h。必须在特别监护下使用。

**不良反应：**作为拟交感药物，PDE-Ⅲ抑制剂有很多副作用。在人类医学中，因有心律失常甚至心源性猝死的病例，禁止长期口服治疗。

**禁忌证：**主动脉瓣狭窄或阻塞性肥厚型心肌病、房颤、房扑。

#### 13.4.3.2 钙离子增敏剂

**药物：**匹莫苯丹。

**给药方式：**口服，胶囊和咀嚼片，后者带水果香味。动物主人必须注意，在喂食前1～1.5h给药，否则会影响肠道吸收。

**作用机制：**cAMP浓度增高及PDE-Ⅲ抑制产生正性肌力作用，动静脉血管扩张。与米力农不同的是，匹莫苯丹的正性肌力作用是通过增加肌钙蛋白C的活性达到的。因为不需要增加细胞内钙浓度，因此不会破坏心肌氧平衡。血管扩张作用通过依赖于cAMP的蛋白激酶A作用于血管平滑肌完成。实验研究表明，匹莫苯丹可以改善心搏出量和左室收缩压，降低肺部毛细血管压力。对心率没有明显影响。

**排泄：**经肝脏代谢为活性产物，大部分经粪便排出。

**适应证：**最常见适应证为扩张型心肌病引起的左室收缩功能障碍。能明显改善进展期二尖瓣关闭不全并容量负荷增加的生存质量及预后，但对于早期房室瓣退变的治疗效果还存在争议。

Lombard等于2006年报道，房室瓣退变进展期的犬类使用匹莫苯丹治疗会受益。Chetboul等2007年报道，对无症状的二尖瓣退变的犬分别给予贝那普利和匹莫苯丹治疗，结果显示匹莫苯丹组在治疗15天内返流量明显增加，瓣膜口血流速度增加，组织学证实瓣膜退变加重。在早期病变中，正性肌力作用的价值还值得商讨。

**不良反应：**烦躁不安，心脏搏动增强，随剂量增加而出现心率加快，胃肠道症状。

**药物相互作用：**可与ACE抑制剂、呋塞米和/或洋地黄类药物联合应用。

**禁忌证：**主动脉瓣狭窄，阻塞性肥厚型心肌病，继发性心肌肥厚，肝功能不全。为了避免早期患者甚至无症状患者出现心肌毒性反应（Chetboul等，2007年），在使用匹莫苯丹治疗前需进行包括超声心动图在内、完整的心脏病学检查。

## 13.5 抗心律失常药

### 13.5.1 抗心律失常药 Ⅰ A类

#### 13.5.1.1 普鲁卡因酰胺

**给药方式：**口服，胃肠外给药。

**作用机制：**直接抑制交感神经，延长动作电位。

**排泄：**肾脏。

**适应证：**利多卡因治疗无效者，经静脉团注或灌注治疗。预激综合征；与洋地黄类药物合用治疗快速性房颤。

**不良反应：**高血压、胃肠道不适。人类长期口服治疗有诱发狼疮的危险。

**药物相互作用：**与西咪替丁合用会抑制肾脏排泄。

**禁忌证：**传导阻滞、休克、心功能不全失代偿、肾功能不全、重症肌无力。

表13.1 抗心律失常药物分类

| 分类 | 药物 | 作用 | 复极时间 |
|---|---|---|---|
| ⅠA | 普鲁卡因酰胺 | 阻滞钠通道 | 延长 |
| ⅠB | 利多卡因，美西律 | 阻滞钠通道 | 缩短 |
| ⅠC | 普罗帕酮 | 阻滞钠通道 | 无影响 |
| Ⅱ | β受体阻滞剂（索他洛尔除外） | 阻滞β受体 | 无影响 |
| Ⅲ | 索他洛尔，胺碘酮 | 钙颉颃 | 明显延长 |
| Ⅳ | 地尔硫卓，维拉帕米 | 阻滞钙通道 | 房室结无变化 |

## 13.5.2 抗心律失常药 Ⅰ B类

### 13.5.2.1 利多卡因

**给药方式：** 胃肠外给药，静脉团注药效持续时间较短，因此需静脉持续滴注。

**作用机制：** 低剂量时，可促进心肌细胞内$K^+$外流，降低心肌的自律性，而具有抗室性心率失常作用；在治疗剂量时，对心肌细胞的电活动、房室传导和心肌的收缩无明显影响；血药浓度进一步升高，可引起心脏传导速度减慢，房室传导阻滞，抑制心肌收缩力和使心排血量下降。

**排泄：** 肝脏。

**适应证：** 室性期外收缩，室性心动过速。预防性用药意义不大，与其他Ⅰ类抗心律失常药相比，无效率相对较高。

**不良反应：** 较安全。可发生房颤，中枢神经系统障碍：抽搐、昏迷等。

**药物相互作用：** 与β受体阻滞剂合用时，本品血药浓度增加。与美西律合用增加中枢神经系统障碍危险。

**禁忌证：** 心动过缓，重度房室传导阻滞。

### 13.5.2.2 美西律

**注意：** 用药开始及用药过程中均需要ECG监控。

**给药方式：** 口服，胃肠外给药。

**作用机制：** 抑制心肌细胞钠内流，降低动作电位0相除极速度，缩短浦氏纤维的有效不应期。对室上性心律失常作用不大。

**排泄：** 肝脏代谢后经肾脏排泄。

**适应证：** 室性快速性心律失常。

**不良反应：** 负性肌力作用！心功能不全、慢速型心律失常、胃肠道反应、传导阻滞、中枢神经系统症状、室性心动过缓。

**药物相互作用：** 在人体中与抗酸剂时会延缓药物吸收；不能与其他Ⅰ B类抗心律失常药物（利多卡因）合用。

**禁忌证：** 左心功能不全、充血性心力衰竭、窦房、房室或室内传导阻滞、QT间期延长。

## 13.5.3 抗心律失常药Ⅰ C类

### 13.5.3.1 普罗帕酮

**给药方式：** 口服，胃肠外给药（静脉推注或持续滴注）。

**作用机制：** 降低收缩期的去极化作用，因而延长传导，动作电位的持续时间及有效不应期也稍有延长，并可提高心肌细胞阈电位，明显减少心肌的自发兴奋性。可降低心肌的应激性，作用持久，PQ及QRS均增加，延长心房及房室结的有效不应期。

**排泄：** 经肝脏代谢。

**适应证：** 室上性或室性心律失常。

**不良反应：** 心律失常、负性肌力作用、胃肠道反应。

**禁忌证：** 心力衰竭、支气管哮喘、慢性支气管炎、重度心动过缓、窦房或房室传导阻滞。

## 13.5.4 抗心律失常药Ⅱ类（β受体阻滞剂）

### 13.5.4.1 普萘洛尔

**给药方式：** 口服，胃肠外给药。

**作用机制：** 属于$\beta_1$和$\beta_2$受体阻滞剂，可降低心率，延长充盈时间以及PQ间期和房室间期，延长有效不应期，减少心肌耗氧量。

**排泄：** 肝脏。

**适应证：** 室上性和室性心律失常、肥厚型心肌病、左室流出道肥厚性梗阻、主动脉瓣狭窄、甲状腺机能亢进伴窦性心动过速、继发性心肌肥厚。

**不良反应：** 心动过缓、低血压、心脏抑制效应（犬＞猫），对于有心肌病变基础者易诱发心功能不全、胃肠道反应，因$\beta_2$受体阻滞引起支气管收缩。

**药物相互作用：** 与洋地黄、利多卡因、钙颉颃剂、美西律或普鲁卡因酰胺合用时，加重房室间期延长和心率减慢作用。

**注意：** 可影响血糖水平，故与降糖药同用时，须调整后者的剂量，以免引起低血糖。

与降压药合用有低血压危险。西咪替丁可降低普萘洛尔在肝内的代谢，延迟药物排泄，导致其血药浓度明显升高。

**禁忌证：**左室收缩功能受限，充血性心功能不全，窦性心动过缓，病窦综合征，Ⅱ度和Ⅲ度房室传导阻滞，呼吸道阻塞性疾病。

#### 13.5.4.2 美托洛尔

**给药方式：**口服，胃肠外给药。

**作用机制：**选择性阻断$\beta_1$受体，主要作用于房室结。

**排泄：**肝脏排泄多于肾脏。部分以代谢产物形式排出。

**适应证、不良反应、药物相互作用和禁忌证：**同普萘洛尔。

#### 13.5.4.3 阿替洛尔

**给药方式：**口服。

**作用机制：**选择性阻断$\beta_1$受体，主要作用于房室结。

**排泄：**肾脏排泄多于肝脏。部分以代谢产物形式排出。

**适应证：**室上性及室性心律失常，肥厚型心肌病，左室流出道心肌肥厚性梗阻，主动脉瓣狭窄，甲状腺机能亢进伴窦性心动过速，继发性心肌肥厚。

**不良反应：**同普萘洛尔，不过支气管阻塞少见。

**药物相互作用：**同普萘洛尔。

**禁忌证：**同普萘洛尔，肾功能不全者需减少药物剂量。

#### 13.5.4.4 卡维地洛

**给药方式：**口服。

**作用机制：**选择性阻断$\alpha_1$受体，非选择性阻断β受体。通过前列腺素途径起舒张血管作用。可能阻断某些钙离子通道。

**排泄：**肝脏。

**适应证：**慢性心功能不全，在人类可减少发病率及病死率（新近研究对于犬类也有同样功效）。

**不良反应：**可能导致心功能不全加重，房室传导阻滞、支气管痉挛、胃肠道疼痛症状、嗜睡。

**药物相互作用：**与洋地黄类药物和钙离子颉颃剂合用会使慢心律作用加强。西咪替丁可使卡维地洛生物利用度增高。

**禁忌证：**心功能不全失代偿期、心动过缓、窦房或房室传导阻滞、支气管哮喘、嗜铬细胞瘤、低血压。

### 13.5.5 抗心律失常药Ⅲ类

#### 13.5.5.1 索他洛尔

**给药方式：**口服。

**作用机制：**$\beta_1$和$\beta_2$受体阻滞剂（主要作用于心房和心室，其次是房室结）。

**排泄：**肾脏。

**适应证：**发作性室上性心动过速，房颤、房扑，室性期外收缩，房性心动过速。

**不良反应：**慢速型或快速型心律失常，中枢神经系统症状，支气管阻塞症状。特别注意：血压下降（可能在长期治疗后自发出现）。

**药物相互作用：**与钠通道和钙通道阻断剂合用药效会加强。与胰岛素合用可导致低血糖。与降压药合用使降压作用增强。

**禁忌证：**Ⅱ到Ⅲ度房室传导阻滞。心动过速、心源性休克、阻塞性支气管炎、支气管哮喘。

### 13.5.6 抗心律失常药Ⅳ类（钙通道阻滞药）

#### 13.5.6.1 维拉帕米

**给药方式：**口服，胃肠外给药（缓慢静脉给药！）。

**作用机制：**抑制钙内流可降低心脏舒张期自动去极化速率，而使窦房结的发放冲动减慢，也可减慢传导。可减慢前向传导， 因而可以消除房室结折返。对外周血管有扩张作用，使血压下降，但较弱，一般可引起心率减慢，但也可因血压下降而反射性心率加快。对冠状动脉有舒张作用，可增加冠脉流量，改善心肌供氧，此外，它尚有抑制血小板聚集作用。

**排泄：**在肝脏分解为无活性的代谢产物。

**适应证：**房性或室上性心动过速，室上性期外收缩。与洋地黄类药物合用于房颤和房扑可降低心率，维拉帕米的负性肌力作用可起保护作用。阻塞性肥厚型心肌病。

**不良反应：**心动过缓，房室传导阻滞，心力衰竭，心功能不全加重，血压下降，食欲减退，胃肠道反应。

**药物相互作用：**可提高洋地黄类药物血清浓度（可减少约1/3剂量）。增强β受体阻滞剂、降压药、麻醉药、NSAID和肌松药的药效。

**禁忌证：**心动过缓、休克、心功能不全失代偿、病窦综合征、预激综合征、窦房和房室传导阻滞、肝脏疾病、低血压、忌与β受体阻滞剂合用。

#### 13.5.6.2　地尔硫草

地尔硫草的药理学及药代动力学与维拉帕米相仿，因此临床使用时两者的适应证、不良反应及禁忌证均相同。地尔硫草相对常用于猫类阻塞性肥厚型心肌病。作为β受体阻滞剂，对左心室压力梯度没有影响。

#### 13.5.6.3　二氢吡啶——钙离子颉颃剂

是主要作用于血管的钙离子颉颃剂。

**药物：**氨氯地平，硝苯地平

**给药方式：**口服。

**作用机制：**阻止钙离子流入心肌细胞及冠状动脉和末梢阻力血管的平滑肌细胞内。可直接舒张血管，降低血压。一般在用药36～48h后血压开始下降。

**排泄：**肝脏。

**适应证：**高血压。

**不良反应：**不良反应很少，用药第1天可能出现嗜睡、淡漠和/或食欲减退，经3～4天剂量减半后这些症状可消失。

**药物相互作用：**在同时使用β受体阻滞剂或其他钙离子颉颃剂时需监测心肌功能。

**禁忌证：**低血压和心源性休克。

## 13.6　其他药物

### 13.6.1　抗胆碱药

#### 13.6.1.1　阿托品

**给药方式：**胃肠外给药。

**作用机制：**副交感神经药（阻断乙酰胆碱毒蕈碱受体作用）。增快窦房率，缩短房室传导时间。

**适应证：**严重心动过缓；副交感药物中毒的解毒剂。

**不良反应：**室上性或室性心动过速、房颤、血管扩张、唾液分泌减少、膀胱张力下降、瞳孔扩大。

**禁忌证：**仅在紧急情况下使用，无绝对禁忌证。

**阿托品试验：**用于窦房结或房室结功能测定。阿托品0.02～0.04mg/kg静脉注射，5～10min后进行心电图检查，记录心率。正常情况下，心率会增快达140次/min以上，如果房室结有病变，心电图上可观察到房室阻滞。诊断有疑问时，需在10min后再行心电图检查。

#### 13.6.1.2　溴化异丙阿托品

**药物：**溴化异丙阿托品。

**给药方式：**口服。

**作用机制：**是一对支气管平滑肌有较高选择性的强效抗胆碱药，松弛支气管平滑肌作用较强。可缩短窦房结恢复时间，加快房室传导速度。

**排泄：**肾脏。

**适应证：**窦性心动过缓。

**不良反应：**胃肠动力减弱，中枢神经系统障碍，神情淡漠。

**药物相互作用：**与奎尼定合用产生协同作用，与钙颉颃剂或β受体阻滞剂合用有对抗作用。

**禁忌证：**房颤、房扑、青光眼、前列腺肥大。

### 13.6.2　乙酰水杨酸（ASS）

**给药方式：**口服。

**作用机制**：抑制环加氧酶，抗血小板聚集。

**排泄**：在肝脏水解后代谢物经肾脏排泄。

**适应证**：预防血栓栓塞性疾病。

**不良反应**：食欲下降、呕吐和胃肠出血。

**药物相互作用**：与其他抗凝血药物联用时可能增加出血倾向。

**禁忌证**：腐蚀性或溃疡性胃炎。

### 13.6.3　肝素

#### 13.6.3.1　未分级肝素

高分子肝素由氨基糖、葡糖胺、葡萄糖酸等组成。

**药物**：肝素钠。

**给药方式**：胃肠外给药（静脉注射、皮下注射或肌肉注射）。有出血倾向。治疗过程中需监测凝血参数。

**作用机制**：机体自身肝素存在于肺、肝及小肠等器官内。增强抗凝血酶Ⅲ与凝血酶的亲和力，加速凝血酶、激肽释放酶和凝血因子X的失活。

**排泄**：肾脏。

**适应证**：血栓栓塞性疾病。

**不良反应**：出血、血小板减少、荨麻疹、过敏反应、高钾血症，偶见脱毛、骨质疏松等。

**药物相互作用**：与ASS、NSAID或皮质醇类药物联用时可能增加出血倾向。与硝酸甘油合用药效降低。与普萘洛尔合用药效增强。

**禁忌证**：急性出血期、血友病、妊娠、肝肾功能不全，未经治疗的重度高血压可能导致出血倾向（猫）。

#### 13.6.3.2　分级肝素

与肝素相比，低分子肝素具有更好的药代动力学属性。

**药物**：达肝素，舍托肝素，依诺肝素。

**给药方式**：胃肠外给药（皮下注射）。治疗过程中无需监测凝血参数。

**作用机制**：抑制凝血因子X。

**排泄**：肾脏。

**适应证**：静脉血栓栓塞性疾病，血栓预防。

**不良反应、药物相互作用、禁忌证**：与未分级肝素相同（见13.6.3.1）。

## 13.7　饮食与营养

正确的饮食喂养在心功能不全的治疗中具有不容忽视的重要作用。一个比较明显的例子是，在猫粮中加入适量的牛磺酸，可以有效预防牛磺酸依赖性扩张型心肌病。

俗话说，吃什么食物决定你是什么样的人。对于猫和犬来说，可以说喂养什么食物决定了很多东西。对患有心脏病的小动物喂养至少应该根据体重分成三类喂养：正常型，肥胖型和恶病质型。

在药物治疗的基础上，注重饮食结构的调整，保障能量与营养均衡，防止喂养过度或不足。

**心脏病性恶病质**

心功能不全晚期的动物，常常表现出明显的消瘦。这种心源性恶病质的主要原因在于患病动物食欲减退，机体脂肪含量减少，肌肉萎缩。此外，治疗用的药物也有可能导致食欲不振。心功能不全时，肿瘤坏死因子（TNF）和白介素1（IL～1）等含量升高，这些细胞因子也可直接导致恶病质出现。在这种情况下，喂养食物中给予足够的蛋白质及电解质尤为重要。解决恶病质的办法可能有：更换喂养食物，改变食物浓度（稀/干食），给食物加热，改善食物口味（汤、鱼油、熟肉等）以及将食物分解成小份喂养等。

**肥胖**

肥胖时，由于腹部脂肪作用于膈肌压力增大，肺活量减少。肥胖还可能伴发高血压。除内分泌原因所致肥胖以外，其他类型肥胖只有通过减少营养摄入来解决。对于晚期心功能不全的病患，已经无法通过增加运动量来减轻体重。饮食方面，食物喂养次数、热量含量和盐含量都要减少，必要时需要专业减肥食谱指导。

**钠**

早期心功能不全病患是否需要低盐饮食颇有争议。一方面，血钠升高会激活RAAS系统，另一方面，富钠饮食有益于改善心脏病进展期的心脏大小（Rush等，2000年）。目前讨论的实质是，在心脏病出现明显症状后再限制钠摄取可能比较有意义。

**钾**

在心脏病治疗中，钾是第二重要的电解质。大家都有一个共识，利尿药会导致血钾丢失，需要额外补钾。其实除非检验结果显示有低钾血症发生，大多数情况下都不需要进行补钾治疗。猫类较犬类更易失钾，因此在使用钾类药物前需检查血钾含量。近来治疗心脏病常用的ACE受体阻滞剂和安体舒通具有促进钾重吸收的作用，如果再进行补钾治疗可能导致高钾血症，严重时引起心搏骤停。

**牛磺酸**

自1987年Pion和Kittleson报道猫扩张型心肌病与牛磺酸缺乏有关后，牛磺酸受到了极大地关注。在广泛使用含牛磺酸的猫粮后，猫类扩张型心肌病发病率显著下降。牛磺酸与扩张型心肌病的相关性在犬类主要见于美国可卡犬、杜宾犬、金毛巡回犬和拉布拉多犬等。

**L-肉碱**

L-肉碱由机体自身合成，在心肌能力代谢中发挥重要作用。有较多研究表明，L-肉碱缺乏可能是扩张型心肌病发病诱因之一。目前尚没有关于L-肉碱缺乏的确切定义，原因在于L-肉碱在血浆中的值各有不同。目前主要根据经验，与牛磺酸一起予以补充。不过L-肉碱的价格较高，治疗的性价比难以评价。

## 参考文献


BENCH, Bench Study GroupJVet Cardiol, 1999: 7-18.

COVE, Cove Study Group, JVIM, 1995: 243-252.

LIVE, Live Trial Study Group.JAVMA, 1998: 1573-1577.

AMBERGER, C., BOUJON, C. (2004): Effects of Carvedilol in Prevention of Congestive Heart Failure in Cavalier King Charles Spaniels (CKCS) with ISACH II Mitral Regurgitation, Preliminary results on 10 Dogs. Proc. 14th ECVIM-CA-Congress, 190, BCN.

ATKINS, C. E. (2002): Enalapril monotherapy in asymptomatic mitral regurgitation: results ofVETPROOF (Veterinary Enalapril Trial to prove Reduction in Onset of Failure. ACVIM Forum 2002, Dallas, Texas: 75-76.

CHETBOUL.V., LEFEBVRE, H. P. et.al. (2007): Comparative Adverse Cardiac Effects of Pimobendan and Benazepril Monotherapy in Dogs with Mild Degenerative Mitral Valve Disease: A Prospective, Controlled, Blinded, and Randomised Study. J Vet Intern Mod, 21, 742-743.

DELLE KARTH, G., HEINZ, G. (2002): Levosimendan-Anwendung in der Intensivmedizin und bei kardiogenem Schock. Journal fur Kardiologie,9,Suppl.E,6-8.

FOX, P. R. et al. (2003): Congestive Heart Failure in Cats Study Group. ACVIM Proc.

KVART, C., HAGGSTROM.J. et al. (2002): Efficacy of enalapril for prevention of congestive heart failure in dogs with myxomatous valve disease and asymptomatic mitral regurgitation. J Vet Intern Mod 16 (1): 80-8.

KERSTEN, U, KWIK, L. (1974): EKG-Untersuchungen an Hunden wahrend der Behandlung mit @-Metildigoxin, Kleintierpraxis, 19, 141-144.

LOMBARD, C. et al. (2006): Clinical efficacy ofpimobendan versus benazepril for the treatment of acquired atrioventricular disease in dogs. J Am Anim Hosp Assoc, 42,249-261.

MICHELL.A. R. (1991): Mode of action of diuretics in cardiovascular disease. Tij dschr.Diergeneeskd. 116,108-110.

PAGEL, P. S., MCGOUGH, G. F. et al. (1997): Levosimendan enhances left ventricular systolic and diastolic function in conscious dogs with pacing induced cardiomyopathy.J Cardiovasc Pharmacol, 29, 563-573.

PION, P. D., KITTLESON, M. D., ROGERS, Q. R., MORRIS,}. G. (1987): Myocardial failure in cats associated with low plasma taurine: a reversible cardiomyopathy. Science.Vol 237, 4816, 764-768.

RUSH,J. E. et al. (2002): Clinical, echocardiographic, and neurohumoral effects of a sodium-restricted diet in dogs with heart failure. J Vet Intern Mod, 14 (5), 513-520.

RUSH,J. E., FREEMAN, L. (2006): Kardiovaskulare Erkrankungen: Diat als unterstutzende Therapie. In: Pibot, Bourge, Elliott, Enzykiopadie der klinischen Diatetik des Hundes.Aniwa, 336-368.

TISSIER, R., CHETBOUL.V. et al. (2005): Increased MitralValve Regurgitation and Myocardial Hypertrophy in Two Dogs With Long Term Pimobendan Therapy. Cardiovascular Toxicology. 05. 43-51.

## 13.8 药物用量

| 药物 | 用法 | 犬 | 猫 |
|---|---|---|---|
| 乙酰水杨酸 | 口服 | 5~20mg/kg，1次/d | 25~100mg/4kg，每3天 |
| 肾上腺素 | 持续静脉滴注 | 0.1~2.0μg/（kg·min） | 0.1~2.0μg/（kg·min） |
| 氨氯地平 | 口服 | 0.1mg/kg，1次/天 | 0.125~0.25mg/kg，1次/d |
| 氨吡酮 | 静脉注射 | 1~3mg/kg团注，然后10~100μg/（kg·min） | |
| 阿替洛尔 | 口服 | 0.25~1.0mg/kg，2次/d | 1.25~2.5mg/kg，1~2次/d |
| 阿托品 | 静脉注射 | 0.01~0.04mg/kg | |
| 苯那普利 | 口服 | 0.25~0.5mg/kg，1次/d | 0. 5~1.0mg/kg，1次/d |
| 布美他尼 | 口服 | 0.03~0.06mg/kg，1~2次/d | |
| 卡维地洛 | 口服 | 0.1~0.3~0.4mg/kg，1次/d，在控制血压的前提下逐周增加剂量 | |
| 地高辛 | 口服 | 体重<20kg：0.005~0.01mg/kg，2次/d；体重>20kg：0.22 mg/m²体表面积，2次/d | 体重<20kg：0.007mg/kg，1次/d；体重>20kg：0.22 mg/m²体表面积，2次/d |
| | 静脉注射 | 团注0.0025mg/kg，3~4次/小时，最大剂量0.01 mg/kg | |
| β甲地高辛 | 口服 | 0.01mg/kg，1次/d，或分两次口服 | 0.007mg/kg，1次/d，或分两次口服 |
| 洋地黄毒甙 | 口服 | 0.02~0.03mg/kg，3次/d | – |
| 地尔硫卓 | 口服 | 0.5~1.5mg/kg，3次/d | 1.25~2.5mg/kg，3次/d |
| 多巴酚丁胺 | 持续静脉滴注 | 1~10μg/（kg·min） | 1~5μg/（kg·min） |
| 多巴胺 | 持续静脉滴注 | 1~10μg/（kg·min） | 1~5μg/（kg·min） |
| 依那普利 | 口服 | 0.5mg/kg，1~2次/d | 0.25~0.5mg/kg，1~3次/d |
| 氨茶碱 | 口服 | 5~8~（16）mg/kg，每12h | |
| 呋塞米 | 口服 | 1~4mg/kg，1~3次/d | 1~4mg/kg，1~3次/d |
| | 静脉注射 | 2~8mg/kg，最多每2小时1次 | 1~2mg/kg，最多每3小时1次 |
| | 持续静脉滴注 | 0.5mg/（kg·h） | 0.5mg/（kg·h） |
| 肝素钠 | 静脉注射 | 100~200U/kg（团注） | 100~200U/kg（团注） |
| | 皮下注射 | 100~500U/kg,3~4次/d | 100~500U/kg,3~4次/d |
| 肼屈嗪/双肼屈嗪 | 口服 | 0.5~3mg/kg，2次/d | 0.5~2mg/kg，2次/d |
| 氢氯噻嗪 | 口服 | 2~4mg/kg，2次/d | 1~2mg/kg，2次/d |
| 米达普利 | 口服 | 0.25~0.5mg/kg，1次/d | 0. 5~1.0mg/kg，1次/d |
| 异丙托溴铵 | 口服 | 0.25~0.5mg/kg，2~4次/d | – |
| 硝酸异山梨醇 | 口服 | 0.2~1mg/kg，2次/d | 0.2~1mg/kg，2次/d |
| L–肉毒碱 | 口服 | 50~100mg/kg，2~3次/d | – |
| 利多卡因 | 静脉注射，慢速 | 2~4~（6）mg/kg | 0.25~1mg/kg |
| | 持续静脉滴注 | 头24小时：50~80μg/（kg·min） | 头24小时：10~40μg/（kg·min） |
| 美托洛尔 | 口服 | 0.2~1mg/kg，3次/d | 0.2~1mg/kg，3次/d |
| 美西律 | 口服/肌肉注射 | 3~5~10mg/kg，2~3次/d | – |
| | 持续静脉滴注 | 头24小时：30μg/（kg·min），然后5μg/（kg·min） | |
| 米尔贝肟 | 口服 | 每月0.5mg/kg | 每月0.5mg/kg |
| 米力农 | 静脉注射/持续静脉滴注 | 初始剂量50mg/kg静注10min，再静滴0.375~0.75μg/（kg·min） | |
| 硝普盐 | 持续静脉滴注 | 1~5μg/（kg·min） | 1–5μg/（kg·min） |

（续）

| 药物 | 用法 | 犬 | 猫 |
| --- | --- | --- | --- |
| 奥西那林 | 持续静脉滴注 | 1~5μg/（kg·min） | |
| 匹莫苯 | 口服 | 0.2~0.3mg/kg，2次/d | – |
| 普鲁卡因胺 | 口服 | 10~20mg/kg，4次/d | 2~5mg/kg，3~4次/d |
| | 静脉注射，慢速 | 5~15mg/kg | – |
| 普罗帕酮 | 口服 | 3mg/kg，3次/d | – |
| | 静脉注射，慢速 | 1~2mg/kg | – |
| | 静脉团注 | 1mg/kg，溶于30~100mL林格氏液中 | – |
| | 静脉维持 | 头24小时：8μg/（kg·min） | – |
| 丙戊茶碱 | 口服 | 3~5mg/kg，2次/d | 5mg/kg，2次/d |
| 心得安 | 口服 | 0.2~1.0mg/kg，3次/d | 0.5~1.0mg/kg，3次/d |
| 雷米普利 | 口服 | 0.125~0.25mg/kg，1次/d | 0.125mg/kg，1次/d |
| 螺内酯 | 口服 | 1~2~4mg/kg，2次/d | 1~2mg/kg，2次/d |
| 索他洛尔 | 口服 | 1~2~2.5mg/kg，2次/d | 80mg片剂，1/8片，2次/d |
| 牛磺酸 | 口服 | 250~500mg/kg，2次/d | 500mg/kg，2次/d |
| 特布他林 | 口服 | 1.25~5mg/kg，2次/d | 0.625mg |
| 茶碱 | 口服 | 5~10mg/kg，2次/d | |
| 茶碱缓释片 | 口服 | 5~10~（20）mg/kg，2次/d | |
| 托拉塞米 | 口服 | 0.5~1.0mg/kg，2次/d | 0.25~0.5mg/kg，1~2次/d |
| 维拉帕米 | 口服 | 1.0mg/kg，3次/d | – |
| | 静脉注射，慢速 | 0.1mg/kg，3次/d | – |